Die Grundlehren der mathematischen Wissenschaften

in Einzeldarstellungen
mit besonderer Berücksichtigung
der Anwendungsgebiete

Band 61

W. Maak

Fastperiodische Funktionen

Zweite, korrigierte Auflage

Springer-Verlag Berlin Heidelberg New York 1967

Geschäftsführende Herausgeber:

Prof. Dr. B. Eckmann

Eidgenössische Technische Hochschule Zürich

Prof. Dr. B. L. van der Waerden

Mathematisches Institut der Universität Zürich

ISBN 978-3-642-86688-3   ISBN 978-3-642-86687-6 (eBook)
DOI 10.1007/978-3-642-86687-6

Vorwort.

Das vorliegende Buch handelt von den fastperiodischen Funktionen
auf Gruppen. Die Theorie dieser Funktionen erfaßt als Spezialfälle
unter anderem die Fourierreihen periodischer Funktionen, die eigentlichen von H. Bohr geschaffenen fastperiodischen Funktionen und die
Kugelfunktionen. Im Grunde ist die Theorie der fastperiodischen Funktionen auf Gruppen nichts anderes als die Darstellungstheorie beliebiger,
also vor allem auch unendlicher Gruppen. Als wichtigste Anwendung
der Hauptsätze über fastperiodische Funktionen auf Gruppen darf man
wohl die v. Neumannsche Beweisführung ansehen, welche zeigt, daß
jede kompakte, n-dimensionale Gruppe eine treue endliche unitäre Darstellung besitzt. Unter Benutzung von Sätzen aus v. Neumanns Theorie
der linearen Gruppen kann hieraus gefolgert werden, daß jede kompakte
n-dimensionale Gruppe eine Liesche kontinuierliche Gruppe ist. Das
bekannte V. Hilbertsche Problem, welches sich allerdings auf noch
allgemeinere, etwa lokalkompakte Gruppen bezieht, ist durch diesen
Satz für den Fall kompakter Gruppen befriedigend gelöst. Alle angedeuteten Probleme, Sätze und Zusammenhänge werden in diesem
Buche erläutert und bewiesen. Obwohl damit nur ein gewisser (wie
mir scheint, besonders schöner) Ausschnitt aus dem Gesamtgebiet der
Theorie fastperiodischer Funktionen wiedergegeben wird, dürfte der
Leser wohl trotzdem durch die Lektüre in den Stand gesetzt werden,
jede Abhandlung, welche sich auf fastperiodische Funktionen bezieht,
ohne Schwierigkeiten zu verstehen. In dem letzten Abschnitt dieses
Buches wird außerdem versucht, in kurzen Worten einen Überblick
über das Gesamtgebiet der fastperiodischen Funktionen zu geben.
Einzelne Literaturhinweise, die diesem Abschnitt beigefügt sind, werden möglicherweise als angenehm empfunden werden.

Der Text des Buches ist so angeordnet, daß ein eiliger Leser sich
sehr wohl über Teilgebiete der gesamten Theorie orientieren kann, ohne
notwendig alle vorangegangenen Kapitel durchstudieren zu müssen.
Bei dieser Art der Benutzung des Buches werden folgende Hinweise
nützlich sein: Die §§ 24 bis 29 enthalten eine vollständige, unabhängig
lesbare elementare Theorie der Bohrschen fastperiodischen Funktionen. — Die §§ 3 bis 11 und § 30 geben die Theorie der Darstellungen
endlicher und unendlicher Gruppen. Zum restlosen Verständnis des
Vollständigkeitstheorems in § 31 und 32 ist allerdings die Lektüre
des gesamten II. Abschnitts erforderlich. — Als eine erfahrungsgemäß

besonders geeignete Einführung in die Theorie der kontinuierlichen Gruppen und ihrer Darstellungen können die §§ 38 bis 40 dienen. Weitere solche notfalls unabhängig von anderen Kapiteln lesbare Teile des Buches wird der Leser im Bedarfsfalle an Hand des Inhaltsverzeichnisses leicht erkennen.

An Kenntnissen setzt das Buch nicht mehr voraus, als was gegenwärtig in den Anfängervorlesungen der Universitäten geboten wird. Nur an einer Stelle werden Sätze aus der Dimensionstheorie ohne Beweise benutzt. Da diese Sätze ohne weiteres einleuchtende Aussagen machen, dürfte die Verständlichkeit der Ausführungen unter diesem Mangel kaum leiden. Überall sonst ist der Grundsatz verfolgt, alle benötigten Hilfsmittel in dem Buche selber gebrauchsfertig zu machen. Um dies Prinzip wirklich durchführen zu können, mußte eine Beschränkung in der Auswahl des Stoffes vorgenommen werden. Die Behandlung einer jeden weiteren Gruppe als Beispiel für die abstrakte Theorie macht es nötig, auf die individuellen Eigenschaften der betreffenden Gruppe einzugehen. Das bringt derartig umfangreiche Voruntersuchungen mit sich, daß die gar nicht so umfangreiche Theorie der fastperiodischen Funktionen rein volumenmäßig gegenüber den Hilfsbetrachtungen verschwinden würde. Wünscht man etwa die fastperiodischen Funktionen gewisser Untergruppen der Modulgruppe anzugeben (z. B. von $\Gamma(2)$), — ein Problem, das besonders interessant ist, weil diese Gruppen diskret sind, — so stellt sich die Notwendigkeit ein, ausführlich über elliptische Funktionen (in der klassischen Gestalt, nicht nach Weierstaß), ϑ-Funktionen, Modulfunktionen und Zahlkörpertheorie zu berichten, alles Dinge, die nicht in den Rahmen dieses Buches passen. Andererseits ist es gerade ein Hauptreiz der Theorie fastperiodischer Funktionen, daß sie den Anlaß gibt zur Beschäftigung mit Fragen aus nahezu sämtlichen gegenwärtig lebendigen Zweigen der Mathematik. Ich hoffe, daß das vorliegende Buch vor allem seinen jüngeren Lesern bei aller Beschränkung doch etwas von der Begeisterung übermittelt, welche sein Verfasser verspürte, als er als Student die erste Bekanntschaft mit den fastperiodischen Funktionen machte und begann, sich von ihnen durch die Mathematik führen zu lassen.

H a m b u r g 1950.

W. M A A K.

Inhaltsverzeichnis.

I. Von den Darstellungen endlicher Gruppen.

§1. Definition der Gruppe.

Ein System von verschiedenen Elementen bildet eine *Gruppe*, wenn folgende vier Postulate erfüllt sind:

I. Das Gruppengesetz: Jedem geordneten Paar von gleichen oder verschiedenen Elementen des Systems ist eindeutig ein Element desselben Systems zugeordnet, das Produkt der beiden Elemente. Die Formel dafür ist $ab = c$.

II. Das Assoziativgesetz: Für die Produktbildung gilt die Gleichung $(ab)c = a(bc)$. Nicht verlangt wird jedoch das Kommutativgesetz $ab = ba$.

III. Das Einheitselement: Es gibt ein Element **1**, das für jedes a des Systems folgendem Gesetz gehorcht $a1 = 1a = a$. Es heißt **1** das Einheitselement oder Einheit der Gruppe.

IV. Das inverse Element: Zu jedem Element a gibt es ein inverses Element $x = a^{-1}$, das der Gleichung $ax = 1$ genügt.

Eine Gruppe, in der das Kommutativgesetz Gültigkeit hat, heißt eine *kommutative* oder *Abelsche Gruppe*.

Ist die Anzahl der Elemente endlich, so heißt die Gruppe eine *endliche Gruppe*. Die Anzahl der Elemente heißt die *Ordnung* der Gruppe.

Aus den Postulaten kann man sofort eine Reihe von Folgerungen ziehen. Ohne auf die an sich sehr einfachen Beweise einzugehen, werde ich die wichtigsten Resultate angeben: Durch Induktion folgt aus II, daß das Produkt mehrerer Gruppenelemente, auch wenn keine Klammern gesetzt sind, eindeutig bestimmt ist, falls nur die Reihenfolge der Elemente gegeben ist. In III wird die Existenz eines Einheitselementes gefordert. Man zeigt, daß es nur ein einziges Einheitselement geben kann. Schließlich ist $(a^{-1})^{-1} = a$. Auch a^{-1} ist durch a eindeutig bestimmt.

Die wichtigsten Gruppen, denen wir in diesem Buche begegnen werden, sind die folgenden:

1. Die Gruppe der Drehungen des Einheitskreises in sich. Diese Drehungen lassen sich durch den Winkel φ, um den gedreht wird, angeben. Das „Produkt" zweier Drehungen φ und ψ ist die Drehung $\varphi + \psi$. Hierbei ist aber zu berücksichtigen, daß zwei Winkel, welche sich nur um Vielfache von 2π unterscheiden, dieselbe Drehung bedeuten. Unsere Gruppe ist also „isomorph" der additiven Gruppe der reellen Zahlen mod 2π. Sie ist Abelsch. Die Theorie fastperiodischer Funktionen auf der Gruppe der Drehungen des Einheitskreises wird sich als identisch mit der Theorie der periodischen Funktionen, also der Theorie der Fourierreihen ergeben.

2. Die additive Gruppe aller reellen Zahlen, diesmal nicht mod 2π reduziert. Sie ist isomorph zur Gruppe der Translationen entlang der reellen Zahlengeraden. Die Theorie der fastperiodischen Funktionen dieser Gruppe ist nichts anderes als die Theorie der eigentlichen (oder Bohrschen) fastperiodischen Funktionen.

3. Die Gruppe der Kugeldrehungen im dreidimensionalen Raum. Sie unterscheidet sich von den beiden vorangegangenen Gruppen sehr wesentlich dadurch, daß sie nicht Abelsch ist. Die Theorie der fastperiodischen Funktionen auf der Gruppe der Drehungen einer Kugel in sich umfaßt die Theorie der gewöhnlichen Kugelflächenfunktionen.

4. Kompakte Gruppen. Wenn in einer Gruppe jede unendliche Folge von Gruppenelementen eine konvergente Teilfolge besitzt, so heißt die Gruppe kompakt. Dabei ist vorausgesetzt, daß es überhaupt einen Sinn hat, von Konvergenz zu reden, daß es sich also bei unserer Gruppe um eine topologische Gruppe handelt. Die unter 1. und 3. genannten Gruppen sind kompakt. Die Theorie der fastperiodischen Funktionen auf beliebigen kompakten Gruppen ist (im wesentlichen) identisch mit der Theorie der stetigen Funktionen auf diesen Gruppen; denn jede stetige Funktion auf kompakten Gruppen ist auch fastperiodisch.

5. Lineare Gruppen. Eine Menge $\mathfrak{G}$ von s-reihigen quadratischen Matrizen $A, B, \ldots$ wird als lineare Gruppe bezeichnet, wenn sie folgende Bedingungen erfüllt:

a) Die Einheitsmatrix E gehört zu $\mathfrak{G}$.

b) Wenn $A \in \mathfrak{G}$, so existiert auch A^{-1} und $A^{-1} \in \mathfrak{G}$.

c) Wenn $A, B \in \mathfrak{G}$, dann auch $A \cdot B \in \mathfrak{G}$.

Offenbar ist $\mathfrak{G}$ eine (im allgemeinen nicht kommutative) Gruppe im Sinne unserer Definition. Man kann die Matrizen aus $\mathfrak{G}$ als lineare Transformationen im s-dimensionalen Raum deuten. Diejenigen Gruppen, bei denen nicht wie z. B. bei linearen Gruppen irgendetwas über die Natur der Gruppenelemente an sich bekannt ist, nennt man abstrakte Gruppen. Solche Gruppen sind also eigentlich nichts anderes als der Ausdruck einer gewissen Struktur. Eine der Hauptaufgaben der Gruppentheorie ist die Realisierung abstrakter Gruppen durch „isomorphe" konkrete Gruppen. Meistens handelt es sich um die Realisierung abstrakter Gruppen durch lineare Gruppen. In diesem Falle spricht man statt von Realisierung auch von einer Darstellung der abstrakten Gruppe durch Matrizen oder lineare Transformationen, je nachdem welche Vorstellung man mit den Elementen der linearen

Gruppe verknüpft. Die Darstellungstheorie unendlicher Gruppen hängt aufs engste mit der Theorie fastperiodischer Funktionen auf abstrakten Gruppen zusammen. Eine der schönsten Anwendungen der Theorie fastperiodischer Funktionen ist der Nachweis, daß jede (n-dimensionale) kompakte Gruppe durch eine lineare Gruppe (treu) dargestellt werden kann.

6. **Endliche Gruppen, speziell zyklische Gruppen.** Diese Gruppen wollen wir in den nächsten Paragraphen dieser Einleitung genauer studieren, um auf diese Weise die allgemeine Theorie des folgenden Kapitels leichter verständlich zu machen.

§ 2. Endliche zyklische Gruppen.

Die Elemente einer zyklischen Gruppe $\mathfrak{G}$ der Ordnung N können als Potenzen a^n $n = 1, \ldots, N$ eines einzigen Elementes a aus $\mathfrak{G}$ erhalten werden. Es ist

$$(1) \qquad a^n = a^m \qquad \text{wenn } n \equiv m \text{ mod. } N.$$

Die Elemente werden unter Berücksichtigung von (1) gemäß

$$a^n a^m = a^{n+m}$$

ausmultipliziert. Man sieht, daß man jede zyklische Gruppe der Ordnung N als die additive Gruppe $\mathfrak{G}$ der ganzen Zahlen mod. N verstehen kann. Wir fassen also die Zahlen $n = 0, 1, \ldots, N-1$ selber als die Gruppenelemente auf. Um zwei Elemente n, m zu multiplizieren, addiert man die Zahlen, bildet also $n+m$ und reduziert mod. N.

Es interessieren uns Funktionen der Gruppenelemente n mit komplexen Funktionswerten $f(n)$. Solche Funktionen können als Vektoren mit N Komponenten angesehen werden. Die Gesamtheit aller Funktionen $f(n)$ bildet einen N-dimensionalen Raum. Als Basisvektoren können in diesem Raum die Funktionen

$$e^{2\pi i \frac{k}{N} n} = f_k(n)$$

gewählt werden ($k = 0, \ldots, N-1$). Aus den bekannten Formeln

$$\sum_{n=1}^{N} e^{2\pi i \frac{k}{N} n} = \begin{cases} 0 \text{ für } k \neq 0 \\ N \text{ für } k = 0 \end{cases}$$

folgt sogar, daß die Vektoren $f_k(n)$ ein orthogonal-normiertes System bilden, falls man nur das Skalarprodukt (f, g) zweier Funktionen durch

$$(f, g) = \frac{1}{N} \sum_{n=1}^{N} f(n) \overline{g(n)}$$

erklärt. Dafür schreibt man kürzer, indem man $\frac{1}{N} \sum_{n=1}^{N} \ldots$ durch $M_n\{\ldots\}$ ersetzt

$$(f, g) = M_n\{f(n) \overline{g(n)}\} \,.$$

Wir haben dann also

(2)
$$(f_k(n),\ f_l(n)) = \delta_{k,l}$$

Die Funktionen

$$f_k(n) = e^{2\pi i \frac{k}{N} n}$$

sind demnach linear unabhängig und man kann aus ihnen jede andere Funktion linear kombinieren

(3)
$$f(n) = \sum_{k=1}^{N} \alpha_k\, e^{2\pi i \frac{k}{N} n}.$$

Nach (2) berechnen sich die Koeffizienten α_k zu

(4)
$$\alpha_k = M_n\left\{ f(n)\, e^{-2\pi i \frac{k}{N} n} \right\}.$$

Man kann die Summe (3) als ein Analogon zur Fourierreihe periodischer Funktionen auffassen. In der Tat werden die Koeffizienten α_k nach (4) ganz entsprechend wie Fourierkoeffizienten gebildet. Aber während die betreffenden Sätze der Lehre der Fourierreihen tiefer liegende Sätze sind, haben die Formeln (3) und (4) recht trivialen Charakter.

Die Analogie läßt sich weiter durchführen. Im Hinblick auf spätere Anwendungen will ich noch folgende Beziehungen angeben: Ist

$$f(n) = \sum_{k=1}^{N} \alpha_k\, e^{2\pi i \frac{k}{N} n}$$

und

$$g(n) = \sum_{l=1}^{N} \beta_l\, e^{2\pi i \frac{l}{N} n},$$

so gilt

(5)
$$f \times g(n) = M_{n'}\left\{ f(n-n')\, g(n') \right\}$$
$$= \sum_{k=1}^{N} \alpha_k\, \beta_k\, e^{2\pi i \frac{k}{N} n}.$$

Man nennt $f \times g$ die aus f und g gefaltete Funktion. Setzt man speziell

$$g(n) = \overline{f(-n)}, \quad \text{also} \quad \beta_k = \overline{\alpha_k}, \quad \text{so folgt}$$

(6)
$$M_n\left\{ |f(n)|^2 \right\} = \sum_{k=1}^{N} |\alpha_k|^2.$$

Diese Formel, offensichtlich ein Analogon der Parsevalschen Gleichung oder Vollständigkeitsrelation, besagt in diesem Falle nichts anderes, als daß die „Länge" der Vektoren $f(n)$ in der üblichen Weise durch die Quadratsumme der Komponenten ausgedrückt werden kann.

Wie zeichnen sich nun die Funktionen $e^{2\pi i \frac{k}{N} n}$ eigentlich vor anderen Funktionen auf der Gruppe aus? Die Exponentialfunktion erfüllt bekanntlich das Additionstheorem, d. h. es gilt

$$e^a\, e^b = e^{a+b}\,.$$

Hieraus folgt sofort eine wichtige Eigenschaft der Basisfunktionen $e^{2\pi i \frac{k}{N} n}$ im Raum aller Funktionen auf der Gruppe $\mathfrak{G}$. Sei $f(n)$ irgendeine Funktion auf $\mathfrak{G}$ und q ein Gruppenelement. Wir wenden dann q auf $f(n)$ an, indem wir $f(n+q)$ bilden:

$$q \text{ angewandt auf } f(n) \text{ ist gleich } f(n+q).$$

Wendet man in diesem Sinne irgendein Element q auf $e^{2\pi i \frac{k}{N} n}$ an, so geht diese Basisfunktion über in

$$e^{2\pi i \frac{k}{N}(n+q)} = e^{2\pi i \frac{kq}{N}}\, e^{2\pi i \frac{k}{N} n}\,,$$

d. h. die Funktion nimmt nur einen Faktor (vom Betrage 1) auf. Die durch die Basisvektoren $e^{2\pi i \frac{k}{N} n}$ aufgespannten 1-dimensionalen linearen Vektorgebilde werden also durch die Elemente von $\mathfrak{G}$ in sich transformiert.

Bei Anwendung des Elements q aus $\mathfrak{G}$ auf die Gesamtheit aller Funktionen auf $\mathfrak{G}$ geht diese Gesamtheit in sich über. Sie erleidet eine lineare Transformation. Der von den Funktionen gebildete Vektormodul kann als sogenannter Darstellungsmodul der Gruppe $\mathfrak{G}$ angesehen werden und unsere eben konstruierte Basis, bestehend aus den Funktionen $e^{2\pi i \frac{k}{N} n}$ gibt eine Zerlegung des Gesamtmoduls in irreduzible eindimensionale Teildarstellungsmoduln. Wir wollen Darstellungsmoduln auch kurz invariante Moduln nennen. Sie sind invariant gegenüber Anwendung der den Gruppenelementen entsprechenden linearen Transformationen. So haben wir also den Raum aller Funktionen auf einer endlichen zyklischen Gruppe in eindimensionale invariante Teilmoduln zerlegt. Das ist die Bedeutung der Gleichung (3).

§ 3. Darstellungen und Darstellungsmoduln.

Die im vorigen Paragraphen für endliche zyklische Gruppen gegebenen Sätze sollen auf beliebige endliche und später auch auf unendliche Gruppen übertragen werden. Im Falle endlicher Gruppen ist dies Problem seit langem durch die Darstellungstheorie gelöst. Im Falle unendlicher Gruppen wird man zur Theorie der fastperiodischen Funktionen geführt. In diesem einleitenden Kapitel soll die Darstellungstheorie endlicher Gruppen in einer Gestalt vorgeführt werden, welche in der Theorie fastperiodischer Funktionen als Vorbild dienen kann. Zunächst werde der Begriff der Darstellung selber etwas näher erläutert. Soweit es möglich ist, sollen schon jetzt alle Definitionen und Sätze für beliebige Gruppen, nicht nur für endliche, gegeben werden, so daß wir auch später aus den Untersuchungen des gegenwärtigen Kapitels Nutzen ziehen können.

Es sei $\mathfrak{G}$ eine beliebige Gruppe mit den Elementen $a, b, \ldots, x, y, \ldots$. Man spricht von einer *Darstellung* von $\mathfrak{G}$, wenn jedem Gruppenelement x eine nicht singuläre Matrix von etwa s Reihen und Spalten

$$D(x) = \{D_{\varrho\sigma}(x)\} \qquad \varrho, \sigma = 1, \ldots, s$$

so zugeordnet ist, daß

$$D(x)\,D(y) = D(x\,y)$$

gilt. Die Elemente $D_{\varrho\sigma}(x)$ der Matrizen sind komplexwertige Funktionen der Gruppenelemente. Zwei Darstellungen $C(x)$ und $D(x)$ werden als äquivalent angesehen, wenn es eine konstante, nicht singuläre Matrix A gibt, so daß für alle x

$$C(x) = A\,D(x)\,A^{-1}$$

erfüllt ist.

Eine nicht leere Menge $\mathfrak{M}$ von beliebigen Elementen $\mathfrak{u}, \mathfrak{v}, \ldots$ heißt ein *Vektormodul*, falls für je zwei Elemente $\mathfrak{u}, \mathfrak{v}$ aus $\mathfrak{M}$ eine in $\mathfrak{M}$ gelegene Summe $\mathfrak{u} + \mathfrak{v} = \mathfrak{v} + \mathfrak{u}$ und für jedes Element $\mathfrak{u}$ aus $\mathfrak{M}$ und jede beliebige komplexe Zahl λ ein ebenfalls in $\mathfrak{M}$ gelegenes Produkt $\lambda\mathfrak{u} = \mathfrak{u}\lambda$ erklärt sind und wenn diese Summe und dieses Produkt den üblichen Rechenregeln genügen. Die Elemente von $\mathfrak{M}$ heißen *Vektoren*. Gibt es in $\mathfrak{M}$ etwa s Vektoren $\mathfrak{u}_1, \ldots, \mathfrak{u}_s$, so daß jeder Vektor $\mathfrak{u}$ aus $\mathfrak{M}$ auf eine und nur eine Weise in der Gestalt

$$\mathfrak{u} = \lambda_1\mathfrak{u}_1 + \ldots + \lambda_s\mathfrak{u}_s$$

geschrieben werden kann, so heißt der Modul endlich, genauer *s-dimensional*, die Elemente $\mathfrak{u}_1, \ldots, \mathfrak{u}_s$ bilden eine Basis des Moduls, die Zahlen $\lambda_1, \ldots, \lambda_s$ sind die Koordinaten des Vektors $\mathfrak{u}$ und wir schreiben

$$\mathfrak{u} = \{\lambda_1, \ldots, \lambda_s\}\,.$$

Eine eindeutige Abbildung

$$\mathfrak{u} \to T\,\mathfrak{u}$$

eines Moduls $\mathfrak{M}$ auf sich heißt eine *lineare Transformation*, wenn sie die folgenden Eigenschaften besitzt

$$T(\mathfrak{u} + \mathfrak{v}) = T\,\mathfrak{u} + T\,\mathfrak{v}$$

$$T(\lambda\,\mathfrak{u}) = \lambda\,T\,\mathfrak{u}\,.$$

Das Produkt $S\,T$ zweier linearer Transformationen S und T von $\mathfrak{M}$ wird durch

$$(S\,T)\,\mathfrak{u} = S(T\,\mathfrak{u})$$

erklärt.

Wir wollen einen Modul $\mathfrak{M}$ einen *Darstellungsmodul von* $\mathfrak{G}$ nennen, wenn jedem Gruppenelement x eine lineare Transformation $T(x)$ eindeutig so zugeordnet ist, daß

$$T(1) = E \qquad T(x\,y) = T(x)\,T(y)$$

gilt. Dabei bedeutet E diejenige Abbildung, welche jedes Element festläßt.

Wählt man in einem endlichen Modul $\mathfrak{M}$ eine bestimmte Basis $\mathfrak{u}_1, \ldots, \mathfrak{u}_s$, so entspricht jeder linearen Transformation T eine gewisse Matrix D, so daß

$$T\,\mathfrak{u} = D\,\mathfrak{u} \qquad\qquad \mathfrak{u} \text{ beliebig} \in \mathfrak{M}$$

wird. Sei nämlich

$$T\,\mathfrak{u}_\sigma = \sum_{\varrho=1}^{s} D_{\varrho\sigma}\,\mathfrak{u}_\varrho \qquad\qquad \sigma = 1, \ldots, s,$$

so folgt

$$T\,\mathfrak{u} = T\left(\sum_{\sigma=1}^{s} \lambda_\sigma\,\mathfrak{u}_\sigma\right) = \sum_{\sigma=1}^{s} \lambda_\sigma\,T\,\mathfrak{u}_\sigma = \sum_{\sigma=1}^{s} \lambda_\sigma \sum_{\varrho=1}^{s} D_{\varrho\sigma}\,\mathfrak{u}_\varrho = \sum_{\varrho=1}^{s} \mathfrak{u}_\varrho \sum_{\sigma=1}^{s} D_{\varrho\sigma}\,\lambda_\sigma$$

$$= \left\{\sum_{\sigma=1}^{s} D_{1\sigma}\,\lambda_\sigma, \ldots, \sum_{\sigma=1}^{s} D_{s\sigma}\,\lambda_\sigma\right\} = D\,\mathfrak{u}.$$

Sind S und T zwei lineare Transformationen, welchen vermöge

$$S\,\mathfrak{u} = C\,\mathfrak{u} \qquad\qquad T\,\mathfrak{u} = D\,\mathfrak{u} \qquad\qquad \mathfrak{u} \in \mathfrak{M}$$

die Matrizen C und D zugeordnet sind, so ist der Transformation $S\,T$ die Matrix $C\,D$ zugeordnet

$$(S\,T)\,\mathfrak{u} = S(T\,\mathfrak{u}) = S(D\,\mathfrak{u}) = C(D\,\mathfrak{u}) = (C\,D)\,\mathfrak{u}\,.$$

Deshalb entspricht der Menge von linearen Transformationen, welche aus $\mathfrak{M}$ einen Darstellungsmodul machen, eine Darstellung von $\mathfrak{G}$. Diese Zuordnung ist nicht eindeutig; denn bei verschiedener Wahl der Basis erhält man verschiedene Darstellungen. Jedoch sind, wie man ohne weiteres sieht, alle diese Darstellungen äquivalent.

Ist umgekehrt eine s-reihige Darstellung $D(x)$ einer Gruppe $\mathfrak{G}$ gegeben und ist $\mathfrak{M}$ ein Modul der Dimension s, so kann man mit Hilfe der Matrizen $D(x)$ den Modul zu einem Darstellungsmodul machen. Sei nämlich eine Basis in $\mathfrak{M}$ irgendwie gewählt, so kann man die Elemente $\mathfrak{u}$ von $\mathfrak{M}$ durch ihre Komponenten geben

$$\mathfrak{u} = \{\lambda_1, \ldots, \lambda_s\}\,.$$

Man erklärt dann die linearen Transformationen $T(x)$ durch

$$T(x)\,\mathfrak{u} = D(x)\,\mathfrak{u} = \left\{\sum_{\sigma=1}^{s} D_{1\sigma}(x)\,\lambda_\sigma, \ldots, \sum_{\sigma=1}^{s} D_{s\sigma}(x)\,\lambda_\sigma\right\}\,.$$

In der Tat gilt

$$T(x\,y)\,\mathfrak{u} = D(x\,y)\,\mathfrak{u} = (D(x)\,D(y))\,\mathfrak{u} = D(x)\,(D(y)\,\mathfrak{u})$$
$$= D(x)\,(T(y)\,\mathfrak{u}) = T(x)\,(T(y)\,\mathfrak{u}) = (T(x)\,T(y))\,\mathfrak{u}$$

und

$$T(1)\,\mathfrak{u} = D(1)\,\mathfrak{u} = E\,\mathfrak{u} = \mathfrak{u}\,.$$

Da uns in einem Darstellungsmodul die Natur der Vektoren an sich, welche in ihrer Gesamtheit den Modul bilden, nicht interessiert, da vielmehr im Hinblick auf die Darstellungen einer Gruppe durch Matrizen nur die rein algebraische Struktur der Moduln wichtig erscheint, wollen wir in dieser Hinsicht gleichgebaute Moduln nicht mehr unterscheiden. Um dies zu erläutern, wollen wir zwei s-dimensionale Darstellungsmoduln $\mathfrak{M}$ und $\mathfrak{M}'$ von $\mathfrak{G}$ betrachten. In beiden wählen wir eine Basis. Dadurch wird es möglich, die Vektoren sowohl von $\mathfrak{M}$ als auch von $\mathfrak{M}'$ durch ihre Koordinaten-s-tupel zu repräsentieren. So bedeutet

$$\{\lambda_1, \ldots, \lambda_s\}$$

in $\mathfrak{M}$ einen gewissen Vektor $\mathfrak{u}$ und in $\mathfrak{M}'$ einen gewissen Vektor $\mathfrak{u}'$. Wir nennen zwei Vektoren $\mathfrak{u}$ und $\mathfrak{u}'$ aus $\mathfrak{M}$ bzw. $\mathfrak{M}'$ entsprechende Vektoren, wenn sie bei der speziellen Wahl der Basen in $\mathfrak{M}$ und $\mathfrak{M}'$ die gleichen Koordinaten-s-tupel besitzen. Im Modul $\mathfrak{M}$ stelle sich $\mathfrak{G}$ durch die linearen Transformationen $T(x)$ und in $\mathfrak{M}'$ durch $T'(x)$ dar. Die Darstellungsmoduln $\mathfrak{M}$ und $\mathfrak{M}'$ sollen nun als (*wesentlich*) *gleich* angesehen werden, wenn es möglich ist, in $\mathfrak{M}$ und $\mathfrak{M}'$ derartige Basen zu wählen, daß die Bildvektoren $T(x)\,\mathfrak{u}$ und $T'(x)\,\mathfrak{u}'$ einander entsprechender Vektoren $\mathfrak{u}$ und $\mathfrak{u}'$ wieder entsprechende Vektoren sind.

Die Brauchbarkeit dieser Begriffsbildung wird durch folgenden Satz offenbar.

Satz 1. *Jeder Darstellung $D(x)$ von $\mathfrak{G}$ entspricht ein Darstellungsmodul $\mathfrak{M}$, in dem die Matrizen $D(x)$ als lineare Transformationen gedeutet werden können. Jedem Darstellungsmodul $\mathfrak{M}$ endlicher Dimension von $\mathfrak{G}$ entspricht nach Wahl einer Basis eine Darstellung durch Matrizen $D(x)$. Äquivalenten Darstellungen entsprechen gleiche Darstellungsmoduln, gleichen Darstellungsmoduln entsprechen äquivalente Darstellungen.*

Beweis: Ist $D(x)$ eine s-reihige Darstellung, so kann man nach dem oben angegebenen Verfahren aus dem Vektormodul $\mathfrak{M}$, welcher aus sämtlichen Zahlen-s-tupeln besteht, einen Darstellungsmodul machen, in dem die Matrizen lineare Transformationen vermitteln. Daß umgekehrt jedem Darstellungsmodul $\mathfrak{M}$ eine Darstellung entspricht, wurde ebenfalls bereits auseinandergesetzt. Es seien nun $D(x)$ und $C(x) = A\,D(x)\,A^{-1}$ äquivalente Darstellungen und $\mathfrak{M}$ bzw. $\mathfrak{N}$ ihnen entsprechende Darstellungsmoduln. Dann gibt es in $\mathfrak{M}$ eine Basis $\mathfrak{u}_1, \ldots, \mathfrak{u}_s$, so daß die linearen Transformationen $T(x)$, welche in $\mathfrak{M}$ den Elementen x entsprechen, bezüglich dieser Basis durch die Matrizen $D(x)$ gegeben sind. Ebenso gibt es in $\mathfrak{N}$ eine Basis $\mathfrak{v}_1, \ldots, \mathfrak{v}_s$, so daß die linearen Transformationen $S(x)$, welche in $\mathfrak{N}$ den Elementen x entsprechen, bezüglich dieser Basis durch $C(x)$ gegeben sind. Ist nun $A = \{A_{\varrho\sigma}\}$, so ersetze man in $\mathfrak{N}$ die Basis $\mathfrak{v}_1, \ldots, \mathfrak{v}_s$ durch eine neue

Basis

$$\mathfrak{v}_1' = \sum_{\varrho=1}^{s} A_{\varrho 1}\, \mathfrak{v}_\varrho,\; \ldots,\; \mathfrak{v}_s' = \sum_{\varrho=1}^{s} A_{\varrho s}\, \mathfrak{v}_\varrho\,.$$

Bezüglich dieser Basis $\mathfrak{v}_1', \ldots, \mathfrak{v}_s'$ haben die linearen Transformationen $S(x)$ die Matrizen $A^{-1} C(x)\, A = D(x)$. Wählen wir jetzt in $\mathfrak{M}$ und in $\mathfrak{N}$ Vektoren mit gleichen Komponenten $\lambda_1, \ldots, \lambda_s$ (bezüglich $\mathfrak{u}_i, \ldots, \mathfrak{u}_s$ bzw. $\mathfrak{v}_1', \ldots, \mathfrak{v}_s'$) aus, so haben ihre Bilder bei Anwendung von $T(x)$ bzw. $S(x)$ offensichtlich wieder gleiche Komponenten, d. h. $\mathfrak{M}$ und $\mathfrak{N}$ sind (wesentlich) gleich. Die Umkehrung hiervon ist nahezu trivial. Sind $\mathfrak{M}$ und $\mathfrak{N}$ wesentlich gleiche Darstellungsmoduln, so kann man definitionsgemäß in $\mathfrak{M}$ und $\mathfrak{N}$ solche Basen wählen, daß die linearen Transformationen, welche in $\mathfrak{M}$ die Gruppe darstellen und die anderen linearen Transformationen, welche in $\mathfrak{N}$ die Gruppe darstellen, dieselben Matrizen haben. Wählt man in $\mathfrak{M}$ und $\mathfrak{N}$ die Basen ganz willkürlich, so gehen die Matrizen in äquivalente über, die entsprechenden Darstellungen sind also äquivalent. —

Aufgabe der Darstellungstheorie ist es, eine Methode zu entwickeln, die es möglich macht, sämtliche inäquivalenten Darstellungen einer Gruppe anzugeben. Wie wir gesehen haben, ist dieses Problem demjenigen gleichwertig, sämtliche (wesentlich) verschiedenen Darstellungsmoduln zu konstruieren. Wenn man aber zeigt, wie man jeden Darstellungsmodul in kleinste Bausteine zerlegen kann, und wenn es möglich ist, über die sämtlichen in Frage kommenden derartigen Bausteine sich einen Überblick zu verschaffen, so kann man die formulierte Aufgabe als gelöst ansehen. Man kann ja dann sämtliche Darstellungsmoduln konstruieren, indem man die kleinsten Bausteine dieser Moduln auf alle möglichen Weisen wieder zusammensetzt.

Um in der angegebenen Richtung fortzuschreiten, unterscheiden wir zwei Arten von Darstellungsmoduln. Ein Darstellungsmodul $\mathfrak{M}$ der Gruppe $\mathfrak{G}$ soll *reduzibel* heißen, wenn $\mathfrak{M}$ einen echten (von o verschiedenen) Teilmodul $\mathfrak{M}'$ enthält, der gegenüber $\mathfrak{G}$ invariant ist. D. h.: Wendet man die linearen Transformationen, welche den Elementen von $\mathfrak{G}$ entsprechen, auf $\mathfrak{M}$ an, so geht $\mathfrak{M}'$ stets wieder in sich über. Der Modul $\mathfrak{M}'$ ist also wieder ein Darstellungsmodul von $\mathfrak{G}$. Ein Darstellungsmodul $\mathfrak{M}$ heißt *irreduzibel*, wenn in $\mathfrak{M}$ kein echter (von o verschiedener) Teilmodul enthalten ist, der gegenüber $\mathfrak{G}$ invariant ist. Jeder Modul ist also entweder reduzibel oder irreduzibel.

Es sei $\mathfrak{M}$ ein reduzibler Modul der Dimension s, dann enthält $\mathfrak{M}$ also einen echten gegenüber $\mathfrak{G}$ invarianten Teilmodul $\mathfrak{M}'$ mit der Basis $\mathfrak{u}_1', \ldots, \mathfrak{u}_{s'}'$. Es ist möglich, daß $\mathfrak{M}$ noch einen weiteren invarianten Teilmodul $\mathfrak{M}''$ mit der Basis $\mathfrak{u}_1'', \ldots, \mathfrak{u}_{s'}''$ enthält. Wenn die Basisvektoren $\mathfrak{u}_1', \ldots, \mathfrak{u}_{s'}',\; \mathfrak{u}_1'', \ldots, \mathfrak{u}_{s'}''$ zusammen eine Basis von $\mathfrak{M}$ bilden, so sagen wird, daß $\mathfrak{M}$ direkte Summe von $\mathfrak{M}_1$ und $\mathfrak{M}_2$ sei. Sind allgemeiner $\mathfrak{M}_1, \ldots, \mathfrak{M}_r$ irgendwelche (invarianten) Teilmoduln von $\mathfrak{M}$ und läßt sich jeder Vektor aus $\mathfrak{M}$ als Summe von Vektoren aus $\mathfrak{M}_1$ und $\ldots$ und $\mathfrak{M}_r$ auf eine und nur eine Weise darstellen, so wollen wir $\mathfrak{M}$ die *direkte Summe* von $\mathfrak{M}_1$ und $\ldots$ und $\mathfrak{M}_r$ nennen und schreiben

$$\mathfrak{M} = \mathfrak{M}_1 + \cdots + \mathfrak{M}_r .$$

Ist ein Darstellungsmodul $\mathfrak{M}$ direkte Summe irreduzibler Teilmoduln $\mathfrak{M}$:

$$\mathfrak{M} = \mathfrak{M}_1 + \cdots + \mathfrak{M}_r$$

(oder ist $\mathfrak{M}$ selber irreduzibel), so heißt $\mathfrak{M}$ *vollreduzibel*. Wir werden, jedenfalls bei endlichen Gruppen, zeigen, daß reduzible Darstellungsmoduln stets vollreduzibel sind. Im oben angegebenen Sinne können also die irreduziblen Moduln als kleinste Bausteine beliebiger Darstellungsmoduln angesehen werden.

Wir wollen nun untersuchen, welche Bedeutung die Begriffe reduzibel, irreduzibel oder vollreduzibel für die Darstellung haben, welche zu dem betrachteten Modul gehört. Es sei der Modul $\mathfrak{M}$ etwa reduzibel und $D(x)$ sei eine Darstellung von $\mathfrak{G}$, welche zu $\mathfrak{M}$ gehört. Da $\mathfrak{M}$ reduzibel ist, gibt es einen echten Teilmodul $\mathfrak{M}'$, der wieder Darstellungsmodul von $\mathfrak{G}$ ist. Wir wählen nun zunächst eine Basis

$$\mathfrak{u}_1, \ldots, \mathfrak{u}_{s'}, \qquad\qquad 1 \leq s' < s$$

von $\mathfrak{M}'$ und ergänzen diese durch gewisse Vektoren $\mathfrak{u}_{s'+1}, \ldots, \mathfrak{u}_s$ zu einer Basis von $\mathfrak{M}$

$$\mathfrak{u}_1, \ldots, \mathfrak{u}_s .$$

Transformiert man die Matrizen $D(x)$ der Darstellung auf diese Basis, so gehen sie in äquivalente Matrizen $C(x)$ der folgenden Gestalt über

$$(1) \quad C(x) = \begin{vmatrix} C_{11}(x) & \ldots & C_{1s'}(x) & C_{1s'+1}(x) & \ldots & C_{1s}(x) \\ \hline C_{s'1}(x) & \ldots & C_{s's'}(x) & C_{s's'+1}(x) & \ldots & C_{s's}(x) \\ 0 & \ldots & 0 & C_{s'+1s'+1}(x) & \ldots & C_{s'+1s}(x) \\ \hline 0 & \ldots & 0 & C_{ss'+1}(x) & \ldots & C_{ss}(x) \end{vmatrix}$$

Für sämtliche x verschwinden also die Funktionen $C_{\varrho\sigma}(x)$ mit $s' + 1 \leq \varrho \leq s$, $1 \leq \sigma \leq s'$ identisch. Wir wollen nun eine *Darstellung $D(x)$ reduzibel* nennen, wenn sie eine äquivalente Darstellung $C(x)$ besitzt, deren Matrizen die Form (1) (mit gewissem s') haben. Man sieht, daß dann der Darstellungsmodul $\mathfrak{M}$, welcher zu $D(x)$ gehört, einen invarianten Teilmodul $\mathfrak{M}'$ haben muß. Transformiert man nämlich $D(x)$ in $C(x)$, so bedeutet das für $\mathfrak{M}$ Übergang zu einer neuen Basis und die neuen Basiselemente mit einer Nummer $\leq s'$ sind gerade die Basiselemente von $\mathfrak{M}'$. Die Matrizen

$$C'(x) = \begin{pmatrix} C_{11}(x) & \ldots & C_{1s'}(x) \\ \overline{} & \overline{} & \overline{} \\ C_{s'1}(x) & \ldots & C_{s's'}(x) \end{pmatrix}$$

sind die Matrizen der zu $\mathfrak{M}'$ gehörigen Darstellung.

Nebenbei haben wir erkannt, daß gleiche Darstellungsmoduln stets gleichzeitig reduzibel und damit natürlich auch gleichzeitig irreduzibel sind; denn die Eigenschaft eines Moduls $\mathfrak{M}$, reduzibel oder irreduzibel zu sein, spiegelt sich wieder in der zu $\mathfrak{M}$ gehörigen Darstellung und zu gleichen Moduln gehören ja auch äquivalente Darstellungen, welche natürlich nur gleichzeitig reduzibel sein können.

Wenn ein Modul irreduzibel ist, dann besitzt die zu $\mathfrak{M}$ gehörige Darstellung $D(x)$ keine äquivalente Darstellung, welche die Gestalt (1) hat, welche also unten links ein identisch verschwindendes Rechteck besitzt. Diese zu irreduziblen Moduln gehörigen Darstellungen heißen *irreduzible Darstellungen*.

Nun sei schließlich der zur Darstellung $D(x)$ gehörige Modul $\mathfrak{M}$ vollreduzibel

$$(2) \qquad \mathfrak{M} = \mathfrak{M}_1 + \cdots + \mathfrak{M}_r .$$

Wählt man in jedem Modul $\mathfrak{M}_i$ eine Basis, so bildet die Gesamtheit aller dieser Basisvektoren eine Basis von $\mathfrak{M}$, da die Summe (2) eine direkte Summe ist. Transformiert man die Matrizen $D(x)$ auf diese neue Basis, so gehen sie in äquivalente Matrizen $C(x)$ der folgenden Gestalt über

$$(3) \qquad C(x) = \begin{vmatrix} \boxed{C_1(x)} & & & 0 \\ & \boxed{C_2(x)} & & \\ & & \ddots & \\ 0 & & & \boxed{C_r(x)} \end{vmatrix}$$

Entlang der Hauptdiagonalen reihen sich quadratische Kästchen mit den Matrizen $C_i(x)$ aneinander und sonst enthält $C(x)$ nur Nullen. Die Matrizen $C_i(x)$ sind irreduzible Darstellungen von $\mathfrak{G}$, welche zu den Moduln $\mathfrak{M}_i$ gehören. Wir wollen eine Darstellung $D(x)$ eine *vollreduzible Darstellung* nennen, wenn sie einer Darstellung derselben Gestalt wie $C(x)$ in (3) äquivalent ist. Jedem vollreduziblen Darstellungsmodul entspricht also eine vollreduzible Darstellung, aber umgekehrt gehört auch zu jeder vollreduziblen Darstellung ein vollreduzibler Darstellungsmodul. Ist nämlich $\mathfrak{M}$ der Darstellungsmodul einer vollreduziblen Darstellung $D(x)$, so gehe man in $\mathfrak{M}$ zu einer neuen Basis über, bezüglich derer $D(x)$ die äquivalente Gestalt $C(x)$ in (3) hat. Haben dann die Matrizen $C_1(x), \ldots, C_r(x)$ etwa s_1 bzw. $\ldots$ bzw. s_r

Zeilen und Spalten, so spannen die ersten s_1 Vektoren der neuen Basis den Modul $\mathfrak{M}_1$ auf, die nächsten s_2 Basisvektoren spannen $\mathfrak{M}_2$ auf usw. Da $\mathfrak{M}_1, \ldots, \mathfrak{M}_r$ zu den irreduziblen Darstellungen $C_1(x), \ldots, C_r(x)$ gehören, sind diese Moduln irreduzibel.

Unsere Aufgabe ist nun 1. bei möglichst allgemeinen Gruppen zu beweisen, daß jede reduzible Darstellung vollreduzibel ist und 2. einen Überblick über sämtliche irreduziblen Darstellungen einer Gruppe zu gewinnen. Der Behandlung dieser Probleme wollen wir uns nun zuwenden. Im Falle endlicher Gruppen sind sie schon seit langer Zeit gelöst. Bei unendlichen Gruppen ist die Darstellungstheorie noch nicht so entwickelt wie im Falle endlicher Gruppen. Der Satz, daß jede reduzible Darstellung voll reduzibel ist, gilt bei unendlichen Gruppen nicht allgemein. Will man also die Darstellungstheorie endlicher Gruppen auf den Fall beliebiger Gruppen übertragen, so muß man den Begriff der Darstellung einschränken. Nur sogenannte Normaldarstellungen werden in Betracht gezogen. Auf diese Weise wird man äußerst natürlich auf die Theorie der fastperiodischen Funktionen gestoßen, welche aufs engste mit derjenigen der Normaldarstellungen zusammenhängt.

§ 4. Normaldarstellungen.

Unter einer *Bilinearform* versteht man einen Ausdruck der Gestalt

$$B(\mathfrak{u}, \mathfrak{v}) = \sum_{\varrho, \sigma = 1}^{s} b_{\varrho\sigma}\, \bar{u}_\varrho v_\sigma$$

Hierin bezeichnen $\mathfrak{u} = \{u_1, \ldots, u_s\}$ und $\mathfrak{v} = \{v_1, \ldots v_s\}$ irgend welche (unbestimmte) Vektoren des komplexen s-dimensionalen Raumes, während die Komponenten $b_{\varrho\sigma}$ der Matrix $B = \{b_{\varrho\sigma}\}$ beliebige feste komplexe Zahlen sind. Man wendet eine Matrix D vom Grade s auf eine bilineare Form $B(\mathfrak{u}, \mathfrak{v})$ an, indem man die Ersetzung

$$B(\mathfrak{u}, \mathfrak{v}) \to B(D\mathfrak{u}, D\mathfrak{v})$$

vornimmt. Auf der rechten Seite steht wieder eine Bilinearform. Sie heißt die *transformierte Form*. Wir wollen ihre Koeffizientenmatrix berechnen. Ist $D = \{D_{\varrho\sigma}\}$, so haben wir

$$B(D\mathfrak{u}, D\mathfrak{v}) = \sum_{\mu, \nu = 1}^{s} b_{\mu\nu} \overline{\left(\sum_{\varrho=1}^{s} D_{\mu\varrho}\, u_\varrho\right)} \left(\sum_{\sigma=1}^{s} D_{\nu\sigma}\, v_\sigma\right)$$

$$= \sum_{\varrho, \sigma = 1}^{s} \left(\sum_{\mu, \nu = 1}^{s} \overline{D_{\mu\varrho}}\, b_{\mu\nu}\, D_{\nu\sigma}\right) \bar{u}_\varrho\, v_\sigma.$$

Ist $A = \{A_{\varrho\sigma}\}$ irgendeine Matrix, so soll die Matrix $A^* = \{\overline{A_{\sigma\varrho}}\}$ die zu A *adjungierte Matrix* heißen. Offenbar gelten bezüglich des Übergangs zur adjungierten Matrix folgende Regeln

$$A^{**} = A \qquad (A_1 A_2)^* = A_2^*\, A_1^*.$$

Bei Benutzung des Begriffs der adjungierten Matrix schreibt sich die mit D transformierte Bilinearform wie folgt

$$B(D\mathfrak{u}, D\mathfrak{v}) = D^* B\, D\,(\mathfrak{u}, \mathfrak{v})\,.$$

Eine Matrix D heißt *unitär*, wenn

$$D\,D^* = E \quad \text{also} \quad D^{-1} = D^*$$

ist. Dabei bedeutet E die Einheitsmatrix. Eine Darstellung $D(x)$ heißt unitär, wenn jede ihrer Matrizen unitär ist, wenn also für alle x

$$D(x)\, D^*(x) = E$$

gilt. Solche unitären Darstellungen zeichnen sich dadurch aus, daß sie die Einheitsform

$$E\,(\mathfrak{u}, \mathfrak{v}) = \sum_{\sigma=1}^{s} \overline{u_\sigma}\, v_\sigma$$

invariant lassen; denn es gilt ja offenbar

$$E\,(D(x)\,\mathfrak{u},\, D(x)\,\mathfrak{v}) = D^*(x)\, E\, D(x)\,(\mathfrak{u}, \mathfrak{v}) = E(\mathfrak{u}.\,\mathfrak{v})\,.$$

Unitäre Darstellungen kann man deshalb als Drehungen eines unitären Raumes auffassen, das ist ein Raum, in dem mit Hilfe der Form $E\,(\mathfrak{u}, \mathfrak{v})$ ein Skalarprodukt von Vektoren $\mathfrak{u}, \mathfrak{v}$ eingeführt ist. Drehungen eines unitären Raumes sind Abbildungen des Raumes auf sich, welche dieses Skalarprodukt invariant lassen.

Eine selbstadjungierte Matrix, also eine Matrix H, welche mit ihrer adjungierten H^* übereinstimmt

$$H = H^*\,,$$

wird auch *Hermitesch* genannt. Unter einer Hermiteschen Form verstehen wir eine Bilinearform

$$H\,(\mathfrak{u}, \mathfrak{v}) = \sum_{\varrho,\,\sigma=1}^{s} h_{\varrho\sigma}\, \overline{u_\varrho}\, v_\sigma$$

deren Koeffizientenmatrix H Hermitesch ist. Offenbar gilt für derartige Formen

$$H\,(\mathfrak{v}, \mathfrak{u}) = \overline{H\,(\mathfrak{u}, \mathfrak{v})}\,.$$

Deshalb ist $H\,(\mathfrak{u}, \mathfrak{u})$ stets reell. Eine Hermitesche Form heißt *positiv definit*, wenn für jedes $\mathfrak{u} \neq 0$

$$H\,(\mathfrak{u}, \mathfrak{u}) > 0$$

richtig ist. Transformiert man eine Hermitesche Form mit einer Matrix D, so geht sie wieder in eine Hermitesche Form über, wie sofort aus

$$(D^* H D)^* = D^* H^* D^{**} = D^* H D$$

folgt.

Definition: Eine Darstellung $D(x)$ einer beliebigen Gruppe $\mathfrak{G}$ heißt *normal*, wenn es eine positiv definite Hermitesche Form $H(\mathfrak{u}, \mathfrak{v})$ gibt, welche gegenüber sämtlichen Transformationen $D(x)$ der Darstellung invariant ist, für die also

$$H(D(x)\,\mathfrak{u},\, D(x)\,\mathfrak{v}) = H(\mathfrak{u},\,\mathfrak{v})$$

gilt.

Da jede unitäre Darstellung die Einheitsform $E(\mathfrak{u},\,\mathfrak{v})$ invariant läßt, ist jede unitäre Darstellung auch normal. Wir sehen aber auch, daß jede zu einer unitären Darstellung $D(x)$ äquivalente Darstellung $C(x) = A\,D(x)\,A^{-1}$ normal ist. Wir bilden nämlich die Hermetische Form

$$H(\mathfrak{u},\,\mathfrak{v}) = E(A^{-1}\,\mathfrak{u},\, A^{-1}\,\mathfrak{v}) = (A^{-1})^*\,A^{-1}(\mathfrak{u},\,\mathfrak{v}).$$

Sie ist offensichtlich positiv definit. Ist nämlich $\mathfrak{u} \neq \mathfrak{o}$, so ist auch $A^{-1}\mathfrak{u} \neq \mathfrak{o}$, also

$$H(\mathfrak{u},\,\mathfrak{u}) = E(A^{-1}\,\mathfrak{u},\, A^{-1}\,\mathfrak{u}) > \mathfrak{o}.$$

Schließlich sieht man sofort, daß $H(\mathfrak{u},\,\mathfrak{v})$ gegenüber $C(x)$ invariant ist:

$$\begin{aligned}
H(C(x)\,\mathfrak{u},\, C(x)\,\mathfrak{v}) &= E\big(A^{-1}(A\,D(x)\,A^{-1})\,\mathfrak{u},\; A^{-1}(A\,D(x)\,A^{-1})\,\mathfrak{v}\big).\\
&= E\big(D(x)\,A^{-1}\,\mathfrak{u},\; D(x)\,A^{-1}\,\mathfrak{v}\big) = E\big(A^{-1}\,\mathfrak{u},\, A^{-1}\,\mathfrak{v}\big)\\
&= H(\mathfrak{u},\,\mathfrak{v})\;.
\end{aligned}$$

Von diesen Sätzen soll die Umkehrung hergeleitet werden, d. h. wir zeigen:

Satz 1. *Eine Darstellung $D(x)$ ist dann und nur dann normal, wenn sie zu einer unitären Darstellung äquivalent ist.* Dieser Satz besagt offenbar, daß die normalen Darstellungen genau diejenigen Darstellungen sind, welche als Drehungen eines unitären Raumes gedeutet werden können.

Beweis: Es genügt zu zeigen, daß jede normale Darstellung $D(x)$ einer unitären äquivalent ist. Die gegenüber $D(x)$ invariante Form sei $H(\mathfrak{u},\,\mathfrak{v})$. Wir deuten die Darstellung $D(x)$ als Darstellung durch lineare Transformationen $T(x)$ in einem Darstellungsmodul $\mathfrak{M}$. Geht man in $\mathfrak{M}$ zu einer neuen Basis über, so entsprechen den linearen Transformationen $T(x)$ nicht mehr die Matrizen $D(x)$, sondern gewisse andere mit $D(x)$ äquivalente Matrizen $C(x) = A\,D(x)\,A^{-1}$. Die Darstellung $D(x)$ geht also in eine äquivalente über. In $\mathfrak{M}$ wird $H(\mathfrak{u},\,\mathfrak{v})$ als eine Art Skalarprodukt von $\mathfrak{u}$ und $\mathfrak{v}$ angesehen. Es soll nun versucht werden, die neue Basis so zu wählen, daß dieses Skalarprodukt in den neuen Koordinaten wie üblich berechnet wird, daß also

$$H(\mathfrak{u},\,\mathfrak{v}) = E(\mathfrak{u}',\,\mathfrak{v}') = \sum_{\sigma=1}^{s} \overline{u'_\sigma}\, v'_\sigma$$

wird, wobei $u'_1, \ldots, u'_s$ und $v'_1, \ldots, v'_s$ die neuen Koordinaten der Vektoren $\mathfrak{u}$ und $\mathfrak{v}$ sind. Wenn man in $\mathfrak{M}$ eine Basis $\mathfrak{e}_1, \ldots, \mathfrak{e}_s$ finden kann, für die

$$H(\mathfrak{e}_\varrho,\, \mathfrak{e}_\sigma) = \delta_{\varrho\sigma} \qquad\qquad \varrho,\, \sigma = 1, \ldots, s$$

wird, so erfüllt diese Basis unsere Ansprüche. Es ist nämlich dann für

$$\mathfrak{u} = \sum_{\sigma=1}^{s} u'_\sigma\, \mathfrak{e}_\sigma \qquad\qquad \mathfrak{v} = \sum_{\sigma=1}^{s} v'_\sigma\, \mathfrak{e}_\sigma$$

offenbar

$$H(\mathfrak{u}, \mathfrak{v}) = \sum_{\varrho,\sigma=1}^{s} \overline{u'_\varrho}\, v'_\sigma\, H(\mathfrak{e}_\varrho, \mathfrak{e}_\sigma) = \sum_{\varrho,\sigma=1}^{s} \overline{u'_\varrho}\, v'_\sigma\, \delta_{\varrho\sigma} = \sum_{\sigma=1}^{s} \overline{u'_\sigma}\, v'_\sigma = E(\mathfrak{u}', \mathfrak{v}')\,.$$

Eine solche Basis kann man leicht konstruieren. Man wähle zunächst irgend einen Vektor $\mathfrak{e}_1$ mit $H(\mathfrak{e}_1, \mathfrak{e}_1) = 1$. Da $H(\mathfrak{u}, \mathfrak{v})$ positiv definit ist, ist der zu $\mathfrak{e}_1$ „orthogonale" Raum, welcher durch

$$H(\mathfrak{e}_1, \mathfrak{u}) = 0$$

gegeben ist, ein $(s-1)$-dimensionaler Teilraum von $\mathfrak{M}$. In ihm wähle man einen normierten Vektor $\mathfrak{e}_2$, für den also

$$H(\mathfrak{e}_1, \mathfrak{e}_2) = 0 \qquad H(\mathfrak{e}_2, \mathfrak{e}_2) = 1$$

gilt. Sodann sucht man einen Vektor $\mathfrak{e}_3$, welcher den Gleichungen

$$H(\mathfrak{e}_1, \mathfrak{e}_3) = H(\mathfrak{e}_2, \mathfrak{e}_3) = 0 \qquad H(\mathfrak{e}_3, \mathfrak{e}_3) = 1$$

genügt. So fährt man fort und gewinnt tatsächlich die gesuchte Basis von $\mathfrak{M}$. Die linearen Transformationen $T(x)$ ordnen den Vektoren des Raumes neue Vektoren derart zu, daß dabei $H(\mathfrak{u}, \mathfrak{v})$ sich nicht ändert. Es ändert sich also auch $E(\mathfrak{u}', \mathfrak{v}')$ nicht bei Anwendung der $T(x)$, d. h. aber, daß sich $E(\mathfrak{u}', \mathfrak{v}')$ bei Anwendung einer zu $D(x)$ äquivalenten Darstellung nicht ändert. Diese ist also eine unitäre Darstellung, unser Satz ist bewiesen. —

Satz 2. *Jede Normaldarstellung $D(x)$ ist vollständig reduzibel.*

Beweis: Wenn $D(x)$ irreduzibel ist, so hat man nichts zu beweisen. Es sei $D(x)$ also reduzibel und vom Grade s, die Vektoren des zu $D(x)$ gehörigen Darstellungsmoduls $\mathfrak{M}$ werden mit $\mathfrak{u}, \mathfrak{v}, \ldots$ bezeichnet. Die invariante Form sei $H(\mathfrak{u}, \mathfrak{v})$. Wir deuten sie anschaulich als Skalarprodukt in $\mathfrak{M}$ und nennen, wie wir es schon oben taten, zwei Vektoren $\mathfrak{u}, \mathfrak{v}$ orthogonal, wenn $H(\mathfrak{u}, \mathfrak{v}) = 0$ ist. Da $D(x)$ reduzibel ist, gibt es in $\mathfrak{M}$ einen gegenüber $D(x)$ invarianten echten Teilmodul $\mathfrak{M}' \neq 0$. Nun bestimmen wir denjenigen Modul $\mathfrak{M}''$, welcher aus all denjenigen Vektoren $\mathfrak{v}$ in $\mathfrak{M}$ besteht, die auf sämtlichen Vektoren $\mathfrak{u}$ aus $\mathfrak{M}'$ senkrecht stehen, also

$$H(\mathfrak{u}, \mathfrak{v}) = 0 \qquad \text{für } \mathfrak{u} \in \mathfrak{M}' \text{ und } \mathfrak{v} \in \mathfrak{M}''.$$

Da $H(\mathfrak{u}, \mathfrak{v})$ positiv definit ist, ist der Durchschnitt von $\mathfrak{M}'$ und $\mathfrak{M}''$ leer. Andererseits sieht man leicht, daß die Summe der Dimensionen von $\mathfrak{M}'$ und $\mathfrak{M}''$ genau s ist, also ist $\mathfrak{M}$ die direkte Summe von $\mathfrak{M}'$ und $\mathfrak{M}''$

$$\mathfrak{M} = \mathfrak{M}' + \mathfrak{M}''\,.$$

Da $\mathfrak{M}'$ gegenüber $D(x)$ invariant ist, muß auch $\mathfrak{M}''$ gegenüber $D(x)$ invariant sein. Es liege nämlich $\mathfrak{v}$ in $\mathfrak{M}''$, es ist zu zeigen, daß $D(x)\mathfrak{v} \in \mathfrak{M}''$. In der Tat ist für $\mathfrak{u} \in \mathfrak{M}'$ und $\mathfrak{v} \in \mathfrak{M}''$

$$H\big(\mathfrak{u},\ D(x)\,\mathfrak{v}\big) = H\big(D(x)\,(D(x^{-1})\,\mathfrak{u}),\ D(x)\,\mathfrak{v}\big)$$
$$= H\big(D(x^{-1})\,\mathfrak{u},\ \mathfrak{v}\big) = 0,$$

da mit $\mathfrak{u}$ auch $D(x^{-1})\,\mathfrak{u} \in \mathfrak{M}'$ ist, weil $\mathfrak{M}'$ invariant angenommen wurde.

Führt man sowohl in $\mathfrak{M}'$ wie in $\mathfrak{M}''$ eine Basis ein, so kann man diese Basiselemente insgesamt als neue Basis in $\mathfrak{M}$ benutzen. Sowohl in $\mathfrak{M}'$ wie in $\mathfrak{M}''$ induziert $D(x)$ eine neue Darstellung, welche bezüglich der soeben eingeführten Basisvektoren etwa die Matrizen $D'(x)$ bzw. $D''(x)$ besitzen möge. Auch die invariante Form $H(\mathfrak{u}, \mathfrak{v})$ induziert in ganz trivialer Weise neue Formen $H'(\mathfrak{u}, \mathfrak{v})$ und $H''(\mathfrak{u}, \mathfrak{v})$ in $\mathfrak{M}'$ bzw. $\mathfrak{M}''$, welche gegenüber $D'(x)$ bzw. $D''(x)$ invariant sind. Ist nun etwa $\mathfrak{M}'$ oder $\mathfrak{M}''$ noch weiter reduzibel, so spaltet man $\mathfrak{M}'$ oder $\mathfrak{M}''$ eben weiter auf, genau wie oben und fährt so fort. Da die Dimension der Teilmoduln immer kleiner wird, muß das Verfahren ein Ende nehmen, womit Satz 2 bewiesen ist. —

Die in § 2 betrachteten Funktionen

$$f_k(n) = e^{2\pi i \frac{k}{N} n}$$

sind irreduzible, unitäre Normaldarstellungen der zyklischen additiven Gruppe der ganzen Zahlen mod N. Daß es sich um Darstellungen (vom Grade $s = 1$) handelt, ist leicht zu sehen:

$$f_k(n + m) = f_k(n) f_k(m) \,.$$

Selbstverständlich sind die Darstellungen irreduzibel; denn sie sind vom Grade 1. (Wir werden übrigens im nächsten Paragraphen sehen, daß zyklische und überhaupt alle Abelschen Gruppen nur irreduzible Darstellungen vom Grade 1 besitzen.) Schließlich sind die Darstellungsmatrizen sämtlich unitär wegen

$$f_k(n) \overline{f_k(n)} = 1 \,.$$

Unitäre Matrizen haben als invariante Form die Einheitsform, sie sind also in ganz trivialer Weise Normaldarstellungen.

Wir werden sehen, daß die irreduziblen, unitären Darstellungen geeignet sind, bei beliebigen endlichen Gruppen und in bestimmtem Sinne auch bei allen anderen Gruppen die bei endlichen zyklischen Gruppen so besonders ausgezeichneten Funktionen $e^{2\pi i \frac{k}{N} n}$ zu ersetzen.

§ 5. Das Schursche Lemma.

Wir haben im vorigen Paragraphen gesehen, daß jede Normaldarstellung vollreduzibel ist. Man erhält also (bis auf Äquivalenz) jede Normaldarstellung $D(x)$, indem man beliebige irreduzible Darstellungen $C_1(x), \ldots, C_r(x)$ in der durch das Schema

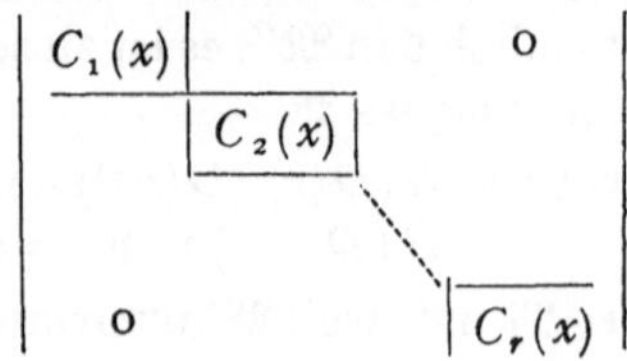

angedeuteten Weise aneinandersetzt. Will man also einen Überblick über alle inäquivalenten Normaldarstellungen gewinnen, so muß man über die Menge aller irreduziblen Darstellungen Bescheid wissen. Insbesondere muß man entscheiden können, wann zwei irreduzible Darstellungen äquivalent sind. Hierzu liefert das in der Darstellungstheorie besonders wichtige Schursche Lemma ein Kriterium.

Das Lemma: *Sind $C(x)$ und $D(x)$ irreduzible Gruppendarstellungen vom Grade r bzw. s und ist A eine rechtwinklige Matrix derart, daß für alle x der Gruppe*

$$(1) \qquad\qquad D(x)\,A = A\,C(x)$$

gilt, dann ist entweder $A = 0$ oder es ist $r = s$, Det $A \neq 0$ und die Darstellungen C und D sind äquivalent

$$(2) \qquad\qquad D(x) = A\,C(x)\,A^{-1}.$$

Beweis: Die Darstellungsmoduln von $C(x)$ und $D(x)$ heißen etwa $\mathfrak{M}_C$ bzw. $\mathfrak{M}_D$. Wir nehmen $A \neq 0$ an. Sei nun $\mathfrak{u}$ ein Vektor aus $\mathfrak{M}_C$, so denken wir uns $\mathfrak{u}$ wie üblich als Matrix, bestehend aus einer Spalte, in der die r Komponenten von $\mathfrak{u}$ aufgeschrieben sind. Dann ist $A\,\mathfrak{u}$ wieder eine Matrix bestehend aus einer Spalte, diesmal aber mit s Elementen. Wir deuten sie als Vektor in $\mathfrak{M}_D$. Auf diese Weise bildet A den Modul $\mathfrak{M}_C$ auf einem Teilmodul $\mathfrak{M}'$ von $\mathfrak{M}_D$ ab. Da $A \neq 0$, ist $\mathfrak{M}' \neq 0$. Der Modul $\mathfrak{M}'$ ist gegenüber den Transformationen der Darstellung $D(x)$ invariant. Sei nämlich $\mathfrak{v} \in \mathfrak{M}'$, so ist

$$\mathfrak{v} = A\,\mathfrak{u} \qquad\qquad\qquad \mathfrak{u} \in \mathfrak{M}_C$$

und

$$D\,\mathfrak{v} = D(A\,\mathfrak{u}) = (D\,A)\,\mathfrak{u} = (A\,C)\,\mathfrak{u}$$
$$= A\,(C\,\mathfrak{u}) \qquad\qquad\qquad C\,\mathfrak{u} \in \mathfrak{M}_C.$$

Da aber $D(x)$ irreduzibel sein sollte, ist $\mathfrak{M}' = \mathfrak{M}_D$.

Nennen wir $\mathfrak{M}''$ die Menge aller Vektoren $\mathfrak{u}$ in $\mathfrak{M}_C$, welche vermöge der Abbildung $\mathfrak{v} = A\,\mathfrak{u}$ auf den Nullvektor in $\mathfrak{M}_D$ abgebildet werden, so sieht man zunächst, daß $\mathfrak{M}''$ wieder ein Modul ist. Und zwar ist $\mathfrak{M}''$ ein echter Teilmodul von $\mathfrak{M}_C$, da $A \neq 0$ ist. Aus (1) folgt sofort, daß $\mathfrak{M}''$ wieder invariant ist und zwar natürlich gegenüber $C(x)$. Ist nämlich $A\,\mathfrak{u} = 0$, so ist auch

$$A\,(C\,\mathfrak{u}) = (A\,C)\,\mathfrak{u} = (D\,A)\,\mathfrak{u} = D(A\,\mathfrak{u}) = 0.$$

Da $C(x)$ irreduzibel ist, folgt $\mathfrak{M}'' = 0$. Hieraus entnehmen wir, daß $\mathfrak{M}_C$ und $\mathfrak{M}_D$ durch A umkehrbar eindeutig aufeinander abgebildet werden. Dabei bleiben linear unabhängige Vektoren unabhängig, abhängige Vektoren bleiben abhängig. Mit anderen Worten, A ist eine nicht singuläre quadratische Matrix und es folgt (2). —

Als einfache Folgerung aus dem Lemma beweisen wir zunächst

Satz 2. *Gilt für alle Matrizen $D(x)$ einer irreduziblen Darstellung*

$$(3) \qquad\qquad D(x)\,A = A\,D(x),$$

so ist

$$A = \alpha E ,$$

das ist die Einheitsmatrix mit einer komplexen Zahl multipliziert.

Beweis: Ist α eine charakteristische Wurzel von A, so ist

(4) $$Det \, (A - \alpha E) = 0 .$$

Andererseits gilt wegen (3)

$$D(x) \, (A - \alpha E) = (A - \alpha E) \, D(x) .$$

Wäre nun $A - \alpha E \neq 0$ so wäre nach dem Lemma sogar sicher $Det (A - \alpha E) \neq 0$, entgegen (4). Also ist, wie behauptet, $A - \alpha E = 0$. —

Nun können wir einen Satz über Abelsche Gruppen beweisen, den wir bereits im vorigen Paragraphen erwähnten:

Satz 3. *Die irreduziblen Darstellungen einer Abelschen Gruppe sind vom Grade* 1.

Beweis: Es gilt bei Abelschen Gruppen

$$D(x) \, D(y) = D(y) \, D(x) .$$

Nehmen wir $D(x)$ irreduzibel an, so folgt aus Satz 2

$$D(y) = \alpha(y) \, E ,$$

woraus die Behauptung folgt. —

§ 6. Endliche Gruppen.

Die in den §§ 4 und 5 gewonnenen Resultate sollen nun dazu verwandt werden, für beliebige endliche Gruppen ähnliche Resultate herzuleiten, wie sie in § 2 für zyklische Gruppen angegeben wurden. Zunächst werden wir zeigen, daß wir bei endlichen Gruppen die Sätze des § 4 über Normaldarstellungen anwenden dürfen.

Satz 1. *Die Darstellungen von endlichen Gruppen sind sämtlich Normaldarstellungen,* d. h. jede Darstellung $D(x)$ einer endlichen Gruppe $\mathfrak{G}$ besitzt eine invariante, positiv definite Hermitesche Form. Der Begriff „normal" wird also im Falle endlicher Gruppen unnötig.

Beweis: Die Darstellung $D(x)$ habe den Grad s. Die einfachste positivdefinite Hermitesche Form in s Variabeln ist die Einheitsform

$$E (\mathfrak{u}, \mathfrak{v}) = \sum_{i=1}^{s} \bar{u}_i \, v_i .$$

Nun bilden wir für jedes $y \in \mathfrak{G}$ die Formen

(1) $$E \, (D(y) \, \mathfrak{u}, \, D(y) \, \mathfrak{v}) = D^*(y) \, D(y) \, (\mathfrak{u}, \mathfrak{v}) \quad y \text{ beliebig in } \mathfrak{G} .$$

Es ergeben sich N Formen. Wendet man auf jede dieser Formen dieselbe aber sonst beliebige Matrix $D(x)$ an, so gehen die Formen (1) über in

(2) $$D^*(y) \, D(y) \, (D(x) \, \mathfrak{u}, \, D(x) \, \mathfrak{v}) = D^*(y \, x) \, D(y \, x) \, (\mathfrak{u}, \mathfrak{v})$$

(y beliebig in $\mathfrak{G}$).

Läßt man in (2) das y tatsächlich $\mathfrak{G}$ durchlaufen und hält man x fest, so ergeben sich genau dieselben Formen wie bei (1). Summiert man alle

Formen unter (1), bildet man also etwa (mit einem unwichtigen Faktor $1/N$, wobei N die Gruppenordnung bedeutet)

$$H(\mathfrak{u}, \mathfrak{v}) = \frac{1}{N} \sum_{y \in \mathfrak{G}} D^*(y) \, D(y) \, (\mathfrak{u}, \mathfrak{v}) = M_y \{D^*(y) \, D(y)\} \, (\mathfrak{u}, \mathfrak{v}) \, ,$$

$$(3) \qquad\qquad H = M_y \{D^*(y) \, D(y)\} \, ,$$

so erhält man in $H(\mathfrak{u}, \mathfrak{v})$ eine gegenüber $D(x)$ invariante Form[1]. Wir müssen nun zeigen, daß $H(\mathfrak{u}, \mathfrak{v})$ Hermitesch ist. In der Tat ist

$$H^* = M_y \{D^*(y) \, D(y)\}^* = \frac{1}{N} \sum_{y \in \mathfrak{G}} (D^*(y) \, D(y))^*$$

$$= \frac{1}{N} \sum_{y \in \mathfrak{G}} D^*(y) \, D^{**}(y) = M_y \{D^*(y) \, D(y)\} \; = H \, .$$

Schließlich ist die Form, wie man leicht sieht, positiv definit. Also genügt die Form den Ansprüchen des Satzes. —

Es ist also nach § 4 Satz 2 möglich, aus irreduziblen Darstellungen der Gruppe $\mathfrak{G}$ jede beliebige Darstellung zusammenzusetzen. Da es nicht notwendig ist, wirklich sämtliche Darstellungen anzugeben, wenn man sich einen Überblick verschaffen will, da es vielmehr ausreicht, ein vollständiges System inäquivalenter Darstellungen zu konstruieren, dürfen wir uns von vornherein darauf beschränken, unitäre Darstellungen zu suchen, weil ja zu jeder Darstellung einer endlichen Gruppe (nach § 4 Satz 1) eine unitäre äquivalente existiert.

Um nun ein solches vollständiges System inäquivalenter unitärer Darstellungen zu erhalten, wird man versuchen, ein vollständiges System inäquivalenter, unitärer, irreduzibler Darstellungen zu finden. Man denke sich alle irreduziblen Darstellungen der Gruppe zu Klassen äquivalenter irreduzibler Darstellungen zusammengefaßt. Jede Klasse enthält nach § 4 Satz 1 mindestens eine unitäre irreduzible Darstellung. Eine solche unitäre Darstellung wähle ich aus jeder Klasse aus und erhalte auf diese Weise ein System von inäquivalenten, irreduziblen, unitären Darstellungen

$$D^{(\nu)}(x) = \{D^{(\nu)}_{\varrho\sigma}(x)\} \, ,$$

wobei der Buchstabe ν die Klasse andeuten soll, aus welcher der Repräsentant gewählt ist. Das System von Darstellungen $D^{(\nu)}(x)$ ist *vollständig* in dem Sinne, daß zu jeder irreduziblen Darstellung eine äquivalente Darstellung $D^{(\nu)}(x)$ existiert. Wir haben nun bewiesen

Satz 2. *Mit Hilfe eines beliebigen vollständigen Systems inäquivalenter, unitärer, irreduzibler Darstellungen $D^{(\nu)}(x)$ einer endlichen Gruppe lassen sich sämtliche Darstellungen $D(x)$ der Gruppe (bis auf Äquivalenz) zusammensetzen.*

Die angegebene Methode, ein vollständiges System von inäquivalenten, irreduziblen Darstellungen zu konstruieren, ist natürlich in

---

[1] Wir benutzen $M_y\{\cdots\}$ als Symbol für $\dfrac{1}{N}\sum\limits_{y \in \mathfrak{G}} \ldots$, $N =$ Gruppenordnung.

2*

den meisten Fällen rechnerisch schwer durchführbar. Es ist vielmehr anzunehmen, daß von irgendwoher ein System von (irreduziblen) Darstellungen der Gruppe bekannt ist. Dann ist die Frage zu beantworten: Handelt es sich um ein vollständiges System, wie es in Satz 2 vorausgesetzt wird? Wir werden deshalb im folgenden die vollständigen Systeme irreduzibler Darstellungen etwas eingehender zu untersuchen haben, um Hilfsmittel zur Beantwortung dieser Frage bereitzustellen.

Man kann die sämtlichen Funktionen $f(x)$ auf der Gruppe $\mathfrak{G}$ (von der Ordnung N) als Vektoren des N-dimensionalen Raumes deuten, deren Komponenten die Funktionswerte der Funktionen auf den einzelnen Gruppenelementen sind. In Hinblick auf spätere ganz analoge Betrachtungen im Falle fastperiodischer Funktionen wollen wir das Skalarprodukt zweier solcher Funktionen $f(x)$ und $g(x)$ (aufgefaßt als Vektoren) etwas anders als üblich durch

$$(f, g) = \frac{1}{N} \sum_{x \in \mathfrak{G}} f(x)\, \overline{g(x)} = M_x\{f(x)\, \overline{g(x)}\}$$

erklären. Dies Skalarprodukt hat dieselben Eigenschaften wie das gewöhnliche Skalarprodukt, von dem es sich nur durch den Faktor $1/N$ unterscheidet. Durch die Einführung des Skalarproduktes von Funktionen haben auch die Begriffe „orthogonal" und „normiert" eine bestimmte Bedeutung erhalten. In diesem Sinne gilt nun der

Satz 3. *Die mit Hilfe eines Systems inäquivalenter, unitärer, irreduzibler Darstellungen* $D^{(\nu)}(x) = \{D^{(\nu)}_{\varrho\sigma}(x)\}$ *gebildeten Funktionen* $D^{(\nu)}_{\varrho\sigma}(x)$ *ergeben ein orthogonales und in gewissem Sinne normiertes Funktionensystem auf* $\mathfrak{G}$. *Diese Funktionen* $D^{(\nu)}_{\varrho\sigma}(x)$ *sind demnach linear unabhängig. Es gelten die Formeln*

$$(4) \qquad (D^{(\nu)}_{\varrho\sigma}(x),\, D^{(\mu)}_{\tau\omega}(x)) = \begin{cases} \dfrac{1}{s^{(\nu)}}\,, & \text{wenn } \nu = \mu,\ \varrho = \tau,\ \sigma = \omega \\ 0 \text{ sonst.} \end{cases}$$

Dabei ist $s^{(\nu)}$ der Grad der Darstellung $D^{(\nu)}(x)$.

Beweis: Um das Schursche Lemma anwenden zu können, konstruieren wir eine Matrix A, wie sie in dem Lemma vorkommt. Wir gehen von zwei irreduziblen Darstellungen $D^{(\nu)}(x)$ und $D^{(\mu)}(x)$ aus. Ihre Grade seien $s^{(\nu)}$ bzw. $s^{(\mu)}$. Es bedeute C irgendeine konstante, rechteckige Matrix mit $s^{(\nu)}$ Zeilen und $s^{(\mu)}$ Spalten. Dann ist

$$(5) \qquad A = \frac{1}{N} \sum_{y \in \mathfrak{G}} D^{(\nu)}(y)\, C\, D^{(\mu)}(y^{-1}) = M_y\{D^{(\nu)}(y)\, C\, D^{(\mu)}(y^{-1})\}$$

eine Matrix, welche die Gleichung

$$(6) \qquad\qquad D^{(n)}(x)\, A = A\, D^{(h)}/(x)$$

für alle x erfüllt. In der Tat gilt

$$D^{(\nu)}(x)\, A = \frac{1}{N} \sum_{y \in \mathfrak{G}} D^{(\nu)}(x)\, D^{(\nu)}(y)\, C\, D^{(\mu)}(y^{-1}) = \frac{1}{N} \sum_{y \in \mathfrak{G}} D^{(\nu)}(x\,y)\, C\, D^{(\mu)}(y^{-1})$$

$$= \frac{1}{N} \sum_{z \in \mathfrak{G}} D^{(\nu)}(z)\, C\, D^{(\mu)}(z^{-1}\,x) = \frac{1}{N} \sum_{y \in \mathfrak{G}} D^{(\nu)}(y)\, C\, D^{(\mu)}(y^{-1})\, D^{(\mu)}(x)$$

$$= A\, D^{(\mu)}(x)\,.$$

Sind also $D^{(\nu)}(x)$ und $D^{(\mu)}(x)$ verschieden, also inäquivalent, so folgt aus dem Lemma, daß $A = 0$ ist. Beachten wir noch, daß $D^{(\mu)}(x)$ unitär ist, so kann man das Ergebnis in die Gestalt

$$(7) \qquad\qquad M_y\{D^{(\nu)}(y)\, C\, D^{(\mu)}(y)^*\} = 0$$

bringen. Da C beliebig war, setzen wir jetzt in C alle Komponenten $= 0$, nur das Element $c_{\sigma\omega}$ in dem Kreuzungspunkt der σ-ten Zeile und ω-ten Spalte wird $= 1$ gesetzt. Aus der Matrixgleichung (7) folgt dann für die einzelnen Komponenten

$$(8) \qquad\qquad M_x\{D^{(\nu)}_{\varrho\sigma}(x)\, \overline{D^{(\mu)}_{\tau\omega}(x)}\} = 0 \qquad \nu \neq \mu,\ \text{beliebige } \varrho,\ \sigma,\ \tau,\ \omega.$$

Damit ist unser Satz zu einem Teil bewiesen, nämlich soweit er sich auf inäquivalente Darstellungen bezieht.

Um die zweite Behauptung zu beweisen, denken wir uns $D^{(\nu)}(x)$ und $D^{(\mu)}(x)$ als äquivalent; sie sind dann sogar gleich und es ist $\nu = \mu$. Aus § 5 Satz 2 folgt, daß die Matrix A, für welche die Gleichung (6) gilt, notwendig die Gestalt $A = \alpha E$ haben muß. Aus (5) folgt also für $\nu = \mu$

$$(9) \qquad\qquad M_y\{D^{(\nu)}(y)\, C\, D^{(\nu)}(y)^*\} = \alpha\, E\,,$$

wobei wieder berücksichtigt ist, daß die Darstellung unitär ist. Für C wird wiederum eine spezielle Matrix gesetzt. Das Element $c_{\sigma\omega}$ in dem Kreuzungspunkt der σ-ten Zeile und ω-ten Spalte wird $= 1$ gesetzt, alle anderen $= 0$. Dann folgt aus (9)

$$(10) \qquad\qquad M_x\{D^{(\nu)}_{\varrho\sigma}(x)\, \overline{D^{(\nu)}_{\tau\omega}(x)}\} = \delta_{\varrho\tau}\, \alpha_{\sigma\omega}\,.$$

Setzen wir, um $\alpha_{\sigma\omega}$ zu berechnen, $\varrho = \tau$ und summieren über alle ϱ, so ergibt sich auf der linken Seite von (10), da $D^{(\nu)}$ unitär ist,

$$\sum_{\varrho=1}^{s^{(\nu)}} M_x\{D^{(\nu)}_{\varrho\sigma}(x)\, \overline{D^{(\nu)}_{\varrho\omega}(x)}\} = \frac{1}{N} \sum_{x \in \mathfrak{G}} \sum_{\varrho=1}^{s^{(\nu)}} D^{(\nu)}_{\varrho\sigma}(x)\, \overline{D^{(\nu)}_{\varrho\omega}(x)} = \delta_{\sigma\omega}\,,$$

und auf der rechten Seite

$$\sum_{\varrho=1}^{s^{(\nu)}} \alpha_{\sigma\omega} = s^{(\nu)}\, \alpha_{\sigma\omega}\,.$$

Also ist

$$s^{(\nu)}\, \alpha_{\sigma\omega} = \delta_{\sigma\omega}$$

und

$$\alpha_{\sigma\omega} = \frac{\delta_{\sigma\omega}}{s^{(\nu)}}$$

Wir finden, wenn wir dies in (10) eintragen

$$M_x\{D^{(\nu)}_{\varrho\sigma}(x)\,\overline{D^{(\nu)}_{\tau\omega}(x)}\} = \frac{1}{s^{(\nu)}}\,\delta_{\varrho\tau}\,\delta_{\sigma\omega}$$

oder

$$(11)\qquad (D^{(\nu)}_{\varrho\sigma}(x),\, D^{(\nu)}_{\tau\omega}(x)) = \begin{cases} \dfrac{1}{s^{(\nu)}}\text{ für } \varrho = \tau \text{ und } \sigma = \omega \\[2mm] \text{o sonst .}\end{cases}$$

Diese Gleichung (11) sowie (8) liefern zusammen die Behauptung (4) des Satzes. —

Es ist zu vermuten, daß die Funktionen $D^{(\nu)}_{\varrho\sigma}(x)$, welche mit Hilfe eines vollständigen Systems inäquivalenter, unitärer, irreduzibler Darstellungen $D^{(\nu)}(x)$ gebildet werden, eine orthogonal „normierte" Basis des Raumes aller Funktionen auf der Gruppe bilden. Da dieser Raum als Darstellungsmodul aufgefaßt werden kann, indem man jedem Gruppenelement c die lineare Transformation

$$f(x) \to f(x\,c)$$

zugeordnet denkt, kann der vermutete Satz ganz leicht aus der Tatsache gefolgert werden, daß jeder Darstellungsmodul vollständig reduzibel ist.

Satz 4. *Die mit Hilfe eines vollständigen Systems inäquivalenter, unitärer, irreduzibler Darstellungen* $D^{(\nu)}(x) = (D^{(\nu)}_{\varrho\sigma}(x))$ *gebildeten Funktionen* $D^{(\nu)}_{\varrho\sigma}(x)$ *bilden im Raume aller Funktionen auf der Gruppe eine orthogonal-„normierte" Basis.* Genauer: Jede Funktion $f(x)$ auf $\mathfrak{G}$ läßt sich als eine Summe

$$(12)\qquad f(x) = \sum_\nu s^{(\nu)} \sum_{\varrho,\sigma=1}^{s^{(\nu)}} \alpha^{(\nu)}_{\varrho\sigma}\, D^{(\nu)}_{\varrho\sigma}(x)$$

schreiben, wobei

$$(13)\qquad \alpha^{(\nu)}_{\varrho\sigma} = (f(x),\, D^{(\nu)}_{\varrho\sigma}(x))$$

gesetzt ist.

Beweis: Es genügt zu zeigen, daß jedes $f(x)$ in eine Summe der Gestalt (12) zerlegt werden kann. Die Werte (13) ergeben sich dann ganz von selber unter Benutzung von (4).

Wie erwähnt, wird der Modul $\mathfrak{M}$ aller Funktionen auf $\mathfrak{G}$ ein Darstellungsmodul von $\mathfrak{G}$, wenn man jedem Gruppenelement c die lineare Transformation

$$(14)\qquad f(x) \to f(x\,c)$$

zuordnet. Übrigens nennt man die Darstellung, welche diesem Modul entspricht, die reguläre Darstellung.

Jede Darstellung, also auch die reguläre Darstellung, ist nach Satz 1 normal und folglich vegen § 4 Satz 2 vollständig reduzibel. Man kann also $\mathfrak{M}$ in eine direkte Summe von irreduzibeln, gegenüber den Transformationen (14) invarianten Moduln $\mathfrak{M}_i$ zerlegen

$$\mathfrak{M} = \mathfrak{M}_1 + \cdots + \mathfrak{M}_r\,.$$

Betrachten wir nun einen beliebigen dieser Moduln, etwa $\mathfrak{M}_i$. Es sei $\varphi_1(x), \ldots, \varphi_{s(i)}(x)$ eine Basis von $\mathfrak{M}_i$. Dann hat man

$$(15) \qquad \varphi_\sigma(x\,c) = \sum_{\varrho=1}^{s^{(i)}} D_{\varrho\sigma}(c)\,\varphi_\varrho(x)\,, \qquad \sigma = 1, \ldots, s^{(i)}.$$

Die Matrizen $D(c) = (D_{\varrho\sigma}(c))$ bilden eine offenbar irreduzible Darstellung von $\mathfrak{G}$ mit dem Darstellungsmodul $\mathfrak{M}_i$. Durch geeignete Wahl der Basis kann man erreichen, daß $D(x)$ eine der Darstellungen $D^{(\nu)}(x)$ wird, weil ja die $D^{(\nu)}(x)$ ein vollständiges System bilden. Denken wir uns die φ_ϱ entsprechend gewählt, so dürfen wir statt (15) also

$$\varphi_\sigma(x\,c) = \sum_{\varrho=1}^{s^{(\nu)}} D_{\varrho\sigma}^{(\nu)}(c)\,\varphi_\varrho(x) \qquad \sigma = 1, \ldots, s^{(\nu)}$$

schreiben. Nun setze man $x = 1$ und $c = x$, so ergibt sich

$$(16) \qquad \varphi_\sigma(x) = \sum_{\varrho=1}^{s^{(\nu)}} \varphi_\varrho(1)\,D_{\varrho\sigma}^{(\nu)}(x)\,.$$

Da entsprechendes in sämtlichen Moduln $\mathfrak{M}_i$ gilt, so lassen sich also sämtliche Funktionen in $\mathfrak{M}$ auf die im Satz behauptete Weise darstellen. —

Die von uns angegebenen Probleme der Darstellungstheorie endlicher Gruppen haben wir nunmehr bis zu einem für unsere Zwecke ausreichenden Maße behandelt. Der letzte Satz z. B. gibt uns Auskunft über die Menge aller irreduziblen Darstellungen. Ein System irreduzibler Darstellungen $D^{(\nu)}(x)$ kann z. B. nur dann vollständig sein, wenn

$$\sum_\nu (s^{(\nu)})^2 = N$$

ist. Dies ist eine leichte Folgerung des Satzes 4. Es gibt also höchstens N inäquivalente irreduzible Darstellungen. Ein anderes Beispiel für die Anwendbarkeit unserer Sätze erhalten wir, wenn wir uns die Frage vorlegen, ob es stets möglich ist, eine treue Darstellung der Gruppe zu finden. Dabei soll eine Darstellung $D(x)$ treu heißen, wenn jedem x nicht nur eindeutig, sondern umkehrbar eindeutig eine Matrix $D(x)$ entspricht. Man sieht sofort, daß es sicher treue Darstellungen gibt. Sind nämlich x und y verschiedene Gruppenelemente, so gibt es sicher eine irreduzible Darstellung $D^{(\nu)}(x)$ in dem vollständigen System des Satzes 4, für die

$$D^{(\nu)}(x) \neq D^{(\nu)}(y)$$

ist. Andernfalls würde nämlich für alle Funktionen auf $\mathfrak{G}$

$$f(x) = f(y)$$

gelten müssen, was offenbar nicht richtig ist. Baut man sich also aus den $D^{(\nu)}(x)$, aber unter Benutzung wirklich aller verschiedenen $D^{(\nu)}(x)$ irgendeine Darstellung auf, so ist sie sicher treu.

II. Abstrakte Theorie
der fastperiodischen Funktionen auf Gruppen.

Begriff der fastperiodischen Funktion.

§ 7. Die Definition.

Wir beabsichtigen, die in dem einleitenden 1. Abschnitt entwickelte Theorie der Darstellungen endlicher Gruppen auf beliebige unendliche Gruppen zu übertragen. Die §§ 4 und 5 über Normaldarstellungen und das Schursche Lemma sind gültig sowohl für endliche als auch für unendliche Gruppen. Nur in § 6 wird die Voraussetzung, daß es sich bei den betrachteten Gruppen um endliche handelt, wesentlich benutzt und zwar zeigt sich, daß diese Voraussetzung ausschließlich benötigt wird, um Summen der Form

$$\frac{1}{N} \sum_{x \in \mathfrak{G}} f(x) = M_x\{f(x)\}$$

zu bilden. Da die Gruppe $\mathfrak{G}$ endlich ist, kann man offenbar ohne weiteres das arithmetische Mittel beispielsweise der Funktionswerte einer auf $\mathfrak{G}$ erklärten Funktion bilden (§ 6 (4)) oder das arithmetische Mittel der Matrizen einer Darstellung von $\mathfrak{G}$ (vgl. § 6 (3)).

Bei unendlichen Gruppen ist das nicht mehr in so einfacher Weise möglich. Will man die entwickelte Theorie übertragen, so wird man irgendwie mit anderen Methoden Mittelwerte von Funktionen auf der Gruppe erklären müssen. Es ist nicht zu vermuten, daß ein solcher Mittelwert für alle Funktionen auf der Gruppe gebildet werden kann; dann ließen sich nämlich dieselben Resultate bei unendlichen wie bei endlichen Gruppen herleiten, während man aber leicht einsehen kann, daß z. B. nicht alle Darstellungen unendlicher Gruppen wirklich Normaldarstellungen sind.

Man wird demnach dazu geführt, den Kreis der in Betracht zu ziehenden Funktionen einzuschränken. Um auf eine Idee zu kommen, wie das zu machen ist, wird man versuchen, sich an Beispielen zu orientieren. Betrachten wir etwa die Gruppe der Drehungen des Einheitskreises in sich, so drängt sich der Begriff der gleichmäßig stetigen Funktionen auf. Für solche ließe sich wie bei endlichen Gruppen ein

Mittelwert der Funktionswerte durch

$$M_x \{f(x)\} = \frac{1}{2\pi} \int\limits_0^{2\pi} f(x)\, dx$$

erklären, wobei x die Drehwinkel von o bis 2π durchläuft.

Der Begriff gleichmäßig stetig hängt aufs engste mit der vorgegebenen topologischen Struktur der betreffenden Gruppe zusammen. Da wir aber Wert darauf legen, für ganz beliebige Gruppen unsere Theorie durchzuführen, ist die Stetigkeitsforderung selber im allgemeinen nicht brauchbar. Bei beliebigen Gruppen muß man sich anders helfen und wird so auf den Begriff der fastperiodischen Funktion geführt, welchen wir jetzt erläutern wollen.

Wir gehen also von einer beliebigen endlichen oder unendlichen Gruppe $\mathfrak{G}$ mit den Elementen $a, b, \ldots, x, y, \ldots$ und von komplexwertigen Funktionen $f(x), g(x), \ldots$ dieser Elemente aus.

Sind $\mathfrak{A}_1, \ldots, \mathfrak{A}_n$ irgendwelche endlich viele Teilmengen der Gruppe $\mathfrak{G}$, deren Vereinigungsmenge gleich $\mathfrak{G}$ ist

$$\mathfrak{A}_1 \dotplus \cdots \dotplus \mathfrak{A}_n = \mathop{\mathfrak{S}}_{i=1}^{n} (\mathfrak{A}_i) = \mathfrak{G},$$

so wollen wir von einer *Überdeckung* von $\mathfrak{G}$ sprechen. Man übt auf eine Überdeckung eine *Translation* aus, indem man aus $\mathfrak{G}$ ein beliebiges festes Element c und ein beliebiges festes Element d auswählt und jedes Element x von $\mathfrak{G}$ von links mit c und von rechts mit d multipliziert, indem man also die Abbildung $x \rightarrow c\,x\,d$ vornimmt. Dabei gehen die Teilmengen $\mathfrak{A}_i$ in andere Teilmengen $c\,\mathfrak{A}_i\,d$ über, welche in ihrer Gesamtheit wieder eine Überdeckung von $\mathfrak{G}$ ergeben.

Ist nun $f(x)$ eine Funktion auf $\mathfrak{G}$ und ε eine positive Zahl und gilt für irgend zwei Elemente x, y eines beliebigen Teiles $\mathfrak{A}_i$ einer Überdeckung stets

$$(1) \qquad\qquad |f(x) - f(y)| < \varepsilon \qquad\qquad x, y \in \mathfrak{A}_i,$$

so soll die Überdeckung eine *Überdeckung von $\mathfrak{G}$ zu $f(x)$ und ε* heißen. Offensichtlich bedeutet es für eine Funktion eine Einschränkung, wenn es zu gewissem $\varepsilon > 0$ eine derartige Überdeckung geben soll:

Satz 1. *Zu vorgegebenem $f(x)$ und $\varepsilon > 0$ gibt es dann und nur dann eine Überdeckung von $\mathfrak{G}$, wenn $f(x)$ beschränkt ist.*

Beweis: Gehen wir von der Annahme aus, daß eine Überdeckung von $\mathfrak{G}$ zu $f(x)$ und ε existiert, $\mathfrak{G} = \mathop{\mathfrak{S}}_{i=1}^{n} (\mathfrak{A}_i)$, für die (1) Gültigkeit hat, so wählen wir in jedem Teil $\mathfrak{A}_i$ ein Gruppenelement a_i aus. Wir nennen

$$\mu = \mathop{\mathrm{Max}}_{1 \leq i \leq n} \{|f(a_i)|\}$$

und haben für $x \in \mathfrak{A}_i$

$$|f(x)| \leq |f(x) - f(a_i)| + |f(a_i)|$$
$$< \qquad \varepsilon \qquad + \quad \mu,$$

womit die Beschränktheit von $f(x)$ nachgewiesen ist.

Wenn umgekehrt $f(x)$ beschränkt ist, wenn also

$$|f(x)| < \mu$$

gilt, so kann man den Kreis in der komplexen Zahlenebene mit dem Mittelpunkt o und dem Radius μ mit endlich vielen kleinen Kreisen $\mathfrak{K}_i$ ($i = 1, \ldots, n$) vom Radius $\varepsilon/3$ überdecken. Alle Elemente x, für die $f(x) \in \mathfrak{K}_i$, fassen wir zu Teilmengen $\mathfrak{A}_i$ von $\mathfrak{G}$ zusammen ($i = 1, \ldots, n$). Auf diese Weise erhalten wir tatsächlich eine Überdeckung von $\mathfrak{G}$ zu $f(x)$ und ε. Liegen nämlich sowohl x wie auch y in einem $\mathfrak{A}_i$ und hat $\mathfrak{K}_i$ das Zentrum α_i, so gilt

$$|f(x) - f(y)| \leq |f(x) - \alpha_i| + |\alpha_i - f(y)| \leq \frac{2}{3}\varepsilon < \varepsilon.$$

Die Forderung an eine Funktion $f(x)$, daß zu jedem $\varepsilon > 0$ eine Überdeckung von $\mathfrak{G}$ zu $f(x)$ und ε existieren soll, bewirkt also nur, daß $f(x)$ beschränkt ist. Die Beschränktheit von $f(x)$ reicht aber für die Existenz eines Mittelwertes nicht aus. Wir müssen mehr verlangen. Wir wollen nun eine Überdeckung von $\mathfrak{G}$ zu $f\{x\}$ und ε eine *Teilung von $\mathfrak{G}$ zu $f(x)$ und ε* nennen, wenn sie die Eigenschaft hat, daß jede durch Translation aus der Überdeckung hervorgehende Überdeckung wieder eine Überdeckung von $\mathfrak{G}$ zu $f(x)$ und ε ist. Es soll also eine gewisse Gleichmäßigkeit herrschen. Eine solche Teilung soll durch das Zeichen $\mathfrak{T}\{f(x), \varepsilon\}$ symbolisiert werden. Nun sind wir in der Lage, die fastperiodische Funktion wie folgt zu erklären.

Definition: Eine Funktion $f(x)$ auf $\mathfrak{G}$ heißt *fastperiodisch*, wenn zu jedem $\varepsilon > 0$ eine Teilung $\mathfrak{T}\{f(x), \varepsilon\}$ existiert; d. h. zu jedem $\varepsilon > 0$ soll ein System von endlich viel (etwa n) Teilmengen $\mathfrak{A}_1, \ldots, \mathfrak{A}_n$ der Gruppe $\mathfrak{G}$ existieren, deren Vereinigungsmenge $\mathfrak{G}$ ist

$$\mathfrak{G} = \overset{n}{\underset{i=1}{\mathfrak{S}}}(\mathfrak{A}_i)$$

und für die gilt

$$|f(c\,x\,d) - f(c\,y\,d)| < \varepsilon,$$

falls x, y aus einem beliebigen $\mathfrak{A}_i$, und c, d beliebig in $\mathfrak{G}$ gewählt sind.

Man bemerkt in dieser Definition der fastperiodischen Funktion sofort eine gewisse Ähnlichkeit zur Definition von gleichmäßig stetig. Diese Ähnlichkeit ist ausreichend, um einen Beweis für die Existenz eines Integralmittelwertes fastperiodischer Funktion zu finden, welcher in vieler Hinsicht dem Riemannschen Beweis für die Existenz des bestimmten Integrales entspricht. Der Name „fastperiodisch" erscheint zunächst etwas unpassend. Er wird erst dann verständlich, wenn man die fastperiodischen Funktionen der additiven Gruppe der reellen Zahlen untersucht (siehe IV).

Wir wollen aus der Definition von fastperiodisch sofort eine Reihe einfacher Folgerungen ziehen. Da die Teilungen $\mathfrak{T}\{f(x), \varepsilon\}$ nichts anderes als spezielle Überdeckungen von $\mathfrak{G}$ zu $f(x)$ und ε sind, folgt sofort aus Satz 1

Satz 2. *Jede fastperiodische Funktion ist beschränkt.*

Die folgenden Behauptungen leuchten fast unmittelbar ein:

Satz 3. *Wenn $f(x)$ fastperiodisch ist, dann sind auch die Funktionen $f(c\,x\,d)$ bei festem aber beliebigen c und d, $\overline{f(x)}$, $|f(x)|$, $\alpha\,f(x)$ mit komplexer Konstanten α und $f(x^{-1})$ fastperiodisch.*

Beweis: Man sieht sofort, daß jede Teilung $\mathfrak{T}\{f(x), \varepsilon\}$ gleichzeitig eine Teilung $\mathfrak{T}\{f(c\,x\,d), \varepsilon\}$ ist, und das bedeutet, daß $f(c\,x\,d)$ fastperiodisch ist. — Aus

$$|\overline{f(x)} - \overline{f(y)}| = |f(x) - f(y)|$$

folgt, daß jede Teilung $\mathfrak{T}\{f(x), \varepsilon\}$ auch eine $\mathfrak{T}\{\overline{f(x)}, \varepsilon\}$ ist, und deshalb ist $\overline{f(x)}$ fastperiodisch. Wegen

$$||f(x)| - |f(y)|| \leq |f(x) - f(y)|$$

ist jede Teilung $\mathfrak{T}\{f(x), \varepsilon\}$ wieder eine $\mathfrak{T}\{|f(x)|, \varepsilon\}$, also ist $|f(x)|$ fastperiodisch. — Jede $\mathfrak{T}\left\{f(x), \dfrac{\varepsilon}{|\alpha|}\right\}$ ist auch eine $\mathfrak{T}\{\alpha\,f(x), \varepsilon\}$, woraus folgt, daß $\alpha\,f(x)$ fastperiodisch ist. — Um schließlich $f(x^{-1})$ als fastperiodisch nachzuweisen, gehen wir von einer beliebigen Teilung $\mathfrak{T}\{f(x), \varepsilon\}$ aus. Sie bestehe aus den Teilen $\mathfrak{A}_1, \ldots, \mathfrak{A}_n$. Ich erkläre nun $\mathfrak{A}_i^{-1}$ als die Menge aller derjenigen Gruppenelemente, deren Inverses in $\mathfrak{A}_i$ liegt. Die Mengen $\mathfrak{A}_1^{-1}, \ldots, \mathfrak{A}_n^{-1}$ bilden dann stets, von welchem $\mathfrak{T}\{f(x), \varepsilon\}$ man auch ausgeht, eine Überdeckung von $\mathfrak{G}$ zu $f(x^{-1})$ und ε. Es ist zu zeigen, daß eine beliebige solche Überdeckung

$$(2) \qquad \mathfrak{A}_1^{-1}, \ldots, \mathfrak{A}_n^{-1}$$

eine Teilung $\mathfrak{T}\{f(x^{-1}), \varepsilon\}$ ist, daß also etwa die verschobene Überdeckung

$$(3) \qquad c\,\mathfrak{A}_1^{-1}\,d, \ldots, c\,\mathfrak{A}_n^{-1}\,d$$

wieder in der geschilderten Weise aus einer gewissen Teilung $\mathfrak{T}^*\{f(x), \varepsilon\}$ entsteht. In der Tat: Wenn die Überdeckung (2) aus $\mathfrak{T}\{f(x), \varepsilon\}$ mit den Teilen $\mathfrak{A}_1, \ldots, \mathfrak{A}_n$ entsteht, so gehört in derselben Weise die Überdeckung (3) zu derjenigen Teilung $\mathfrak{T}^*\{f(x), \varepsilon,\}$ welche aus $\mathfrak{T}\{f(x), \varepsilon\}$ durch Translation mit d^{-1} und c^{-1} hervorgeht, welche also die Teile

$$d^{-1}\,\mathfrak{A}_i\,c^{-1} = (c\,\mathfrak{A}_i^{-1}\,d)^{-1}$$

besitzt. Also ist $f(x^{-1})$ fastperiodisch. —

Satz 4. *Wenn $f(x)$ und $g(x)$ fastperiodisch sind, so sind auch die Funktionen $f(x) + g(x)$ und $f(x)\,g(x)$ fastperiodisch.*

Beweis: Es seien $\mathfrak{T}\{f(x), \varepsilon\}$ und $\mathfrak{T}\{g(x), \varepsilon\}$ Teilungen für $f(x)$ und $g(x)$. Bilden wir diejenige Überdeckung von $\mathfrak{G}$, welche aus den Durchschnitten $\mathfrak{C}_i$ von jeweils einem Teil von $\mathfrak{T}\{f(x), \varepsilon\}$ und einem Teil von $\mathfrak{T}\{g(x), \varepsilon\}$ besteht, so entsteht eine Überdeckung von $\mathfrak{G}$, welche zu $f(x) + g(x)$ und 2ε gehört; denn für $x, y \in \mathfrak{C}_i$ gilt

$$|f(x) + g(x) - (f(y) + g(y))| \leq |f(x) - f(y)| + |g(x) - g(y)| < 2\varepsilon.$$

Durch Translation muß eine solche Überdeckung immer wieder in eine eben solche (zu $f(x) + g(x)$ und 2ε) übergehen, welche aus den entsprechend verschobenen Teilungen $\mathfrak{T}\{f(x), \varepsilon\}$ und $\mathfrak{T}\{g(x), \varepsilon\}$ durch dieselbe „Verfeinerung" wie eben entsteht. Die aus den Teilen $\mathfrak{C}_i$ bestehende Überdeckung ist also eine Teilung $\mathfrak{T}\{f(x) + g(x), 2\varepsilon\}$, also ist $f(x) + g(x)$ fastperiodisch. — Die aus den Teilen $\mathfrak{C}_i$ bestehende Überdeckung ist aber auch für $f(x)\, g(x)$ als Teilung zu verwenden. Für $x, y \in \mathfrak{C}_i$ gilt nämlich

$$|f(x)\,g(x) - f(y)\,g(y)| \leq |f(x)|\,|g(x) - g(y)| + |g(y)|\,|f(x) - f(y)|$$
$$\leq \qquad M\varepsilon \qquad + \qquad M\varepsilon \qquad = 2M\varepsilon$$

wenn M eine gemeinsame Schranke für $|f(x)|$ und $|g(x)|$ bedeutet. Die genannte Überdeckung, welche wir als gemeinsame Unterteilung von $\mathfrak{T}\{f(x), \varepsilon\}$ und $\mathfrak{T}\{g(x), \varepsilon\}$ bezeichnen können, ist also eine Teilung $\mathfrak{T}\{f(x)\,g(x), 2M\varepsilon\}$. Also ist $f(x)\,g(x)$ fastperiodisch. —

Satz 5. *Der Limes $f(x)$ einer gleichmäßig konvergenten Folge fastperiodischer Funktionen $f_n(x)$*

$$f(x) = \lim_{n \to \infty} f_n(x)$$

ist wieder fastperiodisch.

Beweis: Es sei etwa für alle $x \in \mathfrak{G}$

$$|f_n(x) - f(x)| < \frac{\varepsilon}{3},$$

dann ist jede $\mathfrak{T}\left\{f_n(x), \dfrac{\varepsilon}{3}\right\}$ gleichzeitig eine $\mathfrak{T}\{f(x), \varepsilon\}$. Liegen nämlich x und y in einem Teil von $\mathfrak{T}\left\{f_n(x), \dfrac{\varepsilon}{3}\right\}$, so gilt

$$|f(x) - f(y)| \leq |f(x) - f_n(x)| + |f_n(x) - f_n(y)| + |f_n(y) - f(y)|$$
$$< \qquad \frac{\varepsilon}{3} \qquad + \qquad \frac{\varepsilon}{3} \qquad + \qquad \frac{\varepsilon}{3}$$
$$= \qquad \varepsilon.$$

Also ist $f(x)$ fastperiodisch. —

Gelegentlich (in § 15) benötigen wir auch noch den

Satz 6. *Ist $f(x)$ fastperiodisch und $\varphi(u)$ eine stetige komplexwertige Funktion der komplexen Variablen u, so ist $\varphi(f(x))$ eine fastperiodische Funktion von x.*

Der Beweis dieses Satzes ist so einfach, daß er übergangen werden kann.

§ 8. Beschränkte Darstellungen und Fastperiodizität.

Bei endlichen Gruppen ist jede Funktion fastperiodisch. Sucht man Beispiele fastperiodischer Funktionen auch bei unendlichen Gruppen, so stößt man zunächst auf die völlig trivialen Konstanten, welche kein weiteres Interesse beanspruchen. Wichtig sind dagegen die Funktionen, welche man folgendermaßen erhält. Man betrachte eine Darstellung $D(x)$ der Gruppe $\mathfrak{G}$. Die Matrixelemente $D_{\varrho\sigma}(x)$ einer solchen Darstellung

$$D(x) = (D_{\varrho\sigma}(x)) \qquad \varrho, \sigma = 1, \ldots, s$$

sind komplexwertige Funktionen der Gruppenelemente x. Wenn die Darstellung die Eigenschaft hat, daß die sämtlichen Funktionen $D_{\varrho\sigma}(x)$ $\varrho, \sigma = 1, \ldots, s$ beschränkte Funktionen sind, so wollen wir die Darstellung beschränkt nennen. Es läßt sich nun beweisen, daß die in beschränkten Darstellungen auftretenden Funktionen $D_{\varrho\sigma}(x)$ fastperiodisch sind.

Der Beweis dieses Satzes ließe sich ohne irgendwelche Hilfsmittel oder Hilfssätze ohne weiteres sehr leicht führen. Wir wollen trotzdem schon an dieser Stelle einen Begriff und einen Hilfssatz bringen, welchen wir später sehr häufig benötigen werden und der es möglich macht, den Satz besonders durchsichtig herzuleiten.

Definition: Der *Absolutbetrag* $|D|$ einer s-reihigen quadratischen Matrix $D = (D_{\varrho\sigma})$ wird durch

$$|D| = + \sqrt{\sum_{\varrho, \sigma = 1}^{s} |D_{\varrho\sigma}|^2}$$

erklärt.

Ist O die Nullmatrix, so ist offenbar $|O| = 0$. Ganz einfach ergibt sich auch für die Einheitsmatrix E der Absolutwert $|E| = \sqrt{s}$, wenn s der Grad von E ist. Weiter haben wir $|\alpha D| = |\alpha|\,|D|$, wenn α irgendeine komplexe Zahl ist.

Stellt man sich unter $D = (D_{\varrho\sigma})$ einen Vektor der Dimension s^2 vor, so leuchtet der folgende Satz sofort ein.

Satz 1. *Für Matrizen D_1 und D_2 und ihre Absolutbeträge gilt die Dreiecksungleichung*

$$|D_1 \pm D_2| \leq |D_1| + |D_2|$$
$$|D_1 \pm D_2| \geq |D_1| - |D_2|.$$

Besonders wichtig ist der nun zu beweisende, nicht mehr so ganz naheliegende Satz. Er gestattet, den Absolutbetrag des Produktes zweier Matrizen durch die Beträge der Faktoren abzuschätzen. Um beim Beweis weniger Indizes zu haben, schreiben wir für zwei quadratische s-reihige Matrizen nicht D_1 und D_2 wie in Satz 1, sondern A und B.

Satz 2. *Für Matrizen A und B gilt*

$$|A \cdot B| \leq |A|\,|B|.$$

Beweis: Es sei $A = (A_{\varrho\sigma})$ und $B = (B_{\varrho\sigma})$. Dann gilt

$$|AB|^2 = \sum_{\varrho,\sigma=1}^{s} \left| \sum_{\mu=1}^{s} A_{\varrho\mu} B_{\mu\sigma} \right|^2 \leq \sum_{\varrho,\sigma=1}^{s} \left(\sum_{\mu=1}^{s} |A_{\varrho\mu}| \, |B_{\mu\sigma}| \right)^2$$

$$= \sum_{\varrho,\sigma,\mu=1}^{s} |A_{\varrho\mu}|^2 \, |B_{\mu\sigma}|^2 + 2 \sum_{\substack{\varrho,\sigma,\mu,\nu=1 \\ \mu<\nu}}^{s} |A_{\varrho\mu}| \, |B_{\mu\sigma}| \, |A_{\varrho\nu}| \, |B_{\nu\sigma}|$$

$$\leq \sum_{\varrho,\sigma,\mu=1}^{s} |A_{\varrho\mu}|^2 \, |B_{\mu\sigma}|^2 + \sum_{\substack{\varrho,\sigma,\mu,\nu=1 \\ \mu<\nu}}^{s} \left(|A_{\varrho\mu}|^2 |B_{\nu\sigma}|^2 + |A_{\varrho\nu}|^2 |B_{\mu\sigma}|^2 \right)$$

$$= \sum_{\varrho,\sigma,\mu,\nu=1}^{s} |A_{\varrho\mu}|^2 \, |B_{\nu\sigma}|^2 = \sum_{\varrho,\mu=1}^{s} |A_{\varrho\mu}|^2 \sum_{\nu,\sigma=1}^{s} |B_{\nu\sigma}|^2 = |A|^2 \, |B|^2$$

w. z. b. w.

Wir haben bereits auf S. 29 eine völlig ausreichende Definition der beschränkten Darstellungen gegeben. Mit Hilfe des Absolutbetrags der Matrizen aber bringt man diese Definition besser in folgende Form.

Definition: Eine Darstellung $D(x)$ heißt *beschränkt*, wenn $|D(x)|$ eine beschränkte Funktion von x ist, wenn also eine Schranke Γ existiert, so daß

$$|D(x)| \leq \Gamma.$$

Wir wiederholen nochmals den Wortlaut des nun zu beweisenden Satzes.

Satz 3. *Die Koeffizienten $D_{\varrho\sigma}(x)$ einer beschränkten Darstellung $D(x)$ sind fastperiodische Funktionen.*

Beweis: Die Darstellung $D(x)$ sei etwa s-reihig, und es gelte $|D(x)| \leq \Gamma$. Aus der Beschränktheit folgt, daß auch jede der Funktionen $D_{\varrho\sigma}(x)$ beschränkt ist und nach § 7 Satz 1 gibt es also zu jeder dieser Funktionen $D_{\varrho\sigma}(x)$ und zu jedem $\varepsilon > 0$ eine Überdeckung der Gruppe $\mathfrak{G}$. Halten wir ε fest und wählen wir zu $\dfrac{\varepsilon}{s\,\Gamma^2}$ und zu jedem $D_{\varrho\sigma}(x)$ eine Überdeckung, so bilden die Durchschnitte $\mathfrak{A}_1, \ldots, \mathfrak{A}_n$ je eines Teiles einer jeden dieser Überdeckungen eine Teilung $\mathfrak{T}\{D_{\varrho\sigma}(x), \varepsilon\}$ für jede der Funktionen. Es seien nämlich etwa x und y aus einem der Teile $\mathfrak{A}_1, \ldots, \mathfrak{A}_n$ gewählt. Dann gilt für alle $c, d \in \mathfrak{G}$

$$|D(c\,x\,d) - D(c\,y\,d)| = |D(c)\,(D(x) - D(y))\,D(d)|$$
$$\leq |D(c)|\,|D(x) - D(y)|\,|D(d)|$$
$$\leq \Gamma\,|D(x) - D(y)|\,\Gamma$$
$$< \Gamma^2\, s\, \frac{\varepsilon}{s\,\Gamma^2} = \varepsilon,$$

wie sofort durch Anwendung des Satzes 2 und der Definition von $|D|$ folgt. Damit ist auch für jede der Funktionen $D_{\varrho\sigma}(x)$

$$|D_{\varrho\sigma}(c\,x\,d) - D_{\varrho\sigma}(c\,y\,d)| < \varepsilon$$

nachgewiesen, und diese Funktionen sind also fastperiodisch. —

Als Beispiel betrachten wir die additive Gruppe der reellen Zahlen. Dort sind die Funktionen $e^{i\lambda x}$ mit reellem λ beschränkte Darstellungen der Gruppe. Sie sind also fastperiodisch und mit ihnen (nach § 7 Satz 3, 4 und 5) auch alle endlichen trigonometrischen Polynome $\sum \alpha_\nu e^{i\lambda_\nu x}$ und sämtliche Funktionen, die sich durch solche Polynome gleichmäßig approximieren lassen. Später werden wir sehen, daß dies alle (stetigen) fastperiodischen Funktionen sind.

Auch bei beliebigen Gruppen sind mit den $D_{\varrho\sigma}(x)$ aus beschränkten Darstellungen alle endlichen Summen $\sum\limits_{D} \sum\limits_{\varrho,\sigma=1}^{s} \alpha_{\varrho\sigma} D_{\varrho\sigma}(x)$ und alle diejenigen Funktionen, die sich durch solche Summen gleichmäßig approximieren lassen, fastperiodisch auf $\mathfrak{G}$. Es wird sich als ein Hauptsatz der Theorie ergeben, daß dies alle fastperiodische Funktionen der Gruppe sind.

Mittelwerttheorie.

§ 9. Existenz des Mittelwertes.

Bei endlichen Gruppen haben wir das arithmetische Mittel

$$M_x\{f(x)\} = \frac{1}{N} \sum_{x \in \mathfrak{G}} f(x) \qquad N = \text{Gruppenordnung}$$

der Werte einer komplexen Funktion gebildet und häufig benutzt. Ist $\mathfrak{G}$ eine beliebige Gruppe und $f(x)$ eine fastperiodische Funktion auf $\mathfrak{G}$, so liegt es nahe, auf folgende Weise einen Mittelwert der Funktion zu erklären. Man geht von einer Teilung $\mathfrak{T}\{f(x), \varepsilon\}$ mit den Teilen $\mathfrak{A}_1, \ldots, \mathfrak{A}_n$ aus, wählt in jedem Teil einen Repräsentanten $a_1, \ldots, a_n$ aus und bildet

$$(1) \qquad \frac{1}{n} \sum_{i=1}^{n} f(a_i) \,.$$

Offensichtlich ist dieser Mittelwert der Funktion $f(x)$ nicht in eindeutiger Weise zugeordnet, z. B. hängt er von ε ab. Bestimmt man aber einen Mittelwert (1) für jedes $\varepsilon = \dfrac{1}{2}, \dfrac{1}{3}, \ldots$, so bestünde noch die Möglichkeit, den Grenzwert der Folge dieser Mittelwerte festzustellen und als Mittelwert der Funktion zu erklären. Hiermit kann man aber nicht zum Ziele kommen, da man bei vorgegebenen $\varepsilon > 0$ die Teilungen $\mathfrak{T}\{f(x), \varepsilon\}$ im allgemeinen derart willkürlich wählen kann, daß die Zahlen (1) bei abnehmendem ε keine feste Zahl approximieren.

Es hilft uns ein ganz einfacher Trick. Wir betrachten zu vorgegebener Funktion $f(x)$ und zu festem $\varepsilon > 0$ eine Teilung $\mathfrak{T}\{f(x), \varepsilon\}$. Sie hat eine gewisse Anzahl n von Teilen. Wenn es keine Teilung $\mathfrak{T}'\{f(x), \varepsilon\}$ mit weniger als n Teilen gibt, so soll $\mathfrak{T}\{f(x), \varepsilon\}$ eine *minimale Teilung* heißen.

Bildet man die Mittelwerte (1) ausgehend von minimalen Teilungen, so approximieren sie nun in der Tat eine ganz bestimmte Zahl, den Mittelwert der Funktion. Dies zu beweisen, ist Aufgabe dieses und des nächsten Paragraphen.

Ist $\mathfrak{T}\{f(x), \varepsilon\}$ eine minimale Teilung mit den Teilen $\mathfrak{A}_1, \ldots, \mathfrak{A}_n$, so wollen wir ein System von Gruppenelementen $a_1, \ldots, a_n$, wobei $a_1 \in \mathfrak{A}_1, \ldots, a_n \in \mathfrak{A}_n$, ein *Repräsentantensystem R der Teilung* nennen. Die Zahl

$$M(R) = \frac{1}{n} \sum_{i=1}^{n} f(a_i)$$

nennen wir eine zu R gehörige *Näherungssumme*.

Satz 1. *Sind R und R' Repräsentantensysteme derselben Teilung $\mathfrak{T}\{f(x), \varepsilon\}$, so gilt*

$$\mid M(R) - M(R') \mid < \varepsilon.$$

Beweis: Besteht R aus den Elementen a_i und R' aus den Elementen a_i' so gilt

$$\left| \frac{1}{n} \sum_{i=1}^{n} f(a_i) - \frac{1}{n} \sum_{i=1}^{n} f(a_i') \right| \leq \frac{1}{n} \sum_{i=1}^{n} \left| f(a_i) - f(a_i') \right| < \varepsilon.$$

Satz 2. *Sind R_1 und R_2 Repräsentantensysteme der minimalen Teilungen $\mathfrak{T}_1\{f(x), \varepsilon\}$ bzw. $\mathfrak{T}_2\{f(x), \varepsilon\}$, so gilt*

$$|M(R_1) - M(R_2)| < 2\varepsilon.$$

Beweis: An dieser einen Stelle und nur an dieser Stelle wird die Tatsache sehr wesentlich benutzt, daß die Teilungen $\mathfrak{T}_1$ und $\mathfrak{T}_2$ beide minimale Teilungen sind. Es bestehe etwa $\mathfrak{T}_1$ aus den Teilen $\mathfrak{A}_1, \ldots, \mathfrak{A}_n$ und $\mathfrak{T}_2$ aus den Teilen $\mathfrak{B}_1, \ldots, \mathfrak{B}_n$. Nehmen wir nun r Teile (r beliebig $= 1, 2, \ldots, n$) der einen Teilung, etwa

$$\mathfrak{A}_{i_1}, \ldots, \mathfrak{A}_{i_r} \qquad r = 1, 2, \ldots \text{ oder } n,$$

so kann die Vereinigungsmenge dieser Teile

$$(2) \qquad \mathfrak{A}_{i_1} \dot{+} \cdots \dot{+} \mathfrak{A}_{i_r}$$

höchstens r Teile $\mathfrak{B}_j$ der anderen Teilung voll umfassen. Wären nämlich mehr als r Teile $\mathfrak{B}_j$ voll in (2) enthalten, etwa

$$(3) \qquad \mathfrak{A}_{i_1} \dot{+} \cdots \dot{+} \mathfrak{A}_{i_r} > \mathfrak{B}_{j_1} \dot{+} \cdots \dot{+} \mathfrak{B}_{j_{r+1}},$$

dann wäre die zweite Teilung $\mathfrak{T}_2$ mit den Teilen $\mathfrak{B}_j$ sicherlich keine minimale; denn in diesem Falle könnte man die $r+1$ Teile $\mathfrak{B}_{j_1}, \ldots, \mathfrak{B}_{j_{r+1}}$ durch die r Teile $\mathfrak{A}_{i_1}, \ldots, \mathfrak{A}_{i_r}$ ersetzen und würde so eine Teilung von $\mathfrak{G}$ zu $f(x)$ und ε erhalten, die nur $n-1$ Teile statt n besitzt. Wählen wir also aus einer minimalen Teilung $\mathfrak{T}_1\{f(x), \varepsilon\}$ irgendeine Anzahl Teile, etwa r, aus, so umfaßt deren Vereinigungsmenge höchstens r Teile einer beliebigen anderen minimalen Teilung $\mathfrak{T}_2\{f(x), \varepsilon\}$. Ein kombinatorischer Hilfssatz, welchen wir im nächsten Paragraphen beweisen werden, besagt nun, daß zwei solche Teilungen stets ein gemeinsames Repräsentantensystem R besitzen, d. h. es gibt n Elemente $c_1, \ldots, c_n$, welche sowohl für $\mathfrak{T}_1\{f(x), \varepsilon\}$, wie auch für $\mathfrak{T}_2\{f(x), \varepsilon\}$ ein Repräsentantensystem bilden (§ 10 Satz 2). So folgt nun leicht der Satz 2 aus Satz 1:

$$|M(R_1) - M(R_2)| \leq |M(R_1) - M(R)| + |M(R) - M(R_2)| < 2\,\varepsilon.$$

Satz 3. *Ist* $M(R) = \dfrac{1}{n} \sum_{i=1}^{n} f(a_i)$ *eine zu der minimalen Teilung* $\mathfrak{T}\{f(x), \varepsilon\}$ *gehörige Näherungssumme, so gilt gleichmäßig in* c *und* d

$$\left| M(R) - \frac{1}{n} \sum_{i=1}^{n} f(c\,a_i\,d) \right| < 2\,\varepsilon$$

Beweis: Durch Translation geht die minimale Teilung $\mathfrak{T}\{f(x), \varepsilon\}$ wieder in eine minimale Teilung über, das Repräsentantensystem R, bestehend aus den Elementen $a_1, \ldots, a_n$ geht dabei in ein Repräsentantensystem der neuen Teilung über. Die Elemente $c\,a_1\,d, \ldots, c\,a_n\,d$ bilden also wieder ein Repräsentantensystem einer minimalen Teilung. Anwendung des Satzes 2 ergibt den Satz 3. —

Während wir Summen der Gestalt

$$M(R) = \frac{1}{n} \sum_{i=1}^{n} f(a_i)$$

Näherungssummen nannten, wollen wir jede Zahl A, für die irgendwelche endlich vielen Gruppenelemente $a_1, \ldots, a_n$ existieren, so daß gleichmäßig in $c, d \in \mathfrak{G}$ gilt

$$\left| A - \frac{1}{n} \sum f(c\,a_i\,d) \right| < 2\,\varepsilon,$$

ein *Näherungsmittel* nennen und mit $M\{f(x), \varepsilon\}$ bezeichnen. Die Näherungssummen sind nach Satz 3 spezielle Näherungsmittel. Wir zeigen nun, daß Näherungsmittel, auch zu verschiedenen ε-Werten, sich nicht beträchtlich unterscheiden können.

Satz 4. *Für zwei Näherungsmittel* $M\{f(x), \varepsilon\}$ *und* $M\{f(x), \varepsilon'\}$ *gilt*

$$(4) \qquad |M\{f(x), \varepsilon\} - M\{f(x), \varepsilon'\}| < 2\,(\varepsilon + \varepsilon').$$

Beweis: Es gelte etwa

$$(5) \qquad \left| M\{f(x), \varepsilon\} - \frac{1}{n} \sum_{i=1}^{n} f(c\,a_i\,d) \right| < 2\,\varepsilon$$

$$(6) \qquad \left| M\{f(x), \varepsilon'\} - \frac{1}{m} \sum_{j=1}^{m} f(c\,b_j\,d) \right| < 2\,\varepsilon'.$$

Dann setze man in (5) das $c = 1$ und nacheinander $d = b_1, b_2, \ldots, b_m$, addiere die m entsprechenden Ungleichungen und dividiere durch m. So ergibt sich

$$(7) \qquad \left| M\{f(x), \varepsilon\} - \frac{1}{m \cdot n} \sum_{i,j} f(a_i\,b_j) \right| < 2\,\varepsilon.$$

Entsprechend folgt aus (6)

$$(8) \qquad \left| M\{f(x),\, \varepsilon'\} - \frac{1}{m \cdot n} \sum_{i,\,j} f(a_i\, b_j) \right| < 2\,\varepsilon' \,.$$

Aus (7) und (8) entnehmen wir, daß in der Tat (4) richtig ist. —

Satz 5. *Es gibt eine eindeutig durch $f(x)$ bestimmte Zahl $M_x\{f(x)\}$, so daß für jedes $\varepsilon > 0$*

$$|M\{f(x),\, \varepsilon\} - M_x\{f(x)\}| \leq 2\,\varepsilon$$

gilt. Es ist also

$$M_x\{f(x)\} = \lim_{\varepsilon \to 0} M\{f(x),\, \varepsilon\} \,.$$

Beweis: Betrachten wir die Ungleichung (4) des Satzes 4! Lassen wir ε' irgendeine Folge von Zahlen durchlaufen, die gegen Null konvergiert, so wird auch die Folge $M\{f(x),\, \varepsilon'\}$ (oder notfalls eine Teilfolge) konvergieren. Ihren Limes nennen wir $M_x\{f(x)\}$. Aus (4) folgt dann

$$(9) \qquad |M\{f(x),\, \varepsilon\} - M_x\{f(x)\}| \leq 2\,\varepsilon \,,$$

und hieraus entnehmen wir die Behauptung des Satzes. —

Die durch Satz 5 zu jeder fastperiodischen Funktion $f(x)$ erklärte Zahl $M_x\{f(x)\}$ heißt der *Mittelwert* von $f(x)$. Man sieht sofort, daß bei endlichen Gruppen dieser Mittelwert mit dem schon früher benutzten arithmetischen Mittel identisch ist. Wir werden sehen, daß $M_x\{f(x)\}$ bei allen Gruppen die Eigenschaften eines Integralmittelwertes hat, bei den stetigen fastperiodischen Funktionen der Gruppe der Drehungen des Einheitskreises ist $M_x\{f(x)\}$ sogar identisch mit dem gewöhnlichen Riemannschen Integral, genauer gilt

$$M_x\{f(x)\} = \frac{1}{2\pi} \int\limits_0^{2\pi} f(x)\, dx \,.$$

Beweise hierfür bringen wir in § 11.

Bevor wir nun zum Beweis des Hilfssatzes übergehen, soll der Satz 5 nochmals formuliert werden, und zwar so, daß sein Inhalt unmittelbar hervortritt.

Mittelwertsatz. *Zu jeder fastperiodischen Funktion $f(x)$ existiert eine Zahl $M_x\{f(x)\}$, ihr Mittelwert, die durch folgende Eigenschaft eindeutig charakterisiert ist: Zu jedem $\varepsilon > 0$ lassen sich Gruppenelemente $a_1, \ldots, a_n$ finden, so daß gleichmäßig in c, d*

$$\left| M_x\{f(x)\} - \frac{1}{n} \sum_{i=1}^{n} f(c\, a_i\, d) \right| < 2\,\varepsilon$$

gilt.

§ 10. Der kombinatorische Hilfssatz.

Um den Beweis des Satzes 2 in § 9 zu vollenden, werden wir jetzt den dort erwähnten Hilfssatz herleiten. Wir denken uns ein System von n verschiedenen Elementen $A_1, \ldots, A_n$ und ein anderes System von ebenfalls n verschiedenen Elementen $B_1, \ldots, B_n$. Wir nehmen an, daß von jedem Elementepaar (A_i, B_j) gesagt sei, ob A_i und B_j *verknüpft* oder nicht verknüpft sind[1]. Die Anzahl r der Elemente einer beliebigen Menge $A = (A_{i_1}, \ldots, A_{i_r})$ oder die Anzahl s der Elemente einer beliebigen Menge $B = (B_{j_1}, \ldots, B_{j_s})$ heißt der *Rang* der betreffenden Menge. Eine Menge A, bestehend aus gewissen A_i, heißt zu einer Menge B, bestehend aus gewissen B_j, *assoziiert*, wenn

(1) $\qquad$ aus (A_i, B_j) verknüpft und $B_j \in B$ folgt $A_i \in A$.

Wir stellen die Frage: Unter welcher Bedingung lassen sich die Elemente A_i und B_j zu n verknüpften Paaren zusammenfassen? Genauer: Wann gibt es eine Permutation $j_1, \ldots, j_n$ der Zahlen $1, \ldots, n$, so daß die Paare (A_i, B_{i_i}) mit $i = 1, \ldots, n$ verknüpft sind? Man erkennt sofort, daß die folgende Bedingung sicherlich notwendig ist: Keine Menge B von Elementen B_i besitzt eine assoziierte Menge A von geringerem Rang als B. Wir zeigen, daß diese Bedingung auch hinreichend ist. Wir beweisen also den

Kombinatorischen Hilfssatz: *Sind $A_1, \ldots, A_n$ und $B_1, \ldots, B_n$ zwei Systeme von je n verschiedenen Elementen und ist von jedem Paar A_i, B_j gesagt, ob es verknüpft oder nicht verknüpft ist, so ist es dann und nur dann möglich, eine Permutation $j_1, \ldots, j_n$ der Zahlen $1 \ldots n$ so anzugeben, daß alle Paare*

$$A_i, B_{j_i} \qquad\qquad\qquad i = 1, \ldots, n$$

verknüpft sind, wenn keine Menge B eine assoziierte Menge A von geringerem Rang als B besitzt.

Beweis: Es braucht nur gezeigt werden, daß die Elemente A_i und B_j zu n verknüpften Paaren zusammengefaßt werden können, wenn die formulierte Bedingung erfüllt ist. Wir suchen deshalb zunächst zu A_n einen Partner B_{j_n} derart, daß 1. A_n und B_{j_n} verknüpft sind und 2. die Elemente A_i $(i = 1, \ldots, n-1)$ und B_j $(j = 1, \ldots, n$ aber $j \neq j_n)$ wieder zwei Elementsysteme (mit je $n-1$ Elementen) bilden, welche die Bedingung des Satzes (mit $n-1$ statt n) erfüllen.

Eine beliebige Menge von Elementen B_i mit Rang r nenne ich eine *Hauptmenge H*, wenn H eine assoziierte Menge A besitzt, welche 1. das Element A_n enthält und 2. den Rang r hat. Wir stellen fest, daß der

---

[1] H. WEYL deutet die A_i als Jungen, die B_j als Mädchen. Er verlangt, daß von jedem Paar (A_i, B_j) gesagt ist, ob es befreundet ist oder nicht. Es entsteht dann das folgende Heiratsproblem: Welches ist die hinreichende Bedingung dafür, daß alle Jungen und Mädchen so heiraten können, daß nur befreundete Paare zu Ehepaaren werden? — Ein besonders einfacher Beweis des Hilfssatzes ist auf S. 234 wiedergegeben.

Durchschnitt zweier Hauptmengen H' und H'' wieder eine Hauptmenge ist. In der Tat: Es sei A' mit H' assoziiert und von gleichem Rang r' wie H'. Ebenso sei A'' mit H'' assoziiert und von gleichem Rang r'' wie H''. Außerdem sei $A_n \in A'$ und $A_n \in A''$. Es habe $H'H''$ den Rang r und $A'A''$ den Rang s. Es ist $A'A''$ assoziiert zu $H'H''$, also folgt $r \leq s$. Außerdem ist $A' + A''$ assoziiert zu $H' + H''$, also folgt $r' + r'' - r \leq r' + r'' - s$; deshalb muß $r = s$ sein. Weil $A'A''$ sicher A_n enthält, ist $H'H''$ somit als Hauptmenge erkannt.

Die (eindeutig bestimmte) Hauptmenge von geringstem Rang werde H_{min} genannt. Es kann H_{min} nicht leer sein, da eine Hauptmenge definitionsgemäß nicht leer ist. Wir nennen nun A_{min} diejenige Menge von Elementen A_i, welche 1. denselben Rang wie H_{min} besitzt, 2. zu H_{min} assoziiert ist und 3. das Element A_n enthält. Mindestens ein Element B_{j_n} aus H_{min} muß mit A_n verknüpft sein; wäre das nicht der Fall so könnte man A_n aus A_{min} fortlassen und hätte in $(A_{min} - A_n)$ eine zu H_{min} assoziierte Menge von geringerem Rang als H_{min}.

Die Elemente A_i $(i = 1, \ldots, n - 1)$ und B_j $(j = 1, \ldots, n$, aber $j \neq j_n)$ bilden nun wieder zwei Systeme von jetzt je $n - 1$ Elementen, welche die Bedingung des Satzes erfüllen. Es sei nämlich die innerhalb dieses reduzierten Systemes gebildete Menge A vom Range s assoziiert zu der ebenfalls diesem Systeme angehörigen Menge B vom Range r. Zu zeigen ist, daß $s \geq r$ ist. Man muß bedenken, daß A und B, aufgefaßt als Teilmengen der vollen Systeme $A_1, \ldots, A_n$ bzw. $B_1, \ldots, B_n$ nicht ohne weiteres assoziiert sein brauchen. Es könnte nämlich sein, daß A_n mit einem $B_i \in B$ verknüpft ist, obwohl doch $A_n \notin A$. Man sieht jedoch sofort, daß $A + A_n$ sicher assoziiert zu B ist, und zwar natürlich dann, wenn man beide Mengen als Teilmengen der Ausgangssysteme $A_1, \ldots, A_n$ und $B_1, \ldots, B_n$ auffaßt. Also ist $s + 1 \geq r$. Nun nehmen wir an, daß $r = s + 1$ ist. Dann wäre B eine Hauptmenge, deren assoziierte Menge von gleichem Range gerade $A + A_n$ ist. Nun muß B notwendig als Hauptmenge ganz H_{min} enthalten. In H_{min} liegt aber B_{j_n}, also müßte B_{j_n} in B liegen, obwohl doch B_{j_n} sicher nicht in B liegt. Deshalb ist $s + 1 > r$ oder $s \geq r$, was zu zeigen war.

Durch Induktion läßt sich der Beweis des Hilfssatzes beenden. Wir haben zunächst j_n so bestimmt, daß

$$A_n, \; B_{j_n}$$

verknüpft sind. Nun können wir, wie soeben gezeigt wurde, mit den Elementen $A_1, \ldots, A_{n-1}$ und $B_1, \ldots, B_n$ (jedoch ohne B_{j_n}) genau so verfahren und erhalten eine Zahl $j_{n-1} \neq j_n$ derart, daß

$$A_{n-1}, \; B_{j_{n-1}}$$

verknüpft sind. So fahren wir fort bis alle j_ν $(\nu = n, n - 1, \ldots, 2, 1)$ erklärt sind. —

Wir wenden den bewiesenen Hilfssatz an, um den folgenden, im vorigen Paragraphen benutzten Satz herzuleiten.

Satz 2: *Ist die nicht leere Menge $\mathfrak{G}$ auf zwei Weisen von nicht leeren Teilmengen $\mathfrak{A}_i$ bzw. $\mathfrak{B}_j$ überdeckt*

$$\mathfrak{G} = \overset{n}{\underset{1}{\mathfrak{S}}}\, \mathfrak{A}_i = \overset{n}{\underset{1}{\mathfrak{S}}}\, \mathfrak{B}_j$$

derart, daß die Vereinigungsmenge von r Teilen $\mathfrak{A}_i$ höchstens r Teile $\mathfrak{B}_j$ voll umfaßt (r beliebig $1 \leq r \leq n$), so gibt es ein gemeinsames Repräsentantensystem.

Beweis: Wir deuten die $\mathfrak{A}_i$ als Elemente A_i und die $\mathfrak{B}_j$ als Elemente B_j im Sinne des kombinatorischen Hilfssatzes. Wir nennen A_i und B_j dann und nur dann verknüpft, wenn $\mathfrak{A}_i \mathfrak{B}_j \neq 0$ ist. Wenn nun eine Menge $A = (A_{i_1}, \ldots, A_{i_r})$ zu einer Menge $B = (B_{j_1}, \ldots, B_{j_s})$ im Sinne der Definition (1) assoziiert ist, so heißt das: Wenn ein $\mathfrak{A}_i$ mit $\overset{s}{\underset{\nu=1}{\mathfrak{S}}}\, \mathfrak{B}_{j_\nu}$ Elemente gemein hat, so ist $i = i_1$ oder $= i_2$ oder $\ldots$ oder $= i_r$, also $\overset{r}{\underset{\nu=1}{\mathfrak{S}}}\, \mathfrak{A}_{i_\nu} \supset \overset{s}{\underset{\nu=1}{\mathfrak{S}}}\, \mathfrak{B}_{j_\nu}$. Nach Voraussetzung unseres Satzes 2 muß demnach $r \geq s$ sein. Deshalb darf der Hilfssatz angewandt werden. Der aber sagt aus, daß es eine Permutation $j_1, \ldots, j_n$ der Zahlen $1, \ldots, n$ gibt, so daß alle Paare A_i, B_{j_i} verknüpft sind. Also ist

$$\mathfrak{A}_i \mathfrak{B}_{j_i} \neq 0 \qquad\qquad i = 1, \ldots, n$$

und es existiert ein gemeinsames Repräsentantensystem. —

Mit diesem Beweis ist die Lücke in der Herleitung des Satzes 2 in § 9 geschlossen. Wir wollen für die Zwecke der nachfolgenden Paragraphen noch in weiteren Fällen die Existenz gemeinsamer Repräsentantensysteme von verschiedenen Teilungen nachweisen. Zuvor soll ein neuer Begriff erörtert werden.

Sind irgendwelche endlich vielen fastperiodischen Funktionen $f_1(x), \ldots, f_L(x)$ auf einer Gruppe $\mathfrak{G}$ gegeben, so gibt es zu jedem $\varepsilon > 0$ stets eine Überdeckung von $\mathfrak{G}$, bestehend aus Teilen $\mathfrak{A}_1, \ldots, \mathfrak{A}_n$, welche für alle Funktionen $f_1(x), \ldots, f_L(x)$ gleichzeitig eine Teilung zu ε ist. Man bilde nämlich die Durchschnitte von jeweils je einem Teil der Teilungen $\mathfrak{T}\{f_i(x), \varepsilon\}$ mit $i = 1, \ldots, L$. Diese Durchschnitte können als Teile $\mathfrak{A}_i$ jener gesuchten Teilung dienen. Eine solche für alle Funktionen gleichzeitig brauchbare Teilung der Gruppe braucht es im Falle unendlich vieler fast periodischer Funktionen $f_1(x), f_2(x), \ldots$ nicht notwendig zu geben. Deshalb geben wir folgende

Definition: Eine endliche oder unendliche Menge F von fastperiodischen Funktionen einer Gruppe $\mathfrak{G}$ heiße *gleichgradig fastperiodisch*, wenn es zu jedem $\varepsilon > 0$ eine Überdeckung der Gruppe $\mathfrak{G}$ gibt, welche als Teilung $\mathfrak{T}\{f(x), \varepsilon\}$ für alle Funktionen $f(x) \in F$ gleichzeitig dienen kann. Eine solche Überdeckung wollen wir mit $\mathfrak{T}\{F, \varepsilon\}$ bezeichnen.

Wir haben demnach soeben folgendes Satz bewiesen:

Satz 3. *Jede endliche Menge von fastperiodischen Funktionen ist gleichgradig fastperiodisch.*

Die weitere Folgerung aus unserem Hilfssatz 1 lautet:

Satz 4. *Es sei F eine Menge gleichgradig fastperiodischer Funktionen. Weiter sei eine (minimale) Teilung $\mathfrak{T}_1\{F, \varepsilon\}$ mit möglichst wenig Teilen $\mathfrak{A}_1, \ldots, \mathfrak{A}_n$ und eine weitere ebensolche Teilung $\mathfrak{T}_2\{F, \varepsilon\}$ mit den Teilen $\mathfrak{B}_1, \ldots, \mathfrak{B}_n$ gegeben. Beide Teilungen besitzen dann ein gemeinsames Repräsentantensystem, d. h. es gibt eine Permutation $j_1, \ldots, j_n$ der Zahlen $1, \ldots, n$, so daß $\mathfrak{A}_i \mathfrak{B}_{j_i} \neq 0$ ist für $i = 1, \ldots, n$.*

Beweis: Man braucht nur zu zeigen daß r beliebige Teile $\mathfrak{A}_i$ höchstens r Teile $\mathfrak{B}_j$ umfassen. Das geht genau nach derselben Weise, wie die entsprechende Behauptung im Beweis von Satz 2 in § 9 hergeleitet wurde. Anwendung des Hilfssatzes 1 liefert dann unseren Satz.

Eine leichte Folgerung dieses Satzes ist der

Satz 5: *Es sei F eine Menge gleichgradig fastperiodischer Funktionen. Weiter sei $\mathfrak{T}\{F, \varepsilon\}$ eine (für alle $f(x) \in F$ brauchbare) Teilung mit möglichst wenig Teilen $\mathfrak{A}_1, \ldots, \mathfrak{A}_n$. Ist dann $a_1, \ldots, a_n$ mit $a_i \in \mathfrak{A}_i$ ein beliebiges Repräsentantensystem dieser Teilung, so sind für jedes $f(x) \in F$ die arithmetischen Mittel der Funktionswerte $f(a_i)$ Näherungsmittel von $f(x)$ zu ε:*

$$M\{f(x), \varepsilon\} = \frac{1}{n}\sum_{i=1}^{n} f(a_i)\,.$$

Wesentlich ist, daß für alle $f \in F$ dieselben $a_1, \ldots, a_n$ verwandt werden können.

Beweis: Wir müssen zeigen, daß

$$(1) \qquad \left|\frac{1}{n}\sum_{i=1}^{n} f(c\,a_i\,d) - \frac{1}{n}\sum_{i=1}^{n} f(a_i)\right| < 2\,\varepsilon$$

ist für jede Wahl von $c, d \in \mathfrak{G}$ (siehe S. 33). Das wird genau so wie der Satz 3 in § 9 bewiesen. Es ist nämlich $a_1, \ldots, a_n$ ein Repräsentantensystem der minimalen Teilung $\mathfrak{A}_1, \ldots, \mathfrak{A}_n$ und $c\,a_1\,d, \ldots, c\,a_n\,d$ ist ein Repräsentantensystem der minimalen Teilung $c\,\mathfrak{A}_1\,d, \ldots, c\,\mathfrak{A}_n\,d$. Beide Teilungen haben nach Satz 4 ein gemeinsames Repräsentantensystem und aus § 9 Satz 1 folgt sofort die Ungleichung (1), also unser Satz. —

§ 11. Eigenschaften des Mittelwertes.

Der Mittelwert $M_x\{f(x)\}$ der fastperiodischen Funktionen auf Gruppen hat ähnliche Eigenschaften wie das Integral stetiger Funktionen. Diese sollen jetzt hergeleitet werden. Der Einfachheit halber werden wir uns in Zukunft, wenn keine Unklarheiten zu befürchten sind, der Bezeichnung

$$M\{f\} \quad \text{statt} \quad M_x\{f(x)\}$$

bedienen.

Satz 1: *Sind α und β komplexe Zahlen und $f(x)$ unf $g(x)$ fastperiodische Funktionen, so gilt*

$$M\{\alpha f + \beta g\} = \alpha\, M\{f\} + \beta\, M\{g\}$$

d. h. die Mittelwertoperation ist linear.

Beweis: Daß $M\{\alpha f\} = \alpha\, M\{f\}$, ist klar. Es bleibt

(1) $$M\{f + g\} = M\{f\} + M\{g\}$$

zu zeigen. Da (nach § 10 Satz 3) f und g gleichgradig fastperiodisch sind, gibt es zu jedem $\varepsilon > 0$ endlich viel Gruppenelemente $a_1, \ldots, a_n$, welche man nach § 10 Satz 5 als Repräsentanten einer geeigneten minimalen Teilung von $\mathfrak{G}$ wählt, so daß

$$M\{f(x), \varepsilon\} = \frac{1}{n} \sum_{i=1}^{n} f(a_i)$$

$$M\{g(x), \varepsilon\} = \frac{1}{n} \sum_{i=1}^{n} g(a_i)$$

$$M\{f(x) + g(x), \varepsilon\} = \frac{1}{n} \sum_{i=1}^{n} (f(a_i) + g(a_i))$$

Näherungsmittel der Mittelwerte der betreffenden Funktionen sind. Nach § 9 Satz 5 approximieren die Näherungsmittel die zugehörigen Mittelwerte bis auf $2\,\varepsilon$. Gleichung (1) folgt demnach ohne weiteres. —

Satz 2. *Für beliebige Gruppenelemente c und d und jede fastperiodische Funktion $f(x)$ gilt*

$$M_x\{f(c\, x\, d)\} = M_x\{f(x)\}$$

d. h. die Mittelwertoperation ist translationsinvariant.

Beweis: Jede Teilung $\mathfrak{T}\{f(x), \varepsilon\}$ ist auch eine Teilung $\mathfrak{T}\{f(c\,x\,d), \varepsilon\}$ Die Funktionen $f(x)$ und $f(c\,x\,d)$ haben also dieselben Näherungsmittelwerte. —

Satz 3. *Sind $f(x)$ und $g(x)$ reelle fastperiodische Funktionen und gilt*

$$f(x) \leq g(x) \qquad\qquad \textit{für alle } x,$$

so ist

$$M\{f\} \leq M\{g\}$$

d. h. die Mittelwertoperation ist monoton.

Beweis: Da $f(x)$ und $g(x)$ wieder gleichgradig fastperiodisch sind, gibt es nach § 10 Satz 5 zu jedem $\varepsilon > 0$ Gruppenelemente $a_1, \ldots, a_n$, so daß die Zahlen

$$M\{f(x),\ \varepsilon\} = \frac{1}{n} \sum_{i=1}^{n} f(a_i)$$

$$M\{g(x),\ \varepsilon\} = \frac{1}{n} \sum_{i=1}^{n} g(a_i)$$

die Mittelwerte $M\{f\}$ bzw. $M\{g\}$ bis auf $2\,\varepsilon$ approximieren. Hieraus folgt unser Satz sofort. —

Völlig überflüssig ist der Beweis für den

Satz 4: *Der Mittelwert der Funktion $f(x) = 1$ ist 1,*

$$M\{1\} = 1 .$$

Die Mittelwertoperation ist also normiert.

Die in den Sätzen 1 bis 4 aufgezählten Eigenschaften bestimmen die Mittelwertoperation eindeutig.

Satz 5: Eindeutige Bestimmtheit: *Es sei jeder fastperiodischen Funktion eine komplexe Zahl $M'_x\{f(x)\}$ zugeordnet. Diese Operation sei linear, invariant, monoton und normiert, also*

$$(2) \qquad M'_x\{\alpha f(x) + \beta\, g(x)\} = \alpha\, M'_x\{f(x)\} + \beta\, M'_x\{g(x)\}$$

$$(3) \qquad\qquad M'_x\{f(x\,d)\} = M'_x\{f(x)\}$$

$$(4) \qquad\qquad M'_x\{f(x)\} \leq M'_x\{g(x)\} \qquad \textit{für } f(x) \leq g(x), f,\, g \textit{ reell}$$

$$(5) \qquad\qquad M'_x\{1\} = 1 .$$

Dann ist diese Operation mit der Mittelwertoperation identisch

$$M'_x\{f(x)\} = M_x\{f(x)\} .$$

Beweis: Es sei $f(x)$ zunächst reell. Dann gibt es nach dem Mittelwertsatz zu jedem $\varepsilon > 0$ Gruppenelemente $a_1, \ldots, a_n$, so daß

$$M_x\{f(x)\} - \varepsilon \leq \frac{1}{n}\sum_{i=1}^{n} f(x\,a_i) \leq M_x\{f(x)\} + \varepsilon .$$

Wenden wir auf diese Ungleichungen die Operation M'_x an, so ergibt sich für jedes $\varepsilon > 0$ unter Berücksichtigung der Eigenschaften (2), (4) und (5)

$$M_x\{f(x)\} - \varepsilon \leq M'_x\left\{\frac{1}{n}\sum_{i=1}^{n} f(x\,a_i)\right\} \leq M_x\{f(x)\} + \varepsilon .$$

Also unter Benutzung von (2) und (3)

$$M_x\{f(x)\} - \varepsilon \leq M'_x\{f(x)\} \leq M_x\{f(x)\} + \varepsilon$$

und schließlich

$$M_x\{f(x)\} = M'_x\{f(x)\} \qquad\qquad f(x) \text{ reell.}$$

Ist $f(x)$ komplexwertig, so sind Real- und Imaginärteil reelle fastperiodische Funktionen:

$$f(x) = Rea\,(f(x)) + i\,Ima\,(f(x))$$

und es folgt sofort

$$M'_x\{f(x)\} = M_x\{Rea\,(f(x))\} + i\,M'_x\{Ima\,(f(x))\}$$
$$= M_x\{Rea\,(f(x))\} + i\,M_x\{Ima\,(f(x))\} = M_x\{f(x)\}.$$

Wir verschärfen den Satz 5, indem wir nicht mehr fordern, daß die Operation M^x für alle $f(x)$ erklärt ist.

Satz 6: *Es sei eine Menge $\mathfrak{M}$ von fastperiodischen Funktionen gegeben, welche folgende Eigenschaften hat.*

1. *Sind α, β komplexe Konstanten und ist $f(x)$ und $g(x)$ aus $\mathfrak{M}$, so folgt auch $\alpha f(x) + \beta g(x) \in \mathfrak{M}$. (Es ist also $\mathfrak{M}$ ein Modul von fastperiodischen Funktionen.)*

2. *Ist $f(x) \in \mathfrak{M}$, so auch $f(x\,d) \in \mathfrak{M}$. (Es ist also $\mathfrak{M}$ ein invarianter Modul von fastperiodischen Funktionen.)*

3. *Ist $f(x) \in \mathfrak{M}$, so auch $\overline{f(x)} \in \mathfrak{M}$.*

4. *Es ist $f(x) \equiv 1 \in \mathfrak{M}$.*

Wenn eine Operation $M_x\{f(x)\}$ jedem $f(x) \in \mathfrak{M}$ eine komplexe Zahl zuordnet, und wenn diese Operation auf $\mathfrak{M}$ linear, invariant, monoton und normiert ist, so ist dies die Mittelwertoperation.

Der Beweis verläuft genau wie derjenige von Satz 5.

Wir setzen die Aufzählung wichtiger Eigenschaften des Mittelwertes fort.

Satz 7: *Für jede fastperiodische Funktion $f(x)$ gilt*

$$(6) \qquad M\{\overline{f}\} = \overline{M\{f\}}$$

$$(7) \qquad M_x\{f(x^{-1})\} = M_x\{f(x)\}$$

$$(8) \qquad |M_x\{f(x)\}| \leq M_x\{|f(x)|\}\,.$$

Beweis: Es ist (6) völlig trivial zu beweisen. Um (8) herzuleiten, geht man nach genau dem Schema vor, welches bei den Beweisen von Satz 1 und 3 angewandt wurde. Dann folgt (8) aus der bekannten Ungleichung

$$\left| \frac{1}{n} \sum_{i=1}^{n} f(a_i) \right| \leq \frac{1}{n} \sum_{i=1}^{n} |f(a_i)|\,.$$

Die Gleichung (7) bestätigt man z. B. so: Man ordne jeder fastperiodischen Funktion $f(x)$ die Zahl

$$(9) \qquad M'_x\{f(x)\} = M_x\{f(x^{-1})\}$$

zu. Unter Benutzung der Sätze 1 bis 4 findet man, daß die Operation (9) alle in Satz 5 verlangten Eigenschaften hat. Deshalb folgt (7). —

Satz 8. *Ist $f_\nu(x)$ eine auf $\mathfrak{G}$ gleichmäßig konvergente Folge fastperiodischer Funktionen mit dem Limes $f(x)$*

$$f(x) = \lim_{\nu \to \infty} f_\nu(x)$$

so darf diese Folge gliedweise gemittelt werden:

$$M_x\{f(x)\} = \lim_{\nu \to \infty} M_x\{f_\nu(x)\}\,.$$

Beweis: Es genügt zu zeigen, daß die Menge F der Funktionen

$$f(x), f_1(x), f_2(x), \ldots$$

gleichgradig fastperiodisch ist. Es sei $\varepsilon > 0$ beliebig vorgegeben. Dann bestimmen wir $N(\varepsilon)$ so, daß für $\nu \geq N(\varepsilon)$ und für alle x

$$|f_\nu(x) - f(x)| < \frac{\varepsilon}{5}$$

richtig ist. Mit F_N bezeichnen wir die Menge der Funktionen $f_1, \ldots, f_N$ Nach § 10 Satz 3 sind die Funktionen aus F_N gleichgradig fastperiodisch. Es existiert also eine Teilung $\mathfrak{T}\left\{F_N, \dfrac{\varepsilon}{5}\right\}$ mit den Teilen $\mathfrak{A}_1, \ldots, \mathfrak{A}_n$. Wir zeigen, daß diese Teilung eine Teilung $\mathfrak{T}\{F, \varepsilon\}$ ist. Sei etwa $x, y \in \mathfrak{A}_i$. Dann gilt

$$|f(x) - f(y)| \leq |f(x) - f_N(x)| + |f_N(x) - f_N(y)| + |f_N(y) - f(y)|$$
$$< \frac{\varepsilon}{5} + \frac{\varepsilon}{5} + \frac{\varepsilon}{5} = \frac{3}{5}\varepsilon.$$

Ist weiterhin ν irgend eine ganze Zahl $\geq N(\varepsilon)$, so finden wir

$$|f_\nu(x) - f_\nu(y)| \leq |f_\nu(x) - f(x)| + |f(x) - f(y)| + |f(y) - f_\nu(y)|$$
$$< \frac{\varepsilon}{5} + \frac{3\varepsilon}{5} + \frac{\varepsilon}{5} = \varepsilon.$$

Nachdem so erwiesen ist, daß unsere Funktionenfolge gleichgradig fastperiodisch ist, folgt der Satz nach dem bei den vorangegangenen Sätzen schon mehrfach angewandten Verfahren aus § 10 Satz 5. —

Die folgende Verschärfung von Satz 3 ist ebenfalls einfach zu beweisen.

Satz 9. *Es sei die fastperiodische Funktion $f(x)$ reell und ≥ 0 für alle x, es existiere ferner ein x_0, für das $f(x_0) > 0$ ist, dann ist*

$$M\{f\} > 0.$$

Beweis: Es sei $\mathfrak{T}\left\{f(x), \dfrac{f(x_0)}{2}\right\}$ eine Teilung und $a_1, \ldots, a_n$ ein zu dieser Teilung gehöriges Repräsentantensystem. Dann ist die Funktion

$$g(x) = \sum_{i=1}^{n} f(a_i\, x) - \frac{1}{2} f(x_0) \geq 0$$

für alle x. Aus Satz 3 folgt deshalb $M\{g\} \geq 0$, also

$$M_x\{f(x)\} \geq \frac{1}{2n} f(x_0) > 0$$

w. z. b. w. —

§ 12. Fastperiodische Funktionen von 2 Variabeln.

Wir werden gelegentlich gezwungen sein, mehrfache Mittelwerte zu bilden. Es genügt, wenn wir uns auf den Fall der doppelten Mittelwertbildung beschränken, welche genau den Doppelintegralen in der gewöhnlichen Integralrechnung entspricht.

Zunächst müssen wir uns dem Begriff der fastperiodischen Funktion von zwei Variabeln zuwenden. Denken wir uns also zwei Gruppen $\mathfrak{G}_1$ und $\mathfrak{G}_2$ gegeben, die nicht notwendig verschieden zu sein brauchen. Dann betrachten wir die Menge $\mathfrak{G}_1 \times \mathfrak{G}_2$ aller (geordneten) Paare (x, y) von Gruppenelementen, wobei $x \in \mathfrak{G}_1$ und $y \in \mathfrak{G}_2$. Indem wir das

Produkt zweier solcher Paare (x, y) und (x', y') durch

$$(x, y) \cdot (x', y') = (x\, x', y\, y')$$

erklären, wird die Menge $\mathfrak{G}_1 \times \mathfrak{G}_2$ zu einer Gruppe, wie man sehr leicht nachprüft. Zukünftig bedeute $\mathfrak{G}_1 \times \mathfrak{G}_2$ diese Gruppe. Für $\mathfrak{G} \times \mathfrak{G}$ schreiben wir auch $\mathfrak{G}^2$.

Satz 1. *Wenn $f(x, y)$ fastperiodische Funktion auf $\mathfrak{G}_1 \times \mathfrak{G}_2$ ist, so ist $f(x, b)$ bei festem b fastperiodisch auf $\mathfrak{G}_1$ und $f(a, y)$ bei festem a fastperiodisch auf $\mathfrak{G}_2$. Die Menge aller fastperiodischen Funktionen $f(x, b)$ bei verschiedener Wahl von b sowie die Menge aller fastperiodischen Funktionen $f(a, y)$ bei verschiedener Wahl von a sind beide gleichgradig fastperiodisch.*

Beweis: Wir werden zeigen, daß die Menge der Funktionen $f(a, y)$ eine Menge gleichgradig fastperiodischer Funktionen auf $\mathfrak{G}_2$ ist, d. h. wir werden zu jedem $\varepsilon > 0$ eine Überdeckung von $\mathfrak{G}_2$ angeben, welche eine Teilung $\mathfrak{T}\{f(a, y), \varepsilon\}$ ist, wie man auch a wählt. Dazu wählen wir eine Teilung $\mathfrak{T}\{f(x, y), \varepsilon\}$ von $\mathfrak{G}_1 \times \mathfrak{G}_2$ mit den Teilen $\mathfrak{A}_1^*, \ldots, \mathfrak{A}_n^*$. Liegen die Elementpaare (x, y) und (x', y') in einem Teil $\mathfrak{A}_i^*$, so gilt gleichmäßig für alle $a, b \in \mathfrak{G}_1$ und $c, d \in \mathfrak{G}_2$

$$(1) \qquad |f(a\, x\, b, c\, y\, d) - f(a\, x'\, b, c\, y'\, d)| < \varepsilon .$$

Wir konstruieren nun eine Überdeckung $\mathfrak{A}_1, \ldots, \mathfrak{A}_n$ von $\mathfrak{G}_2$, indem wir festsetzen, daß genau dann für $y \in \mathfrak{G}_2$ gelten soll

$$y \in \mathfrak{A}_i, \text{ wenn } (1, y) \in \mathfrak{A}_i^* .$$

Diese Überdeckung von $\mathfrak{G}_2$ ist eine Teilung $\mathfrak{T}\{f(a, y), \varepsilon\}$. Setzen wir nämlich in (1) etwa $x = x' = b = 1$ und lassen $a \in \mathfrak{G}_1$ beliebig sein, so folgt für $y, y' \in \mathfrak{A}_i$ und gleichmäßig für alle $c, d \in \mathfrak{G}_2$

$$|f(a, c\, y\, d) - f(a, c\, y'\, d)| < \varepsilon .$$

Satz 2. *Es sei $f(x, y)$ fastperiodisch auf $\mathfrak{G}_1 \times \mathfrak{G}_2$, dann ist die Funktion $M_x\{f(x, y)\}$ fastperiodisch auf $\mathfrak{G}_2$ und $M_y\{f(x, y)\}$ ist fastperiodisch auf $\mathfrak{G}_1$. Ferner gilt für den Mittelwert $M_{x, y}\{f(x, y)\}$ der Funktion $f(x, y)$ auf $\mathfrak{G}_1 \times \mathfrak{G}_2$*

$$(2) \qquad M_{x, y}\{f(x, y)\} = M_x\{M_y\{f(x, y)\}\} = M_y\{M_x\{f(x, y)\}\} .$$

Beweis: Die Fastperiodizität der einfachen Mittelwerte folgt (unter Benutzung der in § 11 aufgezählten Eigenschaften des Mittelwertes) sofort aus Satz 1. Z. B. hat $M_x\{f(x, y)\}$ die dort mit $\mathfrak{T}\{f(a, y), \varepsilon\}$ bezeichnete Überdeckung von $\mathfrak{G}_2$ als Teilung $\mathfrak{T}\{M_x\{f(x, y)\}, \varepsilon\}$. Deshalb existieren alle in (2) auftretenden Mittelwerte. Die mit $M_{x, y}\{\ldots\}$ bezeichnete Mittelwertoperation auf $\mathfrak{G}_1 \times \mathfrak{G}_2$ ist nach § 11 Satz 5 durch die dort aufgezählten Eigenschaften eindeutig bestimmt. Die durch

$$M'_{x, y}\{f(x, y)\} = M_x\{M_y\{f(x, y)\}\}$$

und

$$M''_{x, y}\{f(x, y)\} = M_y\{M_x\{f(x, y)\}\}$$

erklärten Operationen haben, wie man sofort erkennt, dieselben Eigenschaften, stimmen also beide mit $M_{x,y}\{\ldots\}$ überein. So ist also auch die Gleichung (2) bewiesen.

Satz 3: *Ist $f(x)$ eine fastperiodische Funktion auf $\mathfrak{G}$, so sind die Funktionen*

$$f(x\,y),\ f(x\,y^{-1}),\ f(y\,x),\ f(y^{-1}\,x),\ \ldots$$

Beispiele von fastperiodischen Funktionen auf $\mathfrak{G}^2 = \mathfrak{G} \times \mathfrak{G}$.

Beweis: Ich zeige nur, daß $f(x\,y)$ fastperiodisch ist. Die Fastperiodizität der anderen Funktionen wird entsprechend nachgewiesen. Wir gehen bei vorgegebenem $\varepsilon > 0$ von einer Teilung $\mathfrak{T}\{f(x), \varepsilon/2\}$ mit den Teilen $\mathfrak{A}_1, \ldots, \mathfrak{A}_n$ aus. Dann bilden wir die Mengen $\mathfrak{A}_i \times \mathfrak{A}_j$ bestehend aus solchen Elementpaaren (x, y), bei denen $x \in \mathfrak{A}_i$ und $y \in \mathfrak{A}_j$. Die Mengen $\mathfrak{A}_i \times \mathfrak{A}_j$ ergeben eine Überdeckung von $\mathfrak{G}^2$. Diese Überdeckung ist eine Teilung $\mathfrak{T}\{f(x, y), \varepsilon\}$ der Funktion $f(x, y) = f(x\,y)$ auf $\mathfrak{G}^2$. Liegen nämlich (x, y) und (x', y') beide in einem $\mathfrak{A}_i \times \mathfrak{A}_j$, so gilt

$$(3)\quad |f(x\,y) - f(x'\,y')| \leq |f(x\,y) - f(x'\,y)| + |f(x'\,y) - f(x'\,y')| < \varepsilon.$$

Üben wir in $\mathfrak{G}^2$ eine Translation aus, so bedeutet das für die Teile $\mathfrak{A}_i \times \mathfrak{A}_j$ nur, daß sie sich aus entsprechend verschobenen Teilungen $\mathfrak{T}\left\{f(x), \dfrac{\varepsilon}{2}\right\}$ herleiten, daß also auch nach der Translation eine ebensolche Ungleichung wie (3) richtig ist.

Der Hauptsatz.

§ 13. Moduln fastperiodischer Funktionen.

Für endliche Gruppen $\mathfrak{G}$ ließ sich (in § 6 Satz 4) unschwer beweisen, daß jede Funktion $f(x)$ der Gruppenelemente x in der Gestalt

$$(1)\qquad f(x) = \sum_{\nu=1}^{k} s^{(\nu)} \sum_{\varrho,\sigma=1}^{s^{(\nu)}} \alpha_{\varrho\sigma}^{(\nu)} D_{\varrho\sigma}^{(\nu)}(x)$$

geschrieben werden kann. Hierin bedeuten die $D_{\varrho\sigma}^{(\nu)}(x)$ die Komponenten einer irreduziblen unitären Darstellung

$$D^{(\nu)}(x) = \left(D_{\varrho\sigma}^{(\nu)}(x) \right)$$

der Gruppe. Die Darstellungen $D^{(1)}(x), \ldots, D^{(k)}(x)$ bilden ein vollständiges System inäquivalenter Darstellungen.

Letztes Ziel unserer Theorie ist die Übertragung der Formel (1) auf den Fall fastperiodischer Funktionen in beliebigen unendlichen Gruppen. Der Beweis des durch die Gleichung (1) angedeuteten Satzes wurde erbracht, indem im wesentlichen gezeigt wurde, daß der Modul aller Funktionen auf $\mathfrak{G}$ in eine Summe kleinster invarianter Moduln zerlegt werden kann. In dem vorliegenden Kapitel werden wir diesen Satz für beliebige Gruppen formulieren und beweisen. Es erscheint nützlich, zu zeigen, daß nicht nur die Menge aller fastperiodischen

Funktionen einer solchen Gruppe in gewisser Weise aufgespalten werden kann, daß vielmehr jeder Teilmodul von fastperiodischen Funktionen in derselben Weise als Summe kleinster Moduln dargestellt werden kann; denn häufig ist nicht so sehr die Menge aller fastperiodischen Funktionen einer Gruppe als vielmehr etwa die Menge aller in irgendeinem Sinne stetigen fastperiodischen Funktionen von Interesse.

Wir sehen uns, mit dem beschriebenen Ziel vor Augen, genötigt, einige neue Begriffe einzuführen. Sei $\mathfrak{M}$ irgendeine Menge von fastperiodischen Funktionen $f, g, \ldots$ auf der beliebigen (auch unendlichen) Gruppe $\mathfrak{G}$. Die Menge $H\mathfrak{M} = H(f, g, \ldots)$ aller derjenigen fastperiodischen Funktionen, welche sich durch Funktionen aus $\mathfrak{M}$ auf ganz $\mathfrak{G}$ gleichmäßig approximieren lassen, heißt die *abgeschlossene Hülle* von $\mathfrak{M}$. Es gehört also eine Funktion $h(x)$ genau dann zu $H\mathfrak{M}$, wenn eine Folge von Funktionen $f_\nu(x)$ in $\mathfrak{M}$ existiert, so daß gleichmäßig in $\mathfrak{G}$

$$h(x) = \lim_{\nu \to \infty} f_\nu(x)$$

richtig ist. Ist die abgeschlossene Hülle einer Menge $\mathfrak{M}$ in $\mathfrak{M}$ selber enthalten, gilt also

$$\mathfrak{M} = H\mathfrak{M},$$

so heißt $\mathfrak{M}$ *abgeschlossen*.

Weiter geben wir folgende

Definition: Eine nicht leere Menge $\mathfrak{R}$ von fastperiodischen Funktionen heißt ein *invarianter Modul* (genauer rechtsinvarianter Modul oder Rechtsmodul), wenn

1. aus f und $g \in \mathfrak{R}$ folgt, daß auch $\alpha f + \beta g \in \mathfrak{R}$ mit beliebigen komplexen Konstanten α, β.

2. aus $f(x) \in \mathfrak{R}$ folgt, daß auch $f(xc) \in \mathfrak{R}$ mit beliebigem festen $c \in \mathfrak{G}$.

Wenn außerdem auch noch gilt

3. Konvergiert die Folge $f_\nu(x)$ von Funktionen aus $\mathfrak{R}$ gleichmäßig auf $\mathfrak{G}$ gegen $f(x)$, so liegt auch $f(x) = \lim_{\nu \to \infty} f_\nu(x)$ in $\mathfrak{R}$

so heißt $\mathfrak{R}$ in Übereinstimmung mit obigem ein invarianter abgeschlossener Modul.

Ganz entsprechend werden linksinvariante und zweiseitig-invariante Moduln definiert.

Wegen der Eigenschaft 1. ist jeder invariante Modul $\mathfrak{R}$ von fastperiodischen Funktionen ein Vektormodul im Sinne von § 3. Besitzt $\mathfrak{R}$ eine endliche Basis, so soll der Modul *endlich* heißen. Ein wesentlicher Unterschied zwischen endlichen und unendlichen Gruppen besteht darin, daß im Falle endlicher Gruppen jeder (invariante) Modul endlich und also abgeschlossen ist, während bei unendlichen Gruppen nicht immer jeder Modul endlich und somit auch nicht notwendig abgeschlossen sein braucht.

Jeder invariante Modul kann in gewisser Weise als Darstellungsmodul der Gruppe aufgefaßt werden. Insbesondere die endlichen invarianten Moduln $\Re$ sind, wie wir sofort zeigen werden, Darstellungsmoduln genau im Sinne des § 3. Dies gilt nur von rechtsinvarianten, nicht aber von linksinvarianten Moduln (außer wenn $\mathfrak{G}$ etwa Abelsch ist und der Unterschied von links und rechts fortfällt). Die endlichen invarianten Moduln sind deshalb besonders wichtig, weil man leicht übersehen kann, aus welchen Funktionen sie bestehen. Wir beweisen nämlich

Satz 1: *Jeder endliche invariante Modul $\Re$ ist Darstellungsmodul von $\mathfrak{G}$. Vermittelt $\Re$ bei geeigneter Wahl der Basis die Darstellung $D(x) = (D_{\varrho\sigma}(x))$, so besteht $\Re$ aus gewissen endlichen Linearkombinationen der Funktionen $D_{\varrho\sigma}(x)$. Man kann diese stets in der Gestalt*

$$(2) \qquad s \sum_{\varrho,\,\sigma=1}^{s} a_{\varrho\sigma} D_{\varrho\sigma}(x)$$

schreiben, wenn s der Grad von $D(x)$ ist.

Beweis: Ordnet man jeder Funktion $f(x) \in \Re$ als zu $c \in \mathfrak{G}$ gehöriges Bild die Funktion

$$T(c)\,f(x) = f(xc)$$

zu, so entspricht somit jedem $c \in \mathfrak{G}$ eine lineare Transformation $T(c)$ von $\Re$ auf sich, weil $\Re$ rechtsinvariant ist. Da

$$T(cd)\,f(x) = f(xcd) = T(c)\,f(xd) = T(c)\,T(d)\,f(x)$$
$$T(1)\,f(x) = f(x)$$

ist, kann also $\Re$ als Darstellungsmodul aufgefaßt werden. Sei nun etwa $\varphi_1, \ldots, \varphi_s$ eine Basis von $\Re$; gilt dann

$$\varphi_\sigma(xc) = \sum_{\varrho=1}^{s} D_{\varrho\sigma}(c)\,\varphi_\varrho(x) \qquad\qquad \sigma = 1, \ldots, s,$$

wobei $D(x) = (D_{\varrho\sigma}(x))$ eine zu $\Re$ als Darstellungsmodul gehörige Darstellung ist, so setze man $x = 1$ und $c = x$. Dann ergibt sich

$$\varphi_\sigma(x) = \sum_{\varrho=1}^{s} \varphi_\varrho(1)\,D_{\varrho\sigma}(x)$$

Alle Basisfunktionen von $\Re$ haben also die Gestalt (2). Dann müssen aber sämtliche Funktionen in $\Re$ diese Form haben. —

Ist $\Re$ ein invarianter Modul und $\Re_1$ ein anderer invarianter Modul, dessen Elemente sämtlich in $\Re$ liegen, so heißt $\Re_1$ ein invarianter Teilmodul von $\Re$. Ein solcher Teilmodul $\Re_1 \subset \Re$ heißt ein *echter invarianter Teilmodul* von $\Re$, wenn er weder $\Re$ selber noch der aus der Funktion $f(x) \equiv 0$ allein bestehende Modul ist. Den nur aus $f(x) \equiv 0$ bestehenden Modul nennen wir $\mathbf{o}$. Ein invarianter abgeschlossener Modul $\Re \neq \mathbf{o}$ heißt *irreduzibel*, wenn er keinen echten invarianten abgeschlossenen Teilmodul enthält.

Es sei nun eine beliebige Menge von invarianten abgeschlossenen Moduln $\Re_\nu$ gegeben. Sie braucht weder endlich noch abzählbar zu sein. Die Moduln werden auch nicht als paarweise fremd vorausgesetzt. Wir wählen nun irgendwelche endlich viele $\Re_\nu$ aus und in jedem dieser $\Re_\nu$ wählen wir eine Funktion f_ν. Die Summe dieser Funktionen

$$f = \sum f_\nu$$

ist wieder fastperiodisch. Die Menge aller dieser Funktionen f, die man bei beliebiger Wahl der $\Re_\nu$ und willkürlicher Wahl der $f_\nu \in \Re_\nu$ erhält, nennen wir $[\Re_\nu]$. Offenbar ist $[\Re_\nu]$ der kleinste invariante Modul, welcher alle $\Re_\nu$ enthält. Da $[\Re_\nu]$ nicht notwendig abgeschlossen ist und da wir uns aber im allgemeinen nur mit abgeschlossenen Moduln befassen werden, geben wir als Summendefinition die folgende:

Definition: Ist eine Menge von abgeschlossenen invarianten Moduln $\Re_\nu$ gegeben, so heißt

$$H[\Re_\nu] = \sum_\nu \Re_\nu$$

die *Summe der Moduln* $\Re_\nu$. Besteht die Menge der $\Re_\nu$ nur aus endlich vielen Moduln $\Re_1, \ldots, \Re_k$, so schreiben wir auch

$$\sum_{\nu=1}^{k} \Re_\nu = \Re_1 + \ldots + \Re_k.$$

Offenbar ist $\sum \Re_\nu$ der kleinste abgeschlossene invariante Modul, der sämtliche Moduln $\Re_\nu$ enthält.

Im vorliegenden Kapitel soll der folgende Satz bewiesen werden:

Hauptsatz: *Jeder invariante abgeschlossene Modul $\Re$ ist Summe von endlichen invarianten irreduziblen Moduln $\Re_\nu$*

$$\Re = \sum_\nu \Re_\nu$$

Es ist dies nicht nur der Hauptsatz dieses Kapitels, er stellt vielmehr das wichtigste Resultat der abstrakten Theorie der fastperiodischen Funktionen auf Gruppen dar. Es wird sich nämlich zeigen, daß der Charakter der Funktionen in einem endlichen Modul $\Re_\nu$ bei vorgegebenen konkreten Gruppen sich häufig mit Hilfe des Satzes 1 leicht feststellen läßt. Der Hauptsatz gestattet es in diesen Fällen, Aussagen über Eigenschaften der Menge aller fastperiodischen Funktionen zu machen, welche sich meist nicht ohne weiteres aus ihrer Definition entnehmen lassen.

§ 14. Die Metrik im Raume der fastperiodischen Funktionen.

Mit dem Begriff „abgeschlossener Modul von fastperiodischen Funktionen" verbindet man am besten die Vorstellung eines u. U. unendlichviel dimensionalen Raumes. Tatsächlich handelt es sich bei der Menge aller fastperiodischen Funktionen einer beliebigen Gruppe um einen im allgemeinen nicht separablen und nicht vollständigen Hilbertschen

Raum. Man kann die Ergebnisse über diese Funktionen aus der Theorie der Spektralzerlegung vollstetiger Hermitescher Operatoren in Hilbertschen Räumen herleiten. Da aber die Theorie der Spektralzerlegung nicht als bekannt vorausgesetzt werden soll, werden wir uns des Wortes Raum nur bedienen, um die einzelnen Schritte im Beweis des Hauptsatzes zu veranschaulichen.

Als erstes soll im Raum der fastperiodischen Funktionen eine Metrik erklärt werden. In engem Zusammenhang damit steht die Definition des Senkrechtstehens (Orthogonalität). Während die Menge aller fastperiodischen Funktionen als Raum verdeutlicht wird, stellt man sich die einzelnen Funktionen am besten als Vektoren vor. Wie im n-dimensionalen Raum wird die Metrik mit Hilfe eines Skalarproduktes eingeführt.

Definition: Sind f und g fastperiodische Funktionen einer Gruppe, so heißt

$$(f, g) = M_x\{f(x)\overline{g(x)}\}$$

das *Skalarprodukt* von f und g. Ist

$$(f, g) = 0,$$

so heißen f und g *orthogonal* oder senkrecht zueinander.

Die folgenden einfachen Eigenschaften des Skalarproduktes werden häufig benutzt werden.

Satz 1: *Für das Skalarprodukt fastperiodischer Funktionen gelten folgende Rechenregeln.*

Vertauschungsregel:

(1) $$(f, g) = \overline{(g, f)}$$

Lineare Operation:

(2) $$(\alpha f + \beta g, h) = \alpha(f, h) + \beta(g, h).$$

Invarianz:

(3) $$(f(c x d),\ g(c x d)) = (f(x),\ g(x))$$

Stetigkeit: Konvergieren die fastperiodischen Funktionen $f_\nu(x)$ gleichmäßig gegen $f(x)$

$$\lim_{\nu \to \infty} f_\nu(x) = f(x),$$

so folgt

(4) $$\lim_{\nu \to \infty} (f_\nu, g) = (f, g)\ .$$

Alle diese Behauptungen folgen leicht aus den entsprechenden Sätzen über den Mittelwert in § 11. So entnimmt man (1) dem dortigen Satz 7, die Linearität (2) folgt aus Satz 1, die Invarianz (3) aus Satz 2 und schließlich die Stetigkeit (4) aus Satz 8.

Offensichtlich ist bei beliebigem f die Zahl (f, f) reell und ≥ 0.

Definition: Es heißt

$$Nf = (f, f)$$

die *Norm* von f und

$$\text{Dist}\,(f, g) = + \sqrt{N(f-g)}$$

wird als *Distanz* oder Abstand von f und g bezeichnet.

Um die Eigenschaften der Norm und der Distanz herzuleiten, benötigen wir einen Hilfssatz, welcher der bekannten Schwarzschen Ungleichung entspricht.

Satz 2. *Es ist*

$$M_x\,\{|f(x)|\,|g(x)|\} \le \sqrt{Nf\,Ng}$$

Beweis: Aus

$$|f(x)|\,|g(x)| \le \frac{1}{2}\,|f(x)|^2 + \frac{1}{2}\,|g(x)|^2$$

folgt durch einfaches Anwenden der Mittelwertoperation

(5) $$M_x\{|f(x)|\,|g(x)|\} \le \frac{1}{2}Nf + \frac{1}{2}Ng\,.$$

Ersetzt man f und g durch γf bzw. $\frac{1}{\gamma}g$, wobei γ als reell und > 0 angenommen werden kann, so ergibt sich aus (5)

$$M_x\{|f(x)|\,|g(x)|\} \le \frac{\gamma^2}{2}\,Nf + \frac{1}{2\,\gamma^2}\,Ng\,.$$

Da das für alle $\gamma > 0$ richtig ist, muß, wie behauptet

$$M_x\{|f(x)|\,|g(x)|\} \le \text{unt. Gr}\,\Big\{\frac{\gamma^2}{2}\,Nf + \frac{1}{2\,\gamma^2}\,Ng\Big\} = \sqrt{Nf\,Ng}$$

sein. —

Unschwer werden nun die auf die Norm bezüglichen einfachen Aussagen hergeleitet.

Satz 3. *Es gilt*

(6) $$\sqrt{N(f \pm g)} \le \sqrt{Nf} + \sqrt{Ng} \qquad (\textit{Minkowski Ungleichung})$$

(7) $$Nf > 0 \qquad \textit{falls } f(x) \not\equiv 0$$

(8) $$N(\alpha f) = |\alpha|^2\,Nf.$$

Beweis: Die Gleichung (8) ist trivial, während Ungleichung (7) unmittelbar aus § 11 Satz 9 folgt. Es bleibt noch (6) zu beweisen. Durch Quadrieren erhält man aus (6) die gleichbedeutende Ungleichung

(9) $$M_x\{|f(x) \pm g(x)|^2\} \le M_x\{|f(x)|^2\} + M_x\{|g(x)|^2\} + 2\sqrt{Nf\,Ng}.$$

Nun ist aber

(10) $$M_x\{|f(x) \pm g(x)|^2\} = M_x\{|f(x)|^2\} + M_x\{|g(x)|^2\} \pm M_x\{f(x)\overline{g(x)}\} \\ \pm M_x\{\overline{f(x)}\,g(x)\}$$

und

(11) $$M_x\{f(x)\overline{g(x)}\} + M_x\{\overline{f(x)}\,g(x)\} = 2\,M_x\{Rea(f(x)\overline{g(x)})\}$$

Setzen wir (10) in (9) auf der linken Seite ein und berücksichtigen wir

(11), so sehen wir, daß nur noch

$$|M_x\{Rea(f(x)\overline{g(x)})\}| \leq \sqrt{NfNg}$$

gezeigt werden muß. Dies aber geschieht sehr leicht

$$|M_x\{Rea(f(x)\overline{g(x)})\}| \leq M_x\{|Rea(f(x)\overline{g(x)})|\} \leq M_x\{|f(x)\overline{g(x)}|\}$$
$$= M_x\{|f(x)||g(x)|\} \qquad \leq \sqrt{NfNg},$$

letzteres gemäß Satz 2.

Die Distanz hat alle Eigenschaften eines Abstandes. Dies besagt der

Satz 4. *Es ist*

$$\text{Dist}\,(f, g) = \text{Dist}\,(g, f)$$

Aus

$$\text{Dist}\,(f, g) = 0$$

folgt $f \equiv g$. Schließlich gilt die Dreiecksungleichung

$$\text{Dist}\,(f, h) \leq \text{Dist}\,(f, g) + \text{Dist}\,(g, h)\,.$$

Alle Behauptungen dieses Satzes folgen unmittelbar aus den Eigenschaften der Norm, welche in Satz 3 angegeben sind.

Dem durch $\text{Dist}\,(f, g)$ vermittelten Abstandsbegriff für fastperiodische Funktionen entspricht ein Konvergenzbegriff, welcher unserer Art, die fastperiodischen Funktionen zu behandeln, besonders natürlich angepaßt ist. Wir sagen, eine Folge von fastperiodischen Funktionen $f_\nu(x)$ *konvergiert im Mittel* gegen eine fastperiodische Funktion $f(x)$, wenn

$$\lim_{\nu \to \infty} \text{Dist}\,(f_\nu, f) = 0\,.$$

Wir schreiben in diesem Falle

$$f_\nu \to f\,.$$

Wenn die Folge der Funktionen $f_\nu(x)$ auf der ganzen Gruppe im üblichen Sinne gleichmäßig gegen $f(x)$ konvergiert, so wollen wir statt dessen häufig

$$f_\nu \Longrightarrow f$$

schreiben.

Wenn

$$f_\nu \Longrightarrow f$$

gilt, dann ist auch allemal

$$f_\nu \to f$$

richtig, wie etwa aus Satz 1 folgt. Umgekehrt folgt *nicht*, daß immer eine im Mittel konvergente Folge fastperiodischer Funktionen gleichmäßig konvergiert. Es wird sich häufig ergeben, daß Folgen fastperiodischer Funktionen im Mittel konvergieren, von denen wir gern wüßten, daß sie gleichmäßig konvergieren. Deshalb ist es notwendig, den Zusammenhang zwischen „Konvergenz im Mittel" und „gleichmäßiger Konvergenz" genauer zu untersuchen. Dieser Aufgabe ist der nächste Paragraph gewidmet.

§ 15. Die Faltung.

Ist $\mathfrak{G}$ eine endliche Gruppe, so kann man bekanntlich einen Gruppenring bilden, indem man Gruppenzahlen

$$\sum_{i=1}^{n} \alpha_i x_i$$

erklärt. Dabei sind α_i komplexe Zahlen und $x_1, \ldots, x_n$ die sämtlichen Elemente der Gruppe. Das Summenzeichen ist nur rein symbolisch zu verstehen. Man addiert zwei Gruppenzahlen, indem man die entsprechenden Koeffizienten addiert:

$$\sum_{i=1}^{n} \alpha_i x_i + \sum_{i=1}^{n} \beta_i x_i = \sum_{i=1}^{n} (\alpha_i + \beta_i) x_i.$$

Man multipliziert zwei Gruppenzahlen, indem man nach den üblichen Regeln ausmultipliziert, dann auch nach den Regeln der Gruppenmultiplikation die Gruppenelemente multipliziert und danach zusammenfaßt:

$$(1) \qquad \sum_{i=1}^{n} \alpha_i x_i \cdot \sum_{j=1}^{n} \beta_j x_j = \sum_{i,j=1}^{n} \alpha_i \beta_j x_i x_j = \sum_{k=1}^{n} \left(\sum_{x_i x_j = x_k} \alpha_i \beta_j \right) x_k$$

Nach diesen Festsetzungen ist es sehr leicht zu zeigen, daß die Gruppenzahlen einen Ring bilden. Dieser Ring hängt aufs engste zusammen mit der Darstellungstheorie der betr. Gruppe.

Die Formel (1) für die Multiplikation läßt sich etwas anders schreiben. Setzen wir nämlich

$$\alpha_i = \alpha(x_i) \qquad\qquad \beta_j = \beta(x_j)$$

und entsprechend bei allen anderen Gruppenzahlen, so ist offenbar

$$\sum_{i=1}^{n} \alpha_i x_i = \sum_{x \in \mathfrak{G}} \alpha(x) x \qquad\qquad \sum_{j=1}^{n} \beta_j x_j = \sum_{x \in \mathfrak{G}} \beta(x) x$$

Das Produkt dieser beiden Zahlen sei

$$\sum_{k=1}^{n} \gamma_k x_k = \sum_{x \in \mathfrak{G}} \gamma(x) x .$$

Dann besagt (1), daß

$$\gamma_k = \sum_{x_i x_j = x_k} \alpha_i \beta_j$$

ist. Bei Benutzung der neuen Schreibweise läßt sich dies so ausdrücken

$$(2) \qquad \gamma(x) = \sum_{y \in \mathfrak{G}} \alpha(y) \beta(y^{-1} x).$$

Will man auch für unendliche Gruppen einen Gruppenring erklären, so stößt man auf unüberwindliche Schwierigkeiten, solange man keine Integration zur Verfügung hat, da bei der Definition des Produktes Summen über alle unendlich vielen Gruppenelemente auftreten. Da uns aber nun die Mittelwertoperation zur Verfügung steht, läßt sich wenigstens die Bildung (2) dann übertragen, wenn wir die Funktionen $\alpha(x)$, $\beta(x)$ usw., welche ja die Gruppenzahlen repräsentieren, durch fastperiodische Funktionen ersetzen.

Definition: Sind f und g fastperiodische Funktionen einer Gruppe, so nennen wir

$$f \times g(x) = M_y\{f(y)g(y^{-1}x)\} = M_y\{f(xy^{-1})g(y)\}$$

die aus f und g durch *Faltung entstehende Funktion*. Sie hat als „Produkt" von f und g zu gelten, was durch das Kreuz angedeutet wird.

Als erstes haben wir zu zeigen, daß $f \times g$ wieder fastperiodische Funktion ist. Nach § 12 Satz 1 und 3 ist die Menge der Funktionen (von y) $f(xy^{-1})g(y)$, welche man bei beliebiger Wahl von x erhält, gleichgradig fastperiodisch. Aus § 10 Satz 5 folgt, daß zu jedem $\varepsilon > 0$ Gruppenelemente $a_1, \ldots, a_n$ existieren, so daß für jedes x

$$\left| M_y\{f(xy^{-1})g(y)\} - \frac{1}{n}\sum_{i=1}^{n} f(xa_i^{-1})g(a_i)\right| < 2\varepsilon$$

ist. Wir erkennen also, daß gleichmäßig in x

$$\lim_{\varepsilon \to 0} \frac{1}{n}\sum_{i=1}^{n} f(xa_i^{-1})g(a_i) = M_y\{f(xy^{-1})g(y)\}$$

richtig ist. Also ist $f \times g(x)$ in der Tat fastperiodisch; darüber hinaus haben wir eben bewiesen:

Satz 1. *Gehört $f(x)$ einem abgeschlossenen rechtsinvarianten Modul $\mathfrak{R}$ fastperiodischer Funktionen an und ist $g(x)$ eine beliebige fastperiodische Funktion, so liegt $f \times g$ in dem Modul $\mathfrak{R}$.*

Daß, wie in der Definition angedeutet, wirklich

$$M_y\{f(y)g(y^{-1}x)\} = M_y\{f(xy^{-1})g(y)\}$$

ist, sieht man sehr leicht. Man ersetze etwa links y durch xy. Dabei ändert sich der Mittelwert nicht wegen seiner Invarianz. Sodann ersetzt man y durch y^{-1}, wobei sich der Mittelwert abermals nicht ändert.

Für das $\times$-Produkt $f \times g$ gelten die üblichen Rechenregeln, nämlich

Satz 2. *Es gelten die Distributivgesetze*

$$f \times (g + h) = f \times g + f \times h,$$
$$(f + g) \times h = f \times h + g \times h,$$

das Assoziativgesetz

$$f \times (g \times h) = (f \times g) \times h,$$

und wenn die Gruppe $\mathfrak{G}$ Abelsch ist, gilt auch das Kommutativgesetz

$$f \times g = g \times f.$$

Beweis: Die Distributivgesetze sind so einfach einzusehen, daß sich ihr Beweis erübrigt. Das Kommutativgesetz folgt so

$$f \times g(x) = M_y\{f(y)g(y^{-1}x)\} = M_y\{g(xy^{-1})f(y)\} = g \times f(x)$$

Es bleibt das Assoziativgesetz zu beweisen. Unter Benutzung von § 12 Satz 2 erhalten wir

$$f \times (g \times h) = M_z\{f(z)\, M_y\{g(z^{-1}xy^{-1})\, h(y)\}\}$$
$$= M_z\{M_y\{f(z)\, g(z^{-1}xy^{-1})\, h(y)\}\}$$
$$= M_y\{M_z\{f(z)\, g(z^{-1}xy^{-1})\, h(y)\}\}$$
$$= M_y\{M_z\{f(z)\, g(z^{-1}xy^{-1})\}\, h(y)\}$$
$$= (f \times g) \times h\,.$$

Der soeben bewiesene Satz zeigt, daß man die fastperiodischen Funktionen als Zahlen eines Gruppenrings auffassen kann. Die Addition ist die gewöhnliche Addition fastperiodischer Funktionen, die Multiplikation ist als Faltung der betr. Funktionen zu erklären. In diesem Sinne kann man nach Satz 1 behaupten, daß die abgeschlossenen Rechtsmoduln Rechtsideale im Ring der fastperiodischen Funktionen sind, ohne daß wir hierauf näher eingehen werden. (Daß alle abgeschlossenen Rechtsideale auch abgeschlossene Rechtsmoduln sind, folgt aus Satz 6 am Ende dieses Paragraphen.)

Um den Zusammenhang zwischen Konvergenz im Mittel und gleichmäßiger Konvergenz untersuchen zu können, benutzt man folgenden Hilfssatz.

Satz 3. *Es gilt die Abschätzung*

$$|f \times g| \leq + \sqrt{Nf\, Ng}$$

Der Beweis folgt sofort aus § 14 Satz 2. —

Wir sind nun imstande, die Beziehungen zwischen den beiden Arten von Konvergenz festzustellen. Ich erinnere zunächst daran, daß $\rightarrow$ Konvergenz im Mittel und $\Rightarrow$ gleichmäßige Konvergenz bedeuten soll.

Satz 4. *Es seien f_ν und g_ν zwei Folgen fastperiodischer Funktionen. Aus*

$$f_\nu - f_\mu \rightarrow 0 \qquad g_\nu - g_\mu \rightarrow 0 \qquad\qquad \textit{für } \nu, \mu \rightarrow \infty$$

folgt dann stets

$$f_\nu \times g_\nu - f_\mu \times g_\mu \longrightarrow 0 \qquad\qquad \textit{für } \nu, \mu \rightarrow \infty.$$

Es wird also angenommen, daß sowohl f_ν als auch g_ν das Cauchysche Konvergentkriterium erfüllen, also Fundamentalfolgen sind; d. h. zu beliebig vorgegebenem $\varepsilon > 0$ existiert eine Zahl $N(\varepsilon)$, so daß für $\nu, \mu > N(\varepsilon)$

$$\mathrm{Dist}\,(f_\nu, f_\mu) < \varepsilon \qquad\qquad \mathrm{Dist}\,(g_\nu, g_\mu) < \varepsilon$$

gilt. Trotzdem brauchen weder die f_ν noch die g_ν zu konvergieren. Es ist also nicht gesagt, daß Funktionen f und g existieren, so daß

$$f_\nu \rightarrow f \qquad\qquad g_\nu \rightarrow g;$$

der Raum der fastperiodischen Funktionen braucht bezüglich Konvergenz im Mittel nicht vollständig zu sein. Jedoch besagt der Satz 4, daß dann allemal auch zu jedem $\varepsilon > 0$ ein $M(\varepsilon)$ derart existiert, daß für $\nu, \mu > M(\varepsilon)$

$$|f_\nu \times g_\nu - f_\mu \times g_\mu| < \varepsilon$$

ist für alle x. Deshalb gibt es also eine gewisse fastperiodische Funktion $H(x)$, so daß

$$f_\nu \times g_\nu(x) \Rightarrow H(x).$$

Dies entnehmen wir § 7 Satz 5.

Beweis von Satz 4: Es ist

$$|f_\nu \times g_\nu - f_\mu \times g_\mu| \leq |(f_\nu - f_\mu) \times g_\nu| + |f_\mu \times (g_\nu - g_\mu)|.$$

Unter Benutzung von Satz 3 schließen wir

3) $\qquad |f_\nu \times g_\nu - f_\mu \times g_\mu| \leq \mathrm{Dist}\,(f_\nu, f_\mu)\,\sqrt{Ng_\nu} + \sqrt{Nf_\mu}\,\mathrm{Dist}\,(g_\nu, g_\mu).$

Es sei wie weiter oben $N(1)$ so bestimmt, daß für $i, k > N(1)$

$$\mathrm{Dist}\,(f_i, f_k) < 1 \qquad\qquad \mathrm{Dist}\,(g_i, g_k) < 1$$

ist, dann folgt für $\nu, \mu > N(1)$ und ein beliebiges festes $i > N(1)$ nach § 14 Satz 3

$$\sqrt{Nf_\mu} \leq \sqrt{Nf_i} + \mathrm{Dist}\,(f_\mu, f_i) \qquad\qquad \sqrt{Ng_\nu} \leq \sqrt{Ng_i} + \mathrm{Dist}\,(g_\nu, g_i)$$
$$< \sqrt{Nf_i} + 1 \qquad\qquad\qquad\qquad < \sqrt{Ng_i} + 1$$

d.h. $\sqrt{Ng_\nu}$ und $\sqrt{Nf_\mu}$ in (3) sind beschränkt. Da aber nach Voraussetzung sowohl $\mathrm{Dist}\,(f_\nu, f_\mu)$ als auch $\mathrm{Dist}\,(g_\nu, g_\mu)$ gegen Null streben, folgt aus (3) sofort die Behauptung des Satzes. —

Der Satz 4 lehrt, daß sich gefaltete Funktionen bezüglich Konvergenzfragen erheblich angenehmer verhalten als Funktionen, die nicht als solche aufgefaßt werden können. Deshalb liegt die Frage nahe, ob jede Funktion durch gefaltete Funktionen gleichmäßig angenähert und also beliebig genau durch solche ersetzt werden kann. Das ist in der Tat der Fall.

Satz 5. *Zu jeder fastperiodischen Funktion $f(x)$ und zu jedem $\varepsilon > 0$ gibt es eine fastperiodische Funktion $g(x)$ derat, daß*

$$|f(x) - f \times g(x)| \leq \varepsilon \qquad\qquad \text{für alle } x.$$

Beweis: Die Funktion $g(x)$ soll der Ungleichung

$$|f(x) - M_y\{f(xy^{-1})\,g(y)\}| \leq \varepsilon$$

genügen. Man wird es daher so einrichten, daß (bis auf einen geeignet gewählten konstanten Faktor)

$$g(y) \text{ ungefähr} = \begin{cases} 1 \text{ für } y^{-1} \text{ nahe } 1. \\ 0 \text{ für } y^{-1} \text{ nicht nahe } 1. \end{cases}$$

Hierin ist 1 das Einheitselement der Gruppe. Es muß noch gesagt werden, was „nahe 1" bzw. „nicht nahe 1" heißen soll. Offenbar soll es das eine Mal bedeuten, daß $f(xy^{-1})$ gleichmäßig in x Werte nahe bei $f(x)$ hat, das andere Mal heißt es, daß $f(xy^{-1})$ Werte hat, die nicht nahe bei $f(x)$ liegen. Wir präzisieren diese vagen Formulierungen, indem wir auf $\mathfrak{G}$ mit Hilfe der Funktion $f(x)$ einen Abstand erklären. Es scheint vernünftig, diesen Abstand durch

(4) $\qquad\qquad \Delta(a, b) = \text{ob. Gr.} |f(xay) - f(xby)|$
$\qquad\qquad\qquad\qquad\quad {\scriptstyle x\,y\,\in\,\mathfrak{G}}$

zu definieren. Tatsächlich hat $\Delta\,(a, b)$ Eigenschaften eines Abstandes (vgl. § 35). Es ist nämlich, wie man leicht nachprüft

$$\Delta\,(a, a) = 0 \qquad\qquad \Delta\,(a, b) = \Delta\,(b, a)$$

und (Dreiecksungleichung)

$$\Delta\,(a, c) \leq \Delta\,(a, b) + \Delta\,(b, c).$$

Dagegen folgt aus $\Delta\,(a, b) = 0$ nicht notwendig, daß $a = b$ ist. Über diese jedem Abstand zukommenden Eigenschaften hinaus besitzt der soeben erklärte noch die folgenden weiteren. Der Abstand $\Delta\,(a, b)$ ist invariant, d. h. es ist

$$\Delta\,(c\,a\,d, c\,b\,d) = \Delta\,(a, b);$$

denn mit x durchläuft auch $x\,c$ und mit y auch $d\,y$ sämtliche Elemente der Gruppe. Setzt man $c = a^{-1}$ und $d = b^{-1}$, so folgt

$$\Delta\,(a^{-1}, b^{-1}) = \Delta\,(a, b)$$

Wir zeigen nun, daß $\Delta\,(x, y)$ fastperiodisch auf $\mathfrak{G}^2$ ist. Es sei $\varepsilon > 0$ beliebig vorgegeben und $\mathfrak{T}\,\{f(x), \varepsilon/2\}$ eine Teilung von $\mathfrak{G}$, bestehend aus den Teilen $\mathfrak{A}_1, \ldots, \mathfrak{A}_n$. Dann bilden wir (wie im Beweis zu Satz 3 in § 12) die Mengen $\mathfrak{A}_i \times \mathfrak{A}_j$, bestehend aus den Elementen $x \times y \in \mathfrak{G}^2$ mit $x \in \mathfrak{A}_i$ und $y \in \mathfrak{A}_j$. Diese $\mathfrak{A}_i \times \mathfrak{A}_j$ überdecken $\mathfrak{G}^2$. Es seien

$$x \times y \in \mathfrak{A}_i \times \mathfrak{A}_j \qquad \text{und} \qquad x' \times y' \in \mathfrak{A}_i \times \mathfrak{A}_j.$$

Dann ist wegen der Dreiecksungleichung

$$|\Delta\,(x, y) - \Delta\,(x', y')| \leq |\Delta\,(x, y) - \Delta\,(x', y)| + |\Delta\,(x', y) - \Delta\,(x', y')|$$
$$\leq \Delta\,(x, x') + \Delta\,(y, y') .$$

Da $x, x' \in \mathfrak{A}_i$ und $y, y' \in \mathfrak{A}_j$, folgt aus (4)

$$|\Delta\,(x, y) - \Delta\,(x', y')| < \frac{\varepsilon}{2} + \frac{\varepsilon}{2} = \varepsilon .$$

Nun ist Δ invariant, also ist die Überdeckung mit den Teilen $\mathfrak{A}_i \times \mathfrak{A}_j$ eine Teilung $\mathfrak{T}\,\{\Delta\,(x, y), \varepsilon\}$ von $\mathfrak{G}^2$. Die Funktion $\Delta\,(x, y)$ ist also fastperiodisch auf $\mathfrak{G}^2$.

Entsprechend unseren eingangs angestellten Erwägungen erklären wir für die positive reelle Variable u

$$F_\varepsilon(u) = \begin{cases} 1 - \dfrac{u}{\varepsilon} & \text{für } u \leq \varepsilon \\[2mm] 0 & \text{für } u \geq \varepsilon \end{cases}$$

und setzen

$$g(y) = C F_\varepsilon\big(\Delta\,(y^{-1}, 1)\big),$$

wobei C eine geeignet zu wählende Konstante bedeutet. Als stetige Funktion der (nach den Sätzen 1 in § 12 und 3 in § 7) fastperiodischen Funktion $\Delta\,(y^{-1}, 1)$ ist $g(y)$ wieder fastperiodisch. Stets gilt

$$|(f(x) - f(x\,y^{-1}))\,g(y)| \leq \varepsilon g(y).$$

Wenn nämlich

$$|f(x) - f(x\,y^{-1})| > \varepsilon$$

ist, so ist auch sicher $\Delta(y^{-1}, 1) > \varepsilon$ und folglich $g(y) = 0$. Deshalb haben wir

$$|f(x)\, M_y\{g(y)\} - f \times g(x)| = |M_y\{(f(x) - f(xy^{-1}))\, g(y)\}|$$
$$\leq \varepsilon M_y\{g(y)\}.$$

Über die Konstante C verfügen wir nun so, daß

$$M_y\{g(y)\} = 1$$

wird, was immer geht, da $g(y) \geq 0$ ist und nicht identisch verschwindet. Es folgt

$$|f(x) - f \times g(x)| \leq \varepsilon$$

w. z. b. w.

Aus Satz 5 kann sofort eine wichtige Folgerung gezogen werden, die zeigt, daß tatsächlich in gewissem Sinne „alle" fastperiodischen Funktionen als gefaltet angesehen werden können.

Satz 6. *Ist $\Re$ ein abgeschlossener rechtsinvarianter Modul von fast-periodischen Funktionen, so ist*

$$\Re = H[f \times g] \qquad\qquad g\ beliebig,\ f \in \Re$$

d. h. $\Re$ ist die abgeschlossene Hülle der Menge aller Funktionen $f \times g$, wobei f beliebig in $\Re$ und g vollkommen willkürlich gewählt wird.

§ 16. Aufspaltung in orthogonale Teilmoduln.

Nachdem wir in dem letzten Paragraphen die Vorbereitungen beendet haben, wenden wir uns nun dem Beweis des Hauptsatzes zu. Dieser wird ganz ähnlich verlaufen wie der Beweis des entsprechenden Satzes in der Theorie der Darstellungen endlicher Gruppen (§ 6 Satz 4). Ist $\Re$ ein abgeschlossener Rechtsmodul fastperiodischer Funktionen, so werden wir in $\Re$ einen abgeschlossenen rechtsinvarianten Teilmodul $\mathfrak{H}$ aufsuchen, den zu $\mathfrak{H}$ senkrechten Modul $\mathfrak{H}'$ bilden und zeigen, daß $\Re = \mathfrak{H} + \mathfrak{H}'$ ist. So haben wir $\Re$ in zwei kleinere Moduln zerlegt. Sodann verfahren wir mit $\mathfrak{H}$ und $\mathfrak{H}'$ in derselben Weise weiter und werden so schließlich $\Re$ in eine Summe von irreduziblen Rechtsmoduln aufgespalten haben. Wie man überhaupt passende Teilmoduln in unendlichen Moduln findet, werden wir im folgenden Paragraphen sehen. Zunächst soll gezeigt werden, daß zu jedem abgeschlossenen Teilmodul $\mathfrak{H}$ von $\Re$ tatsächlich eine Aufspaltung von $\Re$ in orthogonale Teilmoduln angegeben werden kann.

Es sei also $\Re$ ein abgeschlossener rechtsinvarianter Modul von fast-periodischen Funktionen und in $\Re$ liege ein abgeschlossener Teil-rechtsmodul $\mathfrak{H}$

$$\mathfrak{H} \subset \Re.$$

Dann bilden wir die Menge $\mathfrak{H}'$ aller Funktionen $h'(x) \in \Re$, die zu jeder Funktion $h(x) \in \mathfrak{H}$ orthogonal sind, für die also

$$(h'(x), h(x)) = 0 \qquad\qquad \text{für alle } h \in \mathfrak{H}$$

richtig ist. Offenbar ist $\mathfrak{H}'$ ein Teilmodul von $\mathfrak{R}$. Wir nennen $\mathfrak{H}$ und $\mathfrak{H}'$ orthogonal zueinander. Es gilt der

Satz 1. *Der zum abgeschlossenen rechtsinvarianten Teilmodul $\mathfrak{H}$ in $\mathfrak{R}$ orthogonale Teilmodul $\mathfrak{H}'$ von $\mathfrak{R}$ ist rechtsinvariant und abgeschlossen.*

Beweis: Es sei $h'(x) \in \mathfrak{H}'$, dann gilt

$$(1) \qquad (h'(x), h(x)) = 0 . \qquad \text{für alle } h \in \mathfrak{H}.$$

Behauptet wird, daß auch $h'(xd) \in \mathfrak{H}'$, wobei d ein beliebiges Gruppen-element ist. Wir müssen also

$$(2) \qquad (h'(xd), h(x)) = 0 \qquad \text{für alle } h \in \mathfrak{H}$$

beweisen. Nun ist nach § 14 Satz 1

$$(3) \qquad (h'(xd), h(x)) = (h'(x), h(xd^{-1})).$$

Wenn $h(x) \in \mathfrak{H}$, so ist auch $h(xd^{-1}) \in \mathfrak{H}$, da $\mathfrak{H}$ rechtsinvariant ist. Nach (1) ist also

$$(h'(x), h(xd^{-1})) = 0$$

und aus (3) folgt so die behauptete Gleichung (2). Also ist $\mathfrak{H}'$ rechts-invariant. Es bleibt noch der Nachweis zu führen, daß $\mathfrak{H}'$ abgeschlossen ist. Es strebe etwa die Folge der Funktionen $h'_\nu(x)$ aus $\mathfrak{H}'$ gegen $f(x)$

$$h'_\nu(x) \Longrightarrow f(x),$$

dann ist

$$(f, h) = \lim_{\nu \to \infty} (h'_\nu, h) = 0 .$$

Also liegt f tatsächlich in $\mathfrak{H}'$.

Satz 2. *Ist der Modul $\mathfrak{R}$ abgeschlossen und rechtsinvariant, ist ferner $\mathfrak{H} \subset \mathfrak{R}$ ein abgeschlossener rechtsinvarianter Teilmodul von $\mathfrak{R}$ und schließ-lich $\mathfrak{H}' \subset \mathfrak{R}$ der zu $\mathfrak{H}$ orthogonale abgeschlossene rechtsinvariante Teilmodul von $\mathfrak{R}$, so ist der Gesamtmodul $\mathfrak{R}$ (direkte) Summe von $\mathfrak{H}$ und $\mathfrak{H}'$ d. h. es ist*

$$\mathfrak{R} = \mathfrak{H} + \mathfrak{H}' \qquad\qquad \mathfrak{D}(\mathfrak{H}, \mathfrak{H}') = 0$$

Hierin ist die Summe im Sinne der Definition in § 13 zu verstehen und $\mathfrak{D}(\mathfrak{H}, \mathfrak{H}')$ ist der mengentheoretische Durchschnitt von $\mathfrak{H}$ und $\mathfrak{H}'$.

Beweis: Daß $\mathfrak{H}$ und $\mathfrak{H}'$ fremd sind, ist klar. Läge nämlich $k(x)$ so-wohl in $\mathfrak{H}$ wie auch in $\mathfrak{H}'$, so würde

$$(k, k) = 0$$

sein, was nach § 11 Satz 9 nur angeht, wenn $k(x) \equiv 0$ ist.

Es sei nun f irgendeine beliebige Funktion aus $\mathfrak{R}$. Wir zeichnen sie als Vektor auf und deuten in dem schematischen Bild 1 auch $\mathfrak{H}$ an. Offenbar ist

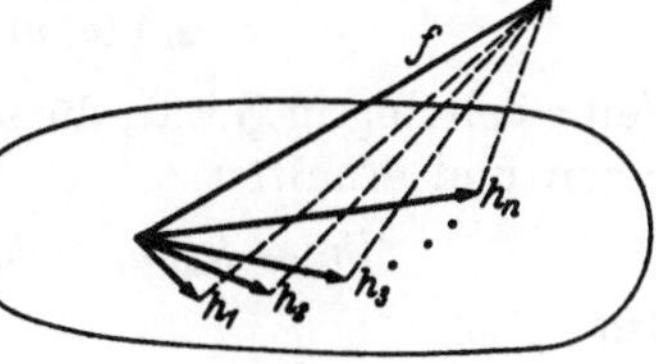

Abb. 1.

$$(f - u, f - u) \geqq 0$$

für alle $u \in \mathfrak{H}$, deshalb ist

$$\text{unt. Gr.}_{u \in \mathfrak{H}} \ (f - u, f - u) = d$$

eine nicht negative Zahl. Es muß eine Folge von Funktionen $h_1, h_2, \ldots$ in $\mathfrak{H}$ geben, so daß

$$\lim_{n \to \infty} (f - h_n, f - h_n) = d \ .$$

Wenn $h = \lim_{n \to \infty} h_n$ existieren sollte, so besteht Grund zur Hoffnung, daß

$$f = h + (f - h) = h + h' \ ,$$

wobei $h \in \mathfrak{H}$ und $h' = f - h \in \mathfrak{H}'$. Dann wäre der Satz bewiesen, allerdings würde sich die komplizierte Definition der Summe erübrigt haben.

Indem wir versuchen, die Konvergenz der h_n zu beweisen, wählen wir aus $\mathfrak{H}$ ein beliebiges festes Element v aus und bilden mit der beliebigen reellen Zahl ξ die Funktion $h_n + \xi v$. Es liegt auch $h_n + \xi v$ in $\mathfrak{H}$ und deshalb ist

$$(f - h_n - \xi v, \ f - h_n - \xi v) \geq d \ .$$

Mit

$$(f - h_n, f - h_n) = d_n$$

wird daraus

$$(4) \qquad d_n - d - 2 \, \xi \, Rea \, (v, f - h_n) + \xi^2 (v, v) \geq 0,$$

wobei Rea den Realteil bedeutet. Es kann (4) nur dann für alle ξ richtig sein, wenn

$$|Rea \, (v, f - h_n)| \leq \sqrt{d_n - d} \ \sqrt{(v, v)}$$

ist. Da mit v auch αv in $\mathfrak{H}$ liegt, wobei α eine beliebige komplexe Zahl vom Betrage 1 ist, folgt daraus

$$(5) \qquad |(v, f - h_n)| \leq \sqrt{d_n - d} \ \sqrt{(v, v)} \ .$$

Dem entnehmen wir

$$\begin{aligned}
|(v, h_n - h_m)| &= |(v, f - h_m) - (v, f - h_n)| \\
&\leq |(v, f - h_n)| + |(v, f - h_m)| \\
&\leq \sqrt{(v, v)} \ (\sqrt{d_n - d} + \sqrt{d_m - d}).
\end{aligned}$$

Weil v beliebig in $\mathfrak{H}$ war, dürfen wir es auch jetzt speziell gleich $h_n - h_m$ setzen und erhalten

$$|(h_n - h_m, \ h_n - h_m)| \leq (\sqrt{d_n - d} + \sqrt{d_m - d})^2 \ ,$$

also

$$\lim_{n, \, m \to \infty} \text{Dist} \ (h_n, h_m) = 0 \ .$$

Wir erkennen also, daß die Folge der Funktionen h_n das Cauchysche Konvergenzkriterium im Sinne der Konvergenz im Mittel erfüllt, daraus folgt aber nicht, daß die Folge eine Grenzfunktion besitzt. Wir erinnern uns nun, daß wir

$$\Re = \mathfrak{H} + \mathfrak{H}'$$

nur im Sinne der Definition in § 13 zu zeigen brauchen. Es muß sich ergeben, daß für beliebiges f aus $\Re$ und beliebiges g ein $h \in \mathfrak{H}$ und ein $h' \in \mathfrak{H}'$ gefunden werden kann, so daß

$$(6) \qquad f \times g = h + h'$$

ist. Damit ist dann nach § 15 Satz 6

$$\Re = H[f \times g] = H[h + h'] = \mathfrak{H} + \mathfrak{H}',$$

und unser Satz ist bewiesen.

Um (6) zu zeigen, bilden wir mit der Folge h_n, welche wir oben betrachtet haben, und mit der beliebigen fastperiodischen Funktion $g(x)$ die neue Folge $h_n \times g$. Nach § 15 Satz 4 existiert eine Funktion $h(x)$, so daß

$$(7) \qquad h_n \times g \Longrightarrow h.$$

Da alle $h_n \in \mathfrak{H}$ und weil $\mathfrak{H}$ abgeschlossen und rechtsinvariant ist, folgt aus § 15 Satz 1

$$h_n \times g \in \mathfrak{H}$$

und aus der Abgeschlossenheit von $\mathfrak{H}$ und aus (7)

$$h \in \mathfrak{H}.$$

Es ist

$$f \times g = (f \times g - h) + h.$$

Es muß noch gezeigt werden, daß $h' = f \times g - h$ auf $\mathfrak{H}$ senkrecht steht, so daß also

$$(8) \qquad (u, f \times g - h) = 0$$

ist für alle $u \in \mathfrak{H}$.

Ersetzen wir in (8) die Funktion h durch den Limes (7), so finden wir

$$(9) \qquad (u, f \times g - h) = \lim_{n \to \infty} (u, f \times g - h_n \times g).$$

Wir werden zeigen, daß der Limes auf der rechten Seite Null ist. Es ist

$$
\begin{aligned}
(u, f \times g - h_n \times g) &= (u, [f - h_n] \times g) \\
&= M_x\{u(x) \overline{M_y\{[f(x y^{-1}) - h_n(x y^{-1})] g(y)\}}\} \\
&= M_y\{M_x\{u(x) \overline{[f(x y^{-1}) - h_n(x y^{-1})]}\} \overline{g(y)}\} \\
&= M_y\{M_x\{u(x y) \overline{[f(x) - h_n(x)]}\} \overline{g(y)}\} \\
(10) \qquad &= M_y\{(u(x y), f(x) - h_n(x)) \overline{g(y)}\}.
\end{aligned}
$$

Aus (5) folgern wir nun für festes aber beliebiges y

$$|(u(x y), f(x) - h_n(x))| \le \sqrt{d_n - d}\ \sqrt{(u(x y), u(x y))}.$$

Da nach § 14 Satz 1

$$(u(x y), u(x y)) = (u(x), u(x)) = (u, u)$$

ist, erhalten wir

$$(11) \qquad |(u(xy), f(x) - h_n(x))| \leq \sqrt{d_n - d}\,\sqrt{(u, u)}.$$

Setzen wir ob. Gr. $|g(y)| = \Gamma$, so gilt wegen (10) und (11)

$$(12) \qquad |(u, f \times g - h_n \times g)| \leq \Gamma \sqrt{d_n - d}\,\sqrt{(u, u)}.$$

Hierin strebt die rechte Seite mit wachsendem n in der Tat gegen Null. Aus (12) und (9) folgt deshalb (8). Damit ist der Satz 2 bewiesen. —

§ 17. Auffindung endlicher Teilmoduln.

Wir wollen beweisen, daß jeder abgeschlossene rechtsinvariante Modul $\mathfrak{R}$ von fastperiodischen Funktionen Summe von endlichen Rechtsmoduln ist. Dabei wissen wir im Augenblick noch nicht einmal, ob überhaupt in jedem solchen Modul endliche Rechtsmoduln enthalten sind. Der hiermit aufgeworfenen Frage wenden wir uns nunmehr zu.

Man nennt eine fastperiodische Funktion $\Phi(x)$ ein *idempotentes Element*, wenn

$$\Phi \times \Phi = \Phi \quad \text{und} \quad \Phi \not\equiv 0$$

gilt. Es stellt sich heraus, daß jeder invariante Modul, welcher ein idempotentes Element enthält, auch einen endlichen invarianten Modul enthalten muß. Wir zeigen nämlich den folgenden

Satz 1. *Ist Φ ein idempotentes Element, so bildet die Menge aller Lösungen φ von*

$$(1) \qquad \Phi \times \varphi = \varphi$$

einen endlichen invarianten Modul, welcher nicht der Modul o ist.

Beweis: Daß die Lösungen von (1) einen Modul bilden, ist selbstverständlich. Schreibt man

$$\Phi \times \varphi(x) = M_y\{\Phi(y)\,\varphi(y^{-1}x)\} = \varphi(x),$$

so sieht man auch sofort, daß mit $\varphi(x)$ auch $\varphi(xd)$ eine Lösung von (1) ist, daß also diese Lösungen einen rechtsinvarianten Modul bilden. Da dieser Modul mindestens die Funktion $\Phi(x) \not\equiv 0$ enthält, so ist er nicht $= 0$. Um nachzuweisen, daß der Modul endliche Dimension hat, nehmen wir irgendwelche endlich vielen linear unabhängigen Lösungen $\varphi_1, \ldots, \varphi_s$ von (1) her und zeigen, daß ihre Anzahl s nicht beliebig groß sein kann. Offenbar darf man die $\varphi_1, \ldots, \varphi_s$ als orthogonal und normiert annehmen, also

$$(\varphi_i, \varphi_k) = \delta_{i,k} \qquad\qquad i, k = 1, \ldots, s.$$

Sind die φ nicht orthogonal normiert, so kann man sie durch Anwendung des bekannten Orthogonalisierungsverfahrens orthogonalisieren und hinterher auch noch normieren. Nun bilde man die auf $\mathfrak{G} \times \mathfrak{G}$ fastperiodische Funktion

$$\Psi(x, y) = \Phi(yx^{-1}) - \sum_{i=1}^{s} \overline{\varphi_i(x)}\,\varphi_i(y).$$

Dann ist, wenn man § 12 Satz 2 berücksichtigt,

$$N\Psi = M_{x,y}\left\{\left|\Phi(yx^{-1}) - \sum_{i=1}^{s}\overline{\varphi_i(x)}\,\varphi_i(y)\right|^2\right\}$$

$$= M_{x,y}\{|\Phi(yx^{-1})|^2\} - \sum_{i=1}^{s} M_{x,y}\{\Phi(yx^{-1})\,\varphi_i(x)\overline{\varphi_i(y)}\}$$

$$- \sum_{i=1}^{s} M_{x,y}\{\overline{\Phi(yx^{-1})}\,\overline{\varphi_i(x)}\,\varphi_i(y)\}$$

$$+ \sum_{i,k=1}^{s} M_{x,y}\{\overline{\varphi_i(x)}\,\varphi_k(x)\,\varphi_i(y)\,\overline{\varphi_k(y)}\}$$

$$= N\Phi - s - s + s = N\Phi - s$$

Da aber $N\Psi \geq 0$ ist, folgt $s \leq N\Phi$ w. z. b. w.

Es kommt also nun darauf an zu zeigen, daß jeder invariante Modul $\Re$ von fastperiodischen Funktionen ein idempotentes Element Φ enthält. Dann ist gezeigt, daß $\Re$ einen endlichen Teilmodul umfaßt. Da nämlich $\Re$ ein rechtsinvarianter Modul ist, und weil $\Re$ das Φ enthalten soll, muß $\Re$ auch alle Lösungen von $\Phi \times \varphi = \varphi$ enthalten, also den endlichen Modul.

Natürlich muß man annehmen, daß $\Re$ mindestens eine nicht verschwindende Funktion $f(x)$ enthält. Dann ist es naheliegend, die Funktionenfolge

$$f^n = f \times f \times \ldots \times f \qquad\qquad n\text{-Faktoren}$$

zu betrachten. Wenn diese Folge gegen eine nicht verschwindende Funktion $\Phi(x)$ konvergieren sollte, so würde natürlich die Folge $f^{2n} = f^n \times f^n$ sowohl einerseits gegen Φ, wie auch andererseits gegen $\Phi \times \Phi$ konvergieren. Wir hätten also in Φ ein idempotentes Element vor uns. Die Schwierigkeit bei der Durchführung dieses Gedanken liegt darin, daß bei willkürlich herausgegriffenem f die Folge f^n im allgemeinen entweder divergieren oder gegen Null konvergieren wird. Wenn man aber das f einigermaßen vernünftig wählt, so läßt sich zeigen, daß man stets einen konvergenzerzeugenden Faktor α finden kann, so daß, wenn nicht f, so doch $(1/\alpha)f$ für die Durchführung des angedeuteten Iterationsverfahrens geeignet ist.

Um eine geeignete Funktion herausfinden zu können, müssen wir uns noch mit einer bisher nicht verwandten Operation beschäftigen. Ist nämlich $f(x)$ irgendeine fastperiodische Funktion, so können wir

$$f^*(x) = \overline{f(x^{-1})}$$

die zu $f(x)$ *adjungierte Funktion* nennen. Diese *-Operation hat folgende Eigenschaften.

Satz 2. *Es gelten bezüglich des Übergangs zur adjungierten Funktion die Regeln*

$$f^{**}(x) = f(x) \qquad (f \times g)^* = g^* \times f^*.$$

Beweis: Die erste Regel ist trivial. Die zweite rechnen wir nach.

$$(f \times g)^* = M_y\{\overline{f(x^{-1}y^{-1})g(y)}\} = M_y\{f^*(yx)g^*(y^{-1})\}$$
$$= M_y\{g^*(y)f^*(y^{-1}x)\} = g^* \times f^*,$$

w. z. b. w.

Wenn eine Funktion $f(x)$ selbstadjungiert ist, d. h. wenn

$$(2) \qquad\qquad f^*(x) = f(x)$$

ist, so stellt sich heraus, daß man das Konvergenzverhalten der Folge der iterierten Funktionen $f^n = f \times \ldots \times f$ besonders einfach untersuchen kann.

Satz 3. *Ist $f(x)$ selbstadjungiert (gilt also (2)), so konvergiert*

$$f^n = f \times \ldots \times f \qquad\qquad\qquad \text{n-Faktoren}$$

dann und nur dann gleichmäßig gegen eine Grenzfunktion $\Phi(x)$, wenn $f^n(1)$ konvergiert.

Beweis: Natürlich braucht nur gezeigt werden, daß $f^n(x)$ gleichmäßig konvergiert, wenn $f^n(1)$ konvergiert. Nach § 15 Satz 4 ist die gleichmäßige Konvergenz von

$$f^n(x) = f^{n-1} \times f(x)$$

gesichert, wenn gezeigt ist, daß $f^{n-1}(x)$ oder, was damit gleichbedeutend ist, $f^n(x)$ im Mittel dem Cauchyschen Konvergenzkriterium genügt. Es muß also bewiesen werden, daß $f^n - f^m$ für $n, m \to \infty$ im Mittel gegen Null konvergiert. Nun ist

$$\text{Dist}\,(f^n, f^m)^2 = M\{(f^n - f^m)(\overline{f^n} - \overline{f^m})\}.$$

Allgemein gilt für fastperiodische Funktionen g und h

$$(3) \qquad\qquad M\{g\overline{h}\} = g \times h^*(1)$$

Weil $f = f^*$ und also nach Satz 2 $(f^n)^* = f^n$ ist, folgt also

$$\text{Dist}\,(f^n, f^m)^2 = (f^n - f^m) \times (f^n - f^m)(1)$$
$$= f^{2n}(1) - 2 f^{m+n}(1) + f^{2m}(1).$$

Wenn nun $f^n(1)$ für $n \to \infty$ konvergiert, so muß also tatsächlich

$$\lim_{n,\,m\,\to\,\infty} \text{Dist}\,(f^n, f^m) = 0$$

sein und es folgt die Behauptung. —

Offensichtlich liegt in jedem abgeschlossenen rechtsinvarianten Modul $\mathfrak{R} \neq 0$ sicher eine nicht verschwindende selbstadjungierte Funktion. Denn es gibt eine nicht verschwindende Funktion $g(x)$ dort, und ist diese nicht selber schon selbstadjungiert, so setze man

$$f = g \times g^*.$$

Es liegt tatsächlich f in $\mathfrak{R}$, und f ist nicht identisch Null, sonst wäre nämlich schon $g \equiv 0$. Und schließlich ist $f^* = f$.

Es ist praktisch, die Iteration nicht mit f, sondern mit der ebenfalls nicht verschwindenden Funktion

$$F = f \times f \qquad\qquad F \in \Re$$

zu beginnen. Wir müssen es einzurichten suchen, daß $F^n(1)$ konvergiert. Sollte das nicht der Fall sein, so müssen wir eine Zahl α suchen, so daß $(F/\alpha)^n(1)$ konvergiert. Wenn eine solche Zahl α existiert, so muß

$$\alpha = \lim_{n \to \infty} \frac{F^{n+1}(1)}{F^n(1)}$$

sein. Um die erforderlichen Konvergenzbeweise führen zu können leiten wir einige Ungleichungen her.

Satz 4. *Ist $f(x)$ eine selbstadjungierte, nicht identisch verschwindende Funktion und setzt man $F = f \times f$, so sind die Zahlen*

$$\Gamma_n = F^n(1) = F \times \ldots \times F(1) = N(f^n) \qquad n\text{-Faktoren}$$

reell und positiv und erfüllen die Ungleichungen

$$\Gamma_n^2 \leq \Gamma_{n-1}\Gamma_{n+1} \qquad \Gamma_{m+n} \leq \Gamma_m \Gamma_n.$$

Beweis: Aus § 15 Satz 3 entnehmen wir für beliebige fastperiodische g und h

$$(4) \qquad\qquad |g \times h(1)| \leq \sqrt{Ng\,Nh}.$$

Wir ersetzen hierin g durch f^{n-1} und h durch f^{n+1} und haben dann

$$Nf^n = |f^{2n}(1)| \leq \sqrt{Nf^{n-1}\,Nf^{n+1}}.$$

Die linke Seite ist nichts anderes als Γ_n. Durch Quadrieren ergibt sich

$$\Gamma_n^2 \leq \Gamma_{n-1}\,\Gamma_{n+1}.$$

Zum Beweis der anderen Ungleichung benutzen wir ebenfalls den Satz 3 in § 15. Es ist

$$N(g \times h) = M\{(g \times h)(\bar{g} \times \bar{h})\}$$
$$\leq \sqrt{Ng\,Nh}\sqrt{N\bar{g}\,N\bar{h}} = Ng\,Nh$$

also

$$N(g \times h) \leq Ng\,Nh.$$

Ersetzen wir hierin g durch f^m und h durch f^n, so haben wir auch

$$\Gamma_{m+n} \leq \Gamma_m \Gamma_n$$

bewiesen.

Schließlich bleibt $\Gamma_n > 0$ zu zeigen. Sicher ist $\Gamma_1 > 0$. Wäre nämlich $\Gamma_1 = 0$, so hieße das $Nf = 0$, also $f \equiv 0$. Ebenso ergibt sich $\Gamma_2 > 0$. Wäre $\Gamma_2 = 0$, so würde $NF = 0$ sein, also auch $F \equiv 0$ und folglich $f \equiv 0$. Für alle anderen Γ_n folgt die Behauptung aus der bereits bewiesenen Ungleichung $\Gamma_n^2 \leq \Gamma_{n-1}\,\Gamma_{n+1}$. —

Nun bringen wir den Beweis für die Existenz eines idempotenten Elements in $\Re$ zu Ende.

Satz 5. *Ist $f(x)$ eine selbstadjungierte nicht identisch verschwindende fastperiodische Funktion und setzt man wieder $F = f \times f$, so existiert der Limes*

$$\alpha = \lim_{n \to \infty} \frac{F^{n+1}(1)}{F^{n}(1)}$$

und ist positiv. Ebenso existiert auch der Limes

$$\beta = \lim_{n \to \infty} \left(\frac{1}{\alpha} F\right)^{n}(1) = \lim_{n \to \infty} \frac{F^{n}(1)}{\alpha^{n}} .$$

Es ist $\beta \geq 1$.

Beweis: Aus Satz 4 folgt

$$0 < \frac{\Gamma_2}{\Gamma_1} \leq \frac{\Gamma_3}{\Gamma_2} \leq \cdots \leq \Gamma_1 .$$

Daher existiert in der Tat

$$\alpha = \lim_{n \to \infty} \frac{\Gamma_{n+1}}{\Gamma_n} = \lim_{n \to \infty} \frac{F^{n+1}(1)}{F^{n}(1)}$$

und α ist positiv. Es ist

$$\frac{\Gamma_{n+1}}{\Gamma_n} \leq \alpha ,$$

also

$$\frac{\Gamma_{n+1}}{\alpha^{n+1}} \leq \frac{\Gamma_n}{\alpha^n} .$$

Die Folge der Zahlen

$$(5) \qquad \frac{\Gamma_1}{\alpha} \geq \frac{\Gamma_2}{\alpha^2} \geq \frac{\Gamma_3}{\alpha^3} \geq \cdots > 0$$

konvergiert also ebenfalls. Dies ist nichts anderes als die Folge

$$\left(\frac{1}{\alpha} F\right)^{1}(1), \qquad \left(\frac{1}{\alpha} F\right)^{2}(1), \ \ldots$$

Ihren Limes wollten wir durch

$$\beta = \lim_{n \to \infty} \left(\frac{1}{\alpha} F\right)^{n}(1) = \lim_{n \to \infty} \frac{F^{n}}{\alpha^{n}} (1)$$

bezeichnen. Aus Satz 4 folgt

$$\Gamma_n \geq \frac{\Gamma_{m+n}}{\Gamma_m} = \frac{\Gamma_{m+1}}{\Gamma_m} \frac{\Gamma_{m+2}}{\Gamma_{m+1}} \cdots \frac{\Gamma_{m+n}}{\Gamma_{m+n-1}} \geq \left(\frac{\Gamma_{m+1}}{\Gamma_m}\right)^{n} .$$

Für $m \to \infty$ ergibt sich

$$\Gamma_n \geq \alpha^n .$$

Also gilt in (5) statt $\alpha^{-n} \Gamma_n > 0$ sogar

$$\frac{\Gamma_n}{\alpha^n} \geq 1 .$$

d. h. es ist $\beta \geq 1$, wie behauptet. —

Satz 6. *Ist wie oben $f(x)$ eine nicht identisch verschwindende selbst-adjungierte fastperiodische Funktion, wird $F = f \times f$ gesetzt und ist α die in Satz 5 bestimmte Zahl, so konvergiert die Folge der Funktionen*

$$\left(\frac{1}{\alpha} F\right)^n (x) = \frac{F^n(x)}{\alpha^n}$$

gleichmäßig auf der ganzen Gruppe. Ihr Limes

$$\Phi(x) = \lim_{n \to \infty} \frac{F^n(x)}{\alpha^n}$$

ist ein idempotentes Element.

Beweis: Die gleichmäßige Konvergenz der betrachteten Folge entnehmen wir sofort den Sätzen 3 und 5. Daß ihr Limes ein idempotentes Element ist, haben wir weiter oben schon einmal bewiesen. Es ist nämlich einerseits

$$\lim_{n \to \infty} \frac{F^n}{\alpha^n} \times \frac{F^n}{\alpha^n} (x) = \Phi \times \Phi(x)$$

und andererseits

$$\lim_{n \to \infty} \frac{F^n}{\alpha^n} \times \frac{F^n}{\alpha^n} (x) = \lim_{n \to \infty} \frac{F^{2n}}{\alpha^{2n}} (x) = \Phi(x),$$

also in der Tat $\Phi \times \Phi = \Phi$.

Satz 7. *Jeder abgeschlossene rechtsinvariante Modul $\Re \neq 0$ von fast-periodischen Funktionen enthält einen endlichen irreduziblen Teilrechts-modul.*

Beweis: Sicher enthält $\Re$ ein $f(x) \neq 0$. Es darf f selbstadjungiert angenommen werden; (wenn f nicht von vornherein selbstadlungiert ist, so ersetze man es durch $f \times f^*$). Gemäß Satz 6 konstruiert man nun $\Phi(x)$. Dieses liegt in $\Re$. Wegen Satz 1 enthält also $\Re$ einen endlichen Rechtsmodul. Ist dieser reduzibel, so gehe man zu einem Teilmodul über und fahre so fort, bis man einen irreduziblen Rechtsmodul $\subset \Re$ erhält.

§ 18. Beweis des Hauptsatzes.

Der eigentliche Beweis des in § 13 formulierten Hauptsatzes ist nun ganz kurz. Es sei der Modul $\Re$ abgeschlossen und rechtsinvariant. Ich denke mir alle irreduziblen invarianten Teilmoduln $\Re_\nu$ von $\Re$ fest-gestellt. Die verschiedenen Moduln werden durch verschiedene Indizes unterschieden, wobei aber zu bedenken ist, daß es mehr als abzählbar viele irreduzible Rechtsmoduln in $\Re$ geben kann.

Ich bilde nun im Sinne der Definition des Paragraphen 13 die Summe

$$\mathfrak{M} = \sum_\nu \Re_\nu$$

und behaupte, daß

$$\Re = \mathfrak{M} = \sum_\nu \Re_\nu$$

ist. Jedenfalls ist
$$\mathfrak{R} > \mathfrak{M}.$$
Da der Modul $\mathfrak{M}$ abgeschlossen und rechtsinvariant ist, kann der Satz 2 in § 16 angewandt werden; es gibt also einen zu $\mathfrak{M}$ orthogonalen abgeschlossenen Rechtsmodul $\mathfrak{M}'$, so daß $\mathfrak{R}$ direkte Summe von $\mathfrak{M}$ und $\mathfrak{M}'$ ist:
$$\mathfrak{R} = \mathfrak{M} + \mathfrak{M}' \qquad \mathfrak{D}(\mathfrak{M}, \mathfrak{M}') = 0.$$

Wenn $\mathfrak{M}' \neq 0$ ist, so folgt aus § 17 Satz 7, daß $\mathfrak{M}'$ einen irreduziblen rechtsinvarianten Modul $\mathfrak{N} \neq 0$ enthält. Das kann aber unmöglich sein. Der Modul $\mathfrak{N}$ müßte nämlich mit einem der Summanden $\mathfrak{R}_\nu$ von $\mathfrak{M}$ identisch sein, es wäre also
$$\mathfrak{N} \subset \mathfrak{M}' \qquad \text{und} \qquad \mathfrak{N} \subset \mathfrak{M},$$
entgegen der Tatsache, daß $\mathfrak{D}(\mathfrak{M}, \mathfrak{M}') = 0$, also $\mathfrak{M}$ und $\mathfrak{M}'$ keine Elemente gemein haben. Also ist $\mathfrak{M}' = 0$ und $\mathfrak{R} = \sum_\nu \mathfrak{R}_\nu$.

Hauptsatz: *Jeder abgeschlossene rechtsinvariante Modul $\mathfrak{R}$ von fastperiodischen Funktionen ist Summe der in ihm enthaltenen irreduziblen rechtsinvarianten Moduln $\mathfrak{R}_\nu$,*
$$\mathfrak{R} = \sum_\nu \mathfrak{R}_\nu.$$

III. Periodische Funktionen.

§ 19. Der Weierstraßsche Approximationssatz.

Man deute die komplexen Zahlen z in der bekannten Weise als Punkte in der Gaußschen Zahlenebene. Ist dann x eine reelle Zahl zwischen $-\infty$ und $+\infty$, und multipliziert man jede komplexe Zahl z mit e^{ix}, so gehen die entsprechenden Punkte z in neue Punkte z'
$$(1) \qquad z' = z e^{ix}$$
über. Geometrisch bedeutet diese Abbildung der komplexen Zahlenebene auf sich eine Drehung um den Punkt $z = 0$ durch den Winkel x. Diese Drehungen bilden eine Gruppe $\mathfrak{G}$. Man kann $\mathfrak{G}$ auch deuten als Gruppe der Drehungen des Einheitskreises in der z-Ebene mit dem Punkt $z = 0$ als Mittelpunkt. Analytisch wird man die Elemente der Gruppe durch die reellen Zahlen x repräsentieren, d. h. wir werden zukünftig von Drehungen x aus $\mathfrak{G}$ sprechen und meinen dann also eine Drehung z. B. des Einheitskreises in sich um den Winkel x. Es ist aber zu beachten, daß verschiedenen Zahlen x und x' unter Umständen gleiche Drehungen aus $\mathfrak{G}$ entsprechen können. Das ist offenbar dann und nur dann der Fall, wenn
$$x \equiv x' \mod 2\pi.$$
Andererseits sind zwei Drehungen dann und nur dann verschieden,

wenn für die betr. Drehwinkel

$$x \equiv\!\!\!/\ x' \qquad \mathrm{mod}\ 2\,\pi$$

gilt. Hat man zwei beliebige Drehungen x_1 und x_2, so ist das „Produkt"
dieser Drehungen, also die zusammengesetzte Drehung eine solche mit
dem Drehwinkel

$$y \equiv x_1 + x_2 \qquad \mathrm{mod}\ 2\,\pi\,.$$

Die Drehungsgruppe $\mathfrak{G}$ ist also, wie wir kurz sagen wollen, isomorph der
additiven Gruppe der reellen Zahlen mod $2\,\pi$.

Es sei jetzt $f(x)$ eine komplexwertige Funktion der Gruppenelemente
$x \in \mathfrak{G}$. Dann muß offenbar

$$f(x) = f(x') \qquad\qquad \text{für}\ \ x \equiv x'\ \mathrm{mod}\ 2\,\pi$$

gelten, d. h. die Funktion $f(x)$, aufgefaßt als Funktion der reellen Zahlen, ist eine periodische Funktion mit der Periode 2π

$$f(x + 2\pi) = f(x)\,.$$

Sei umgekehrt eine Funktion $f(x)$ der reellen Zahlen x mit der Periode
2π gegeben, so kann diese Funktion stets gedeutet werden als Funktion
der Elemente der Drehungsgruppe $\mathfrak{G}$. Sprechen wir zukünftig von
periodischen Funktionen, so sind immer solche der Periode 2π gemeint.

Der Hauptsatz des vorigen Abschnittes über fastperiodische Funktionen auf Gruppen soll nun angewandt werden auf den Fall der
Drehungsgruppe $\mathfrak{G}$. Wie erhoffen uns Einsichten über die Struktur
der Menge der periodischen Funktionen. Wir fragen uns zunächst, ob
jede periodische Funktion auch fastperiodisch ist. Tatsächlich gilt der

Satz 1. *Jede auf der Gruppe $\mathfrak{G}$ der Drehungen des Einheitskreises
in sich stetige Funktion, also jede stetige Funktion $f(x)$ mit der Periode
2π, ist fastperiodisch auf $\mathfrak{G}$.*

Beweis: Da $f(x)$ in $0 \leq x \leq 2\pi$ stetig ist, ist $f(x)$ dort auch gleichmäßig stetig. Als periodische Funktion ist $f(x)$ also überhaupt gleichmäßig stetig. Es gibt demnach zu $\varepsilon > 0$ eine Zahl $\delta > 0$, so daß

$$(2) \qquad \text{aus}\ |x - y| < \delta\ \mathrm{mod}\ 2\,\pi \quad \text{folgt}\quad |f(x) - f(y)| < \varepsilon\,.$$

Man überdecke nun das Intervall $[0; 2\pi]$ mit endlich viel Teilinter-
vallen $\mathfrak{A}_1, \ldots, \mathfrak{A}_n$, deren Längen sämtlich $< \delta$ sind. Offenbar bilden
die $\mathfrak{A}_i$ eine Teilung $\mathfrak{T}\,\{f(x), \varepsilon\}$. Für $x, y \in \mathfrak{A}_i$ gilt nämlich (2) und bei
Anwendung irgend einer Drehung bleibt der Abstand der Bildpunkte
x' und y' von x und y kleiner als δ, es gilt also auch

$$|f(x') - f(y')| < \varepsilon$$

w. z. b. w. —

Es ist aber nicht jede periodische Funktion auch fastperiodisch! Es
sei etwa die periodische Funktion $f(x)$ durchweg stetig, nur an einer
Stelle x_0 (im Periodenintervall $(0, 2\pi)$) habe sie einen Sprung, d. h. es sei

$$(3) \qquad \lim_{x = x_0 - 0} f(x) = a \qquad \text{und} \qquad \lim_{x = x_0 + 0} f(x) = b \qquad a \neq b\,.$$

Diese Funktion ist sicher auf $\mathfrak{G}$ nicht fastperiodisch. Wäre $f(x)$ fastperiodisch, so gäbe es eine Teilung $\mathfrak{T}\left\{f(x), \frac{|a-b|}{3}\right\}$ mit den Teilen $\mathfrak{A}_1, \ldots, \mathfrak{A}_n$. Da $\mathfrak{G}$ unendlich viele Elemente enthält, muß auch einer dieser Teile, etwa $\mathfrak{A}_1$ unendlich viel Elemente enthalten. Es gibt also in $\mathfrak{A}_1$ Elemente von beliebig geringem Abstand. Man kann also $\mathfrak{A}_1$ so drehen, daß in dem gedrehten Teil $\mathfrak{A}_1'$ ein Elementepaar $x_1, x_2 \in \mathfrak{A}_1'$ existiert mit

$$x_0 - \delta < x_1 < x_0 < x_2 < x_0 + \delta \,,$$

wobei $\delta > 0$ beliebig klein ist. Man wähle nun δ so klein, daß

$$|f(x_1) - a| < \frac{|a-b|}{3} \qquad |f(x_2) - b| < \frac{|a-b|}{3}$$

wird. Das ist möglich, da ja in x_0 die Grenzwerte (3) existieren. Dann aber haben wir, weil ja $x_1, x_2 \in \mathfrak{A}_1'$

$$\frac{|a-b|}{3} > |f(x_1) - f(x_2)| \geq |a-b| - |f(x_1) - a| - |f(x_2) - b|$$
$$> |a-b| - \frac{1}{3}|a-b| - \frac{1}{3}|a-b|$$
$$= \frac{1}{3}|a-b|$$

und das ist ein Widerspruch. Es ist $f(x)$ also nicht fastperiodisch. Wenn also eine unstetige periodische Funktion fastperiodisch sein soll, so muß sie auf sehr komplizierte Art unstetig sein. Wir werden später sehen, daß sogar schon jede Lebesguesch meßbare fastperiodische Funktion von selber stetig ist.

Wir beschränken uns auf stetige periodische Funktionen. Ob wir damit alle fastperiodischen Funktionen der Drehungsgruppe haben, ist nicht klar. Jedenfalls haben wir aber in der Menge der stetigen periodischen Funktionen einen abgeschlossenen invarianten Modul vor uns. (Da $\mathfrak{G}$ Abelsch ist, ist dieser Modul sogar ein zweiseitiger Modul). Der Hauptsatz der Theorie fastperiodischer Funktionen kann also angewandt werden. Die Menge $\mathfrak{P}$ aller (stetigen) periodischen Funktionen ist danach Summe der in ihr enthaltenen irreduziblen invarianten Moduln $\mathfrak{P}_r$. Jeder invariante Modul, insbesondere jeder irreduzible und deshalb auch endliche Modul ist ein Darstellungsmodul der Gruppe $\mathfrak{G}$. Weil $\mathfrak{G}$ Abelsch ist, besitzt $\mathfrak{G}$ nur irreduzible Darstellungen vom Grade 1 (§ 5 Satz 3). Die Moduln $\mathfrak{P}_r$ sind also eindimensional. Ist $g(x) \not\equiv 0$ in $\mathfrak{P}_r$ enthalten, so besteht $\mathfrak{P}_r$ aus genau allen Funktionen der Gestalt $\varphi g(x)$, wobei φ eine willkürliche Konstante ist. Da $\mathfrak{P}_r$ ein invarianter Modul ist, gilt insbesondere

$$g(x + c) = \varphi(c)\,g(x)$$

und hierin ist $\varphi(c)$ die dem Modul $\mathfrak{P}_r$ entsprechende Darstellung von $\mathfrak{G}$. Es gilt nämlich offensichtlich $\varphi(c + d) = \varphi(c)\,\varphi(d)$. Setzen wir $x = 0$

und schreiben wir statt c wieder x, so finden wir

$$(4) \qquad g(x) = g(0)\,\varphi(x)\,.$$

Weil $g(x) \not\equiv 0$ ist, kann auch $g(0)$ nicht Null sein. Es ergibt sich demnach, daß $\varphi(x)$ stetig und beschränkt ist, weil $g(x)$ stetig und beschränkt ist. Natürlich ist $\varphi(0) = 1$. Aus

$$1 = \varphi(0) = \varphi(x - x) = \varphi(x)\,\varphi(-x)$$

folgt, daß entweder $|\varphi(x)|$ oder $|\varphi(-x)| \geq 1$ ist. Wäre etwa $|\varphi(x)| > 1$, so könnte φ nicht beschränkt sein. Also ist $|\varphi(x)| = 1$ für alle x.

Durch diese Feststellungen über $\varphi(x)$ ist die Funktion hinreichend bestimmt. Es gilt nämlich der

Satz 2. *Die einzigen stetigen Funktionen $\varphi(x)$ einer reellen Variablen x, welche den Bedingungen*

$$1.)\ \varphi(x + y) = \varphi(x)\,\varphi(y) \qquad 2.)\ |\varphi(x)| = 1$$

genügen, sind die Funktionen

$$\varphi(x) = e^{i\lambda x} \qquad\qquad\qquad \lambda\ \textit{reell.}$$

Beweis: Wenn die Differenzierbarkeit von $\varphi(x)$ in dem Satz vorausgesetzt worden wäre, so ließe er sich nach einer aus der Analysis allgemein bekannten Methode sehr leicht wie folgt beweisen. Wir differenzieren die Funktionalgleichung 1.) nach x. Es ergibt sich

$$\varphi'(x + y) = \varphi'(x)\,\varphi(y)\,.$$

Setzen wir $x = 0$ und $\varphi'(0) = i\lambda$, wobei λ eine komplexe Zahl sein kann, so steht da

$$\varphi'(y) = i\lambda\varphi(y)\,.$$

Indem wir integrieren und die Variable wieder x nennen, erhalten wir

$$\varphi(x) = \alpha e^{i\lambda x}\,.$$

Da wegen 1.) offenbar $\varphi(0) = 1$ sein muß, ist $\alpha = 1$, also

$$\varphi(x) = e^{i\lambda x}\,.$$

Die Bedingung 2.) besagt, daß $|\varphi(x)| = 1$ ist für alle reellen x, also muß notwendig λ reell sein, womit der Satz bewiesen wäre, wenn man wüßte, daß $\varphi(x)$ sicher differenzierbar ist.

Um den Beweis also zu vervollständigen, zeigen wir, daß jede stetige Lösung der Funktionalgleichung

$$\varphi(x + y) = \varphi(x)\,\varphi(y)$$

von selber auch differenzierbar ist. Wir setzen

$$\psi_\varepsilon(a) = \int\limits_{a}^{a+\varepsilon} \varphi(x)\,dx\,.$$

Bei festem ε ist dies eine nach a differenzierbare Funktion. Es gilt

$$\psi_\varepsilon(a)\varphi(y) = \int\limits_{a}^{a+\varepsilon} \varphi(x)\,\varphi(y)\,dx = \int\limits_{a}^{a+\varepsilon} \varphi(x+y)\,dx = \int\limits_{a+y}^{a+y+\varepsilon} \varphi(x)\,dx = \psi_\varepsilon(a+y).$$

Unter der Voraussetzung, daß $\psi_\varepsilon(a) \neq 0$ ist, ergibt sich

$$\varphi(y) = \frac{\psi_\varepsilon(a+y)}{\psi_\varepsilon(a)} .$$

Hierin ist $\psi_\varepsilon(a+y)$ eine nach y differenzierbare Funktion, also ist auch $\varphi(y)$ differenzierbar. Es bleibt also nur noch zu beweisen übrig, daß ein a und ein ε derart existiert, daß $\psi_\varepsilon(a) \neq 0$ ist. Halten wir a fest und differenzieren wir $\psi_\varepsilon(a)$ nach ε, so ergibt sich

$$\frac{\partial}{\partial \varepsilon} \psi_\varepsilon(a) = \frac{\partial}{\partial \varepsilon} \int_a^{a+\varepsilon} \varphi(x)\, dx = \varphi(a+\varepsilon) .$$

Wäre ein $\psi_\varepsilon(a) \equiv 0$ für alle ε, so wäre auch $\frac{\partial}{\partial \varepsilon} \psi_\varepsilon(a) \equiv 0$ und folglich auch $\varphi(a+\varepsilon)$. Diesen (trivialen) Fall dürfen wir ausschließen. Dann aber muß notwendig $\psi_\varepsilon(a) \not\equiv 0$ sein, also muß ein ε existieren, so daß $\psi_\varepsilon(a) \neq 0$. Damit ist der Beweis von Satz 1 zu Ende geführt. —

Kehren wir nun zurück zur Untersuchung des Moduls $\mathfrak{P}$ aller stetigen Funktionen der Periode 2π. In den irreduziblen Teilmoduln $\mathfrak{P}_\nu$ von $\mathfrak{P}$ haben dann natürlich auch alle Funktionen die Periode 2π. Andererseits sind sie alle nach (4) von der Gestalt

$$g(x) = C\,\varphi(x) \qquad\qquad C = \text{Konstante},$$

wobei $\varphi(x)$ eine Funktion mit den in Satz 2 vorausgesetzten Eigenschaften ist. Es ist also

$$g(x) = C\,e^{i\lambda x} \qquad\qquad \lambda \text{ reell.}$$

Damit $g(x)$ die Periode 2π hat, muß λ irgendeine ganze Zahl ν sein.

$$(5) \qquad\qquad g(x) = C\,e^{i\nu x} \qquad\qquad \nu = 0, \pm 1, \pm 2, \ldots$$

Es gibt also in $\mathfrak{G}$ abzählbar unendlich viele irreduzible Moduln $\mathfrak{P}_\nu$, welche jeweils aus Funktionen der Gestalt (5) bestehen und es ist

$$(6) \qquad\qquad \mathfrak{P} = \sum_{\nu=-\infty}^{\infty} \mathfrak{P}_\nu$$

im Sinne der Definition der Summe in § 13. Vergegenwärtigen wir uns die Bedeutung der Gleichung (6), so erhalten wir den wohlbekannten

3. Weierstraßschen Approximationssatz: *Jede stetige Funktion $f(x)$ der reellen Zahlen x mit der Periode 2π,*

$$f(x + 2\pi) = f(x)$$

läßt sich gleichmäßig durch endliche trigonometrische Polynome

$$\sum a_\nu e^{i\nu x} \qquad\qquad endliche\ Summe$$

approximieren. Es gibt also zu jedem $\varepsilon > 0$ endlich viele ganze Zahlen ν und entsprechende komplexe Koeffizienten a_ν, so daß für alle x

$$\left| f(x) - \sum a_\nu e^{i\nu x} \right| < \varepsilon$$

gilt.

Sieht man den Beweis des Satzes 2 noch einmal etwas genauer an, so erkennt man, daß es nicht nötig gewesen wäre, die Funktionen $\varphi(x)$

als stetig vorauszusetzen. Unter Benutzung einfachster Sätze aus der Theorie des Lebesgueschen Integrals erhält man den weiterreichenden

Satz 4. *Die einzigen Lebesguesch meßbaren Funktionen $\varphi(x)$, welche den Bedingungen*

$$1.)\ \varphi(x + y) = \varphi(x)\,\varphi(y) \qquad 2.)\ |\varphi(x)| = 1$$

genügen, sind die Funktionen

$$\varphi(x) = e^{i\lambda x} \qquad\qquad\qquad \lambda\ reell.$$

Beweis: Es genügt, nachzuweisen, daß jede Lebesguesch meßbare Funktion $\varphi(x)$, welche den Bedingungen 1.) und 2.) genügt, bereits differenzierbar ist. Hierzu gehen wir wieder von

$$(7) \qquad\qquad \psi_\varepsilon(a) = \int\limits_a^{a+\varepsilon} \varphi(x)\,dx$$

aus. Wäre $\psi_\varepsilon(a)$ für ein a und alle ε Null, so würde folgen, daß $\varphi(x)$ fast überall Null ist. Dies widerspricht der Voraussetzung 2.). Es gibt also ein ε_0, so daß $\psi_{\varepsilon_0}(a) \neq 0$. Es ist aber

$$\psi_{\varepsilon_0}(a)\,\varphi(y) = \int\limits_a^{a+\varepsilon_0} \varphi(x)\,\varphi(y)\,dx = \int\limits_a^{a+\varepsilon_0} \varphi(x+y)\,dx = \psi_{\varepsilon_0}(a+y),$$

also

$$(8) \qquad\qquad \varphi(y) = \frac{\psi_{\varepsilon_0}(a+y)}{\psi_{\varepsilon_0}(a)}.$$

Das Integral einer (beschränkten) meßbaren Funktion $\varphi(x)$ ist eine stetige Funktion seiner oberen und unteren Grenze. Wegen (8) ist deshalb $\varphi(y)$ stetig. Nun läßt sich bereits der Satz 2 anwenden, oder aber man schließt aus (7), daß nun $\psi_\varepsilon(a)$ sogar differenzierbar von a abhängt. Der Gleichung (8) entnimmt man, daß $\varphi(y)$ differenzierbar ist und bringt dann den Beweis mit den Methoden der Differentialrechnung wie bei Satz 2 zu Ende. —

Wenn man also den Modul aller Lebesguesch meßbaren fastperiodischen Funktionen der Drehungsgruppe untersucht, so stellt sich heraus, daß er sich aus genau denselben irreduziblen Darstellungsmoduln der Drehungsgruppe zusammensetzt wie der Modul der stetigen periodischen Funktionen, d. h. aber, es gilt

Satz 5. *Jede Lebesguesch meßbare fastperiodische Funktion auf der Gruppe der Drehungen des Einheitskreises in sich ist stetig.*

Man könnte den Satz auch so aussprechen: „Jede meßbare fastperiodische periodische Funktion ist stetig." Das Wort fastperiodisch darf nicht fortgelassen werden, da, wie wir ja gesehen haben, nicht jede periodische Funktion fastperiodisch ist. Wir entnehmen unserem Satz aufs neue, daß eine unstetige fastperiodische Funktion sehr unangenehm unstetig sein muß. Sie kann nicht einmal mehr meßbar sein. Ob es solche Funktionen gibt, wollen wir nicht untersuchen (vgl. aber § 23).

§ 20. Der Satz von Fejér.

Bevor wir zu dem eigentlichen Thema dieses Paragraphen kommen, wollen wir die Frage erledigen, ob der in § 9 erklärte Mittelwert fast-periodischer Funktionen im Falle stetiger periodischer Funktionen etwa mit dem Riemannschen Integral im wesentlichen übereinstimmt.

Ist $f(x)$ eine stetige Funktion der Periode 2π

$$f(x + 2\pi) = f(x) \qquad\qquad \text{für alle reellen } x,$$

so existiert das Integral

$$\int_0^{2\pi} f(x)\, dx,$$

da es aber, wenn $f(x) \equiv 1$ ist, nicht den Wert 1, sondern den Wert 2π hat, werden wir besser tun, den Integralmittelwert

$$M_x'\{f(x)\} = \frac{1}{2\pi} \int_0^{2\pi} f(x)\, dx$$

zu betrachten. Es soll nun gezeigt werden, daß die Operation M_x' mit der Mittelwertoperation übereinstimmt. Dazu ziehen wir den Satz 6 in § 11 heran. Da ganz offensichtlich die Menge $\mathfrak{P}$ aller stetigen periodischen Funktionen ein invarianter Modul ist, welcher die Funktion $f(x) \equiv 1$ und außerdem mit jeder Funktion $f(x)$ auch $\overline{f(x)}$ enthält, genügt es, nachzuweisen, daß M_x' auf $\mathfrak{P}$ eine lineare, invariante, monotone und normierte Operation ist.

In der Tat ist die Operation linear:

$$M_x'\{\alpha f + \beta g\} = \frac{1}{2\pi} \int_0^{2\pi} (\alpha f + \beta g)\, dx = \alpha \frac{1}{2\pi} \int_0^{2\pi} f\, dx + \beta \frac{1}{2\pi} \int_0^{2\pi} g\, dx$$

$$= \alpha M_x'\{f\} + \beta M_x'\{g\}.$$

Außerdem ist sie invariant:

$$M_x'\{f(x + c)\} = \frac{1}{2\pi} \int_0^{2\pi} f(x + c)\, dx = \frac{1}{2\pi} \int_c^{c+2\pi} f(x)\, dx$$

$$= \frac{1}{2\pi} \int_c^{0} f(x)\, dx + \frac{1}{2\pi} \int_0^{2\pi} f(x)\, dx + \frac{1}{2\pi} \int_{2\pi}^{c+2\pi} f(x)\, dx$$

$$= M_x'\{f(x)\} + \frac{1}{2\pi} \int_0^{c} \big(f(x + 2\pi) - f(x)\big)\, dx$$

$$= M_x'\{f(x)\}.$$

Die Monotonie und die Normierung der Operation sind Selbstverständlichkeiten. Damit ist in der Tat $M_x' = M_x$ bewiesen, also

$$M_x\{f(x)\} = \frac{1}{2\pi} \int_0^{2\pi} f(x)\, dx.$$

Unter Benutzung dieses Resultats läßt sich ganz leicht zeigen, daß die Funktionen $e^{i\nu x}$ mit $\nu = 0, \pm 1, \pm 2, \ldots$ ein orthogonal normiertes Funktionensystem bilden, d. h. es gilt

$$(e^{i\nu x}, e^{i\mu x}) = \delta_{\nu,\mu} \qquad \nu, \mu = 0, \pm 1, \pm 2, \ldots$$

In der Tat ist

$$(e^{i\nu x}, e^{i\mu x}) = M_x\left\{e^{i(\nu-\mu)x}\right\} = \frac{1}{2\pi}\int_0^{2\pi} e^{i(\nu-\mu)x}\, dx .$$

Wenn $\nu = \mu$ ist, so folgt sofort

$$(e^{i\nu x}, e^{i\mu x}) = 1 .$$

Ist aber $\nu \neq \mu$, so finden wir

$$\frac{1}{2\pi}\int_0^{2\pi} e^{i(\nu-\mu)x}\, dx = \frac{1}{2\pi}\left[\frac{1}{i(\nu-\mu)}\, e^{i(\nu-\mu)x}\right]_0^{2\pi} = 0 .$$

Wir haben also bewiesen:

Satz 1. *Die Funktionen $e^{i\nu x}$ mit $\nu = 0, \pm 1, \pm 2, \ldots$ bilden ein orthogonal-normiertes Funktionensystem.*

Es ist nun folgende Frage, deren Beantwortung Gegenstand dieses Paragraphen sein soll: Wie kann man zu gegebener stetiger, periodischer Funktion $f(x)$ solche endlichen trigonometrischen Polynome $\sum a_\nu e^{i\nu x}$ rechnerisch bestimmen, die $f(x)$ gleichmäßig approximieren. Der in § 19 bewiesene Satz von Weierstraß besagt zwar, daß es immer derartige Polynome gibt, welche $f(x)$ mit vorgegebener Genauigkeit annähern. Der Satz besagt aber nichts darüber, wie man die Polynome wirklich berechnen kann.

Wenn es möglich ist, $f(x)$ in eine gleichmäßig konvergente trigonometrische Reihe zu entwickeln

$$(1) \qquad f(x) = \sum_{-\infty}^{\infty} \alpha_\nu e^{i\nu x},$$

so ist es sehr einfach, unsere Frage zu beantworten. Da die Reihe gleichmäßig konvergiert, gibt es zu jedem ε ein $N(\varepsilon)$, so daß für $n > N(\varepsilon)$

$$(2) \qquad \left|f(x) - \sum_{\nu=-n}^{n} \alpha_\nu e^{i\nu x}\right| < \varepsilon$$

gilt. Es kommt also nur darauf an, die Zahlen α zu berechnen. Aber auch das bereitet keine Schwierigkeiten. Weil die Reihe (1) gleichmäßig konvergiert, konvergiert auch

$$f(x)\, e^{-i\varrho x} = \sum_{\nu=-\infty}^{\infty} \alpha_\nu e^{i(\nu-\varrho)x} \qquad \varrho = 0, \pm 1, \pm 2, \ldots$$

gleichmäßig und es darf gliedweise integriert werden. Wegen Satz 1 ergibt sich

$$M_x\left\{f(x)e^{-i\varrho x}\right\} = \sum_{\nu=-\infty}^{\infty} \alpha_\nu M_x\left\{e^{i(\nu-\varrho)x}\right\} = \alpha_\varrho$$

oder dasselbe etwas kürzer geschrieben

$$(f(x), e^{i\varrho x}) = \sum_{\nu=-\infty}^{\infty} \alpha_\nu (e^{i\nu x}, e^{i\varrho x}) = \alpha_\varrho$$

und damit sind die Koeffizienten sowohl der Reihe (1) als auch der approximierenden trigonometrischen Polynome (2) berechnet.

Dieses Resultat veranlaßt uns, versuchsweise einer jeden stetigen periodischen Funktion ganz formal eine auch möglicherweise nicht konvergente trigonometrische Reihe zuzuordnen:

$$f(x) \sim \sum_{\nu=-\infty}^{\infty} \alpha_\nu e^{i\nu x} \,,$$

wobei wir den Koeffizienten die Werte

$$\alpha_\nu = (f, e^{i\nu x}) = M_x\{f(x)\, e^{-i\nu x}\}$$

erteilen.

Definition: Ist $f(x)$ eine stetige periodische Funktion, so nennt man die der Funktion $f(x)$ zugeordnete Reihe

$$(3) \qquad\qquad f(x) \sim \sum_{\nu=-\infty}^{\infty} \alpha_\nu e^{i\nu x}$$

mit den Koeffizienten

$$(4) \qquad\qquad \alpha_\nu = (f, e^{i\nu x})$$

die *Fourierreihe* von $f(x)$. Die Koeffizienten heißen die *Fourierkoeffizienten* von $f(x)$.

Die Schreibweise (3) bedeutet eigentlich nichts anderes, als daß die Funktion die Fourierkoeffizienten α_ν hat. Nur wenn $\sum\limits_{\nu=-\infty}^{\infty} \alpha_\nu e^{i\nu x}$ gleichmäßig konvergent sein sollte, so läßt sich zeigen, daß das Zeichen $\sim$ durch ein Gleichheitszeichen ersetzt werden darf. Es ist durchaus möglich, daß die Fourierreihe nicht konvergiert. Irgendwelche Sätze, welche die Menge aller Funktionen mit konvergenten Fourierreihen genau charakterisieren, sind unbekannt, so daß die Vermutung berechtigt erscheint, daß die Klasse der Funktionen mit konvergenten Fourierreihen nicht in anderer einfacher Weise abgrenzt werden kann.

Wir werden aber sofort sehen, daß es ganz unvernünftig ist, nach Konvergenz der Fourierreihen zu fragen. Wenn die Zuordnung

$$f(x) \sim \sum_{\nu=-\infty}^{\infty} \alpha_\nu e^{i\nu x}$$

einen Sinn haben soll, muß verlangt werden, daß es möglich ist, aus der Fourierreihe die Funktion $f(x)$ zu berechnen. Wenn die Reihe gegen $f(x)$ konvergiert, wenn also die Partialsummen

$$s_n(x) = \sum_{\nu=-n}^{n} \alpha_\nu e^{i\nu x}$$

gegen $f(x)$ streben

$$f(x) = \lim_{n \to \infty} s_n(x),$$

so ist diese Forderung erfüllt. Wir dürfen aber auch befriedigt sein, wenn wir irgendeine andere Methode finden, die Reihe zu summieren. Tatsächlich hat Fejér entdeckt, daß das sogenannte Cesàrosche Summierungsverfahren bei Fourierreihen stets zum Ziel führt. Es gilt nämlich der folgende

2. Satz von Fejér. *Hat die stetige periodische Funktion $f(x)$ die Fourierreihe*

$$f(x) \sim \sum_{\nu=-\infty}^{\infty} \alpha_\nu e^{i\nu x}$$

und sind deren Partialsummen

$$s_n(x) = \sum_{\nu=-n}^{n} \alpha_\nu e^{i\nu x},$$

so konvergiert die Folge der arithmetischen Mittel der Partialsummen

$$S_n(x) = \frac{1}{n}\left(s_0(x) + \cdots + s_{n-1}(x)\right)$$

gleichmäßig gegen $f(x)$.

Dieser Satz umfaßt offensichtlich den Weierstraßschen Approximationssatz; denn die $S_n(x)$ sind endliche trigonometrische Polynome, welche $f(x)$ gleichmäßig approximieren. Die Bedeutung des Fejérschen Satzes geht aber über die des Weierstraßschen Satzes insofern hinaus, als hier angegeben wird, welche Koeffizienten den approximierenden Polynomen zu erteilen sind. Dies wird besonders deutlich, wenn wir die $S_n(x)$ etwas genauer ausschreiben. Man sieht sofort, daß

$$S_n(x) = \sum_{\nu=-n}^{n}\left(1 - \frac{|\nu|}{n}\right)\alpha_\nu e^{i\nu x}.$$

Hierin sind die α_ν die Fourierkoeffizienten von $f(x)$ und als solche dürfen wir sie als bekannt voraussetzen. Alles andere läßt sich aufs einfachste berechnen.

Indem wir nun den Fejérschen Satz beweisen, ohne auf den Weierstraßschen Satz zurückzugreifen, erhalten wir einen neuen, von der abstrakten Theorie fastperiodischer Funktionen unabhängigen Zugang zur Theorie der periodischen Funktionen.

Beweis des Satzes von Fejér: Es ist

$$S_n(x) = \frac{1}{n}\sum_{\nu=0}^{n-1} s_\nu(x) = \frac{1}{n}\sum_{\nu=-n}^{n} (n - |\nu|)\,\alpha_\nu e^{i\nu x} = \sum_{\nu=-n}^{n}\left(1 - \frac{|\nu|}{n}\right)\alpha_\nu e^{i\nu x}.$$

Benutzt man die Formel (4) für die Fourierkoeffizienten α_ν, so ergibt sich leicht

$$S_n(x) = M_t\{f(x+t)\,K_n(t)\}.$$

Hierin ist $K_n(t)$ der sogenannte Fejérsche Kern

$$(5) \qquad K_n(t) = \sum_{\nu=-n}^{n} \left(1 - \frac{|\nu|}{n}\right) e^{-i\nu t}.$$

Eine elementare Rechnung liefert

$$(6) \qquad K_n(t) = \frac{1}{n} \left(\frac{\sin \frac{nt}{2}}{\sin \frac{t}{2}}\right)^2.$$

Man sieht, daß $K_n(t)$ stets ≥ 0 ist. Bei 0 nimmt $K_n(t)$ den Wert n an, und in einiger Entfernung von 0 sinkt der Absolutbetrag von $K_n(t)$ rasch ab, so daß (wegen (5)) stets

$$(7) \qquad M_t\{K_n(t)\} = 1$$

ist. Man kann also

$$f(x) = f(x)\, M_t\{K_n(t)\} = M_t\{f(x)\, K_n(t)\}$$

schreiben und erkennt, daß

$$S_n(x) - f(x) = M_t\{(f(x+t) - f(x))\, K_n(t)\}$$

sicherlich klein sein wird für große n. Führen wir die Abschätzung im einzelnen durch, so ergibt sich für beliebiges $\delta > 0$

$$|S_n(x) - f(x)| \leq \frac{1}{2\pi} \int_{-\pi}^{+\pi} |f(x+t) - f(x)|\, K_n(t)\, dt$$

$$= \frac{1}{2\pi}\left(\int_{-\delta}^{+\delta} |f(x+t) - f(x)|\, K_n(t)\, dt \right.$$

$$\left. + \int_{-\pi}^{-\delta} |f(x+t) - f(x)|\, K_n(t)\, dt + \int_{\delta}^{\pi} |f(x+t) - f(x)|\, K_n(t)\, dt\right).$$

Wir wählen nun $\delta > 0$ so klein, daß für $|t| < \delta$ gilt $|f(x+t) - f(x)| < \frac{\varepsilon}{2}$. Ist dann $C = \text{ob. Gr.}\ |f(x)|$, so ergibt sich

$$|S_n(x) - f(x)| \leq \frac{\varepsilon}{2} M_t\{K_n(t)\} + 2\frac{C}{n \sin^2 \frac{\delta}{2}} = \frac{\varepsilon}{2} + \frac{1}{n} \cdot \frac{2C}{\sin^2 \frac{\delta}{2}}.$$

Nun kann man n so groß wählen, daß $\frac{1}{n} \cdot \frac{2C}{\sin^2 \frac{\delta}{2}} < \frac{\varepsilon}{2}$ wird und findet schließlich

$$|S_n(x) - f(x)| < \varepsilon \qquad\qquad \text{für } n > N(\varepsilon)$$

w. z. b. w.

§ 21. Weitere Sätze über Fourierreihen.

Wir wollen jetzt zeigen, daß man in allen Rechnungen die stetigen periodischen Funktionen durch ihre Fourierreihen ersetzen kann, so als stünde in

$$f(x) \sim \sum_{\nu=-\infty}^{\infty} \alpha_\nu \, e^{i\nu x}$$

nicht das Zeichen $\sim$ sondern ein Gleichheitszeichen.

So wollen wir nun beweisen: Sind $f(x)$ und $g(x)$ stetige periodische Funktionen mit den Fourierreihen

$$(1) \qquad f(x) \sim \sum_{-\infty}^{\infty} \alpha_\nu \, e^{i\nu x} \qquad g(x) \sim \sum_{-\infty}^{\infty} \beta_\nu e^{i\nu x} \, ,$$

so hat $Af(x) + Bg(x)$ mit komplexen A, B die Fourierreihe

$$(2) \qquad Af + Bg \sim \sum_{-\infty}^{\infty} (A\alpha_\nu + B\beta_\nu) e^{i\nu x} .$$

Das folgt sofort, wenn man auf die Bedeutung der Formeln (1), (2) zurückgeht. Die Fourierkoeffizienten von $Af + Bg$ sind

$$(3) \qquad (Af + Bg, e^{i\nu x}) = A (f, e^{i\nu x}) + B (g, e^{i\nu x}) = A\alpha_\nu + B\beta_\nu.$$

und damit ist (2) bereits hergeleitet.

Es sei fürs weitere stets

$$f(x) \sim \sum_{-\infty}^{\infty} \alpha_\nu e^{i\nu x} .$$

Dann ist

$$e^{i\mu x} f(x) \sim \sum_{-\infty}^{\infty} \alpha_{\nu-\mu} e^{i\nu x}$$

$$f(x + k) \sim \sum_{-\infty}^{\infty} \alpha_\nu e^{i\nu k} e^{i\nu x} \qquad\qquad k \text{ reell}$$

$$\overline{f(x)} \sim \sum_{-\infty}^{\infty} \overline{\alpha_{-\nu}} \, e^{i\nu x} .$$

Alle diese „Gleichungen" folgen ohne Schwierigkeit, indem man wie oben bei (3) einfach die Fourierkoeffizienten der betreffenden Funktionen berechnet. Sie zeigen, daß ganz formales Rechnen erlaubt ist.

Ist eine zweite Funktion

$$g(x) \sim \sum_{-\infty}^{\infty} \beta_\nu e^{i\nu x}$$

gegeben, so wäre zu erwarten, daß

$$f(x) \, g(x) \sim \sum_{\mu=-\infty}^{\infty} \gamma_\mu e^{i\mu x}$$

mit

$$(4) \qquad \gamma_\mu = \sum_{\nu+\varrho=\mu} \alpha_\nu \beta_\varrho .$$

Der Beweis hierfür ist etwas schwieriger zu erbringen und wird nachgetragen. Leichter ist zu zeigen, daß

$$f \times g(x) = M_t \{f(x - t) \, g(t)\} \sim \sum_{-\infty}^{\infty} \alpha_\nu \beta_\nu e^{i\nu x}$$

Es ist nämlich

$$(f \times g, e^{i\nu x}) = M_x\{M_t\{f(x-t)\,g(t)\}\,e^{-i\nu x}\} = M_{x,t}\{f(x-t)\,g(t)\,e^{-i\nu x}\}$$
$$= M_t\{g(t)\,M_x\{f(x-t)\,e^{-i\nu x}\}\} = M_t\{g(t)\,M_x\{f(x)\,e^{-i\nu(x+t)}\}\}$$
$$= M_x\{f(x)\,e^{-i\nu x}\}\,M_t\{g(t)\,e^{-i\nu t}\} = \alpha_\nu\,\beta_\nu\,.$$

Derartige Formeln lassen sich noch weitere herleiten. Wir wenden uns jetzt einer ganz anderen Frage zu. Daß man eine stetige periodische Funktion durch trigonometrische Polynome gleichmäßig beliebig gut approximieren kann, ist uns bekannt. Nun wollen wir uns aber die Aufgabe stellen, eine stetige periodische Funktion $f(x)$ auf die Weise durch trigonometrische Polynome $\sum\limits_{\nu=-n}^{n} a_\nu e^{i\nu x}$ zu approximieren, daß das mittlere Fehlerquadrat

$$(5) \qquad M_x\{|f(x) - \sum_{\nu=-n}^{n} a_\nu e^{i\nu x}|^2\} = \frac{1}{2\pi}\int\limits_0^{2\pi} |f(x) - \sum_{\nu=-n}^{n} a_\nu e^{i\nu x}|^2\,dx$$

möglichst klein wird. Unter Benutzung einer früher eingeführten Schreibweise kann man auch fragen: Wie muß man die Koeffizienten wählen, damit

$$\mathrm{Dist}\left(f(x),\ \sum_{\nu=-n}^{n} a_\nu e^{i\nu x}\right)$$

möglichst klein wird? Wir denken uns die a_ν nun irgendwie gewählt und rechnen den bei der Approximation begangenen mittleren Fehler (5) einfach aus.

$$M_x\left\{\left(f(x) - \sum_{\nu=-n}^{n} a_\nu e^{i\nu x}\right)\left(\overline{f(x)} - \sum_{\nu=-n}^{n} \overline{a_\nu}\,\overline{e^{i\nu x}}\right)\right\}$$

$$= M_x\{|f(x)|^2\} - \sum_{\nu=-n}^{n} \overline{a_\nu}\alpha_\nu - \sum_{\nu=-n}^{n} a_\nu\overline{\alpha_\nu} + \sum_{\nu,\mu=-n}^{n} a_\nu\overline{a_\mu}\,M_x\{e^{i(\nu-\mu)x}\}.$$

Hierin sind die α_ν die Fourierkoeffizienten von $f(x)$. Wegen § 20 Satz 1 folgt weiter

$$M\left\{\left|f(x) - \sum_{\nu=-n}^{n} a_\nu e^{i\nu x}\right|^2\right\}$$

$$(6) \qquad = Nf - \sum_{\nu=-n}^{n} \overline{a_\nu}\alpha_\nu - \sum_{\nu=-n}^{n} a_\nu\overline{\alpha_\nu} + \sum_{\nu=-n}^{n} |a_\nu|^2$$

$$= Nf + \sum_{\nu=-n}^{n} |a_\nu - \alpha_\nu|^2 - \sum_{\nu=-n}^{n} |\alpha_\nu|^2.$$

Die nunmehr gewonnene Formel gestattet eine genaue Antwort auf unsere Frage: Am kleinsten wird der mittlere Fehler, wenn

$$\sum_{\nu=-n}^{+n} |a_\nu - \alpha_\nu|^2$$

verschwindet, wenn also $a_\nu = \alpha_\nu$, den Fourierkoeffizienten, gewählt wird. Es sind also die Partialsummen der Fourierreihen, welche $f(x)$ im Mittel am besten approximieren! Auffällig ist, daß offenbar die Fourierreihe im Mittel gegen $f(x)$ konvergiert, obgleich sie doch nicht im gewöhnlichen Sinne zu konvergieren braucht. Setzen wir in (6) die $a_\nu = \alpha_\nu$, so ergibt sich

$$M_x\left\{\left|f(x) - \sum_{\nu=-n}^{n} \alpha_\nu e^{i\nu x}\right|^2\right\} = Nf - \sum_{\nu=-n}^{n} |\alpha_\nu|^2.$$

Man sieht, daß

$$Nf \geq \sum_{\nu=-n}^{n} |\alpha_\nu|^2$$

ist, für alle n. Deshalb muß für jede Funktion $f(x)$ die Reihe $\sum_{-\infty}^{\infty} |\alpha_\nu|^2$ konvergieren, und es gilt die *Besselsche Ungleichung*

$$(7) \qquad Nf \geq \sum_{-\infty}^{\infty} |\alpha_\nu|^2.$$

Offenbar kann man $f(x)$ dann und nur dann beliebig genau im Mittel approximieren, wenn in (7) nicht das $>$, sondern das $=$ Zeichen gilt, wenn also

$$(8) \qquad Nf = \sum_{-\infty}^{\infty} |\alpha_\nu|^2.$$

Daß man aber beliebig genau im Mittel approximieren kann, wissen wir bereits. Nach dem Weierstraßschen Approximationssatz oder nach dem Satz von Fejér kann man $f(x)$ ja sogar beliebig genau gleichmäßig approximieren! So haben wir also jetzt die Richtigkeit der Gleichung (8) bewiesen, d. i. die

1. Parsevalsche Gleichung: *Hat die stetige periodische Funktion $f(x)$ die Fourierreihe*

$$f(x) \sim \sum_{\nu=-\infty}^{\infty} \alpha_\nu e^{i\nu x},$$

so gilt die Parsevalsche Gleichung oder Vollständigkeitsrelation

$$Nf = M\{|f(x)|^2\} = \sum_{-\infty}^{\infty} |\alpha_\nu|^2.$$

Aus dieser Gleichung können wir sofort einige Folgerungen ziehen. Wir hätten bei der Herleitung der Vollständigkeitsrelation auf den Satz von Fejér verzichten und uns nur auf den Weierstraßschen Satz stützen können. Wäre der Fejérsche Satz noch nicht bewiesen, so wäre es von Interesse zu wissen, ob eine Funktion $f(x)$ durch ihre Fourierreihe $\sum \alpha_\nu e^{i\nu x}$ eindeutig bestimmt ist. Man nimmt an, daß eine andere Funktion $g(x)$ dieselbe Fourierreihe hat. Dann würde nach unseren Rechenregeln $f - g$ die identisch verschwindende Fourierreihe haben. Aus der

Parsevalschen Gleichung folgt dann

$$N(f-g) = 0,$$

und hieraus entnimmt man sofort $f \equiv g$. Es gilt also der

2. Eindeutigkeitssatz. *Sind zwei stetige periodische Funktionen* $f(x)$ *und* $g(x)$ *gegeben und gilt*

$$f(x) \sim \sum_{-\infty}^{\infty} \alpha_\nu e^{i\nu x} \qquad g(x) \sim \sum_{-\infty}^{\infty} \alpha_\nu e^{i\nu x},$$

so sind $f(x)$ *und* $g(x)$ *dieselben Funktionen.*

Setzt man den Satz von Fejér als bewiesen voraus, so ist dieser Eindeutigkeitssatz natürlich eine Trivialität, da das Fejérsche Summierungsverfahren ja sogar einen Kalkül liefert, der die Berechnung der zur Fourierreihe gehörigen Funktion gestattet.

Man kann die Parsevalsche Gleichung leicht etwas verallgemeinern.

Satz 3. *Sind* $f(x)$ *und* $g(x)$ *periodische stetige Funktionen mit den Fourierreihen*

$$f(x) \sim \sum_{\nu=-\infty}^{\infty} \alpha_\nu e^{i\nu x} \qquad g(x) \sim \sum_{\nu=-\infty}^{\infty} \beta_\nu e^{i\nu x},$$

so gilt

$$(f, g) = M_x\{f(x)\,\overline{g(x)}\} = \sum_{\nu=-\infty}^{\infty} \alpha_\nu \bar{\beta_\nu}$$

Beweis: Es ist

$$f\bar{g} = \frac{1}{4}\{|f+g|^2 - |f-g|^2 + i|f+ig|^2 - i|f-ig|^2\}.$$

Hieraus ergibt sich gemäß der Regel (3) und der Parsevalschen Gleichung

$$(f, g) = \sum_{\nu=-\infty}^{\infty} \frac{1}{4}\{|\alpha_\nu + \beta_\nu|^2 - |\alpha_\nu - \beta_\nu|^2 + i|\alpha_\nu + i\beta_\nu|^2 - i|\alpha_\nu - i\beta_\nu|^2\}$$

$$= \sum_{\nu=-\infty}^{\infty} \alpha_\nu \bar{\beta_\nu}.$$

Das ist aber die behauptete Gleichung. —

Nun sind wir imstande zu beweisen, daß Fourierreihen ausmultipliziert werden dürfen.

4. Multiplikationstheorem. *Gilt für die stetigen periodischen Funktionen* $f(x)$ *und* $g(x)$

$$(9) \qquad f(x) \sim \sum_{\nu=-\infty}^{\infty} \alpha_\nu e^{i\nu x} \qquad g(x) \sim \sum_{\nu=-\infty}^{\infty} \beta_\nu e^{i\nu x},$$

so hat $f(x)g(x)$ *die Fourierreihe*

$$f(x)\,g(x) \sim \sum_{\mu=-\infty}^{\infty} \gamma_\mu e^{i\mu x}$$

mit

$$\gamma_\mu = \sum_{\nu+\varrho=\mu} \alpha_\nu \beta_\varrho;$$

das ist genau die Reihe, welche sich durch Ausmultiplizieren der Reihen (9) ergibt.

Beweis: Es ist nach Satz 3 in der Tat

$$\gamma_\mu = (fg,\, e^{i\mu x}) = (f,\, \overline{g}\, e^{i\mu x}) = \sum_{\nu = -\infty}^{\infty} \alpha_\nu \beta_{\mu - \nu} = \sum_{\nu + \varrho = \mu} \alpha_\nu \beta_\varrho .$$

§ 22. Periodische Funktionen von mehreren Variabeln.

Da wir im nächsten Kapitel auf periodische Funktionen von mehreren Variabeln stoßen werden, wollen wir in diesem Paragraphen den Weierstraßschen Approximationssatz auch für solche Funktionen herleiten.

Es genügt, wenn wir uns auf stetige Funktionen von r Variabeln

$$f(\mathfrak{x}) = f(x_1, \ldots, x_r)$$

beschränken, welche in jeder Variabeln periodisch mit der Periode 2π sind. Es soll also

$$f(x_1, \ldots, x_i + 2\pi, \ldots, x_r) = f(x_1, \ldots, x_i, \ldots, x_r)$$

gelten für jedes i. Statt dessen können wir auch annehmen, daß es sich um Funktionen auf der Gruppe $\mathfrak{G}$ der Translationen mod 2π des r-dimensionalen Raumes handelt. Die Elemente dieser Gruppe sind die r-dimensionalen Vektoren

$$\mathfrak{x} = \{x_1, \ldots, x_r\},$$

wobei wir zwei Vektoren, aufgefaßt als Gruppenelemente, dann und nur dann gleich nennen, wenn sich ihre Komponenten um ganzzahlige Vielfache von 2π unterscheiden. Wenn also

$$\mathfrak{x} = \{x_1, \ldots, x_r\} \qquad \mathfrak{y} = \{y_1, \ldots, y_r\},$$

so ist

$$\mathfrak{x} = \mathfrak{y} \quad \text{gleichbedeutend mit} \quad x_i \equiv y_i \bmod 2\pi.$$

Die Gruppenmultiplikation ist die Addition der Vektoren:

Produkt von $\mathfrak{x}$ und $\mathfrak{y}$ als Elemente von $\mathfrak{G}$ ist $\mathfrak{x} + \mathfrak{y}$.

$\mathfrak{G}$ ist offenbar Abelsch. Alle stetigen Funktionen auf $\mathfrak{G}$ sind gleichmäßig stetig und somit (wie im Falle periodischer Funktionen) fastperiodisch auf $\mathfrak{G}$. Die Menge $\mathfrak{P}$ aller stetigen fastperiodischen Funktionen auf $\mathfrak{G}$ bildet einen abgeschlossenen (zweiseitigen) Modul und es kann also der Hauptsatz der abstrakten Theorie (§ 18) angewandt werden. Es ist

$$(1) \qquad\qquad \mathfrak{P} = \Sigma\, \mathfrak{P}_\nu,$$

wobei die $\mathfrak{P}_\nu$ die in $\mathfrak{P}$ enthaltenen abgeschlossenen irreduziblen Darstellungsmoduln von $\mathfrak{G}$ sind. Da $\mathfrak{G}$ Abelsch ist, sind die $\mathfrak{P}_\nu$ wieder eindimensional. Sie bestehen dann aus den Vielfachen

$$a\, \varphi\, (\mathfrak{x})$$

einer beliebigen Lösung von

$$(2) \qquad \varphi(\mathfrak{x} + \mathfrak{y}) = \varphi(\mathfrak{x})\,\varphi(\mathfrak{y}) \qquad\qquad |\varphi(\mathfrak{x})| = 1,$$

was man genau so erkennt wie im Falle periodischer Funktionen einer Variabeln. Setzt man in $\varphi(\mathfrak{x})$ die Komponenten von $\mathfrak{x}$ sämtlich $= 0$ mit Ausnahme der i-ten, bildet man also

$$\varphi_i(x_i) = \varphi(0, \ldots, x_i, \ldots, 0),$$

so muß wegen (2) gelten

$$(3) \qquad \varphi_i(x_i + y_i) = \varphi_i(x_i)\,\varphi_i(y_i) \qquad\qquad |\varphi_i(x_i)| = 1.$$

Die Lösungen von (3) kennen wir. Es ist

$$\varphi_i(x_i) = e^{i\,\nu_i\,x_i} \qquad\qquad \nu_i = 0, \pm 1, \pm 2, \ldots,$$

also

$$\varphi(\mathfrak{x}) = \varphi(x_1, \ldots, x_r) = \varphi_1(x_1) \ldots \varphi_r(x_r) = e^{i(\nu_1 x_1 + \ldots + \nu_r x_r)}.$$

Erinnern wir uns an die Bedeutung von (1), so folgt sofort der

Approximationssatz: *Jede stetige Funktion $f(x_1, \ldots, x_r)$ in r Variabeln, welche in jeder Variabeln die Periode 2π hat, läßt sich gleichmäßig durch endliche trigonometrische Polynome*

$$\sum_{\nu_1, \ldots, \nu_r} a_{\nu_1, \ldots, \nu_r}\, e^{i(\nu_1 x_1 + \ldots + \nu_r x_r)} \qquad\qquad endl.\ Summe$$

approximieren. Es gibt also zu jedem $\varepsilon > 0$ endlich viele Zahlen-r-tupel $(\nu_1, \ldots, \nu_r)$ mit ganzzahligen Komponenten ν_i und entsprechende komplexe Koeffizienten $a_{\nu_1, \ldots, \nu_r}$, so daß für alle $x_1, \ldots, x_r$

$$\left| f(x_1, \ldots, x_r) - \sum a_{\nu_1, \ldots, \nu_r}\, e^{i(\nu_1 x_1 + \ldots + \nu_r x_r)} \right| < \varepsilon$$

gilt.

Man kann diesen Satz natürlich auch wie im Falle einer Variabeln nach der Fejérschen Methode erhalten. Sei wieder $f(x_1, \ldots, x_r)$ stetig und periodisch in jeder Variabeln mit der Periode 2π. Wir setzen dann

$$(4) \qquad \alpha_{\nu_1, \ldots, \nu_r} = M_{t_1} \ldots M_{t_r} \left\{ f(t_1, \ldots, t_r)\, e^{-i(\nu_1 t_1 + \ldots + \nu_r t_r)} \right\}$$

und nennen die Zahlen $\alpha_{\nu_1, \ldots, \nu_r}$ die Fourierkoeffizienten von $f(x_1, \ldots, x_r)$. Rein formal ordnet man wieder f eine Fourierreihe zu

$$f(x_1, \ldots, x_r) \sim \sum_{\nu_1, \ldots, \nu_r} \alpha_{\nu_1, \ldots, \nu_r}\, e^{i(\nu_1 x_1 + \cdots + \nu_r x_r)}.$$

Um diese möglicherweise divergente Reihe zu summieren, bilden wir

$$S_{n_1, \ldots, n_r}(x_1, \ldots, x_r)$$

$$(5) \qquad = \sum_{\nu_1 = -n_1}^{n_1} \ldots \sum_{\nu_r = -n_r}^{n_r} \left(1 - \frac{|\nu_1|}{n_1}\right) \ldots \left(1 - \frac{|\nu_r|}{n_r}\right) \alpha_{\nu_1, \ldots, \nu_r}\, e^{i(\nu_1 x_1 + \ldots + \nu_r x_r)}.$$

Setzen wir in (5) die Ausdrücke (4) ein, so ergibt sich

$$S_{n_1,\ldots,n_r}(\mathfrak{x})$$

$$= M_{t_1}\ldots M_{t_r}\left\{f(\mathfrak{t})\sum_{-n_1}^{n_1}\ldots\sum_{-n_r}^{n_r}\left(1-\frac{|\nu_1|}{n_1}\right)\ldots\left(1-\frac{|\nu_r|}{n_r}\right)e^{i(\nu_1(x_1-t_1)+\ldots+\nu_r(x_r-t_r))}\right\}$$

$$= M_{t_1}\ldots M_{t_r}\left\{f(\mathfrak{x}+\mathfrak{t})\sum_{-n_1}^{n_1}\ldots\sum_{-n_r}^{n_r}\left(1-\frac{|\nu_1|}{n_1}\right)\ldots\left(1-\frac{|\nu_r|}{n_r}\right)e^{-i(\nu_1 t_1+\ldots+\nu_r t_r)}\right\}$$

$$= M_{t_1}\ldots M_{t_r}\left\{f(\mathfrak{x}+\mathfrak{t})\left(\sum_{-n_1}^{n_1}\left(1-\frac{|\nu_1|}{n_1}\right)e^{-i\nu_1 t_1}\right)\ldots\left(\sum_{-n_r}^{n_r}\left(1-\frac{|\nu_r|}{n_r}\right)e^{-i\nu_r t_r}\right)\right\}$$

$$= M_{t_1}\ldots M_{t_r}\left\{f(\mathfrak{x}+\mathfrak{t})\,K_{n_1}(t_1)\ldots K_{n_r}(t_r)\right\}.$$

Offenbar ist wegen § 20 (7)

$$(6)\qquad M_{t_1}\ldots M_{t_r}\left\{K_{n_1}(t_1)\ldots K_{n_r}(t_r)\right\}=1.$$

Also

$$(7)\quad |S_{n_1,\ldots,n_r}(\mathfrak{x})-f(\mathfrak{x})|\leq M_{t_1}\ldots M_{t_r}\left\{|f(\mathfrak{x}+\mathfrak{t})-f(\mathfrak{x})|\,K_{n_1}(t_1)\ldots K_{n_r}(t_r)\right\}.$$

Nun ist aber

$$M_{t_1}\ldots M_{t_r}\{(-\cdot-)\}=\frac{1}{(2\pi)^r}\int_{t_1=-\pi}^{+\pi}\cdots\int_{t_r=-\pi}^{+\pi}(-\cdot-)\,dt_1\ldots dt_r$$

nichts anderes als ein Raumintegral über einen r-dimensionalen Quader, noch mit einem Faktor $\frac{1}{(2\pi)^r}$ versehen. Den Quader zerlegen wir in 2 Teile, nämlich in einen Quader $\mathfrak{Q}_\delta$ mit dem Mittelpunkt o und der Kantenlänge 2δ und den Restbereich $\mathfrak{R}_\delta$. Dann ist nach (7)

$$(8)\qquad
\begin{aligned}
|S_{n_1,\ldots,n_r}(\mathfrak{x})-f(\mathfrak{x})|\leq &\frac{1}{(2\pi)^r}\int_{\mathfrak{Q}_\delta}|f(\mathfrak{x}+\mathfrak{t})-f(\mathfrak{x})|K_{n_1}(t_1)\ldots K_{n_r}(t_r)\,d\sigma\\
&+\frac{1}{(2\pi)^r}\int_{\mathfrak{R}_\delta}|f(\mathfrak{x}+\mathfrak{t})-f(\mathfrak{x})|K_{n_1}(t_1)\ldots K_{n_r}(t_r)\,d\sigma.
\end{aligned}$$

Jetzt wird wieder wie im Falle der Funktionen einer Variabeln δ so klein gewählt, daß überall in $\mathfrak{Q}_\delta$

$$|f(\mathfrak{x}+\mathfrak{t})-f(\mathfrak{x})|<\frac{\varepsilon}{2}$$

gilt, wobei $\varepsilon>0$ beliebig vorgegeben sein kann. Für das erste Integral erhält man nach (6) die Abschätzung

$$\frac{1}{(2\pi)^r}\int_{\mathfrak{Q}_\delta}|f(\mathfrak{x}+\mathfrak{t})-f(\mathfrak{x})|K_{n_1}(t_1)\ldots K_{n_r}(t_r)\,d\sigma\leq\frac{\varepsilon}{2}.$$

Setzt man

$$\text{ob. Gr. } |f(\mathfrak{x})|=C,$$

so findet man für das zweite Integral auf der rechten Seite von (8)

$$\frac{1}{2\pi^r}\int\limits_{\Re_\delta} |f(\mathfrak{x}+\mathfrak{t})-f(\mathfrak{x})|\,K_{n_1}(t_1)\ldots K_{n_r}(t_r)\,d\sigma$$

$$\leq \frac{1}{2\pi}\int\limits_{t_1=-\pi}^{-\delta} K_{n_1}(t_1)\,[M_{t_2}\ldots M_{t_r}\{|f(\mathfrak{x}+\mathfrak{t})-f(\mathfrak{x})|\,K_{n_2}(t_2)\ldots K_{n_r}(t_r)\}]\,dt_1$$

$$+\frac{1}{(2\pi)^r}\int\limits_{t_1=\delta}^{+\pi} K_{n_1}(t_1)\,[M_{t_2}\ldots M_{t_r}\{|f(\mathfrak{x}+\mathfrak{t})-f(\mathfrak{x})|\,K_{n_2}(t_2)\ldots K_{n_r}(t_r)\}]\,dt_1$$

$$+\cdots$$

$$+\frac{1}{2\pi}\int\limits_{t_r=-\pi}^{-\delta} K_{n_r}(t_r)\,[M_{t_1}\ldots M_{t_{r-1}}\{|f(\mathfrak{x}+\mathfrak{t})-f(\mathfrak{x})|\,K_{n_1}(t_1)\ldots K_{n_{r-1}}(t_{r-1})\}]\,dt_r$$

$$+\frac{1}{2\pi}\int\limits_{t_r=\delta}^{+\pi} K_{n_r}(t_r)\,[M_{t_1}\cdots M_{t_{r-1}}\{|f(\mathfrak{x}+\mathfrak{t})-f(\mathfrak{x})|\,K_{n_1}(t_1)\ldots K_{n_{r-1}}(t_{r-1})\}]\,dt_r$$

$$\leq \frac{2\,C}{\sin^2\frac{\delta}{2}}\left(\frac{1}{n_1}+\cdots+\frac{1}{n_r}\right).$$

Insgesamt ergibt sich

$$|S_{n_1,\ldots,n_r}(\mathfrak{x})-f(\mathfrak{x})| < \frac{\varepsilon}{2}+\frac{2\,C}{\sin^2\frac{\delta}{2}}\left(\frac{1}{n_1}+\cdots+\frac{1}{n_r}\right).$$

Wählt man $N=N(\delta)=N(\varepsilon)$ hinreichend groß, so wird offenbar für $n_1,\ldots,n_r>N(\varepsilon)$

$$|S_{n_1,\ldots,n_r}(\mathfrak{x})-f(\mathfrak{x})| < \varepsilon$$

gleichmäßig für alle $\mathfrak{x}$. Nun ist aber nach der Definition (5) von $S_{n_1,\ldots,n_r}(\mathfrak{x})$ diese Funktion ein endliches trigonometrisches Polynom, und wir haben den Approximationssatz erneut bewiesen.

IV. Die eigentlichen fastperiodischen Funktionen.

Folgerungen aus der abstrakten Theorie.

§ 23. Der Approximationssatz.

Nachdem wir im vorigen Abschnitt die fastperiodischen Funktionen der Gruppe der Drehungen des Einheitskreises in sich untersucht haben, soll nun unseren Betrachtungen die Gruppe der reellen Zahlen zugrunde gelegt werden. Die Drehungsgruppe des Einheitskreises konnte auch gedeutet werden als die additive Gruppe der reellen Zahlen mod 2π. Im folgenden soll $\mathfrak{G}$ statt dessen die volle additive Gruppe der reellen Zahlen bedeuten. Hat man zwei beliebige reelle Zahlen x_1 und x_2, so ist also ihr „Produkt" im gruppentheoretischen Sinne die Zahl

$$y = x_1 + x_2 .$$

Offenbar ist $\mathfrak{G}$ wieder Abelsch.

Aus der Menge aller fastperiodischen Funktionen auf $\mathfrak{G}$ greifen wir uns die Menge aller stetigen fastperiodischen Funktionen heraus. Dies sind diejenigen Funktionen, welche ursprünglich von BOHR als fastperiodisch bezeichnet wurden. Da mit $f(x)$ auch stets $f(x + d)$ stetig ist, bilden die stetigen fastperiodischen Funktionen auf $\mathfrak{G}$ einen Rechtsmodul. (Da $\mathfrak{G}$ Abelsch ist, ist dieser Modul sogar zweiseitig.) Außerdem ist auch der Limes einer jeden gleichmäßig konvergenten Folge stetiger Funktion wieder stetig. Deshalb ist der Modul aller stetigen fastperiodischen Funktionen abgeschlossen. Nennen wir diesen Modul etwa $\mathfrak{M}$, so folgt aus dem Hauptsatz der abstrakten Theorie fastperiodischer Funktionen, daß $\mathfrak{M}$ Summe der in $\mathfrak{M}$ enthaltenen irreduziblen Moduln $\mathfrak{M}_\nu$ ist:

$$(1) \qquad \mathfrak{M} = \sum \mathfrak{M}_\nu .$$

Es ist also notwendig, zu erkennen, welche irreduziblen abgeschlossenen Moduln $\mathfrak{M}_\nu$ in $\mathfrak{M}$ enthalten sein können. Hierzu verhelfen uns genau dieselben Überlegungen, wie sie in § 19 angestellt wurden. Zunächst sieht man, daß jeder Modul $\mathfrak{M}_\nu$ eindimensional ist, da $\mathfrak{G}$ als Abelsche Gruppe nur irreduzible Darstellungen vom Grade 1 besitzt (§ 5 Satz 3). Ist $g(x) \not\equiv 0$ in $\mathfrak{M}_\nu$ enthalten, so folgert man, daß

$$g(x + c) = \varphi(c)\, g(x)$$

gelten muß. Hierin ist $\varphi(c)$ die dem Modul $\mathfrak{M}_\nu$ entsprechende Darstellung von $\mathfrak{G}$; es gilt nämlich offensichtlich

$$(2) \qquad \varphi(c + d) = \varphi(c)\, \varphi(d) .$$

Aus

$$(3) \qquad g(x) = \varphi(x)\, g(0)$$

ergibt sich wieder, daß $\varphi(x)$ stetig und beschränkt ist; denn als fastperiodische Funktion ist $g(x)$ beschränkt. Wäre nun $\varphi(x)$ für irgendein x nicht vom Betrage 1, so könnte $\varphi(x)$ nicht beschränkt sein, denn es ist

$$|\varphi(nx)| = |\varphi(x)|^n \qquad n = 0, \pm 1, \pm 2, \dots .$$

Für alle x ist also

$$(4) \qquad |\varphi(x)| = 1 .$$

Unter Benutzung von (2) und (4) folgt also aus § 19 Satz 2

$$\varphi(x) = e^{i\lambda x} \qquad\qquad \lambda \text{ reell.}$$

Die Moduln $\mathfrak{M}_\nu$ bestehen wegen (3) also aus den Funktionen

$$a\, e^{i\lambda x} \qquad\qquad a \text{ konstant.}$$

Erinnert man sich an die Definition der Summe von Moduln, so folgt aus (1) sofort der

1. Approximationssatz für stetige fastperiodische Funktionen: *Jede stetige fastperiodische Funktion $f(x)$ der reellen Zahlen x läßt sich gleichmäßig durch endliche trigonometrische Polynome*

$$\sum_{\nu=1}^{n} a_\nu e^{i\lambda_\nu x}$$

approximieren. Es gibt also zu $f(x)$ und zu jedem $\varepsilon > 0$ eine natürliche Zahl n, gewisse komplexe Zahlen $a_1, \ldots, a_n$ und reelle Zahlen $\lambda_1, \ldots, \lambda_n$, so daß für alle x

$$\left| f(x) - \sum_{\nu=1}^{n} a_\nu e^{i\lambda_\nu x} \right| < \varepsilon$$

ist.

Betrachten wir den abgeschlossenen invarianten Modul $\mathfrak{L}$ aller Lebesguesch meßbaren fastperiodischen Funktionen, so gilt wieder

$$\mathfrak{L} = \sum \mathfrak{L}_\nu,$$

wobei aber diesmal die $\mathfrak{L}_\nu$ die irreduziblen abgeschlossenen Moduln von meßbaren fastperiodischen Funktionen sind. Genau wie oben erkennt man, daß sämtliche Funktionen eines jeden $\mathfrak{L}_\nu$ Vielfache

$$a\,\varphi(x)$$

einer Lösung $\varphi(x)$ der Gleichungen

$$(5) \qquad \begin{aligned} \varphi(x+y) &= \varphi(x)\,\varphi(y) \\ |\varphi(x)| &= 1 \end{aligned}$$

sind. Allerdings sind diesmal außer stetigen auch meßbare φ als Lösungen zugelassen. Jedoch sind nach Satz 4 in § 19 die Lebesguesch meßbaren Lösungen von (5) von selber stetig, also gleich den $e^{i\lambda x}$. Deshalb folgt

Satz 2: *Die Menge der Lebesguesch meßbaren fastperiodischen Funktionen auf der Gruppe der reellen Zahlen ist mit der Menge aller stetigen fastperiodischen Funktionen identisch.*

Man sieht, daß die unstetigen fastperiodischen Funktionen sehr unangenehme Funktionen sein müssen. Sie können sicher nicht meßbar sein. Deshalb wird man nicht viel mit diesen Funktionen anfangen können. Immerhin ist es interessant festzustellen, ob es überhaupt solche Funktionen gibt. Der Hauptsatz der Theorie gestattet es, die so aufgeworfene Frage zu entscheiden. Es muß offenbar nur untersucht werden, welche irreduziblen abgeschlossenen Moduln $\mathfrak{M}_\nu$ in der Menge aller fastperiodischen Funktionen auf $\mathfrak{G}$ enthalten sind. Man sieht sofort, daß dies darauf hinausläuft, zu untersuchen, welche Lösungen die Gleichungen (5) haben, ohne dabei vorauszusetzen, daß die $\varphi(x)$ stetige oder meßbare Funktionen sein sollen. Mit anderen Worten, wir suchen sämtliche irreduziblen unitären Darstellungen der Gruppe $\mathfrak{G}$.

Um unser Problem zu lösen, benötigen wir eine Basisdarstellung
aller reellen Zahlen.

Satz 3. *Es gibt eine Menge B von reellen Zahlen, so daß jede reelle
Zahl x sich auf eine und im wesentlichen nur eine Weise als endliche
Linearkombination von Zahlen aus B mit rationalen Koeffizienten darstellen läßt.* Es gibt also zu x eine natürliche Zahl n, gewisse reelle Zahlen $\xi_1, \ldots, \xi_n$ aus B und entsprechende rationale Zahlen $x_1, \ldots, x_n$, so daß

$$(6) \qquad x = x_1 \xi_1 + \cdots + x_n \xi_n .$$

Diejenigen ξ_i mit $x_i \neq 0$ und die zugehörigen x_i-Werte sind durch x
eindeutig bestimmt. Man nennt B eine lineare rationale *Basis* der reellen Zahlen.

Beweis: Wir denken uns die Menge aller reellen Zahlen wohl-
geordnet. Die erste Zahl sei $\neq 0$. Jeder reellen Zahl x entspricht also
eine Menge von reellen Zahlen, welche x vorangehen. Läßt sich eine
reelle Zahl x auf keine Weise aus endlich viel vorangehenden Zahlen
mit rationalen Koeffizienten linear zusammensetzen, so soll x in B
liegen. Im anderen Fall soll x nicht in B liegen. Wenn $x \notin B$, so gibt
es also endlich viele vorangehende Zahlen $u_1, \ldots, u_n$ und entsprechende
rationale Zahlen $\alpha_1, \ldots, \alpha_n$, so daß

$$x = \alpha_1 u_1 + \cdots + \alpha_n u_n$$

ist. Wir behaupten nun, daß B als rationale Basis der reellen Zahlen
geeignet ist. Zunächst zeigen wir, daß jede Zahl x eine Darstellung der
Gestalt (6) zuläßt. Das ist sicher richtig für die bei der Wohlordnung
erste reelle Zahl, denn sie liegt sicher selbst in B. Nehmen wir nun an,
es seien Zahlen x vorhanden, welche eine Darstellung der Gestalt (6)
nicht zulassen, so besitzt die Menge aller dieser Zahlen eine bei der
Wohlordnung erste Zahl $\tilde{x}$, welche nicht von der Gestalt

$$(7) \qquad \tilde{x} = \tilde{x}_1 \xi_1 + \cdots + \tilde{x}_n \xi_n$$

ist. Diese Zahl $\tilde{x}$ kann auch nicht in B liegen; denn sonst wäre sie von
der Gestalt (7). Also muß nach Definition von B

$$(8) \qquad \tilde{x} = \alpha_1 u_1 + \cdots + \alpha_n u_n$$

sein, wobei $u_1, \ldots, u_n$ reelle Zahlen sind, die $\tilde{x}$ vorangehen. Da $\tilde{x}$ die
erste Zahl ist, für die die Darstellung (6) unmöglich ist, sind also die
Zahlen $u_1, \ldots, u_n$ sämtlich von der Form (6). Dann hat aber auch $\tilde{x}$
wegen (8) diese Gestalt. Das ist ein Widerspruch, und also ist es möglich,
jede reelle Zahl durch Elemente aus B mit rationalen Koeffizienten
linear zu kombinieren.

Es bleibt zu zeigen, daß die Darstellung

$$x = x_1 \xi_1 + \cdots + x_n \xi_n \qquad\qquad x_i \text{ rational, } \xi_i \in B$$

im wesentlichen eindeutig ist. Gäbe es zwei Darstellungen, so dürfen
wir annehmen, daß die zweite etwa

$$x = \bar{x}_1 \xi_1 + \cdots + x_n \xi_n$$

lautet, ohne daß wir dadurch die Allgemeinheit der Untersuchung beschränken. Dann ist

$$0 = (x_1 - \bar{x}_1)\,\xi_1 + \cdots + (x_n - \bar{x}_n)\,\xi_n.$$

Wir zeigen, daß alle $x_i - \bar{x}_i$ Null sein müssen. Gäbe es in einer Darstellung der Null

$$(9) \qquad\qquad 0 = a_1\,\xi_1 + \cdots + a_n\,\xi_n \qquad\qquad a_i \text{ rational, } \xi_i \in B,$$

ein $a_i \neq 0$, so könnten wir das bei der Wohlordnung letzte ξ_i in (9) heraussuchen, welches ein $a_i \neq 0$ besitzt. Dieses ließe sich dann aus den vorangehenden linear kombinieren. Es würde also dieses letzte ξ_i unmöglich zu B gehören können. —

Wir können also jetzt annehmen, daß jede reelle Zahl x als endliche Summe

$$(10) \qquad\qquad x = \sum_{\xi \in B} x_\xi\,\xi \qquad\qquad x_\xi \text{ rational}$$

geschrieben werden kann. Ist etwa

$$x = \sum x_i\,\xi_i\,,$$

so ist

$$x_\xi = \begin{cases} x_i \text{ für } \xi = \xi_i \\ 0 \text{ für alle anderen } \xi, \end{cases}$$

d. h. (10) ist wirklich nur eine endliche Summe. Offenbar ist

$$x + y = \sum (x_\xi + y_\xi)\,\xi = \sum (x + y)_\xi\,\xi\,.$$

Aus der Eindeutigkeit der Basisdarstellung der reellen Zahlen folgt

$$(11) \qquad\qquad (x + y)_\xi = x_\xi + y_\xi\,.$$

Sei nun $\varphi(x)$ eine Lösung von (5), so folgt aus (10)

$$\varphi(x) = \prod_{\xi \in B} \varphi(x_\xi\,\xi)$$

Setzen wir

$$\varphi_\xi(x) = \varphi(x\,\xi) \qquad\qquad \text{für } x \text{ rational,}$$

so ergibt sich

$$\varphi_\xi(x + y) = \varphi((x + y)\,\xi) = \varphi(x\,\xi)\,\varphi(y\,\xi) = \varphi_\xi(x)\,\varphi_\xi(y) \qquad x, y \text{ rational,}$$

d. h. $\varphi_\xi(x)$ ist eine (offenbar unitäre) Darstellung der Gruppe der rationalen Zahlen.

Sei umgekehrt für jedes ξ die Funktion $\varphi_\xi(x)$ der rationalen Zahlen x eine unitäre Darstellung der additiven Gruppe der rationalen Zahlen, so erhalten wir in

$$\varphi(x) = \prod_{\xi \in B} \varphi_\xi(x_\xi)$$

eine unitäre Darstellung der Gruppe der reellen Zahlen. Die Rechnung ergibt nämlich unter Berücksichtigung von (11)

$$\varphi(x + y) = \prod_{\xi \in B} \varphi_\xi((x + y)_\xi) = \prod_{\xi \in B} \varphi_\xi(x_\xi + y_\xi) = \prod_{\xi \in B} \varphi_\xi(x_\xi)\,\varphi_\xi(y_\xi)$$

$$= \prod_{\xi \in B} \varphi_\xi(x_\xi) \prod_{\xi \in B} \varphi_\xi(y_\xi) = \varphi(x)\,\varphi(y)\,.$$

Daß $\varphi(x)$ unitär ist, wenn $\varphi_\xi(x)$ unitär ist, sieht man sofort.

Wir haben nun also folgenden Satz bewiesen

Satz 4. *Die unitären irreduziblen Darstellungen $\varphi(x)$ der Gruppe der reellen Zahlen lassen sich erzeugen, indem man jeder Zahl einer rationalen Basis B der reellen Zahlen eine irreduzible unitäre Darstellung $\varphi_\xi(x)$ der rationalen Zahlen zuordnet und für $x = \sum_\xi x_\xi \xi$ mit rationalen x_ξ*

$$\varphi(x) = \prod_{\xi \in B} \varphi_\xi(x_\xi)$$

setzt.

Es bleibt nun die Aufgabe bestehen, sämtliche irreduziblen unitären Darstellungen der additiven Gruppe $\mathfrak{G}_{rat}$ der rationalen Zahlen zu bestimmen. Damit hat man dann auch die irreduziblen Darstellungsmoduln, soweit sie in der Menge der fastperiodischen Funktionen von $\mathfrak{G}_{rat}$ enthalten sind, aufgestellt. Zufolge des Hauptsatzes läuft also die Untersuchung der irreduziblen Darstellungen von $\mathfrak{G}_{rat}$ auf die Bestimmung aller fastperiodischen Funktionen auf $\mathfrak{G}_{rat}$ hinaus. Doch soll uns das weiter nicht interessieren. Wichtig ist uns nur der Nachweis, daß unstetige Lösungen von (5) existieren. Diesen Nachweis werden wir erbracht haben, wenn wir zeigen, daß es unstetige, irreduzible, unitäre Darstellungen von $\mathfrak{G}_{rat}$ gibt.

Man kann jede rationale Zahl in der Gestalt

$$\frac{m}{n!} \qquad m = 0, \pm 1, \pm 2, \ldots; \quad n = 1, 2, \ldots$$

schreiben. Ist nun

$$(12) \qquad \varphi(a)\, \varphi(b) = \varphi(a + b) \qquad |\varphi(a)| = 1 \qquad a,\, b \text{ rational}$$

eine Darstellung, wie wir sie suchen, so bestimmen wir λ_n so, daß

$$\varphi\left(\frac{1}{n!}\right) = e^{2\pi \lambda_n i} \qquad\qquad 0 \leq \lambda_n < 1$$

ist. Dann wird

$$(13) \qquad \varphi\left(\frac{m}{n!}\right) = e^{2\pi \lambda_n m i}.$$

Wegen

$$\frac{n+1}{(n+1)!} = \frac{1}{n!}$$

folgt

$$(14) \qquad (n+1)\, \lambda_{n+1} \equiv \lambda_n \bmod 1.$$

Gibt man umgekehrt die Zahlen λ_n unter Berücksichtigung von (14) willkürlich vor, so liefert die Definition (13) eine eindeutige Funktion, welche (12) genügt. *Somit haben wir einen Überblick über alle irreduziblen unitären Darstellungen von $\mathfrak{G}_{rat}$ und damit auch (zufolge des Satzes 4) über alle fastperiodischen Funktionen der Gruppe der reellen Zahlen gewonnen.* Es ist auch jetzt ganz leicht, eine unstetige Darstellung von $\mathfrak{G}_{rat}$ anzugeben. Man setze nämlich beispielsweise

$$\lambda_1 = \frac{1}{2}$$

und bestimme dann alle weiteren λ_n **gemäß**

$$(n + 1)\,\lambda_{n+1} \equiv \lambda_n \;\text{mod}\; 1.$$

Ist hierin λ_n bekannt, so gibt es $n+1$ Möglichkeiten, λ_{n+1} zu wählen:

$$\lambda_{n+1} = \frac{\lambda_n + p_n}{n+1} \qquad\qquad p_n = 0, 1, \ldots, n.$$

Schreiben wir $p_n = \left[\dfrac{n}{2}\right]$ vor, so erreicht man, daß alle $\lambda \leq \dfrac{1}{2}$ werden. Andererseits ist aber stets

$$\lambda_{n+1} \geq \frac{\lambda_n + \dfrac{n-1}{2}}{n+1} \geq \frac{1}{2} - \frac{1}{n+1}.$$

Also

$$\frac{1}{2} - \frac{1}{n} \leq \lambda_n \leq \frac{1}{2} \qquad\qquad \text{für alle } n.$$

Ist n hinreichend groß, so liegt also λ_n beliebig genau bei $1/2$. Für dasjenige $\varphi(a)$ (a rational), welches diesen λ_n entspricht, also für $\varphi\left(\dfrac{m}{n!}\right) = e^{2\pi\lambda_n m i}$, gilt nun aber

$$\varphi\left(\frac{m+1}{n!}\right) = e^{2\pi\lambda_n(m+1)i} = e^{2\pi\lambda_n i}\,\varphi\left(\frac{m}{n!}\right).$$

Da $e^{2\pi\lambda_n i}$ ungefähr gleich $e^{\pi i}$ ist und zwar um so genauer, je größer n ist, so folgt, daß unser φ heftig unstetig sein muß. Ändert man nämlich in $\varphi(a)$ das Argument um $1/n!$, so geht $\varphi(a)$ beinahe in den entgegengesetzt gleichen Wert über. Deshalb haben wir folgenden

Satz 5. *Es gibt unstetige (irreduzible unitäre) Darstellungen der Gruppe der rationalen Zahlen.* Damit ist gleichzeitig gezeigt, daß es unstetige fastperiodische Funktionen auf der Gruppe der rationalen Zahlen gibt, worauf wir aber nicht weiter eingehen wollen.

Aus diesem Satz ergibt sich ohne weiteres, daß auch die Gruppe $\mathfrak{G}$ der reellen Zahlen unstetige (unitäre irreduzible) Darstellungen besitzt. Es sei B nämlich eine Basis der reellen Zahlen und ξ_1 eine beliebige Zahl aus B. Dann setzen wir $\varphi_{\xi_1}(x)$ (mit rationalem x) gleich einer unstetigen Darstellung von $\mathfrak{G}_{rat}$ und alle anderen $\varphi_\xi(x) \equiv 1$. Nach Satz 4 erhalten wir dann in

$$\varphi(x) = \varphi_{\xi_1}(x_{\xi_1})$$

eine Darstellung von $\mathfrak{G}$. Diese Darstellung ist sicher unstetig; denn $\varphi(x\xi_1)$ ist für rationale x durch

$$\varphi(x\,\xi_1) = \varphi_{\xi_1}(x)$$

gegeben und also unstetig. Um so mehr ist $\varphi(x)$ selber als Funktion der reellen Zahlen x unstetig. So haben wir also den

Satz 6. *Es gibt unstetige (unitäre, irreduzible) Darstellungen der Gruppe der reellen Zahlen.*

Jede unstetige, aber unitäre Darstellung $\varphi(x)$ von $\mathfrak{G}$ ist beschränkt; nach Satz 3 in § 8 ist $\varphi(x)$ eine auf $\mathfrak{G}$ fastperiodische Funktion. Deshalb ist Satz 6 mit dem folgenden Satz gleichbedeutend.

Satz 7. *Es gibt auf der Gruppe der reellen Zahlen unstetige fastperiodische Funktionen.*

§ 24. Die eigentlichen fastperiodischen Funktionen.

Die ersten Abhandlungen, in denen der Begriff „fastperiodisch" auftaucht, sind die berühmten Arbeiten von H. Bohr in den Bänden der Acta mathematica aus den Jahren 1924 bis 1926. Seitdem hat die von Bohr ins Leben gerufene Theorie eine rasche Entwicklung durchgemacht, und es ist sehr reizvoll, ihre Geschichte zu studieren, da in einem so leicht überschaubaren Zeitraum von 25 Jahren sich so sehr viel Hoffnungen, Enttäuschungen, Überraschungen und besonders so viel Liebe mit ihr verknüpft haben. Man mag von der Bedeutung der Theorie fastperiodischer Funktionen, die zeitweilig sehr hoch eingeschätzt wurde, denken was man will, ihre außerordentliche Schönheit steht nicht in Frage.

Wie der Name „fastperiodisch" andeutet, waren die fastperiodischen Funktionen ursprünglich von Bohr als eine Verallgemeinerung der periodischen Funktionen gedacht. Bei manchen nichtperiodischen Funktionen $f(x)$ der reellen Variablen x war es Bohr gelungen, eine gewisse Regelmäßigkeit in der Werteverteilung festzustellen. Beispielsweise war es möglich geworden, beim Studium der Werteverteilung von $\zeta(s)$ auf einer senkrechten Graden $Rea(s) = \mathrm{const} > 1$ von einer Häufigkeit zu sprechen, mit der gewisse Werte angenommen werden. Bohr vermutete, daß solche Funktionen, wenn nicht periodisch, so doch in irgendeinem Sinne „nahezu periodisch" sein müßten, und eine seiner Leistungen besteht darin, daß ihm eine präzise und brauchbare Fassung dieses Begriffes gelang. Mit einer geradezu erstaunlichen Energie brachte er dann auch eine vollständige Theorie der Fourierreihen dieser „fastperiodischen Funktionen" zustande. In ihrer ursprünglichen Gestalt ist diese Theorie zwar in gewissem Sinne elementar, aber doch sehr verwickelt. Sie hat sich im Laufe der Zeit so sehr verändert, daß sie kaum noch wiederzuerkennen ist. Diese Entwicklung hat auch sogar den Begriff der fastperiodischen Funktion selber erfaßt, und das geht soweit, daß man sehr aufmerksam zusehen muß, wenn man bei den heutigen Formulierungen der Definition von „fastperiodisch" das irgendwie „nahezu periodisch" wiedererkennen will.

Es soll nun in diesen Paragraphen die von Bohr geschaffene Definition von „fastperiodisch" gegeben werden, und es soll gezeigt werden, in welcher Beziehung diese Definition zu der unseren steht.

Wir betrachten komplexwertige Funktionen $f(x)$ der reellen Variablen x. Wäre p eine Periode von $f(x)$, so würde gelten

$$|f(x + p) - f(x)| = 0 \qquad \text{für alle } x.$$

Wenn statt dessen für eine Zahl τ nur

$$|f(x + \tau) - f(x)| < \varepsilon \qquad \text{für alle } x$$

gilt, so wollen wir τ eine Fastperiode zu ε nennen und gelegentlich mit τ_ε bezeichnen. Ist $f(x)$ gleichmäßig stetig, so besitzt $f(x)$ völlig triviale Fastperioden. Zu jedem $\varepsilon > 0$ gibt es ja dann ein $\delta(\varepsilon)$, so daß

$$|f(x + \tau) - f(x)| < \varepsilon \qquad \text{für alle } x$$

und für alle $|\tau| < \delta$, d. h. sämtliche hinreichend kleinen Zahlen τ sind Fastperioden zu ε. Es genügt also nicht zu verlangen, daß eine Funktion zu jedem $\varepsilon > 0$ Fastperioden besitzen soll, wenn man sich um eine vernünftige Definition von „nahezu periodisch" bemüht.

Es ist naheliegend, von $f(x)$ zu verlangen, daß zu jedem $\varepsilon > 0$ beliebig große Fastperioden existieren. Auch dies reicht nicht aus. Man kann nämlich sehr leicht stetige Funktionen angeben, welche zu jedem $\varepsilon > 0$ beliebig große Fastperioden besitzen, ohne selber beschränkt zu sein. Ein Beispiel einer solchen Funktion ist

$$f(x) = \sum_{\nu = 1}^{\infty} \nu \sin \frac{2\pi}{(\nu^2)!}\, x\,.$$

Sie besitzt zu $\varepsilon = 2\pi/n$ die Fastperiode $\tau_\varepsilon = (n^2)!$. Mit wachsendem n geht das ε gegen 0 und τ_ε gegen ∞. Wenn $x = (1/4)(n^2)!$ ist, wobei n eine gerade Zahl ist, so wird $f(x) > n$.

An einer periodischen Funktion fällt auf, daß mit p auch stets $\pm 2p, \pm 3p$ usw. Perioden der Funktion sind. Eine Fastperiode τ zu ε hat diese Eigenschaft nicht. Es ist nicht notwendig mit τ auch $2\tau, 3\tau$ usw. eine Fastperiode zu ε. Grade deswegen wird es nützlich sein, zu verlangen, daß die Fastperioden τ zu einem $\varepsilon > 0$ einigermaßen regelmäßig über die ganze Zahlengrade verteilt sind.

Man nennt eine Menge $\mathfrak{M}$ von reellen Zahlen *relativ dicht*, wenn es eine Zahl L gibt, so daß jedes Intervall der Länge L auf der Zahlengraden mindestens eine Zahl aus $\mathfrak{M}$ enthält. Es soll also zu $\mathfrak{M}$ ein L geben, so daß für jedes reelle x ein $y \in \mathfrak{M}$ existiert mit

$$x \leq y \leq x + L\,.$$

Beispiele relativ dichter Mengen sind die sämtlichen ganzzahligen Vielfachen einer Zahl p. In diesem Fall kann $L = p$ gesetzt werden. Man sieht, daß die Perioden einer periodischen Funktion eine relativ dichte Menge bilden.

Diesen Begriff der relativ dichten Menge benutzte nun BOHR, um dem Begriff der nahezu periodischen Funktionen eine brauchbare präzise Gestalt zu geben. Er nannte die betreffenden Funktionen fastperiodisch. Da wir diesen Namen schon zur Abgrenzung umfangreicherer Funktionenklassen verwandt haben, wollen wir die Bohrschen fastperiodischen Funktionen als *eigentlich fastperiodisch* bezeichnen.

Definition. Eine komplexwertige, stetige Funktion $f(x)$ einer reellen Variablen heißt *eigentlich fastperiodisch*, wenn für jedes $\varepsilon > 0$ die Menge aller zu ε gehörigen Fastperioden von $f(x)$ relativ dicht ist. Es soll also zu $f(x)$ und zu jedem $\varepsilon > 0$ eine Zahl $L(\varepsilon)$ geben, so daß für jedes reelle a in dem Intervall $[a, a + L]$ eine Zahl τ enthalten ist, für die

$$|f(x + \tau) - f(x)| < \varepsilon \qquad \text{gleichmäßig in } x$$

gilt.

Besonders einfache Beispiele eigentlich fastperiodischer Funktionen sind die periodischen Funktionen. Gilt etwa für alle x

$$f(x + p) - f(x) = 0 ,$$

so sind alle Zahlen $0, \pm p, \pm 2p, \ldots$ Perioden von $f(x)$. Jede Periode $\tau = np$ mit $n = 0, \pm 1, \pm 2, \ldots$ ist aber Fastperiode von $f(x)$ zu jedem $\varepsilon > 0$. Da nun die Menge der Perioden τ relativ dicht ist, folgt, daß jede periodische Funktion eigentlich fastperiodisch ist. Die in der Definition mit $L(\varepsilon)$ bezeichnete Zahl kann man im Falle periodischer Funktionen konstant gleich der Periode wählen.

Im allgemeinen wird mit kleiner werdendem ε die Zahl $L(\varepsilon)$ über alle Grenzen wachsen. Wenn man zeigen kann, daß es möglich ist, alle $L(\varepsilon)$ kleiner als eine feste Zahl $L > 0$ zu wählen, so muß $f(x)$ periodisch sein. In diesem Falle darf man nämlich $L(\varepsilon) = L$ setzen für alle $\varepsilon > 0$. Dann muß z. B. das Intervall $[L, 2L]$ zu jedem $\varepsilon > 0$ eine Fastperiode τ_ε enthalten, für die

$$|f(x + \tau_\varepsilon) - f(x)| < \varepsilon$$

gilt. Ist $\tau = \lim\limits_{\varepsilon \to 0} \sup \tau_\varepsilon$, so liegt τ in $[L, 2L]$. Halten wir das willkürliche x zunächst fest, so gibt es zu beliebig vorgegebenem $\varepsilon_1 > 0$ ein $\delta > 0$, so daß

$$|f(x + \tau) - f(x + t)| < \varepsilon_1$$

ist, wenn $|t - \tau| < \delta$. Zu δ wähle man nun ein $\varepsilon < \varepsilon_1$, so daß

$$|\tau_\varepsilon - \tau| < \delta .$$

Dann haben wir

$$|f(x + \tau) - f(x)| \leq |f(x + \tau) - f(x + \tau_\varepsilon)| + |f(x + \tau_\varepsilon) - f(x)|$$
$$< \varepsilon_1 + \varepsilon_1 = 2\varepsilon_1.$$

Weil $\varepsilon_1 > 0$ beliebig war, folgt

$$f(x + \tau) - f(x) = 0 .$$

Da x beliebig war, ist also $f(x)$ periodisch mit der Periode $\tau \geq L > 0$.

Wir werden jetzt zeigen, daß die Begriffe „eigentlich fastperiodisch“ und „stetige fastperiodische Funktion auf der Gruppe $\mathfrak{G}$ der reellen Zahlen“ völlig gleichbedeutend sind. Die Definition von „eigentlich fastperiodisch" bezieht sich ausdrücklich nur auf stetige Funktionen von x. Läßt man die Voraussetzung „stetig" fallen, so wird die Bohrsche Definition (im Gegensatz zu unserer ursprünglich für fastperiodisch gegebenen Definition) unbrauchbar.

Um die Stetigkeit von $f(x)$ voll ausnützen zu können, beweisen wir zunächst den

Satz 1. *Jede eigentlich fastperiodische Funktion ist gleichmäßig stetig.*

Beweis: Es sei $f(x)$ eigentlich fastperiodisch. Wir geben $\varepsilon > 0$ willkürlich vor und bestimmen die Zahl $L(\varepsilon/3)$. Jedes Intervall der Länge $L(\varepsilon/3)$ enthält also eine Fastperiode $\tau(\varepsilon/3)$, so daß für alle x gilt

$$(1) \qquad |f(x + \tau(\varepsilon/3)) - f(x)| < \frac{\varepsilon}{3}.$$

In dem Intervall $[-1, L(\varepsilon/3) + 1]$ ist $f(x)$ als stetige Funktion sicher gleichmäßig stetig. Es existiert also ein $\delta(\varepsilon) < 1$, so daß für beliebige Zahlen x_0, y_0 aus $[-1, L(\varepsilon/3) + 1]$ mit $|x_0 - y_0| < \delta$ die Ungleichung

$$(2) \qquad |f(x_0) - f(y_0)| < \frac{\varepsilon}{3}$$

erfüllt ist. Nun sei aber x, y überhaupt willkürlich, also nicht notwendig in jenem Intervall gewählt, aber doch so, daß

$$|x - y| < \delta < 1$$

richtig ist. Wir zeigen, daß dann

$$|f(x) - f(y)| < \varepsilon$$

ist, d. h. es ist $f(x)$ gleichmäßig stetig.

Das Intervall $[x - L(\varepsilon/3), x]$ ist von der Länge $L(\varepsilon/3)$, es enthält also sicher eine Fastperiode $\tau(\varepsilon/3)$. Für diese gilt dann: Es liegen

$$x_0 = x - \tau(\varepsilon/3) \quad \text{in} \quad [0, L(\varepsilon/3)]$$
$$y_0 = y - \tau(\varepsilon/3) \quad \text{in} \quad [-1, L(\varepsilon/3) + 1]$$

und es ist $|x_0 - y_0| < \delta$. Also folgt aus (1) und (2)

$$|f(x) - f(y)| \leq |f(x) - f(x_0)| + |f(x_0) - f(y_0)| + |f(y_0) - f(y)|$$
$$< \frac{\varepsilon}{3} + \frac{\varepsilon}{3} + \frac{\varepsilon}{3} = \varepsilon$$

wie behauptet wurde. —

Jetzt ist es leicht, die Äquivalenz der Begriffe eigentlich fastperiodisch und stetig fastperiodisch nachzuweisen.

Satz 2. *Jede eigentlich fastperiodische Funktion ist fastperiodisch auf der Gruppe der reellen Zahlen.*

Beweis: Wir zeigen, daß für jede eigentlich fastperiodische Funktion $f(x)$ zu jedem $\varepsilon > 0$ eine Teilung $\mathfrak{T}\{f(x), \varepsilon\}$ existiert. Wir werden also ein System von endlich vielen Teilmengen $\mathfrak{A}_1, \ldots, \mathfrak{A}_n$ der Menge $\mathfrak{G}$ aller reellen Zahlen angeben, deren Vereinigungsmenge die Menge $\mathfrak{G}$

aller reellen Zahlen ist

$$\mathfrak{G} = \mathfrak{A}_1 \dotplus \cdots \dotplus \mathfrak{A}_n$$

und für die

$$(3) \qquad |f(x + c) - f(y + c)| < \varepsilon$$

gilt, falls x, y aus einem der Teile $\mathfrak{A}_i$ und c ganz beliebig gewählt wird. (Vgl. die Definition von fastperiodisch in § 7.)

Zu $f(x)$ und ε bestimmen wir zunächst eine Zahl $L(\varepsilon/3)$ gemäß der Definition von eigentlich fastperiodisch. Weil $f(x)$ nach Satz 1 gleichmäßig stetig ist, gibt es eine Zahl $\delta > 0$, so daß aus $|x - y| < \delta$

$$|f(x) - f(y)| < \frac{\varepsilon}{3}.$$

folgt. Überdecken wir nun das Intervall $[0, L(\varepsilon/3)]$ mit endlich vielen (offenen) Intervallen $\mathfrak{A}_1^0, \ldots, \mathfrak{A}_n^0$ der Länge δ, so gilt also für zwei beliebige Zahlen x_0, y_0 aus einem dieser Intervalle $\mathfrak{A}_i^0$ und für alle c

$$(4) \qquad |f(x_0 + c) - f(y_0 + c)| < \frac{\varepsilon}{3}.$$

Wir erklären jetzt die Menge $\mathfrak{A}_i (i = 1, \ldots, n)$ als die Menge aller derjenigen reellen Zahlen x, für die eine Fastperiode $\tau(\varepsilon/3)$ derart existiert, daß

$$x_0 = x - \tau(\varepsilon/3) \in \mathfrak{A}_i^0$$

wird. Es wird nun behauptet, daß die Mengen $\mathfrak{A}_1, \ldots, \mathfrak{A}_n$ eine Teilung $\mathfrak{T}\{f(x), \varepsilon\}$ bilden.

Um zu zeigen, daß $\mathfrak{S}\,\mathfrak{A}_i = \mathfrak{G}$ ist, bestimmen wir zu der beliebig vorgegebenen Zahl x eine Fastperiode $\tau(\varepsilon/3)$ in dem Intervall $[x - L(\varepsilon/3), x]$. Dann liegt $x - \tau(\varepsilon/3) = x_0$ im Intervall $[0, L(\varepsilon/3)]$ und folglich in mindestens einem $\mathfrak{A}_i^0$. Somit gehört jedes willkürliche x mindestens einem $\mathfrak{A}_i$ an.

Sind nun x, y zwei Elemente einer Menge $\mathfrak{A}_i$, so gibt es zwei Fastperioden $\tau(\varepsilon/3)$ und $\tau'(\varepsilon/3)$ derart, daß

$$x_0 = x - \tau(\varepsilon/3) \in \mathfrak{A}_i^0 \qquad y_0 = y - \tau'(\varepsilon/3) \in \mathfrak{A}_i^0 .$$

Also folgt für beliebiges c unter Benutzung von (4)

$$|f(x + c) - f(y + c)| \leq |f(x + c) - f(x - \tau(\varepsilon/3) + c)|$$
$$+ |f(x_0 + c) - f(y_0 + c)| + |f(y - \tau'(\varepsilon/3) + c) - f(y + c)|$$
$$\leq \frac{\varepsilon}{3} + \frac{\varepsilon}{3} + \frac{\varepsilon}{3} = \varepsilon .$$

Das aber ist die Ungleichung (3), welche zu beweisen war. —

Satz 3. *Jede stetige fastperiodische Funktion auf der Gruppe $\mathfrak{G}$ der reellen Zahlen ist eigentlich fastperiodisch.*

Beweis: Sei $f(x)$ eine stetige fastperiodische Funktion. Die eine Voraussetzung bei der Definition von eigentlich fastperiodisch, nämlich die Stetigkeit, setzen wir von $f(x)$ ausdrücklich voraus. Wir zeigen nun, daß die Menge aller Fastperioden τ_ε von $f(x)$ relativ dicht ist.

Es sei eine Überdeckung der Menge $\mathfrak{G}$ aller reellen Zahlen durch die Teilmengen $\mathfrak{A}_1, \ldots, \mathfrak{A}_n$ gegeben. Diese Überdeckung sei eine Teilung $\mathfrak{T}\{f(x), \varepsilon\}$. In jedem Teil $\mathfrak{A}_i$ wählen wir einen Repräsentanten a_i aus. Ist dann $\Lambda = \mathrm{Max}\,(|a_i|)$, so können wir zeigen, daß jedes Intervall der Länge $L(\varepsilon) = 2\Lambda$ eine Fastperiode τ_ε enthält. Sei nämlich ein beliebiges solches Intervall $[x - \Lambda, x + \Lambda]$ mit dem Mittelpunkt x gegeben, so liegt x sicher in irgendeinem Teil $\mathfrak{A}_i$. Wir haben dann, falls a_i der Repräsentant jenes Teiles ist,

$$|f(x + c) - f(a_i + c)| < \varepsilon \qquad\qquad \text{für alle } c.$$

Ersetzen wir c durch $c - a_i$, so folgt

$$|f(c + (x - a_i)) - f(c)| < \varepsilon \qquad\qquad \text{für alle } c.$$

Mit anderen Worten, $x - a_i$ ist eine Fastperiode τ_ε von $f(x)$. Da $x - a_i$ in $[x - \Lambda, x + \Lambda]$ liegt, haben wir alles bewiesen. —

Elementarer Beweis des Approximationssatzes.

§ 25. Zurückführung des Approximationssatzes auf einen Satz über Fastperioden.

Für den Approximationssatz gibt es in der Theorie der eigentlichen fastperiodischen Funktionen die verschiedensten Beweise. Der bereits erwähnte erste Beweis von Bohr war verhältnismäßig elementar in den verwandten Hilfsmitteln, jedoch als ganzes ziemlich kompliziert. Bohr ließ sich bei seinen Untersuchungen von dem Gedanken leiten, daß die fastperiodischen Funktionen eben nahezu periodische Funktionen sind. Da in der Menge aller eigentlich fastperiodischen Funktionen die periodischen Funktionen überall dicht liegen, gelingt es, den Approximationssatz für die eigentlich fastperiodischen Funktionen auf den für periodische Funktionen zurückzuführen. Man kann in gruppentheoretischer Terminologie diese Methode etwa so charakterisieren: Die Hauptsätze über stetige fastperiodische Funktionen der Gruppe $\mathfrak{G}$ der reellen Zahlen werden erhalten, indem man die Gruppe $\mathfrak{G}$ allmählich ausschöpft durch die Gruppen $\mathfrak{G}_p$ der Restklassen der reellen Zahlen mod p mit $p \to \infty$. In diesen Restklassengruppen sind die Hauptsätze nichts anderes als die bekannten Sätze über Fourierreihen periodischer Funktionen, können also als bekannt angesehen werden. Je größer p wird, um so besser kann man mit den fastperiodischen Funktionen aus $\mathfrak{G}_p$ (das sind die Funktionen mit der Periode p) die fastperiodischen Funktionen aus $\mathfrak{G}$ annähern und erhält so den Approximationssatz für die Gruppe $\mathfrak{G}$.

Im Jahre 1939 gelang es Bogoliouboff, den Beweis des Approximationssatzes ganz beträchtlich zu vereinfachen. Seine Idee läßt sich etwa so in Stichworten andeuten: Bogoliouboff schöpft die Gruppe $\mathfrak{G}$ der reellen Zahlen nicht durch die (kontinuierlichen) Restklassengruppen $\mathfrak{G}_p$, sondern durch endliche, diskrete, zyklische Gruppen wachsender Ordnung aus. Dadurch wird es möglich, alle wesentlichen Sätze über eigentlich fastperiodische Funktionen auf Sätze über ganze Zahlen zurückzuführen. Während BOHR gezwungen ist, die gesamte Fourierreihentheorie auf den Fall fastperiodischer Funktionen zu übertragen, bevor der Approximationssatz bewiesen werden kann, kommen bei Bogoliouboffs Beweis des Approximationssatzes die Parsevalsche Gleichung und andere Sätze über Fourierreihen nur in der ganz entartet einfachen Form vor, welche sie im Falle endlicher zyklischer Gruppen annehmen und in der wir sie in § 2 dargestellt haben.

Um dem Leser einen von der abstrakten Theorie fastperiodischer Funktionen unabhängigen einfachen Zugang zu der Theorie eigentlich fastperiodischer Funktionen zu verschaffen, soll in diesem Kapitel der Beweis von BOGOLIOUBOFF wiedergegeben werden. Zunächst werden wir zeigen, wie man den Approximationssatz auf einen Satz über die Fastperioden einer eigentlich fastperiodischen Funktion zurückführen kann.

Satz 1: *Es sei $f(x)$ eine eigentlich fastperiodische Funktion. Es seien irgendwelche reellen Zahlen $\varepsilon > 0$, $\delta > 0$, $\lambda_1, \ldots, \lambda_n$ bekannt, so daß jede Lösung τ des Ungleichungssystems*

$$|\lambda_1 \tau| < \delta, \ldots, |\lambda_n \tau| < \delta \qquad \mathrm{mod}\, 2\pi$$

eine Fastperiode von $f(x)$ zu ε ist. Dann existiert eine stetige Funktion $F(t_1, \ldots, t_n)$ der rellen Variabeln $t_1, \ldots, t_n$, welche in jeder Variabeln die Periode 2π hat und für die gleichmäßig in x

$$|f(x) - F(\lambda_1 x, \ldots, \lambda_n x)| < 2\varepsilon$$

gilt.

Bevor wir zum Beweise dieses Satzes übergehen, sollen die Voraussetzungen etwas erläutert werden. Nehmen wir den Approximationssatz als bewiesen an, so gibt es zu $\varepsilon > 0$ reelle Zahlen $\mu_1, \ldots, \mu_r$ und komplexe Zahlen $a_1, \ldots, a_r$, so daß für alle x

$$\left| f(x) - \sum_{l=1}^{r} a_l\, e^{i\mu_l x} \right| < \frac{\varepsilon}{3}\,.$$

Dann ist für zunächst willkürliches τ

$$|f(x+\tau) - f(x)| \leq 2\,\frac{\varepsilon}{3} + \left| \sum_{l=1}^{r} a_l\, e^{i\mu_l(x+\tau)} - \sum_{l=1}^{r} a_l\, e^{i\mu_l x} \right|$$

$$\leq 2\,\frac{\varepsilon}{3} + \sum_{l=1}^{r} |a_l|\, |\mu_l \tau - 2\pi n_l|\,,$$

wobei man die ganzen Zahlen n_l so wählen darf, daß $|\mu_l \tau - 2\pi n_l|$ möglichst klein wird. Offenbar läßt sich ein $\delta_0 > 0$ finden, so daß für jedes τ, welches den Ungleichungen

$$-\delta_0 < \mu_1 \tau - 2\pi n_1 < \delta_0,\ \ldots,\ -\delta_0 < \mu_r \tau - 2\pi n_r < \delta_0$$

oder kürzer

$$|\mu_l \tau| < \delta_0 \ \mathrm{mod}\, 2\pi \qquad\qquad l = 1, \ldots, r$$

genügt,

$$\sum_{l=1}^{r} |a_l|\,|\mu_l \tau - 2\pi n_l| < \frac{\varepsilon}{3}$$

wird. Für diese τ ist dann aber

$$|f(x+\tau) - f(x)| < \varepsilon .$$

τ ist also eine Fastperiode von $f(x)$ zu ε. Man kann also $\varepsilon > 0$ beliebig vorgeben und zu ε dann ein δ und Zahlen λ_l finden, so daß die Voraussetzung des Satzes erfüllt ist. Man setze nämlich $\delta = \delta_0$, $n = r$ und $\lambda_l = \mu_l$. Jedoch wollen wir fürs folgende die Annahme, der Approximationssatz sei bewiesen, wieder fallen lassen und umgekehrt aus Satz 1 den Approximationssatz folgern.

Die Voraussetzung des Satzes kann man unter Benutzung des Begriffes „Teilung" auch so formulieren: Es seien Zahlen $\varepsilon > 0$ und $\delta > 0$, sowie n Funktionen $e^{i\lambda_1 x}, \ldots, e^{i\lambda_n x}$ bekannt, so daß jede Überdeckung der Gruppe $\mathfrak{G}$ der reellen Zahlen durch Teile $\mathfrak{A}_1, \ldots, \mathfrak{A}_N$, welche für jede Funktion $e^{i\lambda_l x}$ eine Teilung $\mathfrak{T}\{e^{i\lambda_l x}, \delta\}$ ist, auch als Teilung $\mathfrak{T}\{f(x), \varepsilon\}$ aufgefaßt werden kann.

Beweis des Satzes 1. Es sei W der Würfel

$$0 \leq t_i \leq 2\pi \qquad\qquad i = 1, \ldots, n$$

im n-dimensionalen Raum der Variablen $t_1, \ldots, t_n$. Wir denken uns in diesem Raume die Grade

$$t_1 = \lambda_1 x, \ldots, t_n = \lambda_n x \qquad\qquad -\infty < x < \infty$$

gezeichnet und suchen uns im Würfel W zu jedem ihrer Punkte x den mod 2π äquivalenten Punkt auf. Identifizieren wir diejenigen Würfelseitenflächen miteinander, welche durch eine Translation

$$t_i' = t_i + 2\pi \qquad\qquad i = 1 \text{ oder } 2 \ldots \text{ oder } n$$

auseinander hervorgehen, so entspricht der Graden in W eine zusammenhängende Kurve mit den Punkten

$$P_x = (t_1, \ldots, t_n) \qquad\qquad t_i \equiv \lambda_i x \bmod 2\pi$$

Zerlegen wir den Würfel W bei festem l in endlich viel Scheiben $S_1^{(l)}, \ldots, S_m^{(l)}$, so daß für die Punkte $(t_1, \ldots, t_n)$ und $(t_1' \ldots, t_n')$ einer Scheibe

$$|t_l - t_l'| \leq \delta$$

gilt, so entspricht dieser Zerlegung eine Überdeckung der Menge $\mathfrak{G}$ der reellen Zahlen durch Teile $\mathfrak{A}_1^{(l)}, \ldots, \mathfrak{A}_m^{(l)}$, welche eine Teilung $\mathfrak{T}\{e^{i\lambda_l x}, \delta\}$ ist. Man werfe nämlich x genau dann in $\mathfrak{A}_\mu^{(l)}$, wenn P_x in $S_\mu^{(l)}$ liegt. Zerlegt man aber den Würfel W in solche Schichten gleichzeitig für jedes l, etwa indem man W in lauter regelmäßig angeordnete Würfel W_k einer (geeigneten) Kantenlänge $\delta^* \leq \delta$ aufteilt, so entspricht dieser Zerlegung eine Überdeckung der Menge $\mathfrak{G}$ der reellen Zahlen durch

Teile $\mathfrak{A}_k$. Man werfe nämlich x genau dann in den Teil $\mathfrak{A}_k$, wenn P_x in W_k liegt. Diese Überdeckung ist eine Teilung $\mathfrak{T}\{e^{i\lambda_l x}, \delta\}$ gleichzeitig für alle l. Deshalb ist sie nach Voraussetzung des Satzes eine Teilung $\mathfrak{T}\{f(x), \varepsilon\}$.

Es genügt, die gesuchte periodische Funktion $F(t_1, \ldots, t_n)$ in dem Würfel W zu erklären, und zwar muß das so geschehen, daß sie in jedem W_k ungefähr gleich den Funktionswerten von $f(x)$ in $\mathfrak{A}_k$ wird. Da diese ja bis auf ε bestimmt sind, ist damit F im wesentlichen festgelegt.

Im einzelnen gehen wir so vor. Jeden Würfel W_k unterteilen wir in 3^n kongruente kleinere Würfel, indem wir wieder zu den Koordinatenebenen parallele Scheiben herstellen. Die Eckpunkte G dieser kleineren

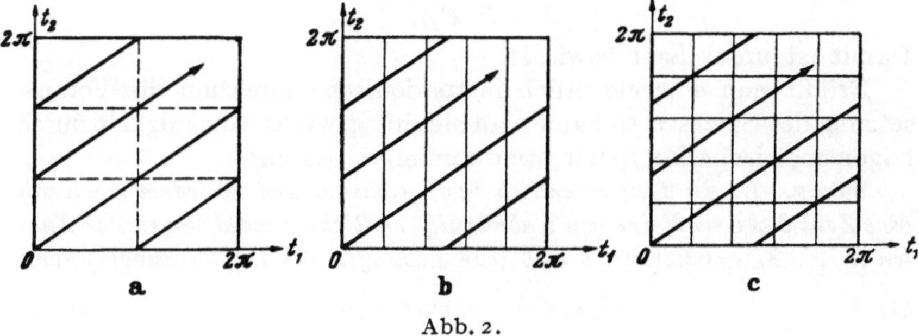

Abb. 2.

Würfel bilden in W ein Punktgitter. Die Funktionswerte von $F(t_1, \ldots t_n)$ werden zunächst in diesen Punkten G erklärt und zwar setzen wir

$$F(G) = f(x),$$

wobei x irgendeine reelle Zahl ist, für die P_x in einem kleinen Würfel liegt, dessen eine Ecke G ist. Sollte es ein solches x nicht geben, so wird $F(G) = 0$ gesetzt.

In den von den Gitterpunkten verschiedenen Punkten von W wird der Funktionswert von $F(t_1, \ldots, t_n)$ durch Interpolation bestimmt, und zwar wird festgesetzt, daß linear interpoliert werden soll, zunächst in der t_1-Richtung, dann in der t_2-Richtung und so fort. So ist schließlich $F(t_1, \ldots, t_n)$ in ganz W als stetige Funktion erklärt und auf äquivalenten Würfelseiten in äquivalenten Punkten hat F gleiche Werte. Deshalb kann F in den ganzen Raum hinein als stetige periodische Funktion eindeutig fortgesetzt werden. Diese Funktion F ist diejenige, deren Existenz der Satz 1 behauptet.

Um unseren Satz zu beweisen, müssen wir jetzt

$$|f(x) - F(P_x)| \qquad\qquad P_x \in W$$

abschätzen. Da F durch lineare Interpolation aus den Werten $F(G)$ hervorgeht, liegt $F(P_x)$, als Punkt in der komplexen Zahlebene gedeutet, in dem kleinsten konvexen Polygon, welches alle Punkte $F(G_i)$ enthält, wobei G_i die Ecken desjenigen kleinen Würfels sind, in dem P_x liegt. Wir haben $F(G_i) = f(x_i)$ gesetzt, wobei P_{x_i} Punkt in einem kleinen Würfel mit der Ecke G_i ist. Die P_{x_i} liegen sämtlich in einem (größeren) Würfel der Kantenlänge δ^*. Die x_i sind also in einem einzigen Teil einer Überdeckung der Menge $\mathfrak{G}$ aller reellen Zahlen enthalten, welche eine Teilung $\mathfrak{T}\{e^{i\lambda_l x}, \delta\}$ ist für alle l. Diese Überdeckung ist gleichzeitig eine Teilung $\mathfrak{T}\{f(x), \varepsilon\}$. Deshalb sind alle $f(x_i)$ und also auch die $F(G_i)$ und mit ihnen $F(P_x)$ in einem Kreis vom Radius ε (z. B. um ein beliebiges der $f(x_i)$) enthalten. In diesem Kreis muß aber auch $f(x)$ liegen, weil auch P_x in jenem (größeren) Würfel der Kantenlänge δ^*, gemeinsam mit den P_{x_i} liegt. Deshalb ist

$$|f(x) - F(P_x)| < 2\varepsilon .$$

Damit ist unser Satz bewiesen. —

Erfüllt nun eine eigentlich fastperiodische Funktion die Voraussetzung des Satzes 1, so kann man sie mit gewisser Genauigkeit durch trigonometrische Polynome approximieren. Es gilt

Satz 2. *Es sei $f(x)$ eigentlich fastperiodisch und zu jedem $\varepsilon > 0$ soll eine Zahl $\delta > 0$ und eine von ε abhängige endliche Anzahl von reellen Zahlen $\lambda_1, \ldots, \lambda_n$ existieren, so daß jede Lösung τ des Ungleichungssystems*

$$(1) \qquad |\lambda_1 \tau| < \delta, \ldots, |\lambda_n \tau| < \delta \qquad\qquad \mathrm{mod}\, 2\pi$$

eine Fastperiode von $f(x)$ zu ε ist. Dann läßt sich $f(x)$ durch endliche trigonometrische Polynome gleichmäßig und beliebig genau approximieren. Es gibt also zu jedem $\eta > 0$ endlich viele reelle Zahlen μ_i und entsprechende komplexe Zahlen a_i, so daß gleichmäßig in x

$$(2) \qquad \left| f(x) - \sum_{endl.} a_i\, e^{i\mu_i x} \right| < \eta$$

Beweis: Geben wir uns also $\eta > 0$ vor! Sodann setzen wir $\varepsilon = \eta/3$ und wenden den Satz 1 an. Der aber besagt, es gibt eine stetige Funktion $F(t_1, \ldots, t_n)$, welche in jeder Variabeln die Periode 2π hat, so daß mit den zu ε gehörigen Zahlen $\lambda_1, \ldots, \lambda_n$

$$|f(x) - F(\lambda_1 x, \ldots, \lambda_n x)| < 2\varepsilon$$

ist. Nach dem Approximationssatz in § 22 kann man nun endlich viele Zahlen-n-tupel $(\nu_1, \ldots, \nu_n)$ mit ganzzahligen Komponenten ν_i und entsprechenden komplexen Koeffizienten $a_{\nu_1}, \ldots, a_{\nu_n}$ finden, so daß für alle $t_1, \ldots, t_n$

$$\left| F(t_1, \ldots, t_n) - \sum_{endl.} a_{\nu_1, \ldots, \nu_n}\, e^{i(\nu_1 t_1 + \ldots + \nu_n t_n)} \right| < \varepsilon$$

wird. Ersetzen wir nun t_i durch $\lambda_i x$, so bekommen wir

$$\left| F(\lambda_1 x, \ldots, \lambda_n x) - \sum_{endl.} a_{\nu_1, \ldots, \nu_n}\, e^{i(\nu_1 \lambda_1 + \ldots + \nu_n \lambda_n) x} \right| < \varepsilon,$$

also

$$\left| f(x) - \sum_{endl.} a_{\nu_1, \ldots, \nu_n} e^{i(\nu_1 \lambda_1 + \cdots + \nu_n \lambda_n) x} \right| < 3\varepsilon = \eta \,.$$

Es ist also (2) bewiesen. Man hat nur

$$(3) \qquad a_i = a_{\nu_1, \ldots, \nu_n} \qquad\qquad \mu_i = \nu_1 \lambda_1 + \cdots + \nu_n \lambda_n$$

zu schreiben. —

Es ist interessant, zu sehen, wie die Exponenten μ_i, welche in dem approximierenden Polynom in (2) auftreten, gemäß (3) mit den Zahlen λ_i der Ungleichungen (1) zusammenhängen. Auch bei eigentlich fastperiodischen Funktionen hängen also wie bei periodischen Funktionen die Exponenten der approximierenden Polynome aufs engste mit den Periodizitätseigenschaften der Funktionen zusammen.

Bogoliouboffs Leistung besteht nun darin, daß er völlig elementar zeigte: *Jede eigentliche fastperiodische Funktion erfüllt die Voraussetzungen des Satzes 2.* Setzen wir diesen Beweis als geführt voraus, so haben wir in dem vorliegenden Paragraphen den Approximationssatz vollständig hergeleitet. Dabei haben wir den Approximationssatz für periodische Funktionen von mehreren Variabeln benutzt. Im Abschnitt III wurde außer der Herleitung aus der abstrakten Theorie auch ein unabhängiger Beweis dieses Satzes mit Hilfe der Fejérschen Mittel (§ 22) gebracht. Deshalb haben wir also jetzt den Approximationssatz für eigentlich fastperiodische Funktionen unabhängig von der abstrakten Theorie geführt, falls wir noch den Beweis von Bogoliouboff über die Fastperioden der eigentlich fastperiodischen Funktionen nachtragen.

§ 26. Zurückführung des Satzes über Fastperioden auf einen Satz über ganze Zahlen.

Im vorigen Paragraphen haben wir gezeigt, daß der Approximationssatz für eigentlich fastperiodische Funktionen aus dem folgenden Satz gefolgert werden kann.

Satz 1 (über Fastperioden). *Es sei $f(x)$ eine eigentlich fastperiodische Funktion. Dann gibt es zu vorgegebenem $\varepsilon > o$ eine positive Zahl δ, eine natürliche Zahl m und reelle Zahlen $\lambda_0, \lambda_1, \ldots, \lambda_m$, so daß alle Lösungen τ des Systems von Ungleichungen*

$$(1) \qquad |\lambda_0 \tau| < \delta,\ |\lambda_1 \tau| < \delta,\ \ldots,\ |\lambda_m \tau| < \delta \qquad\qquad \mathrm{mod}\ 2\pi$$

Fastperioden von $f(x)$ zu ε sind. Dabei sollen die Ungleichungen folgendermaßen verstanden werden: Eine Zahl τ genügt den Ungleichungen (1), wenn $m + 1$ ganze Zahlen $\nu_0, \nu_1, \ldots, \nu_m$ existieren, so daß

$$-\delta < \lambda_0 \tau + \nu_0 2\pi < \delta,\ \ldots,\ -\delta < \lambda_m \tau + \nu_m 2\pi < \delta$$

richtig ist. (Daß wir den Index hierin von o anstatt von 1 an laufen lassen, ist völlig unwesentlich, bringt aber später an einer Stelle eine Vereinfachung in der Sprechweise mit sich.)

Wir werden, um Satz 1 zu beweisen, die Aussage dieses Satzes schrittweise auf immer einfachere Aussagen zurückführen. Zunächst werden wir versuchen, uns von der Funktion $f(x)$ zu befreien.

Satz 2. *Es sei τ_1, τ_2, ... eine Folge reeller Zahlen. Als Zahlenmenge $\{\tau_1, \tau_2, ...\}$ aufgefaßt, sei die Folge relativ dicht. Dann gibt es zu vorgegebenem $\eta > 0$ eine positive Zahl δ, eine natürliche Zahl m und reelle Zahlen $\lambda_0, ..., \lambda_m$, so daß alle Lösungen τ des Systems von Ungleichungen*

$$(2) \qquad |\lambda_0 \tau| < \delta, \; |\lambda_1 \tau| < \delta, \; ..., \; |\lambda_m \tau| < \delta, \qquad \mathrm{mod}\, 2\pi$$

auch eine Ungleichung

$$|\tau - (\tau_p + \tau_q - \tau_r - \tau_s)| < \eta$$

mit geeigneten von τ abhängigen Elementen τ_p, τ_q, τ_r, τ_s der Folge befriedigen.

Aus Satz 2 folgt Satz 1: Man wähle nämlich irgendeine relativ dichte Folge $\tau_\nu (\varepsilon/8)$ von Fastperioden von $f(x)$ zu $\varepsilon/8$ und wende auf sie Satz 2 an. Wir wählen dabei zunächst η beliebig. Es ergibt sich, daß die Lösungen τ von (2) mit den zu η gehörigen $\lambda_0, ..., \lambda_m$ und δ einer Ungleichung

$$|\tau - (\tau_p + \tau_q - \tau_r - \tau_s)| < \eta$$

genügen. Da die τ_ν Fastperioden zu $\varepsilon/8$ sind, ist

$$\tau_p + \tau_q - \tau_r - \tau_s = \tau(\varepsilon/2)$$

eine Fastperiode zu $\varepsilon/2$. Von $\tau(\varepsilon/2)$ unterscheidet sich τ um höchstens η. Da $f(x)$ als eigentlich fastperiodische Funktion gleichmäßig stetig ist (§ 24 Satz 1), kann man η so klein gewählt denken, daß jede Zahl τ, welche sich von einer Fastperiode $\tau(\varepsilon/2)$ von $f(x)$ um weniger als η unterscheidet

$$\left| \tau - \tau\left(\frac{\varepsilon}{2}\right) \right| < \eta,$$

eine Fastperiode von $f(x)$ zu ε ist. Ist also $\varepsilon > 0$ vorgegeben, so bestimmt man zunächst $\eta > 0$ so klein, wie wir es soeben auseinandergesetzt haben. Dann bestimmt man nach Satz 2 die Zahlen $\delta, m, \lambda_0, ..., \lambda_m$ und stellt fest, daß diese Zahlen gerade solche sind, deren Existenz in Satz 1 behauptet wurde. —

Der Satz 2 bleibt gültig, wenn die Voraussetzung über die Zahlenfolge $\tau_1, \tau_2 ...$ etwas abgeschwächt wird. Es ist nicht nötig zu verlangen, daß die Folge relativ dicht ist.

Satz 3. *Es sei τ_1, τ_2, ... eine Folge reeller Zahlen, für die positive Zahlen L und α existieren, so daß*

$$(3) \qquad\qquad |\tau_n| < L\, n$$

und für verschiedene n_1, n_2

(4) $$|\tau_{n_1} - \tau_{n_2}| > \alpha > 0 \qquad\qquad n_1, n_2 = 1, 2, \dots$$

gilt. Dann gibt es zu vorgegebenem $\eta > 0$ eine positive Zahl δ, eine natürliche Zahl m und reelle Zahlen $\lambda_0, \dots, \lambda_m$, so daß alle Lösungen τ des Systems von Ungleichungen

$$|\lambda_0 \tau| < \delta,\ |\lambda_1 \tau| < \delta,\ \dots,\ |\lambda_m \tau| < \delta \qquad\qquad \mathrm{mod}\ 2\pi$$

auch eine Ungleichung

$$|\tau - (\tau_p + \tau_q - \tau_r - \tau_s)| < \eta$$

mit geeigneten (von τ abhängigen) Elementen τ_p, τ_q, τ_r, τ_s der Folge befriedigen.

Aus Satz 3 folgt Satz 2: Die Zahlenfolge τ_1, τ_2, $\dots$ sei relativ dicht, d. h. sie genüge der Voraussetzung des Satzes 2. Dann braucht sie noch nicht die Voraussetzung des Satzes 3 zu erfüllen. Es gibt aber eine Zahl $L > 0$, so daß jedes Intervall der Länge $L/2$ eine Zahl der Folge τ_1, τ_2, $\dots$ enthält. Wir wählen nun aus jedem Intervall $((i-1/2)\,L, iL)$ $i = 1, 2, \dots$ ein Element τ_{n_i} der Folge aus. Diese Folge genügt den Bedingungen des Satzes 3; denn es ist

$$|\tau_{n_i}| < Li$$

und

$$|\tau_{n_i} - \tau_{n_j}| > \frac{L}{2} > 0 \qquad\qquad i \neq j.$$

Wir dürfen also Satz 3 anwenden. Da die τ_{n_p}, τ_{n_q}, τ_{n_r}, τ_{n_s} gewisse Elemente der Folge τ_1, τ_2, $\dots$ sind, ergibt sich aus Satz 3 die Richtigkeit von Satz 2. —

Wir fahren in der Umformung unseres Satzes fort. Es zeigt sich, daß der Satz 3 aus einem Satz über Folgen ganzer Zahlen hergeleitet werden kann.

Satz 4 (über ganze Zahlen). *Es sei n_1, n_2, $\dots$ eine Folge von verschiedenen ganzen Zahlen. Die Folge wachse nicht gar zu schnell, d. h. es soll eine ganze Zahl H existieren, so daß*

(5) $$|n_i| < Hi$$

ist. Dann gibt es eine natürliche Zahl m und reelle Zahlen $\lambda_1, \dots, \lambda_m$, welche in dem Intervall $[0, 2\pi]$ liegen, so daß alle ganzzahligen Lösungen n des Systems von Ungleichungen

$$|\lambda_1 n| < \frac{\pi}{2},\ \dots,\ |\lambda_m n| < \frac{\pi}{2} \qquad\qquad \mathrm{mod}\ 2\pi$$

von der Form

$$n = n_p + n_q - n_r - n_s$$

sind, wobei n_p, n_q, n_r, n_s geeignete Elemente der Folge n_i sind.

Aus Satz 4 folgt Satz 3: Es seien α und η die in Satz 3 genannten Zahlen. Dann bestimmen wir die natürliche Zahl M so groß, daß

$$(6) \qquad \frac{1}{M} < \alpha \quad \text{und} \quad \frac{1}{M} < \frac{\eta}{5}$$

wird. Ist τ_i die Folge reeller Zahlen in Satz 3, so erklären wir eine entsprechende Folge ganzer Zahlen

$$(7) \qquad n_i = [M\tau_i] \qquad\qquad \left(\text{also } \tau_i \approx \frac{n_i}{M}\right).$$

Für diese gilt wegen (3)

$$|n_i| < ([ML]+2)\,i\,.$$

Außerdem haben wir für $i \neq j$ wegen (4) und (6) (falls $\tau_i > \tau_j$)

$$n_i - n_j = [M\tau_i] - [M\tau_j] \geq [M(\tau_i - \tau_j)] \geq \left[\frac{1}{\alpha} \cdot \alpha\right] = 1\,.$$

Die n_i bilden also eine Folge verschiedener ganzer Zahlen, welche der Bedingung (5) mit $H = [ML] + 2$ genügt. Wir dürfen also Satz 4 auf diese Folge anwenden. Es gibt also in $[0, 2\pi]$ gewisse m Zahlen $\lambda_1, \ldots, \lambda_m$, so daß alle ganzen Zahlen n, welche

$$|\lambda_1 n| < \frac{\pi}{2}, \ldots, |\lambda_m n| < \frac{\pi}{2} \qquad\qquad \mod 2\pi$$

lösen, von der Gestalt

$$n = n_p + n_q - n_r - n_s$$

sind. Setzen wir noch

$$\lambda_0 = 2\pi M \qquad\qquad \delta = \frac{\pi}{4M},$$

so können wir zeigen, daß diese konstruierten Zahlen $\lambda_0, \lambda_1, \ldots, \lambda_m$ und δ solche Zahlen sind, deren Existenz der Satz 3 behauptet. Es sei nämlich τ eine Lösung von

$$(8) \qquad |\lambda_0 \tau| < \delta, |\lambda_1 \tau| < \delta, \ldots, |\lambda_m \tau| < \delta \qquad\qquad \mod 2\pi.$$

Dann existiert wegen der ersten dieser Ungleichungen eine Zahl n mit

$$|2\pi M\tau - 2\pi n| < \frac{\pi}{4M}$$

oder

$$(9) \qquad \left|\tau - \frac{n}{M}\right| < \frac{1}{8M^2} < \frac{\eta}{5}\,.$$

Aus den übrigen Ungleichungen (8) entnehmen wir, daß gewisse ganze Zahlen $n_1, \ldots, n_m$ existieren, so daß

$$\left|\lambda_\nu \frac{n}{M} + 2\pi n_\nu\right| \leq |\lambda_\nu \tau + 2\pi n_\nu| + \lambda_\nu \left|\tau - \frac{n}{M}\right| \qquad \nu = 1, \ldots, m$$

$$< \frac{\pi}{4M} + 2\pi \frac{1}{8M^2} \leq \frac{\pi}{2M}\,.$$

Die Zahl n erfüllt also für $\nu = 1, \ldots, m$ die Ungleichungen

$$|\lambda, n| < \frac{\pi}{2} \qquad\qquad \mathrm{mod}\ 2\pi.$$

Deshalb folgt aus Satz 4, daß

$$(10) \qquad\qquad n = n_p + n_q - n_r - n_s,$$

oder unter Benutzung von (6), (7), (8), (9)

$$\left| \tau - (\tau_p + \tau_q - \tau_r - \tau_s) \right| \leq \left| \tau - \frac{n}{M} \right| + \left| \frac{n}{M} - \left(\frac{n_p}{M} + \frac{n_q}{M} - \frac{n_r}{M} - \frac{n_s}{M} \right) \right|$$

$$+ \left| \frac{n_p}{M} - \tau_p \right| + \left| \frac{n_q}{M} - \tau_q \right| + \left| \frac{n_r}{M} - \tau_r \right| + \left| \frac{n_s}{M} - \tau_s \right|$$

$$< \frac{\eta}{5} + 0 + \frac{\eta}{5} + \frac{\eta}{5} + \frac{\eta}{5} + \frac{\eta}{5} = \eta$$

w. z. b. w. —

Der Satz 4 wird im nächsten Paragraphen hergeleitet.

§ 27. Beweis des Satzes über ganze Zahlen.

Den Satz 4 des vorigen Paragraphen über unendliche Folgen ganzer Zahlen werden wir beweisen, indem wir zunächst einen entsprechenden Satz über endlich viele ganze Zahlen herleiten. Läßt man die Anzahl dieser ganzen Zahlen wachsen, so ergibt sich der auf Folgen bezügliche Satz durch einen Grenzübergang.

Satz 1 (über endlich viel ganze Zahlen). *Es seien $n_1, \ldots, n_P$ verschiedene ganze Zahlen im Intervall $-N < n < N$. Ihre Anzahl P sei hinreichend groß; d. h. genauer: Es sei möglich, eine ganze Zahl m so zu wählen, daß*

$$\left(\frac{8N}{P} \right)^2 \leq m < 8N$$

wird. Dann gibt es m Zahlen $\mu_1, \ldots, \mu_m$, alle im Intervall $(0, 2\pi)$, so daß alle ganzzahligen Lösungen n mit $-4N < n < 4N$ des Systems von Ungleichungen

$$|\mu_1 n| < \frac{\pi}{2}, \ldots, |\mu_m n| < \frac{\pi}{2} \qquad\qquad \mathrm{mod}\ 2\pi$$

von der Form

$$n = n_p + n_q - n_r - n_s$$

sind, wobei n_p, n_q, n_r, n_s geeignete Elemente der Menge $n_1, \ldots, n_P$ sind.

Dieser Satz kann aufgefaßt werden als ein Satz über die Elemente einer zyklischen Gruppe der Ordnung $8N$. Wir werden ihn mit Hilfe der völlig elementaren Sätze über die (stets fastperiodischen) Funktionen dieser Gruppe beweisen, welche wir in § 2 der Einleitung aufgestellt haben. Es ist interessant zu sehen, wie rudimentär der Begriff „relativ dicht" in obigem Satz in der Voraussetzung wiederkehrt: Die Anzahl der verschiedenen ganzen Zahlen $n_1, \ldots, n_P$ soll hinreichend groß sein. Damit die Aussage des Satzes nicht inhaltlos wird, muß $N > 2$ sein.

Beweis des Satzes 1: Wir führen unsere Überlegungen innerhalb der additiven Gruppe $\mathfrak{G}_{8N}$ der ganzen Zahlen mod $8N$ durch. Man kann Funktionen auf dieser Gruppe auffassen als beliebige Funktionen der Restklassen mod $8N$ oder als Funktionen der ganzen Zahlen n mit der Periode $8N$. Wir bevorzugen die letztere Möglichkeit.

Mit $f(n)$ wollen wir die charakteristische Funktion der Menge $\{n_1, \ldots, n_P\}$ bezeichnen, d. h. es soll sein

$$f(n + 8N) = f(n)$$

und in $-4N < n \leq 4N$

$$(1) \qquad f(n) = \begin{cases} 1 & \text{für } n = n_1, \ldots, n_P \\ 0 & \text{sonst.} \end{cases}$$

Gemäß § 2 entwickeln wir $f(n)$ in eine Fourierreihe

$$f(n) = \sum_{k=0}^{8N-1} \alpha_k e^{2\pi i \frac{k}{8N} n}$$

wobei

$$\alpha_k = M_n \left\{ f(n) e^{-2\pi i \frac{k}{8N} n} \right\}$$

ist.

Wir bilden nun die gefaltete Funktion

$$g(n) = M_{n'} \left\{ f(n + n') f(n') \right\}$$

Nach § 2 gilt

$$(2) \qquad g(n) = \sum_{k=0}^{8N-1} |\alpha_k|^2 \, e^{2\pi i \frac{k}{8N} n} \, .$$

Diese Funktion ist nach Definition genau für alle solchen n größer als Null, bei denen für gewisses n' sowohl $f(n + n')$ als auch $f(n')$ gleich 1 ist. Wegen (1) ist das nur dann der Fall, wenn $n + n' \equiv n_p$ und $n' \equiv n_r$ mod $8N$ für gewisse n_p und n_r der Menge von Zahlen $n_1, \ldots, n_P$ ist, d. h.

$$\text{aus } \quad g(n) > 0 \quad \text{folgt} \quad n \equiv n_p - n_r \qquad \text{mod } 8N.$$

Die Funktion $g(n)$ wird nochmals gefaltet:

$$h(n) = M_{n'} \left\{ g(n + n') g(n') \right\} .$$

Aus (2) folgern wir

$$(3) \qquad h(n) = \sum_{k=0}^{8N-1} |\alpha_k|^4 \, e^{2\pi i \frac{k}{8N} n} \, .$$

Die Funktion $h(n)$ ist wieder nur für solche n größer als Null, bei denen für gewisses n' sowohl $g(n + n')$ als auch $g(n')$ nicht verschwindet, d. h.

$$(4) \qquad \text{aus } \quad h(n) > 0 \quad \text{folgt} \quad n \equiv n_p + n_q - n_r - n_s \qquad \text{mod } 8N,$$

wobei n_p, n_q, n_r, n_s irgendwelche der Elemente $n_1, \ldots, n_P$ bedeuten. Beschränken wir, wie es ja auch im Satz 1 geschieht, die Zahl n auf das Intervall $-4N < n < 4N$, so ist die Kongruenz in (4) eine Gleichheit; denn die Zahlen n_p, n_q, n_r, n_s liegen in $-N < n < N$ und folglich ist $-4N < n_p + n_q - n_r - n_s < 4N$. Demnach können wir statt (4) auch schreiben:

$$(5) \qquad \text{Aus} \quad h(n) > 0 \quad \text{folgt} \quad n = n_p + n_q - n_r - n_s .$$

Es muß nun versucht werden, auf andere Weise mit Hilfe der Fourierreihe (3) von $h(n)$ Aufschluß zu gewinnen darüber, wann $h(n) > 0$ ist. Zunächst ordnen wir die Fourierkoeffizienten α_k nach der Größe ihres Betrages. Es ist α_0 der größte Fourierkoeffizient. Es gilt nämlich

$$\alpha_0 = M_n \{f(n)\} = \frac{P}{8N}$$

$$(6) \qquad |\alpha_k| = \left| M_n \left\{ f(n) e^{-2\pi i \frac{k}{8N} n} \right\} \right| \leq M_n \left\{ \left| f(n) e^{-2\pi i \frac{k}{8N} n} \right| \right\}$$
$$= M_n \{f(n)\} = \alpha_0 .$$

Also können wir die α_k in der Weise anordnen, daß

$$(7) \qquad \alpha_0 \geq |\alpha_{k_1}| \geq |\alpha_{k_2}| \geq \cdots \geq |\alpha_{k_{8N-1}}|$$

gilt. Aus der (trivialen) Parsevalschen Gleichung § 2 (6) entnehmen wir

$$(9) \qquad M_n\{|f(n)|^2\} = \sum_{k=0}^{8N-1} |\alpha_k|^2 .$$

Wegen

$$M_n\{|f(n)|^2\} = \frac{P}{8N}$$

ist (9), falls man die α_k wie in (7) der Größe nach ordnet, mit

$$(10) \qquad \frac{P}{8N} = \sum_{i=0}^{8N-1} |\alpha_{k_i}|^2$$

identisch. Bricht man die Summe in (10) nach dem Glied α_{k_p} ab, so folgt für $p = 1, \ldots, 8N - 1$

$$(p + 1) |\alpha_{k_p}|^2 \leq \frac{P}{8N}$$

oder

$$(11) \qquad |\alpha_{k_p}|^4 \leq \left(\frac{P}{8N} \right)^2 \frac{1}{p^2} .$$

Nun sei $m < 8N$ irgendeine natürliche Zahl. Die Summe (3) spalten wir in 2 Teilsummen auf

$$h(n) = \sum_{p=0}^{m} |\alpha_{k_p}|^4 e^{2\pi i \frac{k_p}{8N} n} + \sum_{p=m+1}^{8N-1} |\alpha_{k_p}|^4 e^{2\pi i \frac{k_p}{8N} n}$$

und schätzen wie folgt unter Benutzung von (11) und (6) ab

$$(12) \qquad \begin{aligned} h(n) &\geq \alpha_0^4 \;+ \sum_{p=1}^{m} |\alpha_{k_p}|^4 \cos\left(2\pi \frac{k_p}{8N} n\right) \;- \sum_{p=m+1}^{8N-1} \left(\frac{P}{8N}\right)^2 \frac{1}{p^2} \\ &> \left(\frac{P}{8N}\right)^4 \qquad\qquad\qquad\qquad\qquad\quad - \left(\frac{P}{8N}\right)^2 \frac{1}{m} . \end{aligned}$$

Dabei ist vorausgesetzt, daß

$$\cos 2\pi \frac{k_p}{8N} n > 0$$

ist. Diese Ungleichungen bedeuten, daß n dem System von Ungleichungen

$$(13) \qquad \left| 2\pi \frac{k_p}{8N} n \right| < \frac{\pi}{2} \bmod 2\pi \qquad\qquad p = 1, \ldots, m$$

genügen muß. Wegen der Voraussetzung des Satzes können wir m so wählen, daß

$$\frac{1}{m} \leq \left(\frac{P}{8N}\right)^2$$

wird. Für jedes n, welches (13) genügt, ist dann nach (12)

$$h(n) > 0 .$$

Wegen (5) hat dieses n dann aber notwendig die Gestalt

$$n = n_p + n_q - n_r - n_s .$$

Setzen wir

$$\mu_1 = 2\pi \frac{k_1}{8N}, \quad \ldots, \quad \mu_m = 2\pi \frac{k_m}{8N},$$

so liegen diese Zahlen sämtlich in dem Intervall $(0, 2\pi)$. Diese Zahlen können als solche dienen, deren Existenz der Satz 1 behauptete. —

Aus Satz 1 soll nun der Satz über unendliche Folgen ganzer Zahlen gefolgert werden, aus welchem in § 26 der Approximationssatz hergeleitet wurde. Wir wiederholen den Wortlaut des Satzes

Satz 2 (über unendliche Folgen ganzer Zahlen). *Es sei* $n_1, n_2, \ldots$ *eine Folge von verschiedenen ganzen Zahlen. Es existiere eine ganze Zahl* H, *so daß*

$$(14) \qquad |n_i| < H i$$

ist. Dann gibt es Zahlen $\lambda_1, \ldots, \lambda_m$ *in* $[0, 2\pi]$, *so daß alle ganzen* n, *welche*

$$|\lambda_1 n| < \frac{\pi}{2}, \quad \ldots, \quad |\lambda_m n| < \frac{\pi}{2} \qquad\qquad \bmod 2\pi$$

genügen, von der Form

$$n = n_p + n_q - n_r - n_s$$

sind.

Beweis: Wir wählen eine beliebige, aber von nun an feste ganze Zahl m mit

$$m \geq (8 H)^2 .$$

Sodann sei P eine willkürliche Zahl mit

$$m < 8HP.$$

Diese Zahl wollen wir später über alle Grenzen wachsen lassen. Von der Zahlfolge unseres Satzes betrachten wir den Abschnitt

$$(15) \qquad n_1, \ldots, n_P.$$

Schließlich erklären wir N durch

$$N = HP.$$

Dann ist wegen (14) offenbar $|n_i| < N$. Außerdem gilt

$$\left(\frac{8N}{P}\right)^2 = (8H)^2 \leq m < 8HP = 8N.$$

Wir können also Satz 1 anwenden, und wir erschließen die Existenz von m Zahlen $\mu_1^{(P)}, \ldots, \mu_m^{(P)}$ in $(0, 2\pi)$ von der Art, daß alle ganzen Zahlen n, welche in dem Intervall $-4N < n < 4N$ liegen und welche den Ungleichungen

$$|\mu_1^{(P)} n| < \frac{\pi}{2}, \ldots, |\mu_m^{(P)} n| < \frac{\pi}{2} \qquad \mathrm{mod}\ 2\pi,$$

genügen, die Gestalt

$$(16) \qquad n = n_p + n_q - n_r - n_s$$

haben, wobei die n_p, n_q, n_r, n_s Elemente von (15) sind.

Nun betrachten wir eine Folge von P-Werten mit

$$\lim P = +\infty.$$

Die entsprechenden Folgen $\mu_1^{(P)}, \ldots, \mu_m^{(P)}$ haben Häufungspunkte in $[0, 2\pi]$. Indem man u. U. zu einer geeigneten Teilfolge der Folge der P-Werte übergeht, kann man erreichen, daß die Folgen $\mu_i^{(P)}$ konvergieren:

$$\lim_{P \to \infty} \mu_1^{(P)} = \lambda_1, \ldots, \lim_{P \to \infty} \mu_m^{(P)} = \lambda_m.$$

Alle λ_i liegen in $[0, 2\pi]$. Ich behaupte nun, daß diese λ_i solche Zahlen sind, deren Existenz in Satz 2 behauptet wurde.

Nehmen wir etwa an, es sei

$$|\lambda_1 n| < \frac{\pi}{2}, \ldots, |\lambda_m n| < \frac{\pi}{2} \qquad \mathrm{mod}\ 2\pi.$$

Dann gibt es auch sicher ein P, so daß

$$|\mu_1^{(P)} n| < \frac{\pi}{2}, \ldots, |\mu_m^{(P)} n| < \frac{\pi}{2} \qquad \mathrm{mod}\ 2\pi.$$

Wir können sogar annehmen, daß $P > |n|$ ist; dann ist

$$|n| < P < 4HP = 4N.$$

Also ist nach (16)

$$n = n_p + n_q - n_n - n_s$$

w. z. b. w. —

Fourierreihen eigentlich fastperiodischer Funktionen.

§ 28. Der Mittelwertsatz.

Um die Fourierreihe einer eigentlichen fastperiodischen Funktion bilden zu können, muß man für diese Funktionen einen Integralbegiff zur Verfügung haben. In § 9 haben wir im Rahmen der abstrakten Theorie der fastperiodischen Funktionen einen Integralmittelwert erklärt, der natürlich auch im Falle eigentlich fastperiodischer Funktionen brauchbar ist. Jedoch ist zu vermuten, daß in einem so konkreten Fall wie dem der (eigentlich) fastperiodischen Funktionen der Gruppe der reellen Zahlen diesem abstrakt erklärten Mittelwert eine gewisse „reale" Bedeutung zukommt. Hat man auf irgendeiner Gruppe eine fastperiodische Funktion vor sich, so ist es durchaus nicht selbstverständlich, wie man den Mittelwert einer solchen Funktion berechnen kann, auch dann, wenn es sich nur um eine näherungsweise Berechnung handelt. Es ist zu hoffen, daß der Mittelwert eigentlich fastperiodischer Funktionen aufs engste mit dem gewöhnlichen Integral zusammenhängt, so wie im Falle der periodischen Funktionen der Mittelwert im wesentlichen nichts andres als das Riemannsche Integral war. Mit einem solchen Ergebnis könnte man sich dann beruhigt fühlen.

Wir haben die Neigung, die Theorie der eigentlich fastperiodischen Funktionen so zu bringen, daß sie auch dann verständlich bleibt, wenn man nicht die abstrakte Theorie fastperiodischer Funktionen auf Gruppen zur Kenntnis nimmt. Deshalb werde ich nun, von Bohrs Definition von fastperiodisch ausgehend, den Bohrschen Beweis für die Existenz eines Integralmittelwertes eigentlich fastperiodischer Funktionen bringen, welcher wesentlich auf Riemanns Integralbegriff sich stützt. Indem wir zeigen, daß dieser Integralmittelwert von Bohr alle Eigenschaften eines Mittelwertes hat, sind wir nach § 11 Satz 6 sicher, daß dieser Mittelwert der von uns abstrakt definierte ist. Damit bestätigt sich dann auch die eingangs ausgesprochene Vermutung.

1. Mittelwertsatz: *Für jede eigentlich fastperiodische Funktion $f(x)$ existiert der Mittelwert*

$$(1) \qquad \lim_{T \to \infty} \frac{1}{T} \int_0^T f(x)\, dx = M^* \{f(x)\}.$$

Wir bezeichnen diesen Mittelwert vorläufig mit einem Stern, bis wir nachgewiesen haben, daß er dieselbe Zahl bedeutet, welche wir früher schon als Mittelwert bezeichnet haben.

Beweis: Es sei $L = L(\varepsilon/2)$ eine Zahl derart, daß jedes Intervall der Länge L eine Fastperiode $\tau(\varepsilon/2)$ von $f(x)$ zu $\varepsilon/2$ enthält. Sei nun a eine willkürliche reelle Zahl, so enthält also auch das Intervall $(a, a+L)$ eine Fastperiode $\tau = \tau(\varepsilon/2)$. Für dieses willkürliche reelle a und beliebiges positives T erhalten wir

$$\left| \frac{1}{T} \int_0^T f(x)\,dx - \frac{1}{T} \int_a^{a+T} f(x)\,dx \right|$$

$$\leq \left| \frac{1}{T} \int_0^T f(x)\,dx - \frac{1}{T} \int_\tau^{\tau+T} f(x)\,dx \right| + \frac{1}{T} \int_a^\tau |f(x)|\,dx + \frac{1}{T} \int_{a+T}^{\tau+T} |f(x)|\,dx$$

$$\leq \frac{1}{T} \int_0^T |f(x) - f(x+\tau)|\,dx + \frac{1}{T} \int_a^\tau |f(x)|\,dx + \frac{1}{T} \int_{a+T}^{\tau+T} |f(x)|\,dx$$

$$\leq \frac{\varepsilon}{2} + \frac{2}{T} L\Gamma,$$

wenn $\Gamma = $ ob. Gr. $|f(x)|$ ist. Wählt man also T hinreichend groß, so wird

$$(2) \qquad \left| \frac{1}{T} \int_0^T f(x)\,dx - \frac{1}{T} \int_a^{a+T} f(x)\,dx \right| < \varepsilon$$

gleichmäßig in a [1].

Indem wir in (2) das a durch $(\nu-1)T$ ersetzen, $\nu = 1, \ldots, n$, erhalten wir n Ungleichungen

$$\left| \frac{1}{T} \int_0^T f(x)\,dx - \frac{1}{T} \int_{(\nu-1)T}^{\nu T} f(x)\,dx \right| < \varepsilon \qquad T > T_0(\varepsilon),$$

Addieren wir diese Ungleichungen und dividieren wir durch n, so erhalten wir für beliebiges n

$$\left| \frac{1}{T} \int_0^T f(x)\,dx - \frac{1}{nT} \int_0^{nT} f(x)\,dx \right| < \varepsilon \qquad T > T_0(\varepsilon).$$

Es seien $T_1 > T_0(\varepsilon)$ und $T_2 > T_0(\varepsilon)$ irgendwelche Zahlen, welche in einem rationalen Verhältnis stehen. Dann ist also $n_1 T_1 = n_2 T_2$. Daher folgt

$$\left| \frac{1}{T_1} \int_0^{T_1} f(x)\,dx - \frac{1}{n_1 T_1} \int_0^{n_1 T_1} f(x)\,dx \right| < \varepsilon$$

---

[1] Das Ergebnis zeigt bereits, daß die Zahlen $\dfrac{1}{T} \displaystyle\int_0^T f(x)\,dx$ für hinreichend große T Zahlen sind, welche wir in § 9 als Näherungsmittel $M\{f(x),\ \varepsilon\}$ bezeichnet haben. Das erkennt man sofort, wenn man das Intervall von a bis $a+T$ in ausreichend viele gleichgroße Teilintervalle zerlegt und Näherungssummen bildet, welche das Integral $\displaystyle\int_a^{a+T} f(x)\,dx$ gleichmäßig in a bis auf ε approximieren.

Hiernach ist bereits klar, daß der Mittelwertsatz richtig ist (vgl. § 9 Satz 5). Außerdem folgt $M^*\{f(x)\} = M\{f(x)\}$. Wir wollen aber mit unserem Beweis fortfahren, ohne uns auf frühere Sätze zu beziehen.

und

$$\left| \frac{1}{T_2} \int\limits_0^{T_2} f(x)\,dx - \frac{1}{n_2 T_2} \int\limits_0^{n_2 T_2} f(x)\,dx \right| < \varepsilon,$$

also

$$\left| \frac{1}{T_1} \int\limits_0^{T_1} f(x)\,dx - \frac{1}{T_2} \int\limits_0^{T_2} f(x)\,dx \right| < 2\varepsilon.$$

Aus Stetigkeitsgründen muß diese Ungleichung auch für solche $T_1, T_2 > T_0(\varepsilon)$ richtig sein, welche nicht in einem rationalen Verhältnis zueinander stehen. Damit ist aber die Existenz des Limes (1) und damit der Mittelwertsatz bewiesen. Aus (2) folgt sofort, daß es zu jedem ε ein $T'(\varepsilon)$ derart gibt, daß sogar für $T > T'(\varepsilon)$ gleichmäßig in a

$$(3) \qquad \left| M^*\{f(x)\} - \frac{1}{T} \int\limits_a^{a+T} f(x)\,dx \right| < \varepsilon$$

gilt. Das geht über die Aussage des Mittelwertsatzes hinaus.

Satz 2. *Der Mittelwert ist linear*

$$M^*\{\alpha f(x) + \beta g(x)\} = \alpha\, M^*\{f(x)\} + \beta\, M^*\{g(x)\},$$

invariant

$$M^*\{f(x+a)\} = M^*\{f(x)\},$$

monoton

$$M^*\{f(x)\} \geq M^*\{g(x)\} \quad \textit{wenn} \quad f(x) \geq g(x)$$

und normiert

$$M^*\{1\} = 1.$$

Es ist also $M^*\{f(x)\}$ identisch mit der von uns früher abstrakt erklärten Mittelwertoperation.

Beweis: Es genügt, die Invarianz zu zeigen. Diese folgt aber sofort aus (3)

$$M^*\{f(x+a)\} = \lim_{T \to \infty} \frac{1}{T} \int\limits_0^{T} f(x+a)\,dx = \lim_{T \to \infty} \frac{1}{T} \int\limits_a^{a+T} f(x)\,dx$$

$$= \lim_{T \to \infty} \frac{1}{T} \int\limits_0^{T} f(x)\,dx = M^*\{f(x)\}.$$

Die anderen Eigenschaften des Mittelwertes folgen sofort aus den entsprechenden Eigenschaften des Riemannschen Integrals. —

§ 29. Die Hauptsätze über Fourierreihen eigentlich fastperiodischer Funktionen.

Mit Hilfe des Mittelwertes erklärt man (wie in § 14) ein skalares Produkt zweier eigentlich fastperiodischer Funktionen $f(x)$ und $g(x)$, indem man

$$(f, g) = M\{f(x)\overline{g(x)}\}$$

setzt. Es ist leicht zu sehen, daß im Raume aller eigentlich fastperiodischen Funktionen die reinen Schwingungen $e^{i\lambda x}$ mit reellem λ ein
orthogonal normiertes System von Funktionen bilden. Es ist nämlich

$$\int\limits_0^T e^{i\lambda_1 x} e^{-i\lambda_2 x}\, dx = \begin{cases} \dfrac{e^{i(\lambda_1-\lambda_2)T}-1}{i(\lambda_1-\lambda_2)} & \text{für } \lambda_1 \neq \lambda_2 \\ T & \text{für } \lambda_1 = \lambda_2. \end{cases}$$

Also

$$(1) \qquad (e^{i\lambda_1 x}, e^{i\lambda_2 x}) = \begin{cases} 0 & \text{für } \lambda_1 \neq \lambda_2 \\ 1 & \text{für } \lambda_1 = \lambda_2. \end{cases}$$

Wir wollen nun annehmen, daß sich die eigentlich fastperiodische
Funktion $f(x)$ in eine gleichmäßig konvergente trigonometrische Reihe
der Gestalt

$$(2) \qquad f(x) = \sum_{\nu=1}^{\infty} \alpha(\lambda_\nu)\, e^{i\lambda_\nu x}$$

entwickeln läßt. Dabei bedeuten die λ_ν eine Folge passend gewählter
reeller Zahlen. Da das Produkt fastperiodischer Funktionen wieder
fastperiodisch ist, so ist auch

$$(3) \qquad f(x)\, e^{-i\lambda x} = \sum_{\nu=1}^{\infty} \alpha(\lambda_\nu)\, e^{i(\lambda_\nu-\lambda)x} \qquad \lambda \text{ reelle Zahl}$$

wieder fastperiodisch. Also dürfen wir den Mittelwert dieser Funktion
bilden. Man kann ihn berechnen, indem man die Summe in (3) gliedweise
integriert. Es ergibt sich unter Berücksichtigung von (1)

$$(4) \qquad (f, e^{i\lambda x}) = M\{f(x)\, e^{-i\lambda x}\} = \begin{cases} \alpha(\lambda_\nu) & \text{wenn } \lambda = \lambda_\nu \text{ für gewisses } \nu \\ 0 & \text{wenn } \lambda \neq \lambda_\nu \text{ für alle } \nu. \end{cases}$$

Die $\alpha(\lambda_\nu)$ lassen sich also aus $f(x)$ eindeutig berechnen. Es ist allerdings
zu bedenken, daß wir annahmen, die Entwicklung (2) von $f(x)$ kon-
vergiere gleichmäßig für alle x; diese Voraussetzung ist im allgemeinen
nicht erfüllbar.

Sei nun $f(x)$ irgendeine eigentlich fastperiodische Funktion, so kann
man, auch wenn $f(x)$ nicht in eine gleichmäßig konvergente trigonometrische Reihe entwickelbar ist, der Funktion $f(x)$ eine trigonometrische Reihe formal zuordnen, indem man

$$(5) \qquad f(x) \sim \sum_{\lambda} \alpha(\lambda)\, e^{i\lambda x}$$

schreibt und entsprechend (4)

$$(6) \qquad \alpha(\lambda) = (f, e^{i\lambda x})$$

setzt. Man nennt die Reihe (5) die *Fourierreihe* von $f(x)$, während die
Zahlen $\alpha(\lambda)$ die *Fourierkoeffizienten* von $f(x)$ heißen. Zunächst ist es
gar nicht klar, ob die Fourierreihe überhaupt als Reihe geschrieben
werden kann. Es könnten sehr wohl überabzählbar viele der Fourier-

koeffizienten $\alpha(\lambda) \neq 0$ sein, ganz abgesehen davon, daß die Fourierreihe nicht konvergieren braucht. Das Symbol (5) bedeutet deshalb zunächst sachlich nichts anderes, als daß $f(x)$ die Fourierkoeffizienten $\alpha(\lambda)$ hat, welche sich gemäß (6) berechnen.

Genau wie im Falle periodischer Funktionen läßt sich aber doch leicht zeigen: *Man kann mit Fourierreihen rechnen, als stünde in* (5) *nicht das Zeichen* $\sim$, *sondern ein Gleichheitszeichen.* Sind $f(x)$ und $g(x)$ eigentlich fastperiodische Funktionen mit den Fourierreihen

$$f(x) \sim \sum_\lambda \alpha(\lambda) e^{i\lambda x} \qquad g(x) \sim \sum_\lambda \beta(\lambda) e^{i\lambda x},$$

so beweist man sehr leicht, (wenn A und B beliebige komplexe Konstante sind)

$$(7) \qquad A f(x) + B g(x) \;\sim\; \sum_\lambda (A\alpha(\lambda) + B\beta(\lambda))e^{i\lambda x},$$

indem man auf die Bedeutung der Fourierkoeffizienten zurückgeht (vgl. die völlig entsprechenden Betrachtungen in § 15). Ähnlich erhält man

$$(8) \qquad f(-x) \sim \sum_\lambda \alpha(-\lambda) e^{i\lambda x}$$

$$(9) \qquad e^{i\Lambda x} f(x) \sim \sum_\lambda \alpha(\lambda - \Lambda) e^{i\lambda x}$$

$$f(x + k) \sim \sum_\lambda \alpha(\lambda) e^{i\lambda k} e^{i\lambda x}$$

$$\overline{f(x)} \sim \sum_\lambda \overline{\alpha(-\lambda)}\, e^{i\lambda x}.$$

Weiter geben wir die Fourierreihe der gefalteten Funktion

$$f \times g(x) = M_t\{f(x-t)g(t)\}$$

an. Man sieht leicht, daß $f \times g$ eine eigentlich fastperiodische Funktion ist (vgl. § 21). Wir erhalten

$$
\begin{aligned}
(f \times g(x),\ e^{i\lambda x}) &= M_x M_t\{f(x-t)g(t)e^{-i\lambda x}\} \\
&= M_t M_x\{f(x-t)g(t)e^{-i\lambda x}\} \\
&= M_t\{g(t) M_x\{f(x-t)e^{-i\lambda x}\}\} \\
&= M_t\{g(t) M_x\{f(x)e^{-i\lambda(x+t)}\}\} \\
&= M_t\{g(t)e^{-i\lambda t}\} M_x\{f(x)e^{-i\lambda x}\} \\
&= \alpha(\lambda)\beta(\lambda)
\end{aligned}
$$

also

$$(10) \qquad f \times g(x) \sim \sum_\lambda \alpha(\lambda)\beta(\lambda) e^{i\lambda x}.$$

Schließlich sei eine gleichmäßig konvergente Folge $f_\nu(x)$ von eigentlich fastperiodischen Funktionen gegeben. Ihr Limes $f(x)$ ist dann wieder eigentlich fastperiodisch (vgl. § 7 Satz 5). Wenn dann

$$f_\nu(x) \sim \sum_\lambda \alpha_\nu(\lambda) e^{i\lambda x},$$

so folgt aus

$$f_\nu(x) \Longrightarrow f(x) \,,$$

daß $f(x)$ die Fourierreihe

$$f(x) \sim \sum_\lambda \left[\lim \alpha_\nu(\lambda)\right] e^{i\lambda x}$$

hat. Auf den Beweis dieser Tatsache brauche ich nicht einzugehen.

Wie im Falle periodischer Funktionen fragen wir uns nun, durch welche trigonometrischen Polynome

$$(11) \qquad \sum_{\nu=1}^{n} a_\nu\, e^{i\lambda_\nu x} \qquad\qquad a_\nu \text{ komplex}, \; \lambda_\nu \text{ reell}$$

man eine vorgegebene eigentlich fastperiodische Funktion $f(x)$ besonders gut im Mittel approximieren kann. Dabei sind, im Gegensatz zu dem Fall periodischer Funktionen, die λ_ν irgendwelche reelle, nicht notwendig ganze Zahlen. Wir fragen also, wie muß man die a_ν wählen damit

$$(12) \qquad \mathrm{Dist}\left(f(x), \sum_{\nu=1}^{n} a_\nu\, e^{i\lambda_\nu x}\right) = +\sqrt{M_x\left\{\left|f(x) - \sum_{\nu=1}^{n} a_\nu\, e^{i\lambda_\nu x}\right|^2\right\}}$$

besonders klein wird. Es sei

$$f(x) \sim \sum \alpha(\lambda)\, e^{i\lambda x} \,.$$

Wir erhalten dann durch ganz entsprechende Abschätzungen wie im Falle periodischer Funktionen für die 2. Potenz von (12)

$$M_x\left\{\left(f(x) - \sum_{\nu=1}^{n} a_\nu e^{i\lambda_\nu x}\right)\left(\overline{f(x)} - \sum_{\nu=1}^{n} \bar{a}_\nu e^{-i\lambda_\nu x}\right)\right\}$$

$$(13) \quad = M_x\{|f(x)|^2\} - \sum_{\nu=1}^{n} \bar{a}_\nu \alpha(\lambda_\nu) - \sum_{\nu=1}^{n} a_\nu \overline{\alpha(\lambda_\nu)} + \sum_{\nu,\mu=1}^{n} a_\nu \bar{a}_\mu M_x\left\{e^{i(\lambda_\nu - \lambda_\mu)x}\right\}$$

$$= Nf + \sum_{\nu=1}^{n} |a_\nu - \alpha(\lambda_\nu)|^2 - \sum_{\nu=1}^{n} |\alpha(\lambda_\nu)|^2 \,.$$

Hierin ist

$$Nf = (f,f)$$

gesetzt und die $\alpha(\lambda_\nu)$ sind die zum Exponenten λ_ν gehörigen Fourierkoeffizienten von $f(x)$. Wir erkennen, daß $f(x)$ im Mittel am besten durch endliche Abschnitte der Fourierreihe approximiert wird, da nur für solche trigonometrischen Polynome der Bestandteil

$$\sum_{\nu=1}^{n} |a_\nu - \alpha(\lambda_\nu)|^2$$

der rechten Seite von (13) verschwindet.

Setzen wir in (11) tatsächlich $a_\nu = \alpha(\lambda_\nu)$, so ergibt sich aus (13)

$$(14) \qquad \mathrm{Dist}\left(f(x) \sum_{\nu=1}^{n} \alpha_\nu e^{i\lambda_\nu x}\right)^2 = Nf - \sum_{\nu=1}^{n} |\alpha(\lambda_\nu)|^2 \,.$$

Man sieht, daß

$$(15) \qquad Nf \geq \sum_{\nu=1}^{n} |\alpha(\lambda_\nu)|^2$$

ist, wie man auch immer die λ_ν wählt. Wir schließen daraus, daß es nur endlich viele Fourierkoeffizienten $\alpha(\lambda)$ geben kann mit $|\alpha(\lambda)| > 1/n$ wobei n eine beliebige ganze Zahl ist. Läßt man $n \to \infty$, so muß schließlich jeder von Null verschiedene Fourierkoeffizient einmal größer $1/n$ sein. Deshalb kann jede eigentliche fastperiodische Funktion nur abzählbar viele nicht verschwindende Fourierkoeffizienten haben. Die Zahlen λ, welche zu nicht verschwindenden Fourierkoeffizienten von $f(x)$ gehören, heißen die *Fourierexponenten* von $f(x)$. Es gibt also nur abzählbar viele Fourierexponenten von $f(x)$. Indem wir uns in der Fourierreihe

$$f(x) \sim \sum_\lambda \alpha(\lambda)\, e^{i\lambda x}.$$

die Summe vernünftigerweise nur über alle Fourierexponenten von $f(x)$ erstreckt denken, erreichen wir, daß die Fourierreihe jedenfalls nur abzählbar viele Summanden enthält. Es können allerdings die Fourierexponenten λ auf der reellen Zahlengeraden noch überall dicht liegen, so daß es nicht klar ist, in welcher Ordnung der Glieder eine evtl. vorzunehmende Summierung der Reihe zu erfolgen hat. Daß wir nur über abzählbar viele λ, unter denen aber sicher alle Fourierexponenten von $f(x)$ vorkommen sollen, zu summieren gedenken, wollen wir zukünftig dadurch andeuten, daß wir statt λ ein großes Λ schreiben. Dann wäre die Fourierreihe z. B. zu setzen

$$(16) \qquad f(x) \sim \sum_\Lambda \alpha(\Lambda)\, e^{i\Lambda x}.$$

Aus (16) darf also gefolgert werden, daß $\alpha(\lambda) = 0$ ist für alle $\lambda \neq \Lambda$.

Denken wir uns nun die Λ willkürlich angeordnet, so sind die über beliebig viele Anfangsglieder von

$$\sum_\Lambda |\alpha(\Lambda)|^2$$

erstreckten Summen wegen (15) stets kleiner als Nf. Es folgt also auch

$$Nf \geq \sum_\Lambda |\alpha(\Lambda)|^2.$$

Dies ist die sogenannte *Besselsche Ungleichung.*

Aus (14) folgt, daß $f(x)$ dann und nur dann beliebig genau im Mittel durch trigonometrische Polynome approximiert werden kann, wenn

$$Nf - \sum_{\nu=1}^{n} |\alpha(\lambda_\nu)|^2$$

durch geeignete Wahl der Fourierexponenten λ_ν beliebig klein gemacht werden kann, wenn also

$$(17) \qquad Nf = \sum_\Lambda |\alpha(\Lambda)|^2$$

ist. Man kann nun aber $f(x)$ sogar gleichmäßig durch trigonometrische Polynome beliebig genau approximieren. Das ist ja die Aussage des im vorigen Kapitel bewiesenen Approximationssatzes. Dann muß sich aber (durch eben diese Polynome) $f(x)$ auch beliebig genau im Mittel approximieren lassen. Da die Polynome des Approximationssatzes nicht notwendig Abschnitte der Fourierreihe sind, so erhält man auf diese Weise zwar nicht die bestmögliche Approximation im Mittel, aber an der Tatsache der Approximierbarkeit ändert das nichts. Die Gleichung (17) ist damit bewiesen.

1. Parsevalsche Gleichung. *Hat die eigentliche fastperiodische Funktion* $f(x)$ *die Fourierreihe*

$$f(x) \sim \sum_\Lambda \alpha(\Lambda)\, e^{i\Lambda x},$$

so gilt die Parsevalsche Gleichung oder Vollständigkeitsrelation

$$M\{|f(x)|^2\} = (f, f) = \sum_\Lambda |\alpha(\Lambda)|^2.$$

Aus dieser Gleichung können wir sofort einige Folgerungen ziehen. Jeder eigentlich fastperiodischen Funktion haben wir eindeutig eine Fourierreihe

$$f(x) \sim \sum \alpha(\Lambda)\, e^{i\Lambda x}$$

vermöge

$$\alpha(\lambda) = (f,\, e^{i\lambda x})$$

zugeordnet. Es ist von großem Interesse zu wissen, ob umgekehrt durch die Fourierreihe, d. h. also durch das System von Fourierkoeffizienten, die Funktion $f(x)$ eindeutig bestimmt ist. Nehmen wir also an, es gäbe eine zweite eigentlich fastperiodische Funktion $g(x)$ mit derselben Fourierreihe

$$g(x) \sim \sum_\Lambda \alpha(\Lambda)\, e^{i\Lambda x}.$$

Nach (7) ist dann jeder Fourierkoeffizient von $f - g$ Null, was wir durch

$$f(x) - g(x) \sim 0$$

andeuten. Deshalb folgt aus der Parsevalschen Gleichung

$$N(f - g) = 0.$$

Aus § 14 Satz 3 (7) entnehmen wir

$$f(x) \equiv g(x).$$

Es gilt also der

2. Eindeutigkeitssatz. *Sind zwei eigentlich fastperiodische Funktionen* $f(x)$ *und* $g(x)$ *gegeben und gilt*

$$f(x) \sim \sum_\Lambda \alpha(\Lambda)\, e^{i\Lambda x} \quad und \quad g(x) \sim \sum_\Lambda \alpha(\Lambda)\, e^{i\lambda x},$$

so sind $f(x)$ *und* $g(x)$ *dieselben Funktionen.*

Eine wichtige Anwendung des Eindeutigkeitssatzes ist die folgende. Es sei etwa für eine eigentlich fastperiodische Funktion $f(x)$ die Fourierreihe

$$f(x) \sim \sum_{\Lambda} \alpha(\Lambda)\, e^{i\Lambda x}$$

eine gleichmäßig konvergente Reihe. D. h. es gelte gleichmäßig in x

(18)
$$g(x) = \sum_{\Lambda} \alpha(\Lambda)\, e^{i\Lambda x}.$$

Dann erkennt man genau wie am Anfang dieses Paragraphen durch gliedweises Mitteln, daß $g(x)$ die betr. gleichmäßig konvergente Reihe als Fourierreihe besitzt, also

$$g(x) \sim \sum_{\Lambda} \alpha(\Lambda)\, e^{i\Lambda x}.$$

Aus dem Eindeutigkeitssatz folgt

$$f(x) = g(x)$$

und aus der Definition (18) von $g(x)$ entnehmen wir

$$f(x) = \sum_{\Lambda} \alpha(\Lambda)\, e^{i\Lambda x}.$$

Satz 3. *Hat eine eigentlich fastperiodische Funktion eine gleichmäßig konvergente Fourierreihe*

$$f(x) \sim \sum_{\Lambda} \alpha(\Lambda)\, e^{i\Lambda x},$$

so gilt

$$f(x) = \sum_{\Lambda} \alpha(\Lambda)\, e^{i\Lambda x},$$

d. h. aber, man kann mit Beziehungen zwischen Funktionen und ihren Fourierreihen, welche durch $\sim$ angedeutet werden, genau so rechnen, als sei das $\sim$ ein Gleichheitszeichen, auch dann, wenn die Fourierreihen gar nicht konvergieren. Erhält man schließlich ein Resultat, in dem die Fourierreihe gleichmäßig konvergiert, so kann man das $\sim$ tatsächlich durch ein Gleichheitszeichen ersetzen und erhält eine richtige Gleichung.

Aus Satz 3 kann sehr leicht das Multiplikationstheorem gefolgert werden.

4. Multiplikationstheorem. *Sind zwei eigentlich fastperiodische Funktionen* $f(x)$ *und* $g(x)$ *mit den Fourierreihen*

$$f(x) \sim \sum_{\Lambda} \alpha(\Lambda)\, e^{i\Lambda x} \qquad g(x) \sim \sum_{\Lambda} \beta(\Lambda)\, e^{i\Lambda x}$$

gegeben, so hat $f(x)\, g(x)$ *die durch formales Ausmultiplizieren sich ergebende Fourierreihe*

$$f(x)\, g(x) \sim \sum_{M} \Big(\sum_{\Lambda + \Lambda' = M} \alpha(\Lambda)\beta(\Lambda') \Big)\, e^{i M x}.$$

Beweis: Wegen der Regeln (8) und (9), welche sich auf das Rechnen mit Fourierreihen beziehen, muß

$$g_0(x) = g(-x)\, e^{i M x} \sim \sum_{\Lambda} \beta\,(M - \Lambda)\, e^{i\Lambda x}$$

gelten. Aus der Formel (10) folgt demnach

$$f \times g_0(x) = M_t\{f(t)\, g(-x+t)\, e^{i M (x-t)}\} \sim \sum_\Lambda \alpha(\Lambda)\, \beta(M-\Lambda)\, e^{i \Lambda x}.$$

Nun ist aber

$$|\alpha(\Lambda)\, \beta(M-\Lambda)| \leq \frac{1}{2}|\alpha(\Lambda)|^2 + \frac{1}{2}|\beta(M-\Lambda)|^2.$$

Da nach der Parsevalschen Gleichung

$$\sum_\Lambda |\alpha(\Lambda)|^2 = (f, f) \quad \text{und} \quad \sum_\Lambda |\beta(M-\Lambda)|^2 = (g_0, g_0)$$

konvergieren, so muß also auch

$$\sum \alpha(\Lambda)\, \beta(M-\Lambda)\, e^{i \Lambda x}$$

absolut und gleichmäßig konvergieren. Nach Satz 3 folgt

$$M_t\{f(t)\, g(-x+t)\, e^{i M (x-t)}\} = \sum_\Lambda \alpha(\Lambda)\, \beta(M-\Lambda)\, e^{i \Lambda x}$$

Diès gilt speziell für $x = 0$. Dann aber ergibt sich

$$M_t\{f(t)\, g(t)\, e^{-i M t}\} = \sum_\Lambda \alpha(\Lambda)\, \beta(M-\Lambda).$$

Dies ist der zum Exponenten M gehörige Fourierkoeffizient von $f(x)\, g(x)$. Er hat in der Tat die im Satze behauptete Gestalt. —

V. Theorie der Darstellungen und Fourierreihen auf beliebigen Gruppen.

§ 30. Die beschränkten Darstellungen.

Die für fastperiodische Funktionen auf beliebigen Gruppen entwickelte Mittelwerttheorie gibt uns das Hilfsmittel an die Hand, welches es ermöglicht, die beschränkten Darstellungen beliebiger Gruppen genau so zu behandeln, wie wir es bereits in der Einleitung § 6 mit beliebigen Darstellungen endlicher Gruppen getan haben. Wir nennen eine Darstellung $D(x)$ einer Gruppe $\mathfrak{G}$ dann beschränkt, wenn eine Zahl $\Gamma > 0$ existiert, so daß

$$|D(x)| < \Gamma \qquad \text{für alle } x.$$

Diese beschränkten Darstellungen treten also bei beliebigen Gruppen an die Stelle der beliebigen Darstellungen endlicher Gruppen.

Der Satz 3 in § 8 besagt, daß die Koeffizienten $D_{\varrho\sigma}(x)$ beschränkter Darstellungen fastperiodische Funktionen von x sind. Deshalb ist es möglich, die Mittelwerte dieser Funktionen zu bilden. Versucht man die Theorie der Darstellungen endlicher Gruppen auf beliebige Gruppen zu übertragen, so zeigt sich als wesentliche Schwierigkeit, daß häufig die sämtlichen Matrizen einer Darstellung oder sämtliche Werte einer Funktion der Gruppenelemente zu summieren sind. Es liegt nahe, bei der Übertragung der Theorie an diesen Stellen den Mittelwert fastperiodischer Funktionen heranzuziehen und in der Tat werden so sämtliche Schwierigkeiten mit einem Schlag behoben.

Wir wollen uns die Sprechweise erleichtern, indem wir ein neues einfaches Symbol einführen. Es seien $r \cdot s$ fastperiodische Funktionen $a_{\varrho\sigma}(x)$ ($\varrho = 1, \ldots, r$; $\sigma = 1, \ldots, s$) gegeben. Wir fassen sie zu einer Matrix $A(x) = (a_{\varrho\sigma}(x))$ zusammen. Es wird nun in naheliegender Weise erklärt, was die Anwendung der Mittelwertoperation auf $A(x)$ bedeuten soll. Wir setzen nämlich

$$M_x\{A(x)\} = (M_x\{a_{\varrho\sigma}(x)\})$$

d. h. der Mittelwert einer Matrixfunktion wird erhalten, indem man die Koeffizienten mittelt. Aus den für die Mittelwertoperation gültigen Sätzen folgen sofort einige einfache Rechenregeln:

$$M_x\{A(x) + B(x)\} = M_x\{A(x)\} + M_x\{B(x)\}$$
(1)
$$M_x\{C A(x) D\} \quad = C M_x\{A(x)\} D$$
$$M_x\{A(c x d)\} \quad = M_x\{A(x)\}.$$

Es erübrigt sich, weiter auf die sehr einfachen Beweise dieser Formeln einzugehen.

Nun ist es sehr leicht, die gesamte Theorie der Darstellungen auf bereits früher gebrachte Theoreme zurückzuführen, indem wir folgenden Satz beweisen:

Satz 1: *Eine Darstellung $D(x)$ einer beliebigen Gruppe $\mathfrak{G}$ ist dann und nur dann normal, wenn sie beschränkt ist,* d. h. also, daß jede beschränkte Darstellung eine invariante, positiv definite Hermitesche Form besitzt.

Beweis: Um zu zeigen, daß jede beschränkte Darstellung normal ist, gehen wir ganz analog vor wie beim Beweis des Satzes 1 in § 6. Wir bilden die Matrix

$$H = M_y\{D^*(y) D(y)\}.$$

Wenden wir auf die Form

$$H(\mathfrak{u}, \mathfrak{v})$$

eine Matrix $D(x)$ der Darstellung an, so geht sie über in die Form

$$H(D(x)\mathfrak{u}, D(x)\mathfrak{v}) = D^*(x) H D(x) (\mathfrak{u}, \mathfrak{v}).$$

Es ist zu zeigen, daß dies wieder die Form $H(\mathfrak{u}, \mathfrak{v})$ ist. In der Tat haben wir

$$D^*(x) H D(x) = M_y\{D^*(x) D^*(y) D(y) D(x)\} = M_y\{D^*(y x) D(y x)\}$$
$$= M_y\{D^*(y) D(y)\} = H$$

Die Form $H(\mathfrak{u}, \mathfrak{v})$ ist also invariant.

Als nächstes zeigen wir, daß die Matrix H Hermitesch ist:

$$H^* = (M_y\{\sum_\nu \overline{D_{\nu\varrho}(y)}\, D_{\nu\sigma}(y)\})^* = (\overline{M_y\{\sum_\nu \overline{D_{\nu\sigma}(y)}\, D_{\nu\varrho}(y)\}})$$

$$= (M_y\{\sum_\nu \overline{D_{\nu\varrho}(y)}\, D_{\nu\sigma}(y)\}) = H.$$

Schließlich ist es auch fast selbstverständlich, daß die Form positiv definit ist. Es ist nämlich für jedes y und $\mathfrak{u} = \{u_1, \ldots, u_s\} \neq 0$

$$\sum_{\varrho,\sigma}(\sum_\nu \overline{D_{\nu\varrho}(y)}\, D_{\nu\sigma}(y))\,\overline{u_\varrho}u_\sigma = \sum_\nu(\sum_\varrho \overline{D_{\nu\varrho}(y)\, u_\varrho})(\sum_\varrho D_{\nu\varrho}(y)\, u_\varrho)$$

$$= \sum_\nu |\sum_\varrho D_{\nu\varrho}(y)\, u_\varrho|^2 > 0.$$

Mitteln wir diese Ungleichung über alle y, so ergibt sich

$$\sum_{\varrho,\sigma} M_y\{\sum_\nu \overline{D_{\nu\varrho}(y)}\, D_{\nu\sigma}(y)\}\, \overline{u_\varrho}\, u_\sigma > 0$$

also

$$H(\mathfrak{u}, \mathfrak{u}) > 0\,.$$

Es bleibt zu zeigen, daß jede Normaldarstellung beschränkte Koeffizienten hat. Wir wissen aber bereits aus § 4 Satz 1, daß jede normale Darstellung $D(x)$ einer unitären Darstellung $C(x)$ äquivalent ist. Es gibt also eine konstante Matrix T, so daß für alle x

$$D(x) = TC(x)\, T^{-1}.$$

Nun ist aber jede unitäre Matrix dem Betrage nach $= \sqrt{s}$, wenn s ihr Grad ist. Also folgt

$$|D(x)| \leq |T|\sqrt{s}\,|T^{-1}|.$$

Also ist $D(x)$ beschränkt. —

Wie im Falle der endlichen Gruppen denken wir uns auch bei beliebigen Gruppen $\mathfrak{G}$ sämtliche irreduziblen Darstellungen bestimmt. Wir fassen diese irreduziblen Darstellungen derart in Klassen zusammen, daß zwei Darstellungen dann und nur dann in ein und derselben Klasse liegen, wenn sie äquivalent sind. Nach § 4 Satz 1 enthält jede dieser Klassen mindestens eine unitäre irreduzible Darstellung. Eine solche unitäre Darstellung wählen wir aus jeder Klasse aus und erhalten auf diese Weise ein System von irreduziblen inäquivalenten unitären Darstellungen

$$D^{(\nu)}(x) = \{D^{(\nu)}_{\varrho\sigma}(x)\},$$

wobei der Buchstabe ν die Klasse andeuten soll, aus welcher der Repräsentant gewählt ist. Das System von Darstellungen $D^{(\nu)}(x)$ ist in dem Sinne *vollständig*, daß zu jeder irreduziblen Darstellung eine äquivalente Darstellung $D^{(\nu)}(x)$ existiert.

Nach § 4 Satz 2 ist jede Normaldarstellung $D(x)$ vollständig reduzibel, d. h. man kann eine äquivalente Darstellung $D'(x)$ finden, welche nach dem Schema

$$D'(x) = \begin{vmatrix} \boxed{C_1(x)} & & & o \\ & \boxed{C_2(x)} & & \\ & & \ddots & \\ o & & & \boxed{C_r(x)} \end{vmatrix}$$

aus irreduziblen Normaldarstellungen $C_i(x)$ zusammengesetzt ist. Umgekehrt kann man also jede Normaldarstellung auf diese Weise aus irreduziblen Normaldarstellungen durch Zusammensetzen erzeugen. Aus Satz 1 folgern wir demnach

Satz 2: *Aus den Darstellungen eines beliebigen vollständigen Systems inäquivalenter irreduzibler beschränkter Darstellungen $D^{(\nu)}(x)$ lassen sich (bis auf Äquivalenz) sämtliche beschränkten Darstellungen $D(x)$ zusammensetzen.*

Wir betrachten nun die Funktionen $D_{\varrho\sigma}^{(\nu)}(x)$, welche in den Darstellungen $D^{(\nu)}(x)$ als Koeffizienten auftreten. Da die Darstellungen beschränkt sind, sind die $D_{\varrho\sigma}^{(\nu)}(x)$ fastperiodische Funktionen auf $\mathfrak{G}$. Wir wollen untersuchen, welche Rolle diese Darstellungsfunktionen im Raum aller fastperiodischen Funktionen spielen.

Satz 3. *Die mit Hilfe eines Systems inäquivalenter unitärer irreduzibler Darstellungen $D^{(\nu)}(x) = \{D_{\varrho\sigma}^{(\nu)}(x)\}$ gebildeten fastperiodischen Funktionen $D_{\varrho\sigma}^{(\nu)}(x)$ bilden im Raum aller fastperiodischen Funktionen ein orthogonales und in gewissem Sinne normiertes System von Funktionen.* Der Inhalt dieses Satzes wird durch die Formeln

$$(2) \qquad \left(D_{\varrho\sigma}^{(\nu)}(x),\, D_{\tau\omega}^{(\mu)}(x)\right) = \begin{cases} \dfrac{1}{s^{(\nu)}}, & \text{wenn } \nu = \mu,\, \varrho = \tau,\, \sigma = \omega \\ o & \text{sonst.} \end{cases}$$

etwas präzisiert. Dabei ist $s^{(\nu)}$ der Grad von $D^{(\nu)}(x)$.

Beweis:. Es sei C irgendeine konstante Matrix mit $s^{(\nu)}$ Zeilen und $s^{(\mu)}$ Spalten. Wir bilden dann

$$A = M_y\{D^{(\nu)}(y)\, C\, D^{(\mu)}(y^{-1})\}.$$

Die Matrix A genügt der Gleichung

$$(3) \qquad D^{(\nu)}(x)\, A = A\, D^{(\mu)}(x).$$

In der Tat gilt wegen (1)

$$D^{(\nu)}(x)\, A = M_y\{D^{(\nu)}(x)\, D^{(\nu)}(y)\, C\, D^{(\mu)}(y^{-1})\} = M_y\{D^{(\nu)}(xy)\, C\, D^{(\mu)}(y^{-1})\}$$
$$= M_y\{D^{(\nu)}(y)\, C\, D^{(\mu)}(y^{-1}x)\} = M_y\{D^{(\nu)}(y)\, C\, D^{(\mu)}(y^{-1})\, D^{(\mu)}(x)\}$$
$$= A\, D^{(\mu)}(x).$$

Setzen wir nun voraus, daß $D^{(\nu)}(x)$ und $D^{(\mu)}(x)$ verschieden und deshalb also auch inäquivalent sind, so folgt aus dem Schurschen Lemma in § 5, daß $A = o$ ist. Beachten wir noch, daß $D^{(\mu)}(x)$ unitär ist, daß also

$$D^{(\mu)}(y^{-1}) = D^{(\mu)}(y)^*$$

gilt, so kann man das Ergebnis in die Gestalt

$$(4) \qquad M_y\{D^{(\nu)}(y)\, C\, D^{(\mu)}(y)^*\} = 0$$

bringen. Da C beliebig war, dürfen wir jetzt in C alle Komponenten $= 0$ setzen, nur das Element $c_{\sigma\omega}$ in dem Kreuzungspunkt der σ-ten Zeile und ω-ten Spalte wird $= 1$ gesetzt. Aus der Matrixgleichung folgt dann für die einzelnen Komponenten

$$M_x\{D^{(\nu)}_{\varrho\sigma}(x)\, \overline{D^{(\mu)}_{\tau\omega}(x)}\} = 0 \qquad \nu \neq \mu, \text{ beliebige } \varrho,\, \sigma,\, \tau,\, \omega\,.$$

Es bleibt zu zeigen, daß die Formeln (2) auch im Falle gleicher Darstellungen $D^{(\nu)}(x)$ und $D^{(\mu)}(x)$ richtig sind. Dann ist also $\nu = \mu$. Anwendung des § 5 Satz 2 liefert diesmal $A = \alpha E$, also

$$M_y\{D^{(\nu)}(y)\, C\, D^{(\nu)}(y)^*\} = \alpha E.$$

Indem wir aber in C das Element $c_{\sigma\omega} = 1$, alle anderen $= 0$ setzen, folgt

$$M_x\{D^{(\nu)}_{\varrho\sigma}(x)\, \overline{D^{(\nu)}_{\tau\omega}(x)}\} = \delta_{\varrho\tau}\, \alpha_{\sigma\omega}\,.$$

Setzt man $\varrho = \tau$ und summiert man über alle ϱ, so findet man (wie in § 6)

$$\alpha_{\sigma\omega} = \frac{\delta_{\sigma\omega}}{s^{(\nu)}}$$

Damit ist Satz 3 vollständig bewiesen. —

Wenn das System der inäquivalenten Darstellungen $D^{(\nu)}(x)$ vollständig ist, so bilden die zugehörigen Funktionen $D^{(\nu)}_{\sigma\varrho}(x)$ eine Basis für die Menge aller fastperiodischen Funktionen auf $\mathfrak{G}$. Was dies heißt, wird im nächsten Paragraphen erläutert werden. Der Beweis dieses Satzes führt zwangsläufig auf den Begriff der Fourierreihe einer fastperiodischen Funktion auf einer beliebigen Gruppe.

§ 31. Fourierreihen fastperiodischer Funktionen.

Es sei $D^{(\nu)}(x) = (D^{(\nu)}_{\varrho\sigma}(x))$ ein vollständiges System irreduzibler unitärer Darstellungen der Gruppe $\mathfrak{G}$, d. h. es soll unter den verschiedenen durch den Buchstaben ν gekennzeichneten Darstellungen $D^{(\nu)}(x)$ zu jeder irreduziblen Darstellung von $\mathfrak{G}$ sich eine äquivalente finden lassen. Dieses im übrigen willkürliche System von Darstellungen $D^{(\nu)}(x)$ wollen wir fürs nächste nun festhalten. Nach § 30 Satz 3 bilden die Funktionen $D^{(\nu)}_{\varrho\sigma}(x)$ ein orthogonales und in gewisser Weise normiertes System von Funktionen, d. h. es gilt

$$(1) \qquad (D^{(\nu)}_{\varrho\sigma}(x),\, D^{(\mu)}_{\tau\omega}(x)) = \begin{cases} \dfrac{1}{s^{(\nu)}}, & \text{wenn } \nu = \mu,\, \varrho = \tau,\, \sigma = \omega \\[2mm] 0 & \text{sonst.} \end{cases}$$

Ist nun $f(x)$ irgend eine fastperiodische Funktion auf $\mathfrak{G}$, so werden die Matrizen

$$A^{(\nu)} = M_x\{f(x)\, \overline{D^{(\nu)}(x)}\}$$

die *Fouriermatrizen* von $f(x)$ genannt und die komplexen Zahlen

$$(2) \qquad \alpha_{\varrho\sigma}^{(\nu)} = M_x\{f(x)\,\overline{D_{\varrho\sigma}^{(\nu)}(x)}\}$$

heißen die *Fourierkoeffizienten*. Offenbar ist

$$A^{(\nu)} = (\alpha_{\varrho\sigma}^{(\nu)}).$$

Die mit Hilfe der Fourierkoeffizienten gebildete formale Reihe

$$(3) \qquad f(x) \sim \sum_\nu s^{(\nu)} \sum_{\varrho,\,\sigma=1}^{s^{(\nu)}} \alpha_{\varrho\sigma}^{(\nu)}\,D_{\varrho\sigma}^{(\nu)}(x)$$

wollen wir als *Fourierreihe* der Funktion $f(x)$ bezeichnen. Spezielle Beispiele für diese Begriffsbildungen geben die Fourierreihen und Fourierkoeffizienten periodischer und eigentlich fastperiodischer Funktionen. Wie bei diesen speziellen Fällen, so kann auch in dem uns nun vorliegenden Falle gezeigt werden: *Man darf mit Fourierreihen rechnen, als stünde in* (3) *nicht das Zeichen* $\sim$, *sondern ein Gleichheitszeichen.*

Um diese Behauptung zu erläutern und zu beweisen, denken wir uns zwei fastperiodische Funktionen $f(x)$ und $g(x)$ mit den Fourierreihen

$$f(x) \sim \sum_\nu s^{(\nu)} \sum_{\varrho,\,\sigma=1}^{s^{(\nu)}} \alpha_{\varrho\sigma}^{(\nu)}\,D_{\varrho\sigma}^{(\nu)}(x) \qquad g(x) \sim \sum_\nu s^{(\nu)} \sum_{\varrho,\,\sigma=1}^{s^{(\nu)}} \beta_{\varrho\sigma}^{(\nu)}\,D_{\varrho\sigma}^{(\nu)}(x)$$

gegeben. Ihre Fouriermatrizen sind dann $A^{(\nu)}$ bzw. $B^{(\nu)}$. Wir berechnen nun

1. Die Fouriermatrizen von $f(x)+g(x)$. Es ergibt sich

$$M_x\{(f(x)+g(x))\,\overline{D^{(\nu)}(x)}\} = M_x\{f(x)\,\overline{D^{(\nu)}(x)}\} + M_x\{g(x)\,\overline{D^{(\nu)}(x)}\}$$
$$= A^{(\nu)} + B^{(\nu)}.$$

2. Die Fouriermatrizen von Θf, wobei Θ eine komplexe Zahl ist. Es ergibt sich $\Theta A^{(\nu)}$

3. Die Fouriermatrizen von $f^*(x)$. Es ergibt sich

$$M_x\{f^*(x)\,\overline{D^{(\nu)}(x)}\} = M_x\{\overline{f(x^{-1})}\,\overline{D^{(\nu)}(x)}\} = M_x\{\overline{f(x)}\,\overline{D^{(\nu)}(x^{-1})}\}$$
$$= M_x\{\overline{f(x)}\,D^{(\nu)}(x)^*\} = M_x\{f(x)\,\overline{D^{(\nu)}(x)}\}^*$$
$$= A^{(\nu)*}.$$

4. Die Fouriermatrizen von $f\times g$. Es ergibt sich

$$M_x\{f\times g\,\overline{D^{(\nu)}(x)}\} = M_x\{M_y\{f(y)g(y^{-1}x)\}\overline{D^{(\nu)}(x)}\}$$
$$= M_y\{f(y)\,M_x\{g(y^{-1}x)\,\overline{D^{(\nu)}(x)}\}\}$$
$$= M_y\{f(y)\,M_z\{g(z)\,\overline{D^{(\nu)}(yz)}\}\}$$
$$= M_y\{f(y)\,M_z\{g(z)\,\overline{D^{(\nu)}(y)}\,\overline{D^{(\nu)}(z)}\}\}$$
$$= M_y\{f(y)\,\overline{D^{(\nu)}(y)}\}\,M_z\{g(z)\,\overline{D^{(\nu)}(z)}\}$$
$$= A^{(\nu)}B^{(\nu)}.$$

5. Die Fouriermatrizen eines idempotenten Elementes $\Phi(x)$. Sind die Fouriermatrizen von $\Phi(x)$ etwa $A^{(\nu)}$, so muß wegen 4. gelten

$$A^{(\nu)} A^{(\nu)} = A^{(\nu)},$$

d. h. die Fouriermatrizen sind idempotent. Hiervon gilt auch die Umkehrung, wie man dem Eindeutigkeitssatz auf S. 128 leicht entnimmt.

Es sei nun $f(x)$ eine fastperiodische Funktion mit der Fourierreihe

$$(4) \qquad f(x) \sim \sum_{\nu} s^{(\nu)} \sum_{\varrho,\,\sigma=1}^{s^{(\nu)}} \alpha_{\varrho\sigma}^{(\nu)} D_{\varrho\sigma}^{(\nu)}(x).$$

Wir wählen endlich viele Darstellungen $D^{(\nu_1)}(x), \ldots, D^{(\nu_n)}(x)$ aus dem vollständigen System $D^{(\nu)}(x)$ von irreduziblen unitären Darstellungen aus und fragen uns, welche der endlichen Summen

$$(5) \qquad g(x) = \sum_{i=1}^{n} s^{(\nu_i)} \sum_{\varrho,\,\sigma=1}^{s^{(\nu_i)}} a_{\varrho\sigma}^{(\nu_i)} D_{\varrho\sigma}^{(\nu_i)}(x)$$

die Funktion $f(x)$ am besten im Mittel approximiert. Wir fragen also: Für welche Zahlen $a_{\varrho\sigma}^{(\nu)}$ wird die Distanz der Funktion $f(x)$ und $g(x)$

$$\mathrm{Dist}\,(f(x), g(x)) = \sqrt{M_x\{|f(x) - g(x)|^2\}}$$

möglichst klein?

Wir schätzen ab, ähnlich wie im Falle periodischer oder eigentlich fastperiodischer Funktionen, und erhalten bei Berücksichtigung von (1) und (2)

$$M_x\left\{\left(f(x) - \sum_{i=1}^{n} s^{(\nu_i)} \sum_{\varrho,\,\sigma=1}^{s^{(\nu_i)}} a_{\varrho\sigma}^{(\nu_i)} D_{\varrho\sigma}^{(\nu_i)}(x)\right)\left(\overline{f(x)} - \sum_{i=1}^{n} s^{(\nu_i)} \sum_{\varrho,\,\sigma=1}^{s^{(\nu_i)}} \overline{a_{\varrho\sigma}^{(\nu_i)}}\, \overline{D_{\varrho\sigma}^{(\nu_i)}(x)}\right)\right\}$$

$$= Nf - \sum_{i=1}^{n} s^{(\nu_i)} \sum_{\varrho,\,\sigma=1}^{s^{(\nu_i)}} \overline{a_{\varrho\sigma}^{(\nu_i)}}\, \alpha_{\varrho\sigma}^{(\nu_i)} - \sum_{i=1}^{n} s^{(\nu_i)} \sum_{\varrho,\,\sigma=1}^{s^{(\nu_i)}} a_{\varrho\sigma}^{(\nu_i)}\, \overline{\alpha_{\varrho\sigma}^{(\nu_i)}}$$

$$(6) \qquad + \sum_{i=1}^{n} s^{(\nu_i)} \sum_{\varrho,\,\sigma=1}^{s^{(\nu_i)}} |a_{\varrho\sigma}^{(\nu_i)}|^2$$

$$= Nf - \sum_{i=1}^{n} s^{(\nu_i)} \sum_{\varrho,\,\sigma=1}^{s^{(\nu_i)}} |\alpha_{\varrho,\,\sigma}^{(\nu_i)}|^2 + \sum_{i=1}^{n} s^{(\nu_i)} \sum_{\varrho,\,\sigma=1}^{s^{(\nu_i)}} |a_{\varrho\sigma}^{(\nu_i)} - \alpha_{\varrho\sigma}^{(\nu_i)}|^2.$$

Wir erkennen, daß $f(x)$ im Mittel am besten durch endliche „Abschnitte" der Fourierreihe approximiert wird; denn nur für solche Summen (5) für die $a_{\varrho\sigma}^{(\nu_i)} = \alpha_{\varrho\sigma}^{(\nu_i)}$ ist, wird die Summe

$$\sum_{i=1}^{n} s^{(\nu_i)} \sum_{\varrho,\,\sigma=1}^{s^{(\nu_i)}} |a_{\varrho\sigma}^{(\nu_i)} - \alpha_{\varrho\sigma}^{(\nu_i)}|^2$$

auf der rechten Seite von (6) Null, also $\mathrm{Dist}\,(f, g)$ möglichst klein.

Setzen wir wirklich $a_{\varrho\sigma}^{(\nu_i)} = \alpha_{\varrho\sigma}^{(\nu_i)}$, so ergibt sich

$$(7) \quad \mathrm{Dist}\left(f(x), \sum_{i=1}^{n} s^{(\nu_i)} \sum_{\varrho,\,\sigma=1}^{s^{(\nu_i)}} \alpha_{\varrho\sigma}^{(\nu_i)} D_{\varrho\sigma}^{(\nu_i)}(x)\right)^2 = Nf - \sum_{i=1}^{n} s^{(\nu_i)} \sum_{\varrho,\,\sigma=1}^{s^{(\nu_i)}} |\alpha_{\varrho\sigma}^{(\nu_i)}|^2.$$

Wir entnehmen hieraus, daß

$$Nf \geq \sum_{i=1}^{n} s^{(\nu_i)} \sum_{\varrho,\,\sigma=1}^{s^{(\nu_i)}} |\alpha_{\varrho\sigma}^{(\nu_i)}|^2$$

ist. Hierfür schreibt man etwas einfacher auch

$$Nf \geq \sum_{i=1}^{n} s^{(\nu_i)} |A^{(\nu_i)}|^2.$$

Weil die $D^{(\nu_i)}(x)$ aus der Menge aller $D^{(\nu)}(x)$ beliebig ausgewählt wurden, folgt also, daß für ganz beliebige endlich viele Fouriermatrizen von $f(x)$

$$(8) \qquad\qquad Nf \geq \sum_{\mathrm{endl.}} s^{(\nu)} |A^{(\nu)}|^2$$

gilt. Deshalb kann es nur höchstens abzählbar viele Fouriermatrizen $A^{(\nu)}$ von $f(x)$ geben, welche nicht verschwinden. Man kann also diejenigen, welche nicht verschwinden in eine Folge anordnen. Indem wir schreiben

$$\sum_{\nu} s^{(\nu)} |A^{(\nu)}|^2,$$

wollen wir jetzt andeuten, daß über diese Folge von $A^{(\nu)}$ summiert werden soll. Aus (8) folgt

$$Nf \geq \sum_{\nu} s^{(\nu)} |A^{(\nu)}|^2$$

und das ist die bekannte *Besselsche Ungleichung.*

Wenn wir wüßten, daß $f(x)$ im Mittel durch endliche Summen der Gestalt (5) beliebig genau approximiert werden kann, so könnten wir aus (7) schließen, daß

$$Nf - \sum_{i=1}^{n} s^{(\nu_i)} \sum_{\varrho,\,\sigma=1}^{s^{(\nu_i)}} |\alpha_{\varrho\sigma}^{(\nu_i)}|^2$$

beliebig klein gemacht werden kann. Es müßte also nicht nur die Besselsche Ungleichung, sondern sogar

$$Nf = \sum_{\nu} s^{(\nu)} |A^{(\nu)}|^2$$

gelten. Wir werden nun sehen, daß $f(x)$ nicht nur im Mittel, sondern sogar gleichmäßig beliebig gut durch Summen der Gestalt (5) approximiert werden kann. Dies folgt sofort aus dem Hauptsatz über fastperiodische Funktionen.

1. Approximationssatz: *Jede fastperiodische Funktion $f(x)$ läßt sich gleichmäßig beliebig genau durch endliche Summen der Gestalt*

$$(9) \qquad\qquad \sum_{i=1}^{n} s^{(\nu_i)} \sum_{\varrho,\,\sigma=1}^{s^{(\nu_i)}} a_{\varrho\sigma}^{(\nu_i)} D_{\varrho\sigma}^{(\nu_i)}(x)$$

approximieren, d. h. zu jedem $\varepsilon > 0$ existieren endliche (irreduzible unitäre inäquivalente) Darstellungen $D^{(\nu_i)}(x) = \left(D^{(\nu_i)}_{\varrho\sigma}(x)\right)$ $(i = 1, \ldots, n)$ und entsprechende Zahlen $a^{(\nu_i)}_{\varrho\sigma}$, so daß

$$(10) \qquad |f(x) - \sum_{i=1}^{n} s^{(\nu_i)} \sum_{\varrho,\sigma=1}^{s^{(\nu_i)}} a^{(\nu_i)}_{\varrho\sigma} D^{(\nu_i)}_{\varrho\sigma}(x)| < \varepsilon$$

gilt.

Beweis: Nach dem Hauptsatz über fastperiodische Funktionen gibt es zu jedem $\varepsilon > 0$ endlich viele irreduzible invariante Moduln $\mathfrak{R}_1, \ldots, \mathfrak{R}_n$ und in ihnen gewisse Funktionen $f_1(x), \ldots, f_n(x)$, so daß

$$(11) \qquad |f(x) - \sum_{i=1}^{n} f_i(x)| < \varepsilon \qquad\qquad \text{für alle } x \in \mathfrak{G}$$

ist. Nach § 13 Satz 1 ist jeder Modul $\mathfrak{R}_i$ (irreduzibler) Darstellungsmodul. Die von ihm vermittelte Darstellung $D_i(x)$ läßt das Skalarprodukt (f, g) in $\mathfrak{R}_i$ invariant. Also ist $D_i(x)$ normal und man kann $D_i(x)$ gleich einer Darstellung $D^{(\nu)}(x)$ des Systems von Darstellungen $D^{(\nu)}(x)$ wählen. Ebenfalls nach § 13 Satz 1 müssen dann die $f_i(x)$ die Gestalt

$$f_i(x) = s^{(\nu_i)} \sum_{\varrho,\sigma=1}^{\varrho^{(\nu_i)}} a^{(\nu_i)}_{\varrho\sigma} D^{(\nu_i)}_{\varrho\sigma}(x)$$

haben. Durch Addition dieser Funktionen erhält man einen Ausdruck der Gestalt (9). Damit ist der Approximationssatz bewiesen. —

Weil man jede fastperiodische Funktion $f(x)$ durch Summen (9) beliebig genau gleichmäßig approximieren kann, kann jedes $f(x)$ auch im Mittel beliebig approximiert werden. Ist $\varepsilon > 0$ vorgegeben, so bestimme man die $D^{(\nu_i)}(x)$ und die $a^{(\nu_i)}_{\varrho\sigma}$ nach Satz 1 derart, daß (10) gilt. Dann ist für die so bestimmten Darstellungen und Koeffizienten auch

$$\text{Dist}\left(f(x),\ \sum_{i=1}^{n} s^{(\nu_i)} \sum_{\varrho,\sigma=1}^{s^{(\nu_i)}} a^{(\nu_i)}_{\varrho\sigma} D^{(\nu_i)}_{\varrho\sigma}(x)\right) < \varepsilon$$

und somit wegen (7)

$$Nf - \sum_{i=1}^{n} s^{(\nu_i)} |A^{(\nu_i)}|^2 < \varepsilon^2$$

Weil $\varepsilon > 0$ beliebig war, folgt also die Richtigkeit der

2. Parsevalschen Gleichung: *Hat die fastperiodische Funktion $f(x)$ die Fouriermatrizen $A^{(\nu)}$ (von denen nach obigem sicher nur abzählbar viele nicht verschwinden), so gilt*

$$M\{|f(x)|^2\} = (f, f) = \sum_{\nu} s^{(\nu)} |A^{(\nu)}|^2$$

Oder etwas ausführlicher: Hat $f(x)$ die Fourierreihe

$$f(x) \sim \sum_{\nu} s^{(\nu)} \sum_{\varrho,\sigma=1}^{s^{(\nu)}} \alpha^{(\nu)}_{\varrho\sigma} D^{(\nu)}_{\varrho\sigma}(x)$$

so gilt

$$M_x\{|f(x)|^2\} = \sum_{\nu} s^{(\nu)} \sum_{\varrho,\sigma=1}^{(\nu)} |\alpha^{(\nu)}_{\varrho\sigma}|^2.$$

Aus der Parsevalschen Gleichung folgt sofort der

3. Eindeutigkeitssatz: *Sind zwei fastperiodische Funktionen $f(x)$ und $g(x)$ mit denselben Fouriermatrizen, also mit gleichen Fourierreihen gegeben, so ist $f(x) \equiv g(x)$.*

Beweis: Da f und g nach Voraussetzung gleiche Fouriermatrizen haben, müssen die Fouriermatrizen von $f - g$ sämtlich verschwinden. Aus der Parsevalschen Gleichung folgt also $N(f - g) = 0$ und nach § 14 Satz 3 folgt $f - g \equiv 0$. —

Wir wollen aus dem Eindeutigkeitssatz eine einfache Folgerung ziehen.

Satz 4: *Es sei ein System von inäquivalenten, irreduziblen unitären Darstellungen $D^{(\nu)}(x) = \left(D^{(\nu)}_{\varrho\sigma}(x)\right)$ gegeben. Dann gilt für die Funktionen $D^{(\nu)}_{\varrho\sigma}(x)$ dieses Systems*

$$D^{(\nu)}_{\varrho\sigma} \times D^{(\mu)}_{\omega\tau}(x) = \begin{cases} \frac{1}{s^{(\nu)}}\, D^{(\nu)}_{\varrho\tau}(x), & \text{wenn } \nu = \mu,\ \sigma = \omega \text{ ist.} \\ 0 & \text{in allen anderen Fällen.} \end{cases}$$

Beweis: Das System $D^{(\nu)}(x)$ darf als vollständig vorausgesetzt werden. Dann folgt aus 4., daß die Fourierreihe der Funktion

$$(12) \qquad\qquad s^{(\nu)}\, D^{(\nu)}_{\varrho\sigma} \times s^{(\mu)}\, D^{(\mu)}_{\omega\tau}(x) \sim 0$$

ist, also verschwindet, wenn $\nu \neq \mu$ oder $\sigma \neq \omega$ ist. Wenn aber $\nu = \mu$ und $\sigma = \omega$ ist, so gilt

$$(13) \qquad\qquad s^{(\nu)}\, D^{(\nu)}_{\varrho\sigma} \times s^{(\nu)} D^{(\nu)}_{\sigma\tau}(x) \sim s^{(\nu)}\, D^{(\nu)}_{\varrho\tau}(x).$$

Zufolge des Eindeutigkeitssatzes kann sowohl in (12) als auch in (13) das $\sim$-Zeichen durch ein Gleichheitszeichen ersetzt werden. Damit ist der Satz bewiesen. —

Wir haben in diesem Paragraphen gezeigt, daß die Funktionen $D^{(\nu)}_{\varrho\sigma}(x)$, welche man mit Hilfe eines vollständigen Systems irreduzibler unitärer Darstellungen $D^{(\nu)}(x)$ erhält, eine Basis im Raume der fastperiodischen Funktionen bilden. Die Fourierreihen kann man als eine Art Komponentenzerlegung der betreffenden Funktion $f(x)$ ansehen. Auch dann, wenn die Fourierreihe nicht im gewöhnlichen Sinne konvergiert, bestimmt sie doch die Funktion $f(x)$ eindeutig.

Die Folgerungen, welche aus den Sätzen des gegenwärtigen Paragraphen gezogen werden können, sind ihrem Charakter nach verschiedenartig bei verschiedenen Gruppen. Es kann sein, daß man etwa sehr genau über die Menge aller fastperiodischen Funktionen der Gruppe Bescheid weiß. Dies ist z. B. der Fall bei allen endlichen Gruppen. Dann kann man unsere Sätze benutzen, um Aussagen über die Menge der Darstellungen der Gruppe zu machen. Weiß man aber verhältnismäßig mehr über die Darstellungen der Gruppe als über die Menge der fastperiodischen Funktionen, so wird man die Sätze über Fourierreihen auffassen als eine Charakterisierung der Menge aller fastperiodische Funktionen. Diese Situation liegt bei den eigentlich fastperiodischen Funktionen vor. Meist weiß man allerdings weder über die Darstellungen noch über die fastperiodischen Funktionen Bescheid. In dem Abschnitt über kompakte Gruppen werden wir jedoch noch eine schöne Anwendung unserer Theorie kennenlernen. Dort sind alle stetigen Funktionen fastperiodisch. Da man diese also sehr gut kennt, kann man Folgerungen über die Darstellungen der kompakten Gruppen ziehen. Diese wiederum gestatten Rückschlüsse auf die Struktur der kompakten Gruppen.

§ 32. Fourierreihen in Moduln von fastperiodischen Funktionen.

Die Betrachtungen des vorigen Paragraphen müssen noch ergänzt werden; denn es ist selbstverständlich, daß man eine abstrakte Theorie der Fourierreihen fastperiodischer Funktionen so gestalten muß, daß sich die Sätze über Fourierreihen periodischer und eigentlich fastperiodischer Funktionen dieser Theorie unterordnen. Die eigentlich fastperiodischen Funktionen z. B. bilden nur eine Teilmenge der Menge aller fastperiodischen Funktionen der Gruppe der reellen Zahlen, während sich die Sätze des vorigen Paragraphen auf die Menge aller fastperiodischen Funktionen überhaupt beziehen. Es ist daher vor allem nötig, zu untersuchen, welche Aussagen man über die Fourierreihen solcher fastperiodischer Funktionen machen kann, von denen man weiß, daß sie einer gewissen Teilmenge von fastperiodischen Funktionen, etwa einem abgeschlossenen zweiseitig invarianten Modul angehören. In diesem Falle gilt z. B.

Satz 1: *Es sei $\mathfrak{M}$ ein zweiseitig invarianter abgeschlossener Modul von fastperiodischen Funktionen. Eine fastperiodische Funktion $f(x)$ mit der Fourierreihe*

$$(1) \qquad f(x) \sim \sum_{\nu} s^{(\nu)} \sum_{\varrho,\sigma=1}^{s^{(\nu)}} \alpha_{\varrho\sigma}^{(\nu)} D_{\varrho\sigma}^{(\nu)}(x)$$

liegt dann und nur dann in $\mathfrak{M}$, wenn alle Funktionen $D_{\varrho\sigma}^{(\nu)}(x)$ von Darstellungen $D^{(\nu)}(x) = (D_{\varrho\sigma}^{(\nu)}(x))$, deren Fouriermatrizen $A^{(\nu)} = (\alpha_{\varrho\sigma}^{(\nu)}) \neq 0$ sind, in $\mathfrak{M}$ liegen. Es soll also aus $\alpha_{\varrho\sigma}^{(\nu)} \neq 0$ für ein Zahlenpaar ϱ_0, σ_0 folgen, daß $D_{\varrho\sigma}^{(\nu)}(x) \in \mathfrak{M}$ für alle $\varrho, \sigma = 1, \ldots, s^{(\nu)}$ und das betreffende ν.

B e w e i s : Da $\mathfrak{M}$ ein zweiseitig invarianter (abgeschlossener) Modul ist, liegt mit $f(x)$ auch jede Funktion

$$s^{(\nu)} D_{\varrho\,\varrho_0}^{(\nu)} \times f \times D_{\sigma_0\sigma}^{(\nu)}(x) = g_{\varrho\sigma}^{(\nu)}(x)$$

(ν beliebig; $\varrho, \sigma = 1, \ldots, s^{(\nu)}$) in $\mathfrak{M}$. Nach § 31 hat $g_{\varrho\sigma}^{(\nu)}(x)$ die Fourierreihe

$$g_{\varrho\sigma}^{(\nu)}(x) \sim \alpha_{\varrho_0\sigma_0}^{(\nu)} D_{\varrho\sigma}^{(\nu)}(x) \, .$$

Infolge des Eindeutigkeitssatzes ist also

$$g_{\varrho\sigma}^{(\nu)}(x) = \alpha_{\varrho_0\sigma_0}^{(\nu)}\, D_{\varrho\sigma}^{(\nu)}(x)$$

und diese Funktion liegt in $\mathfrak{M}$. Ist $\alpha_{\varrho_0\sigma_0}^{(\nu)} \neq 0$, so folgt, daß auch $D_{\varrho\sigma}^{(\nu)}(x) \in \mathfrak{M}$.

Ist umgekehrt jede Funktion $D_{\varrho\sigma}^{(\nu)}(x) \in \mathfrak{M}$, wenn die Fouriermatrix $A^{(\nu)} = (\alpha_{\varrho\sigma}^{(\nu)})$ der Fourierreihe (1) von $f(x)$ nicht verschwindet, so soll gezeigt werden, daß $f(x)$ in $\mathfrak{M}$ liegt. Wir schreiben nun diejenigen Summanden

$$s^{(\nu)}\sum_{\varrho,\,\sigma=1}^{s^{(\nu)}} \alpha_{\varrho\sigma}^{(\nu)}\, D_{\varrho\sigma}^{(\nu)}(x)$$

der Fourierreihe $f(x)$ in irgendeiner Reihenfolge wirklich hin, für die die Matrix $A^{(\nu)} \neq 0$ ist:

$$f(x) \sim \sum_{i=1}^{\infty} s^{(\nu_i)} \sum_{\varrho,\sigma=1}^{s^{(\nu_i)}} \alpha_{\varrho\sigma}^{(\nu_i)}\, D_{\varrho\sigma}^{(\nu_i)}(x)\,.$$

Dann ist

$$f(x) - \sum_{i=1}^{N} s^{(\nu_i)} \sum_{\varrho,\sigma=1}^{s^{(\nu_i)}} \alpha_{\varrho\sigma}^{(\nu_i)}\, D_{\varrho\sigma}^{(\nu_i)}(x) \sim \sum_{i=N+1}^{\infty} s^{(\nu_i)} \sum_{\varrho,\sigma=1}^{s^{(\nu_i)}} \alpha_{\varrho\sigma}^{(\nu_i)}\, D_{\varrho\sigma}^{(\nu_i)}(x)\,.$$

Aus der Parsevalschen Gleichung folgt

$$\mathrm{Dist}\left(f,\; \sum_{i=1}^{N} s^{(\nu_i)} \sum_{\varrho,\sigma=1}^{s^{(\nu_i)}} \alpha_{\varrho\sigma}^{(\nu_i)}\, D_{\varrho\sigma}^{(\nu_i)}(x)\right) = \sqrt{\sum_{i=N+1}^{\infty} s^{(\nu_i)}\,|A^{(\nu_i)}|^2}$$

und das bedeutet, daß die Fourierreihe im Mittel gegen f konvergiert, was wir durch

$$S_N(x) = \sum_{\nu=1}^{N} s^{(\nu_i)} \sum_{\varrho,\sigma=1}^{s^{(\nu_i)}} \alpha_{\varrho\sigma}^{(\nu_i)}\, D_{\varrho\sigma}^{(\nu_i)}(x) \to f(x)$$

anzudeuten pflegen. Ist nun $g(x)$ irgendeine fastperiodische Funktion, so liegt mit $f(x)$ auch $f \times g$ in $\mathfrak{M}$. Aus Satz 4 in § 15 folgt

(2) $$S_N \times g(x) \Longrightarrow f \times g\,.$$

Wie erinnern uns außerdem (Satz 5 desselben Paragraphen), daß zu beliebigem $\varepsilon > 0$ ein g existiert, so daß

$$|f - f \times g| < \varepsilon$$

ist. Aus (2) folgt somit, daß $f(x)$ gleichmäßig durch Ausdrücke der Gestalt $S_N \times g$ approximiert werden kann. Aus der Regel 4. des vorigen Paragraphen und aus dem Eindeutigkeitssatz folgt aber, daß

(3) $$S_N \times g = \sum_{i=1}^{N} s^{(\nu_i)} \sum_{\varrho,\sigma=1}^{s^{(\nu_i)}} a_{\varrho\sigma}^{(\nu_i)}\, D_{\varrho\sigma}^{(\nu_i)}(x)$$

ist, wobei die $a_{\varrho\sigma}^{(\nu_i)}$ von g abhängen. Jedenfalls liegt nach der Voraussetzung jedes $D_{\varrho\sigma}^{(\nu_i)}(x)$ in $\mathfrak{M}$ und damit auch $S_N \times g$ und also schließlich auch $f(x)$. —

Wir wenden den soeben bewiesenen Satz an, um die Sätze über Fourierreihen eigentlich fastperiodischer Funktionen zu beweisen. Die eigentlich fastperiodischen Funktionen sind die stetigen fastperiodischen Funktionen der Gruppe der reellen Zahlen. Offenbar bilden diese einen zweiseitigen invarianten abgeschlossenen Modul. Da die Gruppe Abelsch ist, kommen nur irreduzible Darstellungen vom Grade 1 in Betracht. Unserem Satz 1 entnehmen wir, daß in der Fourierreihe einer eigentlich fastperiodischen Funktion überdies nur stetige Darstellungen vorkommen können. Also sieht die Fourierreihe so aus

$$f(x) \sim \sum_{\nu} \alpha^{(\nu)} e^{i \nu x}.$$

Anwendung der Sätze des vorigen Paragraphen liefert nun sofort sämtliche Sätze über die Fourierreihen eigentlich fastperiodischer Funktionen, welche wir früher schon, ohne diese abstrakte Theorie zu kennen, herleiteten. Die Fourierreihen periodischer Funktionen kann man ganz entsprechend behandeln.

Man könnte glauben, daß unser Satz einen Überblick über alle zweiseitig invarianten Moduln vermittelt. Man denkt sich gewisse ν' aus allen ν ausgewählt, um so diejenigen $D_{\varrho\sigma}^{(\nu)}(x)$ anzudeuten, welche in dem zu konstruierenden Modul $\mathfrak{M}$ liegen. Sodann bildet man die Menge (in gewissem Sinne) aller Reihen

$$(4) \qquad \sum_{\nu = \nu'} s^{(\nu)} \sum_{\varrho, \sigma = 1}^{s^{(\nu)}} a_{\varrho\sigma}^{(\nu)} D_{\varrho\sigma}^{(\nu)}(x)$$

und hofft so gemäß Satz 1 alle Funktionen aus $\mathfrak{M}$ zu erhalten. Jedoch ist bei dieser Konstruktion zu bedenken, daß die Reihe (4) Fourierreihe einer fastperiodischen Funktion sein muß, damit Satz 1 angewandt werden kann. Es ist aber sehr schwer zu entscheiden, wann eine solche Reihe eine Fourierreihe ist. Hinreichend dafür ist die gleichmäßige Konvergenz der Reihe. Notwendig ist die Konvergenz von

$$\sum_{\nu = \nu'} s^{(\nu)} \left| A^{(\nu)} \right|^2 .$$

Eine sowohl hinreichende als auch notwendige Bedingung ist unbekannt. Wir gehen etwas anders vor, um uns einen Überblick über alle zweiseitig invarianten Moduln zu verschaffen.

Sind $\mathfrak{M}^{(\nu)}$ irgendwelche (abgeschlossenen) Moduln von fastperiodischen Funktionen, so nennt man die in dem im § 13 erläuterten Sinne gebildete Summe

$$\sum_{\nu} \mathfrak{M}^{(\nu)}$$

eine *direkte Summe*, wenn für jedes beliebige μ der mengentheoretische Durchschnitt

$$\mathfrak{D}\left(\mathfrak{M}^{(\mu)}, \sum_{\nu \neq \mu} \mathfrak{M}^{(\nu)}\right) = 0$$

ist. Wir wollen nun insbesondere unter $\mathfrak{M}^{(\nu)}$ die Menge aller Linearkombinationen der Funktion $D_{\varrho\sigma}^{(\nu)}$ verstehen, also

$$\mathfrak{M}^{(\nu)} = \left(\sum_{\varrho, \sigma} a_{\varrho\sigma} D_{\varrho\sigma}^{(\nu)}(x)\right) \qquad a_{\varrho\sigma} \text{ beliebig, komplex}.$$

Diese $\mathfrak{M}^{(\nu)}$ sind zweiseitig invariante endliche irreduzible Moduln. Es gilt

Satz 2: *Jeder zweiseitig invariante abgeschlossene Modul $\mathfrak{M}$ ist direkte Summe der in ihm enthaltenen endlichen irreduziblen zweiseitig invarianten Moduln $\mathfrak{M}^{(\nu)}$*

$$(5) \qquad \mathfrak{M} = \sum_{\mathfrak{M}^{(\nu)} \subset \mathfrak{M}} \mathfrak{M}^{(\nu)}.$$

Beweis: Aus dem Beweis zu Satz 1 geht hervor, daß jede Funktion $f(x) \in \mathfrak{M}$ durch Funktionen der Gestalt (3) approximiert werden kann. Deshalb gilt jedenfalls (5). Es ist nur zu zeigen, daß die betr. Summe

$$\sum_{\mathfrak{M}^{(\nu)} \subset \mathfrak{M}} \mathfrak{M}^{(\nu)}$$

eine direkte Summe ist. Wäre aber diese Summe nicht direkt, so würde für gewisses μ

$$\mathfrak{D}\,(\mathfrak{M}^{(\mu)},\ \sum_{\nu \neq \mu} \mathfrak{M}^{(\nu)}) \neq 0$$

gelten. Man könnte also in $\mathfrak{M}^{(\mu)}$ eine nicht identisch verschwindende Funktion

$$f^{(\mu)}(x) = \sum_{\varrho,\,\sigma=1}^{s^{(\mu)}} a_{\varrho\sigma}^{(\mu)}\, D_{\varrho\sigma}^{(\mu)}(x)$$

finden, welche gleichzeitig in der Summe enthalten wäre:

$$f^{(\mu)}(x) \in \sum_{\mathfrak{M}^{(\nu)} \subset \mathfrak{M}} \mathfrak{M}^{(\nu)}$$

Es wäre also möglich, $f^{(\mu)}(x)$ durch endliche Linearkombinationen

$$\sum_{\nu \neq \mu} \sum_{\varrho,\,\sigma=1}^{s^{(\nu)}} a_{\varrho\sigma}^{(\nu)}\, D_{\varrho\sigma}^{(\nu)}(x)$$

zu approximieren. Nun sind aber alle $D_{\varrho\sigma}^{(\mu)}$ zu sämtlichen $D_{\varrho\sigma}^{(\nu)}$ mit $\nu \neq \mu$ orthogonal. Es folgt also

$$(f^{(\mu)}, f^{(\mu)}) = 0$$

und das ist unmöglich. Also ist die Summe direkt. —

Dieser Satz gibt in der Tat einen Überblick über die Menge aller zweiseitigen Moduln in der Menge aller fastperiodischen Funktionen. Sind nämlich die Darstellungen $D^{(\nu)}(x)$ bekannt, so wähle man beliebige ν' aus allen ν aus und bilde

$$\sum_{\nu=\nu'} \mathfrak{M}^{(\nu)}.$$

So erhält man sämtliche zweiseitigen Moduln, und zwar jeden einmal, weil wir bewiesen haben, daß die Summe (5) stets direkt ist.

Bezüglich einseitig invarianter Moduln stellen wir ähnliche Erwägungen an wie im Falle zweiseitig invarianter Moduln. Dabei dürfen wir uns auf rechtsinvariante Moduln beschränken, da natürlich linksinvariante Moduln ganz genau so behandelt werden können.

Satz 3: *Es sei $\Re$ ein abgeschlossener rechtsinvarianter Modul von fastperiodischen Funktionen. Eine fastperiodische Funktion mit der Fourierreihe*

$$(6) \qquad f(x) \sim \sum_{\nu} s^{(\nu)} \sum_{\varrho,\,\sigma=1}^{s^{(\nu)}} \alpha_{\varrho\sigma}^{(\nu)} D_{\varrho\sigma}^{(\nu)}(x)$$

liegt dann und nur dann in $\Re$, wenn alle in der Fourierreihe vorkommenden Spaltensummen

$$\sum_{\varrho=1}^{s^{(\nu)}} \alpha_{\varrho\sigma}^{(\nu)} D_{\varrho\sigma}^{(\nu)}(x) \qquad \nu \text{ beliebig, } \sigma = 1, \ldots, s^{(\nu)}$$

in $\Re$ enthalten sind.

Beweis: Da $\Re$ ein rechtsinvarianter abgeschlossener Modul ist, liegt mit $f(x)$ auch jede Funktion

$$f \times D_{\sigma\sigma}^{(\nu)}(x) = g_{\sigma}^{(\nu)}(x) \qquad\qquad \sigma = 1, \ldots, s^{(\nu)}$$

in $\Re$. Nach § 31 hat $g_{\sigma}^{(\nu)}(x)$ die Fourierreihe

$$g_{\sigma}^{(\nu)} \sim \sum_{\varrho=1}^{s^{(\nu)}} \alpha_{\varrho\sigma}^{(\nu)} D_{\varrho\sigma}^{(\nu)}(x).$$

Zufolge des Eindeutigkeitssatzes ist also

$$g_{\sigma}^{(\nu)}(x) = \sum_{\varrho=1}^{s^{(\nu)}} \alpha_{\varrho\sigma}^{(\nu)} D_{\varrho\sigma}^{(\nu)}(x).$$

Da $g_{\sigma}^{(\nu)}(x) \in \Re$, ist der erste Teil des Satzes bewiesen.

Umgekehrt werde nun angenommen, daß alle Spaltensummen

$$\sum_{\varrho=1}^{s^{(\nu)}} \alpha_{\varrho\sigma}^{(\nu)} D_{\varrho\sigma}^{(\nu)}(x) \qquad \nu \text{ beliebig, } \sigma = 1, \ldots, s^{(\nu)}$$

der Fourierreihe (6) in $\Re$ liegen. Dann liegen auch alle Summen

$$(7) \qquad \sum_{\varrho=1}^{s^{(\nu)}} \alpha_{\varrho\tau}^{(\nu)} D_{\varrho\sigma}^{(\nu)}(x) \qquad \nu \text{ beliebig, } \sigma, \tau = 1, \ldots, s^{(\nu)}$$

in $\Re$. Wir schreiben nun in der Fourierreihe nur die abzählbar vielen Summanden auf, welche von Darstellungen $D^{(\nu)}(x)$ herrühren mit nicht verschwindender Fouriermatrix, also

$$f(x) \sim \sum_{i=1}^{\infty} s^{(\nu_i)} \sum_{\varrho,\,\sigma=1}^{s^{(\nu_i)}} \alpha_{\varrho\sigma}^{(\nu_i)} D_{\varrho\sigma}^{(\nu_i)}(x).$$

Wie beim Beweis von Satz 1 folgt, daß

$$S_N(x) = \sum_{i=1}^{N} s^{(\nu_i)} \sum_{\varrho,\,\sigma=1}^{s^{(\nu_i)}} \alpha_{\varrho\sigma}^{(\nu_i)} D_{\varrho\sigma}^{(\nu_i)}(x) \to f(x).$$

Dabei ist wieder an Konvergenz im Mittel zu denken. Deshalb gilt für jedes $g(x)$ nach § 15 Satz 4

$$S_N \times g(x) \Longrightarrow f \times g(x).$$

Da sich f gleichmäßig beliebig genau durch Funktionen $f \times g$ mit passend gewähltem g approximieren läßt (§ 15 Satz 5), kann man also f auch durch Ausdrücke $S_N \times g$ gleichmäßig approximieren. Wir deuten dies durch

$$(8) \qquad S_N \times g_N \Longrightarrow f$$

an, wobei g_N eine Folge geeignet gewählter fastperiodischer Funktionen ist, über die wir sonst nichts wissen brauchen. Wenn wir nachweisen können, daß jede Funktion $S_N \times g$ mit beliebigem g in $\Re$ enthalten ist, so folgt aus (8), daß auch $f \in \Re$. Sei nun aber

$$g(x) \sim \sum_\nu s^{(\nu)} \sum_{\varrho,\,\sigma = 1}^{s^{(\nu)}} \beta_{\varrho\sigma}^{(\nu)} D_{\varrho\sigma}^{(\nu)}(x)\,,$$

so folgt aus der Regel 4 in § 31 und dem Eindeutigkeitssatz

$$S_N \times g(x) = \sum_{i=1}^{N} s^{(\nu_i)} \sum_{\varrho,\,\sigma = 1}^{s^{(\nu_i)}} \left(\sum_{\tau=1}^{s^{(\nu_i)}} \alpha_{\varrho\tau}^{(\nu_i)} \beta_{\tau\sigma}^{(\nu_i)} \right) D_{\varrho\sigma}^{(\nu_i)}(x)\,.$$

Also

$$(9) \qquad S_N \times g(x) = \sum_{i=1}^{N} s^{(\nu_i)} \sum_{\tau,\,\sigma = 1}^{s^{(\nu_i)}} \beta_{\tau\sigma}^{(\nu_i)} \sum_{\varrho = 1}^{s^{(\nu_i)}} \alpha_{\varrho\tau}^{(\nu_i)} D_{\varrho\sigma}^{(\nu_i)}(x)\,.$$

Da alle Summen (7) in $\Re$ liegen, folgt

$$S_N \times g \in \Re$$

und der Satz ist vollständig bewiesen. —

Satz 4: *Jeder rechtsinvariante abgeschlossene Modul $\Re$ ist direkte Summe der endlichen rechtsinvarianten Moduln $\mathfrak{D}\,(\Re,\,\mathfrak{M}^{(\nu)}) = \Re^{(\nu)}$*

$$(10) \qquad \Re = \sum \Re^{(\nu)}$$

Die Moduln $\Re^{(\nu)}$ sind im allgemeinen nicht irreduzibel. Wenn der Durchschnitt $\mathfrak{D}\,(\Re,\,\mathfrak{M}^{(\nu)})$ von $\Re$ und $\mathfrak{M}^{(\nu)}$ nur die o enthält, so kann $\Re^{(\nu)}$ natürlich aus der Summe (10) fortgelassen werden.

Beweis: Wir haben am Ende des Beweises zu Satz 3 gezeigt, daß jede Funktion $f(x) \in \Re$ durch Ausdrücke der Gestalt (9) gleichmäßig beliebig genau approximiert werden kann. Jede Summe

$$\sum_{\varrho = 1}^{s^{(\nu_i)}} \alpha_{\varrho\tau}^{(\nu_i)} D_{\varrho\sigma}^{(\nu_i)}$$

liegt nun aber einerseits in $\Re$ und andererseits in $\mathfrak{M}^{(\nu_i)}$. Also liegt sie in $\Re^{(\nu_i)}$ und es ist tatsächlich im Sinne der Definition des § 13

$$\Re = \sum \Re^{(\nu)}.$$

Es bleibt nur zu zeigen, daß diese Summe direkt ist. Das aber folgt ebenso wie beim Beweis des Satzes 2. —

Die Aufgabe, einen Überblick über alle rechtsinvarianten abgeschlossenen Moduln $\Re$ zu geben, ist durch Satz 4 auf die andere rein algebraische Aufgabe, sämtliche in einem (vollständigen Matrizenring)

$\mathfrak{M}^{(\nu)}$ gelegenen Rechtsmoduln $\mathfrak{R}^{(\nu)}$ aufzusuchen, zurückgeführt. Sind nämlich $\mathfrak{R}^{(\nu)}$ irgendwelche in $\mathfrak{M}^{(\nu)}$ gelegenen rechtsinvarianten abgeschlossenen Moduln, so ist stets

$$\sum_\nu \mathfrak{R}^{(\nu)}$$

ein rechtsinvarianter abgeschlossener Modul und nach unserem Satz erhält man so alle derartigen Moduln. Wie man sämtliche verschiedenen $\mathfrak{R}^{(\nu)}$ in einem $\mathfrak{M}^{(\nu)}$ findet, wollen wir nicht weiter behandeln. Jedoch wollen wir den Satz 4 noch durch folgenden Satz ergänzen.

Satz 5: *Jeder rechtsinvariante abgeschlossene Modul $\mathfrak{R}$ ist direkte Summe gewisser irreduzibler endlicher rechtsinvarianter Moduln $\mathfrak{R}_i^{(\nu)}$*

$$(11) \qquad \mathfrak{R} = \sum_\nu \sum_{i=1}^{r^{(\nu)}} \mathfrak{R}_i^{(\nu)} \qquad\qquad r^{(\nu)} \leqq s^{(\nu)}$$

Die Moduln $\mathfrak{R}_1^{(\nu)}$, ..., $\mathfrak{R}_{r^{(\nu)}}^{(\nu)}$ mit festem ν sind isomorphe (d. h. wesentlich gleiche), zur Darstellung $D^{(\nu)}(x)$ gehörige Darstellungsmoduln von $\mathfrak{G}$. Im Gegensatz zu Satz 2 und Satz 4 ist die Zerlegung (11) von $\mathfrak{R}$ nicht durch $\mathfrak{R}$ eindeutig bestimmt. Im allgemeinen gibt es mehrere Möglichkeiten, eine solche Zerlegung durchzuführen, wenn allerdings auch stets die einzelnen Moduln zweier solcher Zerlegungen so aufeinander umkehrbar eindeutig bezogen werden können, daß sich nur isomorphe Moduln entsprechen.

Beweis: Daß eine direkte Zerlegung der Gestalt (11) möglich ist, folgt sofort aus dem Satz 4 und der Tatsache, daß jeder Darstellungsmodul eine Normaldarstellung, also insbesondere auch $\mathfrak{R}^{(\nu)}$ vollständig reduzibel ist. Es ist dann nämlich

$$\mathfrak{R}^{(\nu)} = \sum_{i=1}^{r^{(\nu)}} \mathfrak{R}_i^{(\nu)} \, .$$

Hierin sind die $\mathfrak{R}_i^{(\nu)}$ irreduzible Darstellungsmoduln von $\mathfrak{G}$. Gehört etwa zu $\mathfrak{R}_i^{(\nu)}$ die Darstellung $D(x) = (D_{\varrho\sigma}(x))$, so sind nach § 13 Satz 1 alle Funktionen aus $\mathfrak{R}_i^{(\nu)}$ von der Gestalt

$$(12) \qquad \sum_{\varrho,\,\sigma} b_{\varrho\sigma} D_{\varrho\sigma}(x).$$

Da sie aber alle in $\mathfrak{R}^{(\nu)}$ enthalten sind und die Funktionen aus $\mathfrak{R}^{(\nu)}$ die Summen

$$(13) \qquad \sum_{\varrho,\,\sigma} a_{\varrho\sigma} D_{\varrho\sigma}^{(\nu)}(x)$$

sind, muß notwendig die (irreduzible) Darstellung $D(x)$ zu $D^{(\nu)}(x)$ äquivalent sein, da sonst sämtliche Funktionen (12) zu den Funktionen (13) orthogonal wären. Also sind alle $\mathfrak{R}_i^{(\nu)}$ mit festem ν im wesentlichen gleich. Anders ausgedrückt: Sie sind zueinander isomorphe, zur Darstellung $D^{(\nu)}(x)$ gehörige Darstellungsmoduln von $\mathfrak{G}$. —

§ 33. Summierung von Fourierreihen.

Von der auf irgendeiner Gruppe erklärten fastperiodischen Funktion $f(x)$ sei nichts andres als ihre Fourierreihe

$$(1) \qquad f(x) \sim \sum s^{(\nu)} \sum \alpha_{\varrho\sigma}^{(\nu)} D_{\varrho\sigma}^{(\nu)}(x)$$

bekannt. Durch diese Reihe ist zwar $f(x)$ eindeutig bestimmt, wir haben aber bisher keine Methode kennengelernt, welche es möglich macht, die Werte der Funktion aus dieser Reihe allein herzuleiten. Wenn die Fourierreihe zufällig gleichmäßig konvergiert, so ist $f(x)$ der Limes der Partialsummen der Fourierreihe und es besteht kein weiteres Problem. Nur dann, wenn die Reihe überhaupt nicht oder wenigstens nicht gleichmäßig konvergiert, wird die Frage nach einer Summierungsmethode bedeutungsvoll. Für den Fall der reinperiodischen Funktionen leistet die Theorie von Fejér (§§ 20 und 22) alles, was zu wünschen ist. Wir werden zeigen, daß im Prinzip auch bei fastperiodischen Funktionen auf beliebigen Gruppen stets Summierungsverfahren angegeben werden können, welche dem Fejérschen entsprechen.

Es sei also $f(x)$ irgendeine fastperiodische Funktion mit der Fourierreihe (1). Die Fouriermatrizen $(\alpha_{\varrho\sigma}^{(\nu)})$ bezeichnen wir mit $A^{(\nu)}$. Eine Folge fastperiodischer Funktionen

$$(2) \qquad h_n(x) \sim \sum s^{(\nu)} \sum \beta_{\varrho\sigma,n}^{(\nu)} D_{\varrho\sigma}^{(\nu)}(x) \qquad\qquad n = 1, 2, \ldots$$

heißt *formal konvergent*, wenn für jedes ν die Matrizen $B_n^{(\nu)} = (\beta_{\varrho\sigma,n}^{(\nu)})$ gegen eine Matrix $B^{(\nu)}$ konvergieren, wenn also

$$\lim_{n \to \infty} B_n^{(\nu)} = B^{(\nu)} \qquad \text{oder} \qquad \lim_{n \to \infty} \beta_{\varrho\sigma,n}^{(\nu)} = \beta_{\varrho\sigma}^{(\nu)}$$

Gültigkeit hat. Wir sagen, die Folge $h(x)$ *konvergiert formal gegen* $f(x)$, wenn $B^{(\nu)} = A^{(\nu)}$ ist, wenn also

$$\lim_{n \to \infty} B_n^{(\nu)} = A^{(\nu)} \qquad \text{oder} \qquad \lim \beta_{\varrho\sigma,n}^{(\nu)} = \alpha_{\varrho\sigma}^{(\nu)}$$

richtig ist.

Man wird eine auf die Fourierreihe (1) anwendbare Summationsmethode gefunden haben, wenn man angeben kann, wie sich aus der Fourierreihe der Funktion $f(x)$ eine Folge von Funktionen $h_n(x)$ herleiten läßt, die folgende Eigenschaften hat:

1. Die Folge $h_n(x)$ konvergiert formal gegen $f(x)$.
2. Die Folge $h_n(x)$ konvergiert gleichmäßig gegen $f(x)$.
3. Die Fourierreihen der Funktionen $h_n(x)$ sind gleichmäßig konvergent (oder noch besser: sie bestehen nur aus endlich vielen Gliedern).

Bei Behandlung der sich so ergebenden Aufgabe, ein Summationsverfahren anzugeben, wird uns folgendes Kriterium nützlich sein.

Satz 1. *Eine formal konvergente Folge fastperiodischer Funktionen $h_n(x)$ konvergiert dann und nur dann gleichmäßig (und zwar gegen ihren* *formalen Limes), wenn die Funktionen der Folge $h_n(x)$ gleichgradig fast-periodisch und gleichgradig beschränkt sind.* Letzteres bedeutet: Es gibt eine Zahl $\Gamma > 0$, so daß für alle Funktionen $h_i(x)$ und für alle x

$$|h_n(x)| < \Gamma$$

ist.

Beweis: Wenn eine Folge von Funktionen gleichmäßig konvergiert, so sind die Funktionen der Folge gleichgradig fastperiodisch, wie man dem Beweis des Satz 8 in § 11 entnimmt. Eine solche Folge ist offenbar auch gleichgradig beschränkt. Es bleibt also nur der Satz in der umgekehrten Richtung zu beweisen.

Nennen wir die Menge der Funktionen $h_n(x)$ etwa H, so existiert zu jedem $\varepsilon > 0$ eine Teilung $\mathfrak{T}\{H, \varepsilon\}$. Wir setzen nacheinander $\varepsilon = 1,\ 1/2,\ 1/3,\ \ldots$ und bestimmen für jedes dieser ε ein Repräsentantensystem der Teilung $\mathfrak{T}\{H, 1/N\}$, bestehend aus den Elementen

$$a_1^{(N)},\ \ldots\ a_{r_N}^{(N)}\ .$$

Wir ordnen alle diese Elemente in einer Folge

$$a_1^{(1)},\ \ldots,\ a_{r_1}^{(1)},\ a_1^{(2)},\ \ldots,\ a_{r_2}^{(2)},\ a_1^{(3)}\ \ldots,$$

an und bezeichnen ihre Glieder in der angegebenen Reihenfolge mit

(3) $\qquad a_1,\ \ldots,\ a_{r_1},\ a_{r_1+1},\ \ldots,\ a_{r_1+r_2},\ a_{r_1+r_2+1},\ \ldots$

Nach Voraussetzung ist

$$|h_n(a_1)| < \Gamma \qquad\qquad n = 1, 2, \ldots$$

Also gibt es eine Teilfolge der h_n, welche für a_1 konvergiert

$$h_{11},\ h_{12},\ \ldots$$

Nach Voraussetzung ist

$$|h_{1n}(a_2)| < \Gamma\ .$$

Also gibt es eine Teilfolge der h_{1n}, welche für a_2 konvergiert

$$h_{21},\ h_{22},\ \ldots$$

So fahren wir fort und erhalten folgendes Schema

$$h_{11}(x),\ h_{12}(x),\ h_{13}(x),\ \ldots$$
$$h_{21}(x),\ h_{22}(x),\ h_{23}(x),\ \ldots$$
$$h_{31}(x),\ h_{32}(x),\ h_{33}(x),\ \ldots$$

$$-\ -\ -\ -\ -\ -\ -\ -\ -\ -$$

Jede Folge h_{mn} mit $n = 1, 2,\ \ldots$ konvergiert für alle a_k mit $k \leq m$. Außerdem ist jede Folge $h_{m',n}$ mit $m' > m$ Teilfolge von h_{mn}. Man bilde nun die Diagonalfolge

(4) $\qquad\qquad h_{11},\ h_{22},\ h_{33},\ \ldots\ .$

Sie konvergiert für alle a_k. Ich behaupte, daß sie sogar überall auf $\mathfrak{G}$ gleichmäßig konvergiert. Es sei etwa $\varepsilon > 0$ beliebig vorgegeben. Wir wählen dann $N > 3/\varepsilon$. Da (4) für alle a_k konvergiert, muß es insbesondere ein $n_0(\varepsilon, N)$ derart geben, daß für alle $m, n > n_0$

$$|h_{mm}(a_i^{(N)}) - h_{nn}(a_i^{(N)})| < \frac{\varepsilon}{3} \qquad \text{für } i = 1, \ldots, r_N$$

ist. Nun bestimmen wir zu beliebigen $x \in \mathfrak{G}$ den Repräsentanten $a_i^{(N)}$ desjenigen Teiles von $\mathfrak{T}\{H, 1/N\}$, welcher x enthält. Dann ist für alle $m, n > n_0(\varepsilon)$

$$\begin{aligned}
|h_{mm}(x) - h_{nn}(x)| \leq\ & |h_{mm}(x) - h_{mm}(a_i^{(N)})| \\
& + |h_{mm}(a_i^{(N)}) - h_{nn}(a_i^{(N)})| \\
& + |h_{nn}(a_i^{(N)}) - h_{nn}(x)| \\
< \frac{1}{N} & + \frac{\varepsilon}{3} + \frac{1}{N} < \varepsilon.
\end{aligned}$$

Die Folge der $h_n(x)$ enthält also sicherlich eine gleichmäßig konvergente Teilfolge $h_{nn}(x)$ mit einem Limes $h(x)$. Angenommen, es gäbe außer $h(x)$ eine weitere Funktion $h'(x)$, welche als Limes einer gleichmäßig konvergenten Teilfolge der $h_n(x)$ aufgefaßt werden könnte. Da die Folge $h_n(x)$ formal konvergiert, ist auch jede Teilfolge formal konvergent, und es ergibt sich leicht, daß $h(x)$ und $h'(x)$ notwendig die gleichen Fourierreihen haben müssen, da sie beide formale Grenzfunktionen derselben Folge $h_n(x)$ sind. Wegen des Eindeutigkeitsatzes sind h und h' identisch. Da jede Teilfolge der $h_n(x)$ wieder die Bedingungen des Satzes erfüllt, muß $h_n(x)$ an jeder Stelle x gegen $h(x)$ konvergieren. Daraus folgt, daß nicht nur gewisse Teilfolgen, sondern $h_n(x)$ selber gleichmäßig gegen $h(x)$ konvergiert. —

Sind $h(x)$ und $f(x)$ zwei fastperiodische Funktionen, so wollen wir künftig sagen, daß $f(x)$ die Funktion $h(x)$ *majorisiert*, in Zeichen $h \prec f$, wenn jede Teilung $\mathfrak{T}\{f(x), \varepsilon\}$ gleichzeitig eine Teilung $\mathfrak{T}\{h(x), \varepsilon\}$ ist. Der so eingeführte neue Begriff ist deshalb nützlich, weil mit seiner Hilfe die Untersuchung erleichtert wird, ob eine vorgebene Menge fastperiodischer Funktionen gleichgradig fastperiodisch ist. Wenn sich nämlich herausstellt, daß alle Funktionen der betreffenden Menge durch irgendeine feste Funktion majorisiert werden, so sind alle Funktionen der Menge gleichgradig fastperiodisch.

In den Untersuchungen des vorliegenden Paragraphen spielen solche fastperiodischen Funktionen $g(x)$ eine besondere Rolle, welche für jedes x nur reelle nicht negative Werte annehmen, und deren Mittelwert $= 1$ ist. Wir nennen solche Funktionen $g(x)$, für die also

$$g(x) \geq 0 \qquad\qquad M_x\{g(x)\} = 1$$

gilt, *Gewichtsfunktionen*. Derartige Funktionen werden wir in ganz ähnlicher Weise verwenden wie wir es in § 20 mit den Fejérschen Kernen taten.

Unter Benutzung der beiden neuen Begriffe läßt sich der folgende Satz leicht formulieren.

Satz 2. *Ist $g(x)$ eine Gewichtsfunktion und $f(x)$ mit* ob. Gr. $|f(x)| = \Gamma$
irgendeine fastperiodische Funktion, so wird die Funktion $f \times g(x)$ durch
$f(x)$ majorisiert

$$\text{(5)} \qquad\qquad f \times g \prec f$$

und außerdem ist

$$\text{(6)} \qquad\qquad |f \times g| \leq \Gamma.$$

Hat man also eine Folge g_n von Gewichtsfunktionen, so sind die Funktionen $f \times g_n$ sämtlich gleichgradig beschränkt und gleichgradig fastperiodisch.

Beweis: Es seien x_1 und x_2 aus einem Teil von $\mathfrak{T}\{f(x), \varepsilon\}$ gewählt.
Dann ist

$$
\begin{aligned}
|f \times g(x_1) - f \times g(x_2)| &= |M_y\{(f(x_1 y^{-1}) - f(x_2 y^{-1})) \, g(y)\}| \\
&\leq M_y\{|f(x_1 y^{-1}) - f(x_2 y^{-1})| \, g(y)\} \\
&\leq \varepsilon M\{g\} = \varepsilon.
\end{aligned}
$$

Damit ist (5) bewiesen. Die Abschätzung (6) folgt ähnlich. —

Die Fejérschen Kerne $K_n(t)$ sind spezielle Gewichtsfunktionen (vgl.
§ 20 (5), (6), (7)). Die in § 20 eingeführten Summen S_n

$$\text{(7)} \qquad\qquad S_n(x) = f \times K_n(x)$$

korvergieren formal gegen $f(x)$. Aus Satz 1 und 2 entnehmen wir sofort,
daß die $S_n(x)$ gegen $f(x)$ konvergieren. Dies ist ein neuer Beweis des
Fejérschen Satzes in § 20.

Statt wie es in § 20 geschah, von den in irgendeiner speziellen Weise
gebildeten „Partialsummen S_n" der Fourierreihen auszugehen und
(u. U. erfolglos) nach geeigneten Gewichtsfunktionen zu suchen, welche
es gestatten die Partialsummen als Faltungen zu schreiben (siehe (7)),
werden wir bei fastperiodischen Funktionen in einer beliebigen Gruppe
die Gewichtsfunktionen konstruieren und anschließend zeigen, daß mit
ihrer Hilfe ganze Klassen von Fourierreihen summiert werden können.

Satz 3. *Es sei $\Phi(x)$ eine fastperiodische Funktion. Dann existiert*
eine (von Φ abhängige) Folge von Gewichtsfunktionen $g_n(x)$, so daß
gleichmäßig für alle x

$$|\Phi(x) - \Phi \times g_n(x)| \leq \frac{1}{n}.$$

Zu jedem n existiert eine Zahl $G_n > 0$, so daß $g_n(x)$ durch $G_n \Phi(x)$ ma
jorisiert wird:

$$\text{(8)} \qquad\qquad g_n(x) \prec G_n \Phi(x).$$

Beweis: Wie im Beweis des Satzes 5 in § 15 bilden wir zu Φ die
Abstandsfunktion

$$\text{(9)} \qquad\qquad \Delta(x, y) = \text{ob. Gr.}_{c, d \in \mathfrak{G}} |\Phi(c x d) - \Phi(c y d)|.$$

Für jede natürliche Zahl n und für nicht negative u erklären wir

$$(10) \qquad F_n(u) = \begin{cases} 1 - nu, & \text{wenn } u \leq 1/n \\ 0, & \text{wenn } u \geq 1/n. \end{cases}$$

Setzt man dann

$$(11) \qquad g_n(x) = \frac{F_n(\Lambda(x^{-1},1))}{M_x\{F_n(\Lambda(x^{-1},1))\}},$$

so gilt nach § 15 Satz 5

$$|\Phi - \Phi \times g_n| < \frac{1}{n}.$$

Die Funktionen sind offensichtlich nach Konstruktion Gewichtsfunktionen.

Aus (11) folgt unter Benutzung von (9) und (10)

$$|g_n(x) - g_n(y)| \leq \frac{n\,\Lambda(x,y)}{M_x\{F_n(\Lambda(x^{-1},1))\}}.$$

Liegen x, y in einem Teil von $\mathfrak{T}\{\Phi(x), \varepsilon\}$, so ist $\Lambda(x, y) < \varepsilon$. Für

$$G_n = \frac{n}{M_x\{F_n(\Lambda(x^{-1},1))\}}$$

ist damit auch (8) bewiesen.

Satz 4. *Es seien $g_n(x)$ die in Satz 3 genannten Funktionen. Ihre Fourierreihen haben dann die Gestalt*

$$g_n(x) \sim \sum s^{(\nu)} \gamma_n^{(\nu)} \sum D_{\varrho\varrho}^{(\nu)}(x).$$

Existiert für gewisses ν ein n_0 mit $\gamma_{n_0}^{(\nu)} \neq 0$, so gilt für dieses ν

$$(12) \qquad \lim_n \gamma_n^{(\nu)} = 1.$$

Beweis: Wenn eine Funktion die Bedingung $f(yxy^{-1}) = f(x)$ für alle x und y erfüllt, so gilt für ihre Fourierkoeffizienten

$$\begin{aligned} \alpha_{\varrho\sigma}^{(\nu)} &= M_x\{f(yxy^{-1})\,\overline{D_{\varrho\sigma}^{(\nu)}(x)}\} \\ &= M_x\{f(x)\,\overline{D_{\varrho\sigma}^{(\nu)}(y^{-1}xy)}\} \\ &= M_x\{f(x)\sum_{\tau,\omega}\overline{D_{\varrho\tau}^{(\nu)}(y^{-1})\,D_{\tau\omega}^{(\nu)}(x)\,D_{\omega\sigma}^{(\nu)}(y)}\} \\ &= \sum_{\tau,\omega} D_{\tau\varrho}^{(\nu)}(y)\,\overline{D_{\omega\sigma}^{(\nu)}(y)}\,\alpha_{\tau\omega}^{(\nu)}. \end{aligned}$$

Mittelt man diese Gleichung über alle y, so ergibt sich

$$\alpha_{\varrho\sigma}^{(\nu)} = \frac{1}{s^{(\nu)}}\,\delta_{\varrho\sigma}\sum_{\tau,\omega}\delta_{\tau\omega}\,\alpha_{\tau\omega}^{(\nu)} = \frac{\delta_{\varrho\sigma}}{s^{(\nu)}}\sum_{\tau=1}^{s^{(\nu)}}\alpha_{\tau\tau}^{(\nu)} = \delta_{\varrho\sigma}\,\gamma^{(\nu)}.$$

Daß unsere Funktionen (11) wirklich

$$g_n(yxy^{-1}) = g_n(x)$$

erfüllen, ist leicht einzusehen. Die Fourierreihen haben also die im Satz behauptete Gestalt.

Um die andere Aussage unsres Satzes zu beweisen, betrachten wir die gefalteten Funktionen $g_n \times g_m$. Bei wachsendem m und festem n konvergieren sie gleichmäßig gegen g_n. Es ist nämlich für beliebiges festes x

$$|g_n(x) - g_n \times g_m(x)| \leq M_y\{|g_n(x) - g_n(xy^{-1})|\, g_m(y)\}\,.$$

Wenn hierin

$$|g_n(x) - g_n(xy^{-1})| > \frac{G_n}{m}$$

ist, so muß wegen Satz 3 (8) mit dem in (9) erklärten Δ

$$\Delta(1, y^{-1}) \geq \frac{1}{m}$$

gelten. Folglich ist für diese y

$$g_m(y) = 0\,.$$

Insgesamt ergibt sich

$$|g_n(x) - g_n \times g_m(x)| \leq \frac{G_n}{m} M_y\{g_m(y)\} = \frac{G_n}{m}\,.$$

Läßt man nun $m \to \infty$, so müssen die $g_n \times g_m$ gleichmäßig und also auch formal gegen g_n konvergieren. Hieraus folgt die Behauptung (12) des Satzes. —

Halten wir die Funktion $\Phi(x)$, von der wir in Satz 3 ausgingen, fest, so ergibt sich ein System von Zahlen $\gamma_n^{(\nu)}$, von denen nur abzählbar viele Zahlen nicht verschwinden; denn jede Fourierreihe

$$g_n(x) \sim \sum s^{(\nu)} \gamma_n^{(\nu)} \sum D_{\varrho\varrho}^{(\nu)}(x)$$

enthält nur höchstens abzählbar viele nicht verschwindende Glieder. Diejenigen $D^{(\nu)}(x)$, welche zu nicht verschwindenden $\gamma_n^{(\nu)}$ Anlaß geben, können also abgezählt werden. Wir bezeichnen diese betreffenden Darstellungen etwa mit $D^{(\nu_k)}(x)$, wobei k die natürlichen Zahlen durchläuft. Wie in § 32 nennen wir den Modul aller Linearkombinationen $\sum a_{\varrho\sigma} D_{\varrho\sigma}^{(\nu_k)}(x)$ der $D_{\varrho\sigma}^{(\nu_k)}(x)$ etwa $\mathfrak{M}^{(\nu_k)}$. Der Modul

$$\sum_{k=1}^{\infty} \mathfrak{M}^{(\nu_k)} = \{\Phi(x)\}$$

heiße der *durch Φ erzeugte Summationsmodul.*

Satz 5. *Es existiert ein System von Zahlen $\gamma_n^{(\nu_k)}$, so daß für jede Funktion $f(x) \in \{\Phi(x)\}$ mit der Fourierreihe*

$$f(x) \sim \sum s^{(\nu_k)} \sum \alpha_{\varrho\sigma}^{(\nu_k)} D_{\varrho\sigma}^{(\nu_k)}(x)$$

die Folge der Funktionen

(13) $$h_\lambda(x) = \sum s^{(\nu_k)} \gamma_n^{(\nu_k)} \sum \alpha_{\varrho\sigma}^{(\nu_k)} D_{\varrho\sigma}^{(\nu_k)}(x)$$

gleichmäßig gegen $f(x)$ konvergiert. Die Reihen (13) sind gleichmäßig konvergent.

Beweis: Mit Hilfe der Funktionen $g_n(x)$ des Satzes 3 bilden wir

$$(14) \qquad h_n(x) = f \times g_n(x).$$

Wegen Satz 4 und wegen der in § 31 angegebenen Rechenregel 4 für die Fourierreihen folgt, daß

$$(15) \qquad h_n(x) \sim \sum s^{(r_k)} \gamma_n^{(r_k)} \sum \alpha_{\varrho\sigma}^{(r_k)} D_{\varrho\sigma}^{(r_k)}(x).$$

Die Fourierreihen gefalteter Funktionen sind nun aber stets gleichmäßig konvergent. Im vorliegenden Falle zeigen wir die gleichmäßige Konvergenz der Fourierreihe (15) etwa wie folgt. Der K-te Abschnitt der Fourierreihe von $g_n(x)$ sei

$$g_n^{(K)}(x) = \sum_{k=1}^{K} s^{(r_k)} \gamma_n^{(r_k)} \sum D_{\varrho\varrho}^{(r_k)}(x)$$

genannt. Dann erhält man unter Benutzung von § 15 Satz 3

$$\left| h_n(x) - \sum_{k=1}^{K} s^{(r_k)} \gamma_n^{(r_k)} \sum \alpha_{\varrho\sigma}^{(r_k)} D_{\varrho\sigma}^{(r_k)}(x) \right| = |f \times g_n(x) - f \times g_n^{(K)}(x)|$$

$$= |f \times (g_n(x) - g_n^{(K)}(x))|$$

$$\leq \sqrt{N f \, N(g_n - g_n^{(K)})}$$

Man sieht, daß die rechte Seite dieser Ungleichung mit wachsendem K beliebig klein wird, weil die $g_n^{(K)}$ die Funktionen g_n bei wachsendem K im Mittel beliebig genau approximieren. Damit ist bewiesen, daß die Reihen (13) für die $h_n(x)$ gleichmäßig konvergieren, daß also im Prinzip die $h_n(x)$ berechnet werden können. Daß die $h_n(x)$ selber gleichmäßig gegen $f(x)$ konvergieren, folgt leicht aus der Tatsache, daß die $h_n(x)$ wegen Satz 4 (12) formal gegen $f(x)$ konvergieren. Die g_n sind nämlich Gewichtsfunktionen (Satz 3), also sind alle $h_n = f \times g_n$ gleichgradig fastperiodisch und gleichgradig beschränkt, (Satz 2) und folglich kann Satz 1 angewandt werden. —

Der soeben bewiesene Satz besagt, daß wir eine für die Fourierreihen der Funktionen aus $\{\Phi(x)\}$ brauchbare Summationsmethode gefunden haben. Durch einfache Operationen kann man das von uns angegebene Zahlensystem $\gamma_n^{(r)}$ durch ein anderes System von Zahlen $\tilde{\gamma}_n^{(r)}$ ersetzen, für das ein ebensolcher Satz wie für die $\gamma_n^{(r)}$ selber gilt, welches aber in mancher Hinsicht doch gegenüber dem System der $\gamma_n^{(r)}$ Vorteile hat. So läßt sich erreichen, daß bei festem n nur endlich viele $\tilde{\gamma}_n^{(r)} \neq 0$ sind. Doch soll hierauf nicht genauer eingegangen werden.

Dagegen wird uns nun die Frage interessieren, ob sich die Funktionen des von Φ erzeugten Summationsmoduls $\{\Phi\}$ irgendwie durch wesentliche Eigenschaften charakterisieren lassen, welche allen Funktionen aus $\{\Phi\}$, aber keinen weiteren Funktionen zukommen. In der Tat gelingt eine solche Charakterisierung der Funktionen aus $\{\Phi\}$, wenn wir uns eines weiteren Begriffes bedienen, welchen wir nun bereitstellen wollen.

Wir nennen eine fastperiodische Funktion $g(x)$ *gleichartig fast-periodisch wie* $f(x)$, wenn zu jedem $\varepsilon > 0$ ein $\delta > 0$ existiert, so daß jede Teilung $\mathfrak{T}\{f(x), \delta\}$ eine Teilung $\mathfrak{T}\{g(x), \varepsilon\}$ ist. Jetzt können wir folgenden Satz formulieren und beweisen.

Satz 6. *Ist $\Phi(x)$ irgend eine fastperiodische Funktion, so besteht der Summationsmodul $\{\Phi(x)\}$ aus genau denjenigen Funktionen $f(x)$, welche gleichartig fastperiodisch wie $\Phi(x)$ sind.*

Beweis: Es sei $f(x)$ gleichartig fastperiodisch wie $\Phi(x)$. Ist dann $\varepsilon > 0$ beliebig vorgegeben, so bestimmen wir $\delta > 0$ derart, daß $\mathfrak{T}\{\Phi(x), \delta\}$ eine Teilung $\mathfrak{T}\{f(x), \varepsilon\}$ ist. Es sei dann n eine natürliche Zahl $> 1/\delta$. Wir haben

$$|f(x) - f \times g_n(x)| \leq M_y\{|f(x) - f(x\,y^{-1})|\,g_n(y)\}.$$

Wenn hierin

$$|f(x) - f(x\,y^{-1})| \geq \varepsilon$$

ist, so folgt für die in (9) erklärte Funktion $\Delta(x, y)$

$$\Delta(y^{-1}, 1) \geq \delta > \frac{1}{n}.$$

Für diese y ergibt sich dann aus (11) und (10)

$$g_n(y) = 0.$$

Wir haben also

$$|f(x) - f \times g_n(x)| \leq \varepsilon\, M_y\{g_n(y)\} = \varepsilon$$

und entnehmen hieraus, daß die $f \times g_n$ gleichmäßig gegen $f(x)$ konvergieren. Da die $f \times g_n$ alle in $\{\Phi\}$ liegen, muß auch $f \in \{\Phi\}$ sein.

Wenn umgekehrt $f \in \{\Phi(x)\}$, so ist zu zeigen, daß $f(x)$ gleichartig fastperiodisch ist wie $\Phi(x)$. Man wähle bei vorgegebenem $\varepsilon > 0$ das natürliche n so groß, daß für alle x

$$|f(x) - f \times g_n(x)| < \frac{\varepsilon}{3}$$

wird (Satz 5 und (14)). Sodann wähle man $\delta > 0$ so klein, daß

$$\delta < \frac{\varepsilon}{3\, G_n\, M_y\{|f(y)|\}}$$

ist (Satz 3). Liegen nun x_1 und x_2 in einem Teil $\mathfrak{A}_i$ von $\mathfrak{T}\{\Phi(x), \delta\}$, so gilt

$$
\begin{aligned}
|f(x_1) - f(x_2)| &\leq |f(x_1) - f \times g_n(x_1)| \\
&\quad + |f \times g_n(x_1) - f \times g_n(x_2)| \\
&\quad\quad + |f \times g_n(x_2) - f(x_2)| \\
&\leq \frac{\varepsilon}{3} + |f \times g_n(x_1) - f \times g_n(x_2)| + \frac{\varepsilon}{3}.
\end{aligned}
$$

Nun ist aber

$$|f \times g_n(x_1) - f \times g_n(x_2)| \leq M_y\{|f(y)|\,|g_n(y^{-1}x_1) - g_n(y^{-1}x_2)|\}.$$

Aus Satz 3 folgt, daß dies

$$< M_y\{|f(y)|\}\, G_n\, \delta < \frac{\varepsilon}{3}\, .$$

Für die in $\mathfrak{A}_i$ gelegenen Elemente x_1, x_2 gilt also

$$|f(x_1) - f(x_2)| < 3\,\frac{\varepsilon}{3} = \varepsilon\, .$$

Damit ist der Satz auch in der anderen Richtung bewiesen. —

Es mag die auf Seite 141 gegebene Definition des durch $\varPhi$ erzeugten Summationsmoduls zunächst etwas willkürlich erscheinen. Der Satz 6 zeigt aber bereits, daß die Funktionen eines Summationsmoduls eine sehr schön abgerundete Klasse von Funktionen bilden. Daß die Bezeichnung „Summationsmodul" berechtigt ist, ergibt sich aus der Tatsache, daß das in Satz 5 angegebene Summationsverfahren genau auf den durch $\varPhi$ erzeugten Modul $\{\varPhi\}$ zugeschnitten ist. Daß die Fourierreihe einer jeden Funktion aus $\{\varPhi\}$ sich mit Hilfe dieses Verfahrens summieren läßt, ist die Aussage des Satz 5. Daß andre Fourierreihen nach diesem Verfahren nicht summiert werden können, zeigt der folgende Satz, der auch in anderer Hinsicht sich als wichtig erweisen wird.

Satz 7. *Ist $\mathfrak{M} = \{\varPhi\}$ der von $\varPhi$ erzeugte Summationsmodul und ist*

$$(16)\qquad f(x) \sim \sum s^{(\nu)} \sum \alpha_{\varrho\sigma}^{(\nu)} D_{\varrho\sigma}^{(\nu)}(x)$$

irgend eine fastperiodische Funktion, so gibt es in $\mathfrak{M}$ eine Funktion $f_{\mathfrak{M}}(x)$, deren Fourierreihe aus genau denjenigen Gliedern von (16) *besteht, welche in $\mathfrak{M}$ liegen, für die also $\nu = \nu_k$ ist:*

$$f_{\mathfrak{M}}(x) \sim \sum_k s^{(\nu_k)} \sum \alpha_{\varrho\sigma}^{(\nu_k)} D_{\varrho\sigma}^{(\nu_k)}(x)\, .$$

Diese Funktion wird durch $f(x)$ majorisiert:

$$f_{\mathfrak{M}}(x) \prec f(x)\, .$$

Wenn $|f(x)| \leq \varGamma$, so ist auch $|f_{\mathfrak{M}}(x)| \leq \varGamma$.

Beweis: Man bilde mit den Funktionen $g_n(x)$ des Satz 3 die Folge

$$f_n(x) = f \times g_n(x) = \sum_k s^{(\nu_k)} \gamma_n^{(\nu_k)} \sum \alpha_{\varrho\sigma}^{(\nu_k)} D_{\varrho\sigma}^{(\nu_k)}(x)\, .$$

Wegen Satz 1 und 2 konvergiert diese Folge gleichmäßig gegen eine Funktion

$$(17)\qquad f_{\mathfrak{M}}(x) = \lim f \times g_n(x)\, .$$

Da die Folge f_n natürlich auch formal gegen $f_{\mathfrak{M}}$ konvergiert, so muß $f_{\mathfrak{M}}$ die Fourierreihe

$$f_{\mathfrak{M}} \sim \sum s^{(\nu_k)} \sum \alpha_{\varrho\sigma}^{(\nu_k)} D_{\varrho\sigma}^{(\nu_k)}(x)$$

haben, d. h. $f_{\mathfrak{M}}(x)$ liegt in $\mathfrak{M}$. Aus (17) und aus Satz 2 folgt, daß $f_{\mathfrak{M}} \prec f$ und $|f_{\mathfrak{M}}| \leq \varGamma$. Damit ist der Satz bewiesen. —

§ 34. Linear unabhängige Fourierexponenten.

Als Anwendung unsrer Summationstheorie soll ein Satz von Bohr über eigentlich fastperiodische Funktionen hergeleitet werden. Dazu ist es praktisch, den Begriff der quasiperiodischen Funktionen einzuführen. Ist $f(x)$ eine komplexwertige Funktion der reellen Variabeln x, so heißt diese Funktion *quasiperiodisch mit den Perioden* $p_1, \ldots, p_n$, wenn zu jedem $\varepsilon > 0$ ein $\delta > 0$ existiert, so daß alle Zahlen τ, welche den Ungleichungen

$$\left|\frac{\tau}{p_1}\right| < \delta, \ldots, \left|\frac{\tau}{p_n}\right| < \delta \qquad \text{mod } 1$$

genügen, Fastperioden zu ε von $f(x)$ sind. Es genügt, wenn wir die Perioden $p_1, \ldots, p_n$ als bzgl. der rationalen Zahlen linear unabhängige reelle Zahlen voraussetzen. Jede quasiperiodische Funktion ist offensichtlich eine spezielle eigentlich fastperiodische Funktion. Man sieht das noch deutlicher, wenn wir der Definition folgende Gestalt geben: Die Funktion $f(x)$ ist quasiperiodisch mit den Perioden $p_1, \ldots, p_n$, wenn es zu jedem $\varepsilon > 0$ ein $\delta = \delta(\varepsilon) > 0$ so gibt, daß jede Überdeckung der Menge $\mathfrak{G}$ der reellen Zahlen durch Teile $\mathfrak{A}_1, \ldots, \mathfrak{A}_r$, welche für jede der Funktionen $e^{i\frac{2\pi}{p_\nu}x}$ eine Teilung $\mathfrak{T}\left\{e^{i\frac{2\pi}{p_\nu}x}, \delta\right\}$ ist, auch als Teilung $\mathfrak{T}\{f(x), \varepsilon\}$ aufgefaßt werden kann.

Mit Hilfe des Kroneckerschen Approximationssatzes, der aus elementaren zahlentheoretischen Vorlesungen bekannt sein dürfte, läßt sich leicht erkennen, wie die Fourierreihen quasiperiodischer Funktionen mit vorgegebenen Quasiperioden $p_1, \ldots, p_n$ aussehen. Der Kroneckersche Approximationssatz lautet so: Sind die Zahlen $\lambda_1, \ldots, \lambda_q$ beliebige linear unabhängige reelle Zahlen, sind ferner $\alpha_1, \ldots, \alpha_q$ beliebige reelle Zahlen, und ist schließlich δ eine beliebige positive Zahl, so existiert stets eine reelle Zahl x, so daß

$$\left|e^{i\lambda_1 x} - e^{i\alpha_1}\right| < \delta, \ldots, \left|e^{i\lambda_q x} - e^{i\alpha_q}\right| < \delta.$$

Um Klarheit über den Aufbau des Moduls der quasiperiodischen Funktionen mit den linear unabhängigen Perioden $p_1, \ldots, p_n$ zu gewinnen, müssen wir untersuchen, welche Funktionen $e^{i\lambda x}$ diesem Modul angehören. Wenn die Zahlen

$$\frac{2\pi}{p_1}, \ldots, \frac{2\pi}{p_n}, \lambda$$

linear unabhängig sind, so zeigt sich, daß $e^{i\lambda x}$ sicher nicht quasiperiodisch mit den Perioden $p_1, \ldots, p_n$ ist. Wenn wir nämlich annehmen, $e^{i\lambda x}$ hätte die Quasiperioden $p_1, \ldots, p_n$, so müßte es zu $\varepsilon = 1$ ein $\delta = \delta(1)$ mit $0 < \delta < 1$ derart geben, daß jede Überdeckung, die für jedes ν eine Teilung $\mathfrak{T}\left\{e^{i\frac{2\pi}{p_\nu}x}, \delta\right\}$ ist, gleichzeitig als Teilung $\mathfrak{T}\{e^{i\lambda x}, 1\}$

aufgefaßt werden kann. Nun setzen wir

$$\lambda_1 = \frac{2\pi}{p_1}, \ldots, \lambda_n = \frac{2\pi}{p_n}, \lambda_{n+1} = \lambda$$

und wählen irgend ein x_1. Für jedes x, welches

$$\left|e^{i\lambda_1(x+t)} - e^{i\lambda_1(x_1+t)}\right| = \left|e^{i\lambda_1 x} - e^{i\lambda_1 x_1}\right| < \delta$$

$$\overline{\left|e^{i\lambda_n(x+t)} - e^{i\lambda_n(x_1+t)}\right| = \left|e^{i\lambda_n x} - e^{i\lambda_n x_1}\right| < \delta}$$

erfüllt, muß nach Konstruktion von $\delta = \delta(1)$

$$(1) \qquad\qquad \left|e^{i\lambda x} - e^{i\lambda x_1}\right| < 1$$

sein. Dies aber widerspricht dem Kroneckerschen Satz, welcher aussagt, daß es eine Zahl x gibt, welche

$$\left|e^{i\lambda_1 x} - e^{i\lambda_1 x_1}\right| < \delta, \ldots, \left|e^{i\lambda_n x} - e^{i\lambda_n x_1}\right| < \delta$$

und außerdem auch

$$\left|e^{i\lambda x} - e^{i\alpha}\right| < \delta < 1$$

erfüllt, wobei α willkürlich wählbar ist. Man wähle etwa $\alpha = \lambda x_1 + \pi$. Es ergibt sich

$$\left|e^{i\lambda x_1} - e^{i\lambda x}\right| \geq \left|e^{i\lambda x_1} - e^{i(\lambda x_1 + \pi)}\right| - \left|e^{i(\lambda x_1 + \pi)} - e^{i\lambda x}\right|$$

$$\geq 2 - 1 = 1$$

entgegen (1). Deshalb ist $e^{i\lambda x}$ nicht quasiperiodisch mit den Perioden $p_1, \ldots, p_n$, wenn λ von den $\frac{2\pi}{p_\nu}$ unabhängig ist. Wenn aber andererseits das λ in $e^{i\lambda x}$ von den $\frac{2\pi}{p_\nu}$ linear abhängig ist[1], so läßt sich $e^{i\lambda x}$ aus den sicherlich quasiperiodischen Funktionen $e^{i\frac{2\pi}{p_\nu}x}$ multiplikativ aufbauen, ist also, wie man sehr leicht sieht, quasiperiodisch mit den Perioden $p_1, \ldots, p_n$. Die Fourierreihen der quasiperiodischen Funktionen $f(x)$ mit den Perioden $p_1, \ldots, p_n$ sehen also nach § 32 Satz 1 folgendermaßen aus:

$$(2) \qquad\qquad f(x) \sim \sum_{\varrho_1, \ldots, \varrho_n} \alpha_{\varrho_1, \ldots, \varrho_n} e^{i\left(\frac{\varrho_1}{p_1} + \cdots + \frac{\varrho_n}{p_n}\right) 2\pi x},$$

wobei die $\varrho_1, \ldots, \varrho_n$ alle n-Tupel von ganzen Zahlen durchlaufen.

Die Gesamtheit der quasiperiodischen Funktionen mit vorgegebenen linear unabhängigen Perioden $p_1, \ldots, p_n$ bildet ein Beispiel für einen Summationsmodul. Dies geht daraus hervor, daß wir die Menge dieser Funktionen auch als den durch die Funktion

$$\Phi(x) = e^{i\frac{2\pi}{p_1}x_1} + \cdots + e^{i\frac{2\pi}{p_n}x}$$

------

[1] Im Hinblick auf Satz 1 ist nur das soeben bewiesene Resultat von Belang. Wir dürfen deshalb darauf verzichten, ausführlich zu zeigen, daß λ eine lineare Funktion der $2\pi/p_\nu$ mit *ganzen* Koeffizienten sein muß. Übrigens folgt (2) auch unmittelbar aus § 25 Satz 2 und der Gleichung (3) desselben Paragraphen.

erzeugten Summationsmodul $\{\Phi\}$ charakterisieren können. Die quasi-periodischen Funktionen mit den angegebenen Perioden sind also gerade diejenigen Funktionen, welche gleichartig wie $\Phi(x)$ fastperiodisch sind. Um dies nachzuweisen, beachten wir zunächst, daß $\Phi(x)$ selber eine quasiperiodische Funktion mit den Perioden $p_1, \ldots, p_n$ ist. Mit $\Phi(x)$ sind dann aber alle Funktionen aus $\{\Phi\}$, welche ja nach §33 Satz 6 gleichartig fastperiodisch wie Φ sind, ebensolche quasiperiodischen Funktionen. Es genügt also, zu zeigen, daß $\{\Phi\}$ wirklich alle quasiperiodischen Funktionen mit den Perioden $p_1, \ldots, p_n$ enthält. Aber auch das ist nahezu trivial. Denn $\{\Phi(x)\}$ enthält jede Funktion $e^{i\frac{2\pi}{p_\nu}x}$ $(\nu = 1, \ldots, n)$. Man sieht sofort, daß damit auch alle $e^{i\left(\frac{\varrho_1}{p_1} + \cdots + \frac{\varrho_n}{p_n}\right)x}$ in $\{\Phi\}$ liegen müssen, (denn mit f und g liegt auch fg in $\{\Phi\}$). Also sind alle Funktionen (2), also alle in Betracht kommenden quasiperiodischen Funktionen in $\{\Phi\}$ gelegen.

Diese auch an sich schon interessanten Erkenntnisse gestatten nun den Beweis des folgenden

Satz 1. *Sind die Fourierexponenten einer eigentlich fastperiodischen Funktion*

$$f(x) \sim \sum_{n=1}^{\infty} \alpha_n\, e^{i\Lambda_n x}$$

alle linear unabhängig (bzgl. der rationalen Zahlen), so konvergiert die Fourierreihe absolut und gleichmäßig. Es gilt also

$$f(x) = \sum_{n=1}^{\infty} \alpha_n\, e^{i\Lambda_n x}.$$

Beweis: Wir wissen, daß $\left\{\sum_{\nu=1}^{n} e^{i\Lambda_\nu x}\right\}$ keine Funktion $e^{i\Lambda_\nu x}$ mit $\nu > n$ enthält. Aus § 33 Satz 7 folgt, daß

$$s_n(x) = \sum_{\nu=1}^{n} \alpha_\nu\, e^{i\Lambda_\nu x} \in \left\{\sum_{\nu=1}^{n} e^{i\Lambda_\nu x}\right\}.$$

Außerdem ist

$$s_n(x) = \sum_{\nu=1}^{n} \alpha_\nu\, e^{i\Lambda_\nu x} \prec f(x)$$

und

$$|s_n(x)| \leq \Gamma$$

wobei $\Gamma = \text{ob. Gr.}\, |f(x)|$. Aus § 33 Satz 1 folgt die Behauptung unseres Theorems. —

In dem soeben bewiesenen Satze haben wir ein recht auffälliges Kriterium vor uns. Im allgemeinen kann man garnichts darüber aussagen, wie die Koeffizienten α_n einer trigonometrischen Reihe

$$\sum \alpha_n\, e^{i\Lambda_n x}$$

beschaffen sein müssen, damit die Reihe Fourierreihe einer fastperiodischen Funktion ist. Sind aber die Λ_n linear unabhängig, so lautet die notwendige und hinreichende Bedingung wegen unseres Satzes:

$$\Sigma\, |\alpha_n|$$

muß konvergieren!

VI. Kompakte Gruppen.

Die fastperiodischen Funktionen auf kompakten Gruppen.

§ 35. Begriffe der mengentheoretischen Topologie.

Bevor wir uns der eigentlichen Theorie dieses Kapitels zuwenden, sind wir gezwungen, einige Begriffe der topologischen Mengenlehre einzuführen, welche wir zur Definition der kompakten Gruppe und bei der Formulierung der herzuleitenden Sätze dringend benötigen.

Es sei also R eine Menge von irgendwelchen Elementen $a, b, \ldots$ Wir nennen R einen *metrischen Raum*, wenn je zwei Elementen a und b aus R eine reelle Zahl $|a, b|$ als Abstand zugeordnet ist gemäß folgenden

Abstandsaxiomen:

1. $|a, a| = 0$
2. $|a, b| = |b, a| > 0,$ wenn $a \neq b$
3. $|a, b| + |b, c| \geq |a, c|$ (Dreiecksungleichung).

Die Elemente von R werden auch Punkte genannt. Ist ε eine beliebige positive Zahl, so bildet die Menge aller b mit $|a, b| \leq \varepsilon$ eine *volle Umgebung* des Punktes a. Man spricht von einer ε-Umgebung.

Beispiel eines metrischen Raumes bilden die s-reihigen quadratischen Matrizen $A, B, \ldots$, wenn man ihren Abstand durch

$$|A, B| = |A - B|$$

erklärt.

Ist in einem metrischen Raum R eine Folge von Punkten $a_1, a_2, \ldots$ gegeben und existiert in R ein Element a, so daß

$$\lim_{i \to \infty} |a_i, a| = 0$$

ist, so heißt die Folge *konvergent mit dem Limes a*. Der Limes ist durch die Folge eindeutig bestimmt und man schreibt

$$\lim_{i \to \infty} a_i = a\,.$$

Im Falle s-reihiger Matrizen bedeutet

$$(1) \qquad \lim_{i \to \infty} A^{(i)} = A\,,$$

daß die einzelnen Komponenten $A_{\varrho\sigma}^{(i)}$ gegen die Komponenten $A_{\varrho\sigma}$ von

A konvergieren. Die Gleichung (1) und die Gleichungen

$$\lim_{i \to \infty} A_{\varrho\sigma}^{(i)} = A_{\varrho\sigma} \qquad\qquad \varrho,\, \sigma = 1, \ldots, s$$

sind also gleichbedeutend.

Sind zwei metrische Räume R und P mit den Elementen $a,\, b. \ldots$ bzw. $\alpha,\, \beta, \ldots$ gegeben, so wird eine eindeutige Funktion $\varphi(a)$ auf R mit Werten in P als *stetig* bezeichnet, wenn aus

$$\lim a_i = a$$

stets

$$\lim \varphi(a_i) = \varphi(a)$$

folgt.

Tritt jedes Element $\alpha \in P$ als Wert der in R stetigen Funktion $\varphi(a)$ auf, so heißt P *stetiges Bild* von R. Die Umkehrfunktion $\psi(\alpha)$ auf P, welche jedem α die Menge aller $a \in R$ zuordnet, für die

$$\alpha = \varphi(a)$$

ist, braucht nicht eindeutig zu sein. Ist aber $\psi(\alpha)$ sowohl eindeutig als auch stetig, so heißen die Räume R und P *homöomorph*.

Die Menge $\mathfrak{M}$ aller fastperiodischen Funktionen auf einer Gruppe kann man dadurch zu einem metrischen Raum $\mathfrak{M}'$ machen, daß man den Abstand zweier Funktionen f und g durch

$$(2) \qquad\qquad |f,\, g| = \text{Dist}\,(f,\, g)$$

erklärt (siehe § 14). Der Abstand läßt sich aber auch anders durch

$$(3) \qquad\qquad |f,\, g| = \text{ob. Gr.}_{x \in \mathfrak{G}} |f(x) - g(x)|$$

definieren. So entsteht ein metrischer Raum $\mathfrak{M}''$. Die Elemente der Räume $\mathfrak{M}'$ und $\mathfrak{M}''$ sind beidemal dieselben. Trotzdem sind die Räume $\mathfrak{M}'$ und $\mathfrak{M}''$ nicht immer homöomorph. Ordnet man jeder Funktion aus $\mathfrak{M}'$ dieselbe Funktion in $\mathfrak{M}''$ zu, so wird zwar $\mathfrak{M}'$ stetiges Bild von $\mathfrak{M}''$, aber $\mathfrak{M}''$ braucht nicht stetiges Bild von $\mathfrak{M}'$ zu sein.

Sind in einer Menge R, wie in unserem Beispiel der fastperiodischen Funktionen, zwei verschiedene Abstände eingeführt, welche aus R die metrischen Räume R' bzw. R'' machen, so wollen wir ein Element a aus R, aufgefaßt als Element von R' mit a', aufgefaßt als Element von R'' mit a'' bezeichnen. Vermittelt dann die Abbildung

$$a' \longleftrightarrow a''$$

von R' auf R'', welche die Elemente an sich festläßt, eine Homöomorphie der Räume R' und R'', so sollen die Abstände in R' und R'' *äquivalent* heißen. In diesem Falle ist es nicht notwendig, die beiden Räume R' und R'' in bezug auf Konvergenz- und Stetigkeitsfragen zu unterscheiden. Im Raume der fastperiodischen Funktionen sind die Abstände (2) und (3) im allgemeinen nicht äquivalent. Handelt es sich speziell aber um Funktionen auf einer endlichen Gruppe, so sind sie äquivalent.

Weiter benötigen wir folgende Begriffe. Wie nennen einen metrischen Raum R *vollständig*, wenn jede Punktfolge $a_1, a_2, \ldots$ aus R, die dem Cauchyschen Konvergenzkriterium genügt, also jede sogenannte Fundamentalfolge, konvergiert. Ein metrischer Raum R heißt *kompakt*, wenn jede in R gelegene Folge $a_1, a_2, \ldots$ eine konvergente Teilfolge besitzt. Ein kompakter Raum ist von selber vollständig. Wenn man von einem Raum nur weiß, daß jede Folge $a_1, a_2, \ldots$ eine Fundamentalfolge als Teilfolge besitzt, so heißt der Raum *bedingt kompakt*. Ein vollständiger bedingt kompakter Raum ist kompakt. Für uns wichtig ist der

Satz 1: *Das stetige Bild P eines kompakten Raumes R ist wieder kompakt. Ist die betr. Abbildung eineindeutig, so sind R und P homöomorph.*

Beweis: Es sei α_i eine Punktfolge aus P. Es wird behauptet, daß die α_i eine konvergente Teilfolge haben. Zum Beweise suchen wir zu jedem α_i ein $a_i \in R$, so daß α_i das zu a_i gehörige Bild ist.

$$\alpha_i = \varphi(a_i) .$$

Die a_i besitzen eine konvergente Teilfolge $a_{i_\nu} \to a$. Demnach gilt auch

$$\alpha_{i_\nu} = \varphi(a_{i_\nu}) \to \varphi(a) ,$$

also ist P kompakt. Die zweite Behauptung: Die Umkehrfunktion $a = \psi(\alpha)$ der eineindeutigen stetigen Funktion $\alpha = \varphi(a)$ ist stetig. Wäre sie nicht stetig, so gäbe es ein $\varepsilon > 0$ und zu jedem $n = 1, 2, \ldots$ ein Elementepaar α_n , β_n mit

$$(4) \qquad |\alpha_n, \beta_n| < \frac{1}{n} \quad \text{und} \quad |\psi(\alpha_n) - \psi(\beta_n)| = |a_n - b_n| > \varepsilon .$$

Da R und P kompakt sind, darf man annehmen, daß die Folgen α_n, β_n a_n, b_n konvergieren. Es gilt wegen (4)

$$a = \lim a_n \neq \lim b_n = b \qquad \alpha = \lim \alpha_n = \lim \beta_n = \beta.$$

Weil $\alpha = \varphi(a)$ stetig ist, folgt

$$\varphi(a) = \lim \varphi(a_n) = \lim \alpha_n = \lim \beta_n = \lim \varphi(b_n) = \varphi(b),$$

obwohl doch $a \neq b$ ist. Wir erhalten also einen Widerspruch gegen unsere Annahme, daß φ umkehrbar eindeutig sein sollte. —

Schließlich noch folgende Definitionen. Ist $\mathfrak{N} \subset R$ eine Teilmenge eines metrischen Raumes R, so heißt

$$d = \text{ob. Gr.} \underset{a_1, a_2 \in \mathfrak{N}}{|a_1, a_2|}$$

der *Durchmesser* von $\mathfrak{N}$. Ein metrischer Raum R heißt *total beschränkt*, wenn es zu jedem $\delta > 0$ eine Überdeckung des Raumes R durch endlich viele Teilmengen $\mathfrak{N}_i$ gibt

$$R = \overset{n}{\underset{i=1}{\mathfrak{S}}} \mathfrak{N}_i ,$$

deren Durchmesser $\leq \delta$ ist.

Satz 2: *Ein metrischer Raum R ist dann und nur dann total beschränkt, wenn er bedingt kompakt ist.*

Beweis: Der Raum R sei bedingt kompakt, die Zahl $\delta > 0$ sei beliebig vorgegeben. Wir wählen dann in R einen Punkt a_1, dann einen zweiten Punkt a_2 mit $|a_2, a_1| \geq \frac{\delta}{2}$, dann einen dritten Punkt a_3, der von a_1 und a_2 einen Abstand $\geq \frac{\delta}{2}$ hat, also

$$|a_2, a_1| \geq \frac{\delta}{2} \qquad\qquad |a_3, a_2| \geq \frac{\delta}{2},$$

so fahren wir fort. Sind $i-1$ Punkte $a_1, \ldots, a_{i-1}$ gewählt, so sucht man ein a_i, welches von jedem der $a_1, \ldots, a_{i-1}$ einen Abstand $\geq \frac{\delta}{2}$ hat. Schließlich muß es einmal unmöglich werden, einen weiteren solchen Punkt zu finden; denn gäbe es unendlich viele $a_1, a_2, \ldots$ mit $|a_i, a_k| \geq \frac{\delta}{2}$ für $i \neq k$, so könnte diese Folge keine Fundamentalfolge als Teilfolge enthalten. Es sei $a_1, \ldots, a_n$ ein System von Punkten, das auf keine Weise mehr durch einen weiteren Punkt in der angegebenen Weise ergänzt werden kann. Dann gibt es also zu jedem a ein a_i unter den $a_1, \ldots, a_n$ mit $|a, a_i| < \frac{\delta}{2}$. Es sei nun für $i = 1, \ldots, n$ die Menge $\mathfrak{N}_i$ als die Menge aller Punkte a mit $|a, a_i| < \frac{\delta}{2}$ erklärt. Dann ist also einerseits

$$R = \mathop{\mathfrak{S}}_{i=1}^{n} \mathfrak{N}_i$$

und andererseits hat jedes $\mathfrak{N}_i$ einen Durchmesser $< \delta$. Es ist R also total beschränkt.

Wenn umgekehrt R total beschränkt ist, so wird behauptet, daß jede Folge $a_1, a_2, \ldots$ eine Fundamentalfolge als Teilfolge enthält. Es sei $\delta > 0$ beliebig vorgegeben. Dann existiert eine Überdeckung von R mit endlich vielen $\mathfrak{N}_i$

$$R = \mathop{\mathfrak{S}}_{i=1}^{n} \mathfrak{N}_i,$$

deren Durchmesser sämtlich $< \delta$ sind. Unendlich viel Glieder der Folge müssen notwendig in einem der Teile $\mathfrak{N}_i$ liegen. Die Folge $a_1, a_2, \ldots$ enthält also Teilfolgen von beliebig kleinem Durchmesser. Nun suchen wir eine Teilfolge von $a_1, a_2, \ldots$, etwa

$$a_{1_1}, a_{1_2}, \ldots \qquad\qquad \text{mit Durchmesser} < 1$$

Sodann suchen wir eine Teilfolge von $a_{1_1}, a_{1_2}, \ldots$, etwa

$$a_{2_1}, a_{2_2}, \ldots \qquad\qquad \text{mit Durchmesser} < \frac{1}{2}$$

Sodann suchen wir eine Teilfolge von $a_{2_1}, a_{2_2}, \ldots$, etwa

$$a_{3_1}, a_{3_2}, \ldots \qquad\qquad \text{mit Durchmesser} < \frac{1}{3}$$

usw. Die Diagonalfolge

$$a_{1_1},\ a_{2_2},\ a_{3_3}\ldots$$

ist dann ersichtlich eine Fundamentalfolge. Für $i, k > N$ gilt nämlich

$$|a_{i_i},\ a_{k_k}| < \frac{1}{N}.$$

Also ist R bedingt kompakt. —

Als Anwendung dieses Satzes wollen wir zeigen, daß die von uns gegebene Definition von fastperiodisch mit der v. Neumannschen übereinstimmt. v. Neumann faßt die Menge aller beschränkten Funktionen auf einer Gruppe als metrischen Raum auf, indem er den Abstand zweier Funktionen $f(x)$, $g(x)$ durch

$$|f, g| = \text{ob. Gr.} \underset{x \in \mathfrak{G}}{} |f(x) - g(x)|$$

erklärt. Es gilt dann der

Satz 3: *Eine beschränkte Funktion $f(x)$ auf einer Gruppe ist dann und nur dann fastperiodisch, wenn sowohl die Menge der Funktionen $f(cx)$ als auch die Menge der Funktionen $f(xd)$ bei beliebigen $c, d \in \mathfrak{G}$ bedingt kompakt ist.*

Beweis: Es sei die Menge aller Funktionen $f(cx)$ bedingt kompakt. Dann ist diese Menge nach Satz 2 auch totalbeschränkt, es gibt also zu $\varepsilon > 0$ endlich viele c_k, etwa N, so daß bei jedem c für geeignetes k und für alle x

$$|f(cx) - f(c_k^{..}x)| < \frac{\varepsilon}{3}$$

gilt. Dies bleibt richtig, wenn x durch xd ersetzt wird.

$$(5) \qquad |f(cxd) - f(c_k xd)| < \frac{\varepsilon}{3}.$$

Wenn die Menge aller $f(cx)$ bedingt kompakt ist, so ist aber auch die Menge aller $f(c_k bx)$ mit festem c_k und beliebigen $b \in \mathfrak{G}$ bedingt kompakt und damit totalbeschränkt. Es gibt also eine Überdeckung von $\mathfrak{G}$ mit endlich vielen Teilmengen $\mathfrak{B}_1^{(k)}, \ldots, \mathfrak{B}_{n_k}^{(k)}$ derart, daß für $b', b'' \in \mathfrak{B}_j^{(k)}$ gilt

$$(6) \qquad |f(c_k b'x) - f(c_k b''x)| < \frac{\varepsilon}{3}.$$

Der Deutlichkeit halber führe ich neue Bezeichnungen ein. Ich ersetze x in (6) durch d und b', b'' durch x, y. Dann haben wir also

$$(7) \qquad |f(c_k xd) - f(c_k yd)| < \frac{\varepsilon}{3} \quad \text{für } x, y \in \mathfrak{B}_j^{(k)} \qquad d \text{ beliebig in } \mathfrak{G}$$

Offenbar kann man eine Überdeckung von $\mathfrak{G}$ durch Mengen $\mathfrak{A}_1, \ldots, \mathfrak{A}_n$ finden, welche gleichzeitig für alle c_k als Überdeckung $\mathfrak{B}_1^{(k)}, \ldots, \mathfrak{B}_{n_k}^{(k)}$ geeignet ist. Ausgehend von irgendwelchen N Überdeckungen $\mathfrak{B}_1^{(k)}, \ldots, \mathfrak{B}_{n_k}^{(k)}$ $(k = 1, \ldots, N)$ bilde man nämlich die „gemeinsame Unterteilung" dieser Überdeckungen, bestehend aus solchen $\mathfrak{A}_1, \ldots, \mathfrak{A}_n$, welche für jedes k in mindestens einem $\mathfrak{B}_j^{(k)}$ voll enthalten sind. Die

Mengen $\mathfrak{A}_i$ bilden eine Teilung $\mathfrak{T}\{f(x), \varepsilon\}$. Denn es ist für $x, y \in \mathfrak{A}_i$ und beliebige $c, d \in \mathfrak{G}$

$$(8) \qquad |f(c\,x\,d) - f(c\,y\,d)| \leq |f(c\,x\,d) - f(c_k\,x\,d)| + |f(c_k\,x\,d) - f(c_k\,y\,d)|$$
$$+ |f(c_k\,y\,d) - f(c\,y\,d)|.$$

Hierin bedeutet c_k ein zu c so hinzubestimmtes Element, daß (5) gilt. Aus (5), (7) und (8) folgt, weil $\mathfrak{A}_i$ als gewisses $\mathfrak{B}_j^{(k)}$ aufgefaßt werden kann

$$|f(c\,x\,d) - f(c\,y\,d)| < \varepsilon \qquad \text{für } x, y \in \mathfrak{A}_i \qquad c, d \in \mathfrak{G}.$$

Also ist $f(x)$ fastperiodisch. Bemerkenswert ist, daß wir bei unsren Überlegungen nur benutzt haben, daß die Menge aller $f(c\,x)$ bedingt kompakt ist!

Um die andre Aussage unsres Satzes zu beweisen, nehmen wir an, es sei $f(x)$ fastperiodisch. Dann existiert zu jedem $\varepsilon > 0$ eine Teilung $\mathfrak{T}\{f(x), \varepsilon\}$. Daraus folgt sofort, daß die Funktionenmenge $f(x\,d)$ (Variable ist d und x Parameter) totalbeschränkt ist. Wir haben nur x durch c und d durch x zu ersetzen, um zu erkennen, daß die Funktionenmenge $f(c\,x)$ totalbeschränkt und damit bedingt kompakt ist (jetzt ist x die Variable und c der Parameter). Entsprechend zeigt man, daß auch die Menge der Funktionen $f(x\,d)$ bedingt kompakt ist. —

Sieht man sich den soeben vorgeführten Beweis etwas genauer an, so erkennt man, daß die Definition von fastperiodisch etwas abgeschwächt werden könnte. Da wir später von dieser Tatsache Gebrauch machen werden, formulieren wir sie als

Satz 4: *Wenn es für eine Funktion $f(x)$ der Elemente x einer Gruppe $\mathfrak{G}$ zu jedem $\varepsilon > 0$ eine Überdeckung von $\mathfrak{G}$ mit Mengen $\mathfrak{A}_1, \ldots, \mathfrak{A}_n$ gibt, so daß gleichmäßig in d gilt*

$$(9) \qquad\qquad |f(x\,d) - f(y\,d)| < \varepsilon \qquad\qquad \textit{für } x, y \in \mathfrak{A}_i,$$

so ist $f(x)$ fastperiodisch.

Beweis: Genau wie im zweiten Teil des vorangegangenen Beweises läßt sich aus (9) folgern, daß die Menge der Funktionen $f(c\,x)$ bedingt kompakt ist. Wie im ersten Teil desselben Beweises zeigt man dann, daß $f(x)$ fastperiodisch ist. —

Zum Schluß kehren wir nochmals zu den allgemeinen metrischen Räumen zurück und beweisen wie in den elementaren Vorlesungen den folgenden

Satz 5. *Jede stetige Funktion $f(x)$ der Elemente x eines kompakten Raumes R ist gleichmäßig stetig.* Obwohl dieser Satz ganz allgemein gilt, beschränken wir uns auf den Fall, daß die Werte der Funktionen komplexe Zahlen sind. Dann lautet die Behauptung: Zu jedem $\varepsilon > 0$ existiert ein $\delta > 0$, so daß für irgendzwei Elemente $x, y \in R$

$$\text{aus } |x, y| < \delta \qquad \text{folgt} \qquad |f(x) - f(y)| < \varepsilon$$

Beweis: Wäre die stetige Funktion $f(x)$ nicht gleichmäßig stetig, so gäbe es ein $\varepsilon_0 > 0$ und zu jedem n zwei Elemente x_n und y_n aus R, so daß

$$(10) \qquad |x_n, y_n| < \frac{1}{n} \quad \text{und} \quad |f(x_n) - f(y_n)| > \varepsilon_0 .$$

Aus der Folge der x_n kann man eine konvergente Teilfolge x_{n_i} auswählen, da R kompakt ist. Sei etwa

$$\lim_{i \to \infty} x_{n_i} = x,$$

dann ist (wegen der Dreiecksungleichung) auch

$$\lim_{i \to \infty} y_{n_i} = x .$$

Weil $f(x)$ stetig sein sollte, folgt

$$\lim_{i \to \infty} f(x_{n_i}) = \lim_{i \to \infty} f(y_{n_i}) = f(x)$$

entgegen (10). Also ist $f(x)$ gleichmäßig stetig. —

§ 36. Der Hauptsatz über fastperiodische Funktionen im Falle kompakter Gruppen.

Die Elemente einer kompakten Gruppe $\mathfrak{G}$ bilden einen kompakten metrischen Raum, an den allerdings noch einige zusätzliche Anforderungen gestellt werden. Diese Forderungen lassen sich durch eine ganz einfache Bedingung für den Abstand in $\mathfrak{G}$ ersetzen. Wir verlangen nämlich, daß der Abstand in einer kompakten Gruppe $\mathfrak{G}$ invariant ist.

$$|cxd, cyd| = |x, y| \qquad \text{für beliebige } c, d, x, y \in \mathfrak{G}.$$

Wenn der Abstand diese Bedingung nicht erfüllt, so muß doch mindestens gefordert werden, daß $a\,x$, $x\,a$ und x^{-1} in x stetige Funktionen sind. Es läßt sich dann unschwer zeigen, daß man den Abstand durch einen anderen äquivalenten ersetzen kann, welcher invariant ist.

Wir setzen also voraus, daß der Abstand $|x, y|$ in einer kompakten Gruppe invariant ist und können dann zeigen

Satz 1. *Auf einer kompakten Gruppe $\mathfrak{G}$ sind alle stetigen Funktionen fastperiodisch.*

Beweis: Jede stetige Funktion $f(x)$ auf $\mathfrak{G}$ ist wegen § 35 Satz 5 gleichmäßig stetig, d. h. es existiert zu jedem $\varepsilon > 0$ ein $\delta > 0$ derart, daß

$$(1) \qquad \text{aus} \quad |x, y| < \delta \quad \text{folgt} \quad |f(x) - f(y)| < \varepsilon$$

Weil der Abstand $|x, y|$ invariant ist, folgt aber aus $|x, y| < \delta$ auch $|cxd, cyd| < \delta$ und Anwendung von (1) ergibt:

$$(2) \qquad \text{Aus} \quad |x, y| < \delta \quad \text{folgt} \quad |f(cxd) - f(cyd)| < \varepsilon .$$

Nun ist $\mathfrak{G}$ als kompakte Gruppe totalbeschränkt. Es gibt also eine Überdeckung von $\mathfrak{G}$ mit Teilen $\mathfrak{A}_1, \ldots, \mathfrak{A}_n$, deren Durchmesser $< \delta$ ist. Wählt man x, y in einem einzigen aber sonst beliebigen dieser Teile, so folgt aus (2)

$$|f(cxd) - f(cyd)| < \varepsilon \qquad\qquad \text{für } x, y \in \mathfrak{A}_i,$$

d. h. die $\mathfrak{A}_1, \ldots, \mathfrak{A}_n$ bilden eine Teilung $\mathfrak{T}\{f(x), \varepsilon\}$, und $f(x)$ ist demnach fastperiodisch. —

Sehr viele Gruppen haben die unangenehme Eigenschaft, daß ihre sämtlichen fastperiodischen Funktionen konstant sind. Die kompakten Gruppen sind deshalb sehr angenehm, weil bei ihnen das entgegengesetzte Extrem verwirklicht ist. Wir zeigen nämlich den

Satz 2. *Sind a und b beliebige verschiedene Elemente der kompakten Gruppe $\mathfrak{G}$, so gibt es stets eine stetige fastperiodische Funktion $f(x)$, so daß*

$$f(a) \neq f(b)$$

ist. Beispiel einer solchen Funktion ist

$$(3) \qquad\qquad f(x) = |a, x|.$$

Beweis: In der Tat ist für die Funktion (3)

$$f(a) = |a, a| = 0 \qquad\qquad f(b) = |a, b| \neq 0 \, .$$

Es genügt, zu zeigen, daß $f(x) = |a, x|$ stetig und also fastperiodisch ist. Aus

$$\big| |a, x| - |a, y| \big| \leq |x, y|$$

folgt aber sogar die gleichmäßige Stetigkeit. —

Zieht man den Hauptsatz der Theorie fastperiodischer Funktionen heran, so ergeben sich aus dem soeben bewiesenen Satz sehr wichtige Folgerungen bezüglich der Struktur der kompakten Gruppen.

Es sei $\mathfrak{M}$ der abgeschlossene zweiseitig invariante Modul aller stetigen (und somit fastperiodischen) Funktionen auf $\mathfrak{G}$. Die Darstellungen eines vollständigen Systems von inäquivalenten, irreduziblen, unitären Darstellungen von $\mathfrak{G}$ bezeichnen wir wieder mit $D^{(\nu)}(x) = (D^{(\nu)}_{\varrho\sigma}(x))$, und die Menge aller Funktionen

$$\sum_{\varrho, \sigma = 1}^{s^{(\nu)}} a_{\varrho\sigma} D^{(\nu)}_{\varrho\sigma}(x)$$

$a_{\varrho\sigma}$ beliebig komplex, ν fest, heiße $\mathfrak{M}^{(\nu)}$. Nach § 32 Satz 2 ist dann

$$(4) \qquad\qquad \mathfrak{M} = \sum_{\mathfrak{M}^{(\nu)} \subset \mathfrak{M}} \mathfrak{M}^{(\nu)}.$$

Die $\mathfrak{M}^{(\nu)}$, welche in $\mathfrak{M}$ liegen, sind vor den übrigen Moduln $\mathfrak{M}^{(\nu)}$ dadurch ausgezeichnet, daß die zur Darstellung $D^{(\nu)}(x)$ gehörigen Funktionen $D^{(\nu)}_{\varrho\sigma}(x)$ stetig sind.

Wir wollen eine beliebige Darstellung $D(x)$ einer kompakten Gruppe dann *stetig* nennen, wenn die Funktion $D(x)$, welche den Elementen $x \in \mathfrak{G}$ Werte aus dem linearen Raum aller s-reihigen Matrizen zuordnet, stetig ist. Dann kann man statt (4) auch schreiben

$$(5) \qquad\qquad \mathfrak{M} = \sum_{D^{(\nu)}(x) \text{ stetig}} \mathfrak{M}^{(\nu)}.$$

Diese Formel bedeutet nichts anderes, als daß jede stetige (fast-periodische) Funktion auf $\mathfrak{G}$ durch endliche Summen

$$\sum_{\nu\,\text{endlich}}\ \sum_{\varrho,\,\sigma=1}^{s^{(\nu)}} a^{(\nu)}_{\varrho\sigma} D^{(\nu)}_{\varrho\sigma}(x) \qquad\qquad D^{(\nu)}(x)\ \text{stetig}$$

gleichmäßig approximiert werden kann. Nehmen wir nun an, es gäbe zwei verschiedene Elemente $a, b \in \mathfrak{G}$, welchen durch jede der stetigen Darstellungen $D^{\nu}(x)$ gleiche Matrizen zugeordnet würden! Dann wäre also

$$D^{(\nu)}(a) = D^{(\nu)}(b) \qquad \text{für alle stetigen } D^{(\nu)}(x)$$

und wegen (5) müßte dann $f(a) = f(b)$ sein für sämtliche Funktionen aus $\mathfrak{M}$. Das widerspricht dem Satz 2. So haben wir also

Satz 3. *Das vollständige System $D^{(\nu)}(x)$ aller stetigen inäquivalenten, irreduziblen, unitären Darstellungen von $\mathfrak{G}$ ist treu, d. h. zu je zwei verschiedenen Elementen $a, b \in \mathfrak{G}$ existiert eine stetige unitäre irreduzible Darstellung $D^{(\iota)}(x)$, so daß*

$$D^{(\nu)}(a) \neq D^{(\nu)}(b)$$

wird.

Natürlich wäre es erwünscht, eine einzige treue, stetige Darstellung von $\mathfrak{G}$ zu finden. Das aber ist nicht ohne weiteres möglich, wenn man nicht von der Gruppe $\mathfrak{G}$ außer Kompaktheit noch andere Eigenschaften verlangt. Jedoch gilt

Satz 4. *Jede kompakte Gruppe $\mathfrak{G}$ besitzt abzählbar viele stetige, unitäre Darstellungen $D_i(x)$, welche in ihrer Gesamtheit treu sind,* d. h. zu je zwei verschiedenen Elementen a und $b \in \mathfrak{G}$ läßt sich ein i finden, so daß

$$D_i(a) \neq D_i(b)$$

wird. In Satz 3 standen dagegen noch möglicherweise über abzählbar viele $D^{(\nu)}(x)$ zur Auswahl.

Beweis: Die Funktion $f(x) = |1, x|$ habe die Fourierreihe

$$|1, x| \sim \sum_{\nu} s^{(\nu)} \sum_{\varrho,\,\sigma=1}^{s^{(\nu)}} \alpha^{(\nu)}_{\varrho\sigma} D^{(\nu)}_{\varrho\sigma}(x)\,.$$

Nur abzählbar viele der Fouriermatrizen $A^{(\nu)}$ von $|1, x|$ können von 0 verschieden sein wegen der Parsevalschen Gleichung ($\S\,31$ Satz 2). Indem wir nur diejenigen Glieder in der Fourierreihe beibehalten, für die $A^{(\nu)} \neq 0$ ist, können wir also

$$|1, x| \sim \sum_{i=1}^{\infty} s^{(\nu_i)} \sum_{\varrho,\,\sigma=1}^{s^{(\nu_i)}} \alpha^{(\nu_i)}_{\varrho\sigma} D^{(\nu_i)}_{\varrho\sigma}(x)$$

schreiben. Wir bilden nun

$$(6) \qquad\qquad \widetilde{\mathfrak{M}} = \sum_{i=1}^{\infty} \mathfrak{M}^{(\nu_i)},$$

wobei $\mathfrak{M}^{(\nu_i)}$ die Menge aller $\overset{s^{(\nu_i)}}{\underset{\varrho,\,\sigma\,=\,1}{\sum}} a_{\varrho\sigma}\, D_{\varrho\sigma}^{(\nu_i)}(x)$ bedeutet. $\widetilde{\mathfrak{M}}$ ist ein zweiseitig invarianter Modul. Wegen § 32 Satz 1 enthält $\widetilde{\mathfrak{M}}$ die Funktion
$|1, x|$ und damit auch die sämtlichen Funktionen $|a, x| = |1, a^{-1}x|$.
Genau wie beim Beweis von Satz 3 entnehmen wir aus (6), daß notwendig zu jedem Paar verschiedener Elemente a, b mindestens eine
Darstellung $D^{(\nu_i)}(x)$ existieren muß, für die

$$D^{(\nu_i)}(a) \neq D^{(\nu_i)}(b)$$

ist, weil ja die Funktion $|a, x|$ für $x = a$ und $x = b$ verschiedene Werte
annimmt. Man setze $D^{(\nu_i)}(x) = D_i(x)$ und hat dann den Satz bewiesen[1]. —

Wenn es auch nicht immer eine endliche stetige unitäre Darstellung
$D^{(\nu)}(x)$ gibt, welche für sich allein treu ist, so kann man doch mit den
abzählbar vielen Darstellungen $D_i(x)$ des Satz 4 eine treue, stetige
Darstellung zusammensetzen, welche aus Matrizen mit unendlich vielen
Zeilen und Spalten besteht. Mit diesem Ziel vor Augen bilden wir zunächst die unitären, stetigen Darstellungen

$$\widetilde{D}_r(x) = \begin{vmatrix} D_1(x) & & & \mathrm{o} \\ & D_2(x) & & \\ & & \ddots & \\ \mathrm{o} & & & D_r(x) \end{vmatrix}$$

Offenbar enthalten die Matrizen von $\widetilde{D}_r(x)$ hauptsächlich Nullen. Nur
entlang der Hauptdiagonalen sind Kästchen aneinander gereiht, die
aus Matrizen der ersten r Darstellungen $D_1(x), \ldots, D_r(x)$ des Satzes 4
bestehen. Die Folge der Darstellungen $\widetilde{D}_r(x)$ ist wieder in ihrer Gesamtheit treu. Es habe nun die k-te dieser Darstellungen den Grad $\widetilde{s}_k$.
Ist dann $i < k$ eine ganze Zahl, so besteht die i-te der Darstellungen,
nämlich $\widetilde{D}_i(x)$, genau aus den $\widetilde{s}_i$ ersten Zeilen und Spalten von $\widetilde{D}_k(x)$.
Man kann offenbar annehmen, daß die treue Gesamtheit von Normal-
darstellungen $D_i(x)$ des Satzes 4 diese Eigenschaft von vornherein besitzt, andernfalls ersetzt man sie durch die Darstellungen $\widetilde{D}_i(x)$. Zur
Vereinfachung lassen wir zukünftig das Zeichen $\sim$ fort und nehmen
an, daß für $i < k$ die Darstellung $D_i(x)$ der „s_i-Abschnitt von $D_k(x)$"
ist, daß also $D_i(x)$ aus den s_i ersten Zeilen und Spalten von $D_k(x)$ besteht.

---

[1] Man kann noch wesentlich mehr beweisen, wenn man die Theorie des
§ 33 heranzieht: Da $\{|1, x|\}$ alle stetigen Funktionen enthält, kann es auf
einer kompakten Gruppe überhaupt nur abzählbar unendlich viele stetige
$D^{(\nu)}(x)$ geben.

Läßt man in $D_i(x)$ das i gegen ∞ streben, so erhält man „letzten Endes" eine Matrix $D_\infty(x)$ mit unendlch vielen Zeilen und Spalten, die durch die Bemerkung eindeutig gekennzeichnet ist, daß der s_i-Abschnitt $(i = 1, 2, \ldots)$ von $D_\infty(x)$, also ihre ersten s_i Zeilen und Spalten, grad die Darstellung $D_i(x)$ liefert.

Das Produkt $D_\infty(x) \cdot D_\infty(y)$ bildet man, indem man $D_i(x) \cdot D_i(y)$ für jedes i berechnet. Die Folge dieser endlichen Produktmatrizen liefert dann das gesuchte Resultat. In diesem Sinne ist wegen $D_i(x) D_i(y) = D_i(xy)$

$$D_\infty(x)\, D_\infty(y) = D_\infty(xy)\,.$$

Deshalb darf auch $D_\infty(x)$ als eine Darstellung von $\mathfrak{G}$ aufgefaßt werden. Diese Darstellung ist sicher treu, da die Gesamtheit der s_i-Abschnitte $D_i(x)$ von $D_\infty(x)$ treu ist.

In § 8 haben wir für endliche Matrizen A den Absolutbetrag $|A|$ und damit für zwei Matrizen A und B einen Abstand $|A, B| = |A - B|$ erklärt. Um auch die Menge der unendlichen Matrizen zu einem metrischen Raum zu machen, müssen wir nun auch für unendliche Matrizen entsprechende Definitionen geben. Die Definition in § 8 läßt sich nicht ohne weiteres auch auf unendliche Matrizen anwenden, da sie im allgemeinen für den Betrag den Wert ∞ liefern würde. Statt dessen geben wir folgende

Definition: Als *Absolutbetrag* der unendlichen Matrix $D_\infty(x)$ bebezeichnen wir die Zahl

$$(7) \qquad |D_\infty(x)| = \operatorname*{Min}_i \left[\operatorname{Max} \left(|D_i(x)|, \frac{1}{s_i} \right) \right].$$

Dementsprechend wird die *Entfernung* zweier unendlicher Matrizen $D_\infty(x)$ und $D_\infty(y)$ durch $|D_\infty(x) - D_\infty(y)|$ erklärt.

Die Menge aller $D_\infty(x)$ bilden bezüglich dieser Entfernungsdefinition einen metrischen Raum. Es ist nämlich, wie man unmittelbar einsieht, tatsächlich erstens

$$|D_\infty(x) - D_\infty(x)| = 0$$

und zweitens

$$|D_\infty(x) - D_\infty(y)| = |D_\infty(y) - D_\infty(x)| > 0 \qquad \text{für } x \neq y$$

erfüllt. Wir leiten (drittens) die Dreiecksungleichung her. Offenbar gilt für gewisses i und k

$$|D_\infty(x) - D_\infty(y)| = \operatorname{Max} \left(|D_i(x) - D_i(y)|, \frac{1}{s_i} \right) \qquad x \neq y.$$

und

$$|D_\infty(y) - D_\infty(z)| = \operatorname{Max} \left((D_k(y) - D_k(z)|, \frac{1}{s_k} \right) \qquad y \neq z.$$

Die trivialen Fälle $x = y$ und $y = z$ schließen wir aus. Es sei beispielsweise $i \leq k$. Dann haben wir

$$|D_\infty(x) - D_\infty(y)| + |D_\infty(y) - D_\infty(z)|$$
$$= \text{Max}\left(|D_i(x) - D_i(y)|, \frac{1}{s_i}\right) + \text{Max}\left(|D_k(y) - D_k(z)|, \frac{1}{s_k}\right)$$
$$\geq \text{Max}\left(|D_i(x) - D_i(y)| + |D_i(y) - D_i(z)|, \frac{1}{s_i}\right)$$
$$\geq \text{Max}\left(|D_i(x) - D_i(z)|, \frac{1}{s_i}\right)$$
$$\geq \text{Min}_j\left[\text{Max}\left(|D_j(x) - D_j(z)|, \frac{1}{s_j}\right)\right]$$
$$= |D_\infty(x) - D_\infty(z)|.$$

Die Abbildung

$$x \longleftrightarrow D_\infty(x)$$

ist umkehrbar eindeutig. Wir wollen zeigen, daß sie auch in beiden Richtungen stetig ist. Es werde etwa $\varepsilon > 0$ beliebig vorgegeben. Wir werden ein $\delta > 0$ so bestimmen, daß

$$\text{aus } |x, y| < \delta \quad \text{folgt} \quad |D_\infty(x) - D_\infty(y)| < \varepsilon.$$

Dazu wählen wir zunächst i so groß, daß $\frac{1}{s_i} < \varepsilon$ wird und betrachten dann die Darstellung $D_i(x) = (D_{\varrho\sigma}^{(i)}(x))$. Die Funktionen $D_{\varrho\sigma}^{(i)}(x)$ sind als stetige Funktionen auf $\mathfrak{G}$ sogar gleichmäßig stetig. Man kann also ein δ so bestimmen, daß für $|x, y| < \delta$ und jedes beliebige Zahlenpaar ϱ, σ mit $\varrho, \sigma = 1, \ldots, s_i$

$$|D_{\varrho\sigma}^{(i)}(x) - D_{\varrho\sigma}^{(i)}(y)| < \frac{\varepsilon}{s_i}$$

gilt. Dann ist

$$|D_i(x) - D_i(y)| < \varepsilon,$$

also in der Tat

$$|D_\infty(x) - D_\infty(y)| < \varepsilon.$$

Daß umgekehrt x stetig von $D(x)$ abhängt, folgt sofort aus § 35 Satz 1. Die Abbildung

$$x \longleftrightarrow D_\infty(x)$$

ist demnach eine Homöomorphie. Unser Ergebnis formulieren wir als

Satz 5. *Jede kompakte Gruppe besitzt eine treue, in beiden Richtungen stetige (unitäre) Darstellung $D_\infty(x)$ mit unendlich vielen Zeilen und Spalten.* Wie diese Darstellung aus den Darstellungen des Satzes 4 zusammengesetzt ist, wurde auf S. 157 erläutert.

Zu Hilberts V. Problem.

§ 37. Formulierung des Hauptsatzes.

Bekanntlich hat LIE unter Benutzung des Begriffs der kontinuierlichen Gruppen ein System von Axiomen für die Geometrie aufgestellt und bewiesen, daß dieses System zum Aufbau der Geometrie ausreicht.

Es kommt darauf an nachzuweisen, daß eine in gewisser Weise charakterisierte Gruppe die Bewegungsgruppe ist. LIE führt diesen Nachweis, indem er die von ihm entwickelte Methode der infinitesimalen Elemente anwendet. Dabei muß natürlich vorausgesetzt werden, daß es einen Sinn hat, von infinitesimalen Elementen zu sprechen, d. h. man muß annehmen, daß die Gruppe eben eine „Liesche Gruppe" ist. In dieser Annahme liegt u. a., daß gewisse Differenzierbarkeitsforderungen erfüllt sein sollen. Es fragt sich nun, ob diese Forderungen unvermeidlich sind, oder ob etwa die Differenzierbarkeit bewiesen werden oder u. U. durch Übergang zu anderen Parametern erzwungen werden kann.

Dieses von HILBERT im Jahre 1900 aufgestellte Problem — es war das 5. von insgesamt 23 —, welches er auf der Mathematikertagung in Paris formulierte, ist bisher für die in Frage kommenden Fälle nicht gelöst worden. Dagegen ist es v. NEUMANN gelungen zu beweisen, daß man kompakte Gruppen im allgemeinen als Liesche Gruppen auffassen kann. In Hinblick auf Hilberts Problem darf dies Resultat besonderes Interesse beanspruchen. Als wichtigstes Hilfsmittel verwendet v. NEUMANN bei seinem Beweis die von uns in § 36 konstruierte unendliche, treue Darstellung kompakter Gruppen. Seine Theorie kann demnach als Anwendung des Hauptsatzes über fastperiodische Funktionen gelten und soll deshalb in den folgenden Paragraphen vorgeführt werden.

Um diejenigen kompakten Gruppen charakterisieren zu können, welche als Lie-Gruppen aufgefaßt werden können, benötigen wir einen neuen Begriff.

Definition: Ein metrischer Raum R heißt *n-dimensional*, wenn jeder seiner Punkte a eine *n*-dimensionale Umgebung $U(a)$ besitzt, d. h. also, wenn zu jedem a ein $\varepsilon > 0$ derart existiert, daß alle Punkte x mit

$$|a, x| < \varepsilon$$

eine Menge bilden, die einer offenen Menge des *n*-dimensionalen Euklidischen Raumes homöomorph ist.

Eine kompakte Gruppe ist offenbar dann und nur dann *n*-dimensional, wenn ein einziges ihrer Elemente eine *n*-dimensionale Umgebung besitzt.

Ohne an dieser Stelle genauer auf den Begriff der Lieschen Gruppe eingehen zu wollen, geben wir v. Neumanns Resultat durch folgenden Satz wieder:

Jede kompakte n-dimensionale Gruppe ist eine Liesche Gruppe.

Wir führen den Beweis dieses Satzes dadurch, daß wir zeigen:

Hauptsatz. *Jede kompakte, n-dimensionale Gruppe besitzt eine endliche, treue, in beiden Richtungen stetige, unitäre Darstellung.*

Dieser Satz sagt aus, daß in Hinblick sowohl auf die algebraische als auch auf die topologische Struktur jede kompakte *n*-dimensionale

Gruppe durch eine aus Matrizen bestehende Gruppe ersetzt werden kann. Solche Matrizengruppen heißen lineare Gruppen. Um die Bedeutung des Hauptsatzes ermessen zu können, müssen wir uns der Betrachtung dieser Gruppen zuwenden. In § 38 werden gewisse Hilfsmittel für diese Untersuchungen bereitgestellt. Der § 39 deckt die Struktur der linearen Gruppen auf und im letzten Paragraphen dieses Kapitels (§ 40) wird gezeigt, in welcher Weise die Frage nach der Struktur der kompakten Gruppen mit Hilfe des Hauptsatzes bearbeitet werden kann.

Der Beweis des Hauptsatzes wird im folgenden Kapitel erbracht. Jedoch kann man bei der Lektüre dieses Beweises nicht auf die Kenntnis der Ausführungen über lineare Gruppen in den §§ 38 und 39 verzichten.

§ 38. Exponentialfunktion und Logarithmus einer Matrix.

Die Menge der s-reihigen quadratischen Matrizen $A, B, \ldots$ wird durch die Festsetzung

$$|A, B| = |A - B|$$

zu einem metrischen Raum. Die Begriffe „konvergente Folge von Matrizen", „Limes einer Folge von Matrizen" usw. erhalten dadurch einen bestimmten Sinn. Faßt man eine unendliche Reihe

$$\sum_{n=1}^{\infty} A_n,$$

wie auch sonst in der Analysis, als Folge ihrer Partialsummen auf, so kann man von Konvergenz, Divergenz der Reihe und gegebenenfalls auch von ihrer Summe sprechen.

In diesem Sinne wollen wir die Reihen

$$\sum_{n=0}^{\infty} \frac{1}{n!} A^n \quad \text{und} \quad \sum_{n=1}^{\infty} \frac{(-1)^{n-1}}{n} (A - E)^n$$

betrachten. Ihre Konvergenz kann mit Hilfe der bekannten Konvergenzkriterien untersucht werden. Berücksichtigt man den Satz 2 § 8, so findet man leicht, daß die erste Reihe für alle A mit $|A| \leq a$ gleichmäßig konvergiert, wobei $a > 0$ willkürlich ist. Die zweite Reihe konvergiert für alle A mit $|A - E| \leq a$ gleichmäßig, wobei $0 < a < 1$ ist.

Es liegt nahe, folgende Bezeichnung einzuführen.

Definition: Die für alle Matrizen A erklärte Funktion

$$e^A = \sum_{0}^{\infty} \frac{1}{n!} A^n$$

nennen wir die *Exponentialfunktion*. Entsprechend heiße die für alle A mit $|A - E| < 1$ erklärte Funktion

$$\log A = \sum_{1}^{\infty} \frac{(-1)^{n-1}}{n} (A - E)^n$$

der *Logarithmus* von A. Beide Funktionen sind in ihrem Definitionsbereich stetige Funktionen.

Bevor wir die wesentlicheren Eigenschaften des Logarithmus und der Exponentialfunktion herleiten, sollen zwei häufig benutzte Abschätzungen angegeben werden.

Satz 1: *Es ist*

$$(1) \qquad |e^A - E| \leq e^{|A|} - 1 ,$$

und für $|A - E| < 1$

$$(2) \qquad |\log A| \leq - \log (1 - |A - E|) .$$

Der Beweis dieser Ungleichungen ist ganz einfach. Die erste folgt aus

$$|e^A - E| = \left| \sum_1^\infty \frac{A^n}{n!} \right| \leq \sum_1^\infty \frac{|A|^n}{n!} = e^{|A|} - 1 .$$

Ferner gilt für $|A - E| < 1$.

$$|\log A| = \left| \sum_1^\infty \frac{(E-A)^n}{n} \right| \leq \sum_1^\infty \frac{|E-A|^n}{n} = - \log (1 - |E - A|)$$

und das ist (2). —

Es liegt nahe, zu vermuten, daß der Logarithmus die Umkehrfunktion der Expontialfunktion ist. In der Tat gilt der

Satz 2: *Für alle Matrizen A mit* $|A - E| < 1$ *gilt*

$$e^{\log A} = A$$

Für alle Matrizen mit $|A| < \log 2$ *gilt*

$$\log e^A = A .$$

Natürlich sind die angegebenen Beschränkungen des Gültigkeitsbereichs der Formeln schon deshalb notwendig, damit die Logarithmen sinnvoll sind. In der zweiten Formel könnte man allerdings den Logarithmus auch in andren als den angegebenen Fällen bilden. Dann würde aber die Gleichung nicht notwendig richtig sein. Z. B. ist $\log e^{2\pi i} = 0$.

Beweis: Es genügt, das Beweisprinzip zu erläutern, indem wir die zweite der Formeln beweisen. Die erste wird ganz entsprechend hergeleitet. Verstehen wir unter z eine komplexe Variable, so bilden wir

$$(3) \qquad \sum_{\mu=1}^m \frac{(-1)^{\mu-1}}{\mu} \left(\sum_{\nu=1}^n \frac{1}{\nu!} z^\nu \right)^\mu - z = \sum_{r=1}^\infty a_{m,n}^{(r)} z^r .$$

Offenbar haben die Koeffizienten $a_{m,n}^{(r)}$ für $r > mn$ den Wert Null, während sie bei festem r für hinreichend große m und n einen von m und n unabhängigen Wert $a^{(r)}$ annehmen.

$$a_{m,n}^{(r)} = \begin{cases} a^{(r)} & \text{für } r \leq \text{Min } (m, n) \\ 0 & \text{für } r > m \cdot n . \end{cases}$$

Nach dem aus der Funktionentheorie bekannten Weierstraßschen Doppelreihensatz ist (für hinreichend kleine z)

$$\sum_{\mu=1}^{\infty} \frac{(-1)^{\mu-1}}{\mu} \left(\sum_{\nu=1}^{\infty} \frac{1}{\nu!} z^{\nu} \right)^{\mu} - z = \sum_{r=1}^{\infty} a^{r} z^{(r)}.$$

Auf der linken Seite dieser Gleichung steht aber die Funktion

$$\sum_{\mu=1}^{\infty} \frac{(-1)^{\mu-1}}{\mu} \left(\sum_{\nu=1}^{\infty} \frac{1}{\nu!} z^{\nu} \right) - z = \log e^{z} - z = 0 .$$

Hieraus folgt, daß

$$a^{(r)} = 0 \qquad\qquad \text{für alle } r.$$

Also sind auch fast alle $a^{(r)}_{m,n} = 0$. Wir schätzen jetzt die Größe der nicht verschwindenden $a^{(r)}_{m,n}$ ab, indem wir zum Vergleich mit (3)

$$\sum_{\mu=1}^{m} \frac{1}{\mu} \left(\sum_{\nu=1}^{n} \frac{1}{\nu!} z^{\nu} \right)^{\mu} + z = \sum_{r=1}^{\infty} b^{(r)}_{m,n} z^{r}$$

heranziehen. Es ist

$$b^{(r)}_{m,n} = b^{(r)} \qquad\qquad \text{für } r \leq \text{Min } (m, n).$$

Außerdem gilt offensichtlich

$$|a^{(r)}_{m,n}| \leq b^{(r)}_{m,n} \leq b^{(r)} \qquad\qquad \text{für alle } m, n, r.$$

Nach dem Weierstraßschen Doppelreihensatz ist (für hinreichend kleine z)

$$\sum_{\mu=1}^{\infty} \frac{1}{\mu} \left(\sum_{\nu=1}^{\infty} \frac{1}{\nu!} z^{\nu} \right)^{\mu} + z = \sum_{r=1}^{\infty} b^{(r)} z^{r} .$$

Auf der linken Seite dieser Gleichung steht aber die Funktion

$$\sum_{\mu=1}^{\infty} \frac{1}{\mu} \left(\sum_{\nu=1}^{\infty} \frac{1}{\nu!} z^{\nu} \right)^{\mu} + z = \log \frac{1}{1 - (e^{z} - 1)} + z = z + \log \frac{1}{2 - e^{z}} .$$

Die Reihe auf der rechten Seite ist also absolut konvergent für $|z| < \log 2$. Demnach gibt es für jede positive Zahl $\gamma < \log 2$ und zu jedem $\varepsilon > 0$ eine natürliche Zahl N, so daß

$$\sum_{r=N}^{\infty} |b^{(r)}| \gamma^{r} < \varepsilon$$

ist.

Nun ersetzen wir in (3) die Variable z durch die Matrix A mit $|A| = \gamma < \log 2$. Da die Potenzen von A untereinander vertauschbar sind, kann man mit ihnen wie mit Zahlen rechnen. Wir finden

$$\sum_{\mu=1}^{m} \frac{(-1)^{\mu-1}}{\mu} \left(\sum_{\nu=1}^{n} \frac{1}{\nu!} A^{\nu} \right)^{\mu} - A = \sum_{r=1}^{\infty} a^{(r)}_{m,n} A^{r}.$$

Unter Berücksichtigung dessen, was wir über die $a^{(r)}_{m,n}$ in Erfahrung gebracht haben, ergibt sich für $M = \text{Min } (m, n) \geq N$

$$\left| \sum_{\mu=1}^{m} \frac{(-1)^{\mu-1}}{\mu} \left(\sum_{\nu=1}^{n} \frac{1}{\nu!} A^{\nu} \right)^{\mu} - A \right| \leq \sum_{r=M+1}^{mn} |a^{(r)}_{m,n}| \gamma^{r} \leq \sum_{r=M+1}^{\infty} b^{(r)} \gamma^{r} < \varepsilon.$$

Deshalb ist

$$\sum_{\mu=1}^{\infty} \frac{(-1)^{\mu-1}}{\mu} \left(\sum_{\nu=1}^{\infty} \frac{1}{\nu!} A^\nu \right)^\mu - A = 0$$

oder

$$\log e^A = A \,,$$

falls nur $|A| < \log 2$ ist. —

Derselbe Gedanke, welcher dem soeben geführten Beweis zugrunde liegt, kann auch dazu dienen, die Funktionalgleichung der e-Funktion herzuleiten. Wenn man mit den Matrizen A und B wie mit Zahlen rechnen kann, so muß man $e^A e^B = e^{A+B}$ beweisen können, wie man die entsprechende Gleichung in der Funktionentheorie durch Ausmultiplizieren der e-Reihen herleitet. Allerdings kann man mit beliebigen Matrizen A und B nur dann wie mit Zahlen rechnen, wenn sie vertauschbar sind, wenn also

$$AB = BA$$

ist. Dann haben wir den

Satz 3: *Für vertauschbare Matrizen A und B gilt*

$$e^A \, e^B = e^{(A+B)} \,.$$

(Für nicht vertauschbare A und B ist der Satz sicher nicht gültig.)

Um Entsprechendes für den Logarithmus herzuleiten, benutzen wir Satz 2: Es ist

$$\log e^{(\log A + \log B)} = \log A + \log B \,,$$

falls nur alle Logarithmen erklärt sind, also etwa für

$$(4) \qquad |A - E| < 1 - \sqrt{\tfrac{1}{2}} \qquad |B - E| < 1 - \sqrt{\tfrac{1}{2}} \,.$$

Dann ist auch, wie man mit Hilfe von Satz 1 leicht zeigt

$$|\log A + \log B| < \log 2 \,,$$

so daß Satz 2 mit Recht angewandt werden kann. Sind nun A und B vertauschbar, dann sind auch $\log A$ und $\log B$ vertauschbar und aus Satz 3 folgt

$$e^{(\log A + \log B)} = e^{\log A} \, e^{\log B} = A B \,.$$

Damit ist der folgende Satz bewiesen.

Satz 4: *Es gilt für vertauschbare Matrizen A und B*

$$\log (A B) = \log A + \log B \,.$$

Zwar haben wir bei der Herleitung dieses Satzes die Ungleichungen (4) benutzt. Der Satz gilt aber, wenn nur alle vorkommenden Logarithmen erklärt sind, wie eine zusätzliche Überlegung zeigt. Da wir den Satz 4 aber nur unter den strengeren Bedingungen (4) benötigen, wollen wir hierauf nicht näher eingehen.

Sind A und B vertauschbar, so gilt nach Satz 2 und 3

$$\log(e^{A}\,e^{B}) = A + B\,.$$

Für nicht vertauschbare A und B werden wir später die Tatsache ausnützen, daß diese Formel wenigstens näherungsweise richtig ist. Wir zeigen deshalb den

Satz 5: *Für nahe bei 0 gelegene Matrizen A und B gilt*

$$\log(e^{A}e^{B}) = A + B + O(|A|\,|B|) \tag{5}$$

$$e^{A}\,e^{B} = e^{A+B} + O(|A|\,|B|)\,. \tag{6}$$

Hierin bedeutet O eine Matrix, welche so gewählt wird, daß die Gleichung, in der das Zeichen auftritt, richtig wird. Indem man z. B. $O(|X|)$ schreibt, deutet man an, daß in dem (jeweiligen) Definitionsbereich des Zeichens

$$\frac{O(|X|)}{|X|} \text{ beschränkt,}$$

also $O(|X|)$ für kleine $|X|$ offenbar selber in bestimmter Weise klein ist.

Beweis des Satzes: Zunächst grenzen wir den Gültigkeitsbereich der Formeln ab, und zwar setzen wir $|A| < \alpha$ und $|B| < \alpha$ voraus, wobei $\alpha < 2^{-1}\log 2$ ist. Dann ist, wie man leicht aus (1) folgert

$$|e^{A}\,e^{B} - E| \le e^{2\alpha} - 1 = a < 1$$

und ebenso

$$|e^{A+B} - E| \le e^{2\alpha} - 1 = a < 1\,.$$

Wir beginnen mit dem Beweis der Formel (6). Es ist

$$e^{A}e^{B} - e^{A+B} = \lim_{r \to \infty}\left(\sum_{n=0}^{r}\frac{A^{n}}{n!}\;\sum_{n=0}^{r}\frac{B^{n}}{n!} - \sum_{n=0}^{r}\frac{(A+B)^{n}}{n!}\right)\,. \tag{7}$$

Da A und B nicht vertauschbar sind, können wir nicht einfach ausmultiplizieren. Wir benötigen aber nur Abschätzungen und suchen uns aus dem ausmultiplizierten Ausdruck

$$\sum_{0}^{r}\frac{A^{n}}{n!}\;\sum_{0}^{r}\frac{B^{n}}{n!} - \sum_{0}^{r}\frac{(A+B)^{n}}{n!} \tag{8}$$

diejenigen Summanden heraus, welche ϱ-mal ein A und σ-mal ein B als Faktor enthalten $(\varrho + \sigma \le r)$. Das Produkt

$$\sum_{0}^{r}\frac{A^{n}}{n!}\;\sum_{0}^{r}\frac{B^{n}}{n!}$$

liefert ein einziges solches Glied und zwar $\dfrac{A^{\varrho}B^{\sigma}}{\varrho!\,\sigma!}$. Dagegen erhalten wir von

$$\sum_{0}^{r}\frac{(A+B)^{n}}{n!}\,,$$

und zwar von dem Summanden

$$\frac{(A+B)^{\varrho+\sigma}}{(\varrho+\sigma)!}$$

genau $\dfrac{(\varrho + \sigma)!}{\varrho!\,\sigma!}$ derartige Glieder, alle mit dem Faktor $\dfrac{1}{(\varrho + \sigma)!}$. Der Absolutwert der Summe aller dieser Glieder ist also

$$\leqq \frac{1}{\varrho!\,\sigma!}\,|A|^{\varrho}\,|B|^{\sigma} + \frac{(\varrho+\sigma)!}{\varrho!\,\sigma!}\cdot\frac{1}{(\varrho+\sigma)!}\,|A|^{\varrho}\,|B|^{\sigma} = \frac{2}{\varrho!\,\sigma!}\,|A|^{\varrho}\,|B|^{\sigma}.$$

Der Absolutwert von (8) ist demnach

$$\leqq \sum_{\varrho,\,\sigma=1}^{\infty}\frac{2}{\varrho!\,\sigma!}\,|A|^{\varrho}\,|B|^{\sigma} = 2\,(e^{|A|}-1)\,(e^{|B|}-1) = O\,(|A|\,|B|).$$

(Man beachte, daß in (8) die reinen Potenzen A^n und B^m sich fortheben, daß also $\varrho = 0$ oder $\sigma = 0$ nicht auftreten!) Hieraus und aus (7) folgt (6).

Es bleibt (5) zu zeigen. Setzen wir in

$$\log e^A\,e^B - A - B = \log e^A\,e^B - \log e^{A+B}$$

die Logarithmusreihe ein, so finden wir

$$|\log e^A\,e^B - A - B| \leqq \left|\sum_{1}^{\infty}\frac{(e^A\,e^B - E)^n - (e^{A+B}-E)^n}{n}\,(-1)^{n-1}\right|$$

$$\leqq \sum_{1}^{\infty}\frac{|\,(e^A\,e^B - E)^n - (e^{A+B}-E)^n\,|}{n}.$$

Sind nun aber X und Y irgendwelche Matrizen mit $|X| < a$ und $|Y| < a$ so gilt

$$(9) \qquad\qquad |X^n - Y^n| \leqq n\,a^{n-1}\,|X - Y| \qquad\qquad n = 1, 2, \ldots$$

wie man mit vollständiger Induktion beweist. Benutzt man dies, so ergibt sich

$$|\log e^A\,e^B - A - B| \leqq \sum_{1}^{\infty}\frac{n\,a^{n-1}\,|\,e^A\,e^B - e^{A+B}\,|}{n}$$

$$= |e^A\,e^B - e^{A+B}|\sum_{1}^{\infty}a^{n-1}$$

$$= O\,(|A|\,|B|).$$

Damit ist unser Satz bewiesen.

Unter Benutzung der Abschätzung (9) zeigt man leicht den

Satz 6. *Es ist für $|A| \leqq a$, $|B| \leqq a$*

$$(10) \qquad\qquad |e^A - e^B| \leqq e^a\,|A - B|$$

und für $|A - E| \leqq a$, $|B - E| \leqq a$ mit $0 < a < 1$ hat man

$$(11) \qquad\qquad |\log A - \log B| \leqq \frac{1}{1-a}\,|A - B|.$$

Dafür kann man auch schreiben

$$e^A - e^B = O\,(|A - B|),\ \log A - \log B = O\,(|A - B|).$$

Diese Formeln rücken nochmals die Tatsache ins Licht, daß die Exponentialfunktion und der Logarithmus (gleichmäßig) stetige Funktionen sind.

§ 39. Die Infinitesimalgruppe einer linearen Gruppe.

Es soll in diesem Paragraphen der Nachweis dafür erbracht werden, daß lineare Gruppen als Liesche Gruppen aufgefaßt werden können, d. h. es soll gezeigt werden, wie man die linearen Gruppen aus infinitesimalen Gruppenelementen erzeugt denken kann. Während in der Lieschen Theorie der Übergang von der endlichen zur infinitesimalen Gruppe dem Übergang von einer Funktion zu ihrem Differential entspricht und daher nur unter gewissen Differenzierbarkeitsvoraussetzungen durchgeführt wird, kann der entsprechende Übergang von endlichen zu infinitesimalen Gruppenelementen bei linearen Gruppen durch Logarithmenbildung vollzogen werden.

Die Theorie dieses Paragraphen kann bei ganz beliebigen linearen Gruppen durchgeführt werden. Da wir es aber nur mit unitären Darstellungen kompakter Gruppen zu tun haben, dürfen wir etwas speziellere Annahmen machen. Diese Annahmen führen zwar zu Vereinfachungen, sie sind aber nicht so beträchtlich, daß nicht der Leser ohne weiteres im Bedarfsfall sich die Beweise für den allgemeinen Fall rekonstruieren könnte.

Für die Anwendung unserer Ergebnisse auf halbeinfache Gruppen ist es wesentlich, daß zur Durchführung unserer Betrachtungen nicht die Kenntnis der ganzen Gruppe erforderlich ist, vielmehr genügt es die der Einheitsmatrix E benachbarten Elemente zu kennen. Statt Gruppen in ihrer Gesamtausdehnung zu betrachten, werden wir uns deshalb nur mit sogenannten Gruppenkeimen beschäftigen, wobei es überdies ganz gleichgültig ist, ob zu dem betr. Gruppenkeim überhaupt eine Gruppe gehört. Jedoch kann man stets umgekehrt innerhalb einer Gruppe jede hinreichend kleine Umgebung der Einheitsmatrix E als Gruppenkeim deuten.

Definition: Eine nicht leere kompakte Menge $\mathfrak{G}$ von (s-reihigen) Matrizen A mit $|A - E| < 1$ heißt ein (kompakter, linearer) *Gruppenkeim*, wenn mit zwei Matrizen A und B aus $\mathfrak{G}$ stets auch $C = A B^{-1}$ wieder zu $\mathfrak{G}$ gehört, falls nur C hinreichend nahe bei E liegt. Genauer: $\mathfrak{G}$ ist ein Gruppenkeim, wenn es innerhalb der Menge aller s-reihigen Matrizen eine Umgebung $\mathfrak{K}$ von E gibt, so daß

$$\text{aus } A \in \mathfrak{G},\ B \in \mathfrak{G},\ C = A B^{-1} \in \mathfrak{K} \text{ folgt } C \in \mathfrak{G}.$$

Offenbar enthält $\mathfrak{G}$ stets die Einheitsmatrix E und mit hinreichend nahe bei E gelegenen Matrizen A, B enthält $\mathfrak{G}$ auch deren Inverse A^{-1}, B^{-1} und ihr Produkt $A B$.

Die Menge der „infinitesimalen Elemente" eines Gruppenkeims wird zum sogenannten Infinitesimalring zusammengefaßt, welchen wir folgendermaßen erklären:

Definition: Der *Infinitesimalring* $\mathfrak{J}$ eines Gruppenkeims $\mathfrak{G}$ besteht aus genau denjenigen Matrizen U, zu denen eine von einem Parameter ε

abhängige Schar von Matrizen $A_\varepsilon \in \mathfrak{G}$ existiert ($0 < \varepsilon \leq a$ mit irgend-einem $a > 0$), für die

$$\lim_{\varepsilon \to 0} \frac{A_\varepsilon - E}{\varepsilon} = U$$

gilt.

Die Frage, wie sich die Matrizen aus $\mathfrak{J}$ anders, als es soeben geschah, z. B. als Logarithmen der Matrizen aus $\mathfrak{G}$ charakterisieren lassen, bleibt zunächst offen. Ihre Beantwortung stellt aber das eigentliche Problem der Theorie dieses Paragraphen dar. Zunächst leiten wir einige Eigenschaften von $\mathfrak{J}$ her, welche eine Rechtfertigung für die Bezeichnung Infinitesimalring liefern.

Satz 1. *Wenn die Matrizen U und V zu $\mathfrak{J}$ gehören, so liegen auch die Matrizen αU (α eine beliebige reelle Zahl), $U + V$, $[U, V] = UV - VU$ in $\mathfrak{J}$.*

Beweis: Es sei $\alpha \neq 0$. Da U zu $\mathfrak{J}$ gehört, gilt

$$\lim_{\varepsilon \to 0} \frac{A_\varepsilon - E}{\varepsilon} = U$$

Es folgt

$$\lim \frac{A_\varepsilon - E}{\varepsilon \alpha^{-1}} = \alpha U,$$

also gehört αU zu $\mathfrak{J}$. Wenn $\alpha = 0$, so ist nichts zu beweisen.

Wenn für $A_\varepsilon \in \mathfrak{G}$ und $B_\varepsilon \in \mathfrak{G}$

$$\lim \frac{A_\varepsilon - E}{\varepsilon} = U \quad \text{und} \quad \lim \frac{B_\varepsilon - E}{\varepsilon} = V$$

gilt, so folgt

$$\frac{A_\varepsilon B_\varepsilon - E}{\varepsilon} = \frac{1}{\varepsilon}(A_\varepsilon - E) + \frac{1}{\varepsilon}(B_\varepsilon - E) + \frac{1}{\varepsilon}(A_\varepsilon - E)(B_\varepsilon - E)$$

$$= \frac{A_\varepsilon - E}{\varepsilon} + \frac{B_\varepsilon - E}{\varepsilon} + \varepsilon \frac{A_\varepsilon - E}{\varepsilon} \cdot \frac{B_\varepsilon - E}{\varepsilon}.$$

Also

$$\lim_{\varepsilon \to 0} \frac{A_\varepsilon B_\varepsilon - E}{\varepsilon} = U + V + 0.$$

Da für hinreichend kleine ε sicher $A_\varepsilon B_\varepsilon \in \mathfrak{G}$, so folgt, daß $U + V \in \mathfrak{J}$. Schließlich bilden wir

$$\frac{A_\varepsilon B_\varepsilon A_\varepsilon^{-1} B_\varepsilon^{-1} - E}{\varepsilon^2} = \frac{1}{\varepsilon^2}(A_\varepsilon B_\varepsilon - B_\varepsilon A_\varepsilon) A_\varepsilon^{-1} B_\varepsilon^{-1}.$$

Läßt man nun $\varepsilon \to 0$, so konvergiert der Faktor $A_\varepsilon^{-1} B_\varepsilon^{-1}$ der rechten Seite gegen E, da A_ε und B_ε gegen E konvergieren. Der andere Faktor

$$\frac{1}{\varepsilon^2}(A_\varepsilon B_\varepsilon - B_\varepsilon A_\varepsilon) = \frac{1}{\varepsilon^2}\{(A_\varepsilon - E)(B_\varepsilon - E) - (B_\varepsilon - E)(A_\varepsilon - E)\}$$

$$= \frac{(A_\varepsilon - E)}{\varepsilon} \cdot \frac{(B_\varepsilon - E)}{\varepsilon} - \frac{(B_\varepsilon - E)}{\varepsilon} \cdot \frac{(A_\varepsilon - E)}{\varepsilon}$$

konvergiert gegen $UV = VU$, deshalb haben wir

$$\lim \frac{A_\varepsilon B_\varepsilon A_\varepsilon^{-1} B_\varepsilon^{-1} - E}{\varepsilon^2} = UV - VU$$

und folglich gehört auch $[UV] = UV - VU$ zu $\mathfrak{J}$.

Satz 2. *Der Infinitesimalring $\mathfrak{J}$ ist ein linearer Raum, in dem als Koordinaten reelle Zahlen (nicht etwa komplexe) benutzt werden können. Seine Dimension k genügt der Ungleichung $0 \leq k \leq 2\,s^2$.*

Der Beweis ist trivial. Da die Matrizen in $\mathfrak{J}$ genau s Reihen und s Spalten haben, können sie als Vektoren mit s^2 komplexen Komponenten aufgefaßt werden. Nach Satz 1 bilden diese einen linearen Raum. Allerdings liegt αU nur dann sicher wieder in $\mathfrak{G}$, wenn α reell ist. So folgern wir also: Es gibt höchstens $2\,s^2$ linear unabhängige Elemente $\overline{U}_1, \ldots, \overline{U}_k$, so daß für jedes $U \in \mathfrak{J}$ mit gewissen reellen α gilt

$$(1) \qquad\qquad U = \alpha_1 \overline{U}_1 + \ldots + \alpha_k \overline{U}_k.$$

$\mathfrak{J}$ ist mit der Menge aller Matrizen U der Gestalt (1) identisch.

Um einen Überblick über die Menge derjenigen Matrizen zu erhalten, welche zu $\mathfrak{J}$ gehören, benötigen wir einen Hilfssatz.

Satz 3. *Eine Matrix U gehört dann und nur dann dem Infinitesimalring $\mathfrak{J}$ an, wenn es eine Folge von Matrizen $A_p \in \mathfrak{G}$ und eine Folge positiver Zahlen $\varepsilon_p \to 0$ gibt, so daß*

$$(2) \qquad\qquad U = \lim_{p \to \infty} \frac{\log A_p}{\varepsilon_p}.$$

Die ε_p können stets $= 1/p$ gewählt werden.

Beweis: Wir zeigen zunächst, daß man eine Schar von Matrizen A_ε aus $\mathfrak{G}$ finden kann ($0 < \varepsilon \leq a$, mit irgendeinem $a < 0$), so daß

$$(3) \qquad\qquad \lim_{\varepsilon \to 0} \frac{\log A_\varepsilon}{\varepsilon} = U,$$

falls eine Folge von Matrizen $A_p \in \mathfrak{G}$ existiert und eine Folge positiver Zahlen $\varepsilon_p \to 0$, so daß

$$(4) \qquad\qquad \lim_{p \to \infty} \frac{\log A_p}{\iota_p} = U.$$

Wir wählen dann zu jedem ε zwei ganze Zahlen $p(\varepsilon)$ und $q(\varepsilon)$, so daß

$$\lim_{\varepsilon \to 0} p(\varepsilon) = \infty \qquad\qquad \lim_{\varepsilon \to 0} q(\varepsilon) = \infty$$

Nun setzen wir

$$A_\varepsilon = (A_{p(\varepsilon)})^{q(\varepsilon)}$$

und finden (falls wir § 38 Satz 4 anwenden dürfen):

$$(5) \qquad \frac{1}{\varepsilon} \log A_\varepsilon = \frac{q(\varepsilon)}{\varepsilon} \log A_{p(\varepsilon)} = q(\varepsilon) \cdot \frac{\varepsilon_{p(\varepsilon)}}{\varepsilon} \cdot \frac{\log A_{p(\varepsilon)}}{\varepsilon_{p(\varepsilon)}}.$$

Wir präzisieren nun die Anforderungen, welche wir an die Funktionen $p(\varepsilon)$ und $q(\varepsilon)$ stellen folgendermaßen. Es soll $p(\varepsilon)$ so rasch gegen Unendlich gehen, daß

$$\lim_{\varepsilon \to 0} \frac{\varepsilon_{p(\varepsilon)}}{\varepsilon} = 0 \, .$$

Außerdem soll $q(\varepsilon)$ stets so zu jedem $\varepsilon > 0$ als ganze Zahl hinzubestimmt werden, daß $q(\varepsilon) \, \frac{\varepsilon_{p(\varepsilon)}}{\varepsilon}$ möglichst genau bei 1 liegt, daß also

$$\lim_{\varepsilon \to 0} q(\varepsilon) \, \frac{\varepsilon_{p(\varepsilon)}}{\varepsilon} = 1$$

wird. Dann folgt aus (5)

$$\lim_{\varepsilon \to 0} \frac{1}{\varepsilon} \log A_\varepsilon = \lim_{p \to \infty} \frac{\log A_p}{\varepsilon_p} = U \, .$$

In (5) haben wir den Satz 4 in § 38 angewandt. Um dies zu rechtfertigen, müssen wir zeigen, daß ein $a > 0$ derart angegeben werden kann, daß

$$|(A_{p(\varepsilon)})^\nu - E| < 1 - \sqrt{\frac{1}{2}} \qquad \text{für } \nu = 1, \ldots, q(\varepsilon)$$

wird, falls nur $\varepsilon < a$ ist. Außerdem muß erreicht werden, daß für diese ε unser $A_\varepsilon = (A_{p(\varepsilon)})^{q(\varepsilon)}$ in $\mathfrak{G}$ liegt.

Nach Konstruktion von $p(\varepsilon)$ und $q(\varepsilon)$ ist

$$q(\varepsilon) \log A_{p(\varepsilon)} = O(\varepsilon)$$

d. h. aber zu $c > 0$ existiert ein a, so daß für $\varepsilon < a$

$$|\nu \log A_{p(\varepsilon)}| \leqq |q(\varepsilon) \log A_{p(\varepsilon)}| < c \qquad \nu = 1, \ldots, q(\varepsilon)$$

wird. Eine einfache Abschätzung der Glieder in der Potenzreihe von $e^{\nu \log A_{p(\varepsilon)}}$ liefert (§ 38 Satz 1)

$$|e^{\nu \log A_{p(\varepsilon)}} - E| < e^c - 1 \, .$$

Dies bedeutet aber, daß

$$(6) \qquad |(A_{p(\varepsilon)})^\nu - E| < e^c - 1 \qquad \nu = 1, \ldots, q(\varepsilon)$$

gelten muß. Offenbar kann man $c > 0$ so klein vorschreiben, daß $(A_{p(\varepsilon)})^{q(\varepsilon)} = A_\varepsilon$ sicher in $\mathfrak{G}$ liegt, wenn (6) erfüllt ist; denn $A_{p(\varepsilon)}$ liegt ja in $\mathfrak{G}$. Sorgt man dafür, daß auch $e^c - 1 < 1 - \sqrt{\frac{1}{2}}$ wird, so darf der fragliche Satz 4 §38 angewandt werden, ebenfalls dann, wenn (6) erfüllt ist. Dies erzwingt man nun alles, wenn man das $a > 0$ diesem c entsprechend wählt und ε auf $0 < \varepsilon < a$ beschränkt.

Aus (4) wurde somit nun (3) gefolgert. Es bleibt zu zeigen, daß $U \in \mathfrak{J}$. Es ist

$$\frac{1}{\varepsilon} (A_\varepsilon - E) = \frac{1}{\varepsilon} (e^{\log A_\varepsilon} - E) \, .$$

Entwickeln wir die Exponentialfunktion in eine Potenzreihe, brechen wir aber nach dem Gliede $\log A_\varepsilon$ ab und deuten den Rest durch

$O\left(|\log A_\varepsilon|^2\right)$ an, so finden wir

$$\frac{1}{\varepsilon}\left(A_\varepsilon - E\right) = \frac{1}{\varepsilon}\left(\log A_\varepsilon + O\left(|\log A_\varepsilon|^2\right)\right)$$

$$(7) \qquad\qquad = \frac{1}{\varepsilon}\log A_\varepsilon + \varepsilon\, O\left(\left|\frac{1}{\varepsilon}\log A_\varepsilon\right|^2\right).$$

Wegen (3) ist aber $|(1/\varepsilon)\log A_\varepsilon|$ beschränkt und deshalb konvergiert (7) für $\varepsilon \to 0$. Es ist

$$\lim_{\varepsilon \to 0}\frac{1}{\varepsilon}\left(A_\varepsilon - E\right) = \lim_{\varepsilon \to 0}\frac{1}{\varepsilon}\log A_\varepsilon = U.$$

Damit ist der Satz 3 in der einen Richtung bewiesen.

Nehmen wir umgekehrt an, daß U dem Infinitesimalring $\mathfrak{I}$ angehört, so haben wir die Gleichung (2) zu beweisen. Es sei also

$$(8) \qquad\qquad \lim_{\varepsilon \to 0}\frac{1}{\varepsilon}\left(A_\varepsilon - E\right) = U.$$

Dann ist (für hinreichend kleines ε, also A_ε hinreichend nahe E)

$$\frac{1}{\varepsilon}\log A_\varepsilon = \frac{1}{\varepsilon}\left\{\left(A_\varepsilon - E\right) + O\left(|A_\varepsilon - E|^2\right)\right\},$$

wie man erkennt, wenn man für $\log A_\varepsilon$ die Potenzreihe ansetzt. Es folgt

$$\frac{1}{\varepsilon}\log A_\varepsilon = \frac{1}{\varepsilon}\left(A_\varepsilon - E\right) + \varepsilon\, O\left(\left|\frac{A_\varepsilon - E}{\varepsilon}\right|^2\right).$$

Wegen (8) ist aber $\dfrac{A_\varepsilon - E}{\varepsilon}$ beschränkt, folglich konvergiert $\dfrac{1}{\varepsilon}\log A_\varepsilon$ und es gilt

$$\lim_{\varepsilon \to 0}\left(\frac{1}{\varepsilon}\log A_\varepsilon\right) = \lim_{\varepsilon \to 0}\frac{1}{\varepsilon}\left(A_\varepsilon - E\right) = U.$$

Hiermit ist unser Satz 3 vollständig bewiesen. Man wähle nämlich die ε_p irgendwie, etwa $= \dfrac{1}{p}$ und setze $A_p = A_{\varepsilon_p}$. —

Wir ziehen aus diesem Satz sofort eine einfache Folgerung.

Satz 4. *Es gibt eine Zahl $\delta > 0$, so daß für alle $U \in \mathfrak{I}$, welche*

$$(9) \qquad\qquad |U| < \delta$$

erfüllen, die Matrix e^U ein Element des Gruppenkeims $\mathfrak{G}$ ist.

Beweis: Wenn $U \in \mathfrak{I}$, so existiert nach Satz 3 eine Folge von Matrizen $A_p \in \mathfrak{G}$, so daß

$$(10) \qquad\qquad \lim_{p \to \infty} p \log A_p = U.$$

Aus (9) folgt, daß für hinreichend große p

$$|\nu \log A_p| \leq |p \log A_p| < 2\,\delta \qquad\qquad \nu = 1, \ldots, p.$$

Hieraus entnehmen wir (ähnlich wie beim Beweis des Satzes 3) unter Benutzung der Reihenentwicklung der Exponentialfunktion, daß

$$|(A_p)^\nu - E| < e^{2\delta} - 1 \qquad\qquad \nu = 1, \ldots, p$$

gelten muß. Offenbar kann man $\delta > 0$ so klein vorschreiben, daß alle $A_p, A_p{}^2, \ldots, A_b^p$, also insbesondere A_p^p in $\mathfrak{G}$ liegen. Aus (10) folgt, weil die Exponentialfunktion stetig ist,

$$\lim_{p \to \infty} A_p^p = e^U .$$

Nun ist aber der Gruppenkeim kompakt vorausgesetzt. Deshalb liegt mit den A_p^p auch e^U in $\mathfrak{G}$. —

Die Umkehrung des Satzes 4 ist der zentrale Punkt in der von uns verfolgten Theorie.

Satz 5. *Für jeden Gruppenkeim $\mathfrak{G}$ existiert eine Zahl $\Delta > 0$, so daß für alle $A \in \mathfrak{G}$ mit $|A - E| \leq \Delta$ der Logarithmus $\log A$ zum Infinitesimalring $\mathfrak{J}$ gehört:*

$$Aus \quad |A - E| \leq \Delta \quad folgt \quad \log A \in \mathfrak{J} .$$

Beweis: Wir bringen die Aussage unseres Satzes zunächst in andere Gestalt. Offenbar genügt es, zu zeigen, daß für jede Folge A_p von Matrizen aus $\mathfrak{G}$, welche gegen E konvergiert, die $\log A_p$ von gewissem p ab sämtlich in $\mathfrak{J}$ liegen. Nehmen wir an, daß unser Satz falsch ist, so muß eine Folge A_p existieren, für die

$$(11) \qquad\qquad \lim A_p = E \qquad\qquad \log A_p \notin \mathfrak{J} \qquad (p \text{ beliebig})$$

gilt. Zu jedem p bestimmen wir in $\mathfrak{J}$ eine Matrix U_p, welche von $\log A_p$ einen minimalen Abstand hat. Eine solche Matrix existiert, da $\mathfrak{J}$ ein linearer Teilraum des $2 s^2$-dimensionalen Raumes aller Matrizen ist. Wir schreiben

$$(12) \qquad\qquad |\log A_p - U_p| = \varepsilon_p .$$

Alle ε_p sind > 0. Dies wollen wir zu einem Widerspruch führen.

Man bilde die Matrizenfolge

$$(13) \qquad\qquad A_p\, e^{-U_p} .$$

Wegen (11) ist $\lim \log A_p = 0$. Die U_p können von $\log A_p$ nicht weiter entfernt sein als die Nullmatrix, welche ja auch in $\mathfrak{J}$ liegt. Deshalb folgt $U_p \to 0$. Die Folge (13) konvergiert also gegen E, d. h. die Zahlenfolge

$$(14) \qquad\qquad |\log A_p\, e^{-U_p}| = \eta_p$$

konvergiert gegen 0. Die Glieder der Folge

$$(15) \qquad\qquad \eta_p^{-1} \log A_p\, e^{-U_p}$$

haben sämtlich den Betrag 1. Deshalb gibt es sicher eine konvergente Teilfolge. Wir dürfen annehmen, daß unsere Ausgangsfolge schon so gewählt war, daß (15) konvergiert. Dann gilt also etwa

$$(16) \qquad\qquad \lim_{p \to \infty} \eta_p^{-1} \log A_p\, e^{-U_p} = W .$$

Weil $A_p\, e^{-U_p} \to E$, muß von gewissem p ab $A_p\, e^{-U_p} \in \mathfrak{G}$ sein. Nach Satz 3 liegt dann W in $\mathfrak{J}$.

Statt (16) schreiben wir

$$\log A_p e^{-U_p} = \eta_p W + o(\eta_p) ,$$

wobei o eine passend gewählte Matrix ist. Die Bezeichnung $o(\eta_p)$ deutet an, daß $\lim \eta_p^{-1} o(\eta_p) = o$ ist. Unter Benutzung von § 38 Satz 6 (10) ergibt sich

$$A_p\, e^{-U_p} - e^{\eta_p W} = O(|\log A_p\, e^{-U_p} - \eta_p W|)$$
$$= o(\eta_p)$$

Multipliziert man mit e^{U_p}, so findet man, da e^{U_p} beschränkt ist

$$A_p - e^{\eta_p W} e^{U_p} = (A_p\, e^{-U_p} - e^{\eta_r W})\, e^{U_p}$$
$$= o(\eta_p)\,.$$

Nun kann man nochmals § 38 Satz 6 (11) anwenden:

$$\log A_p - \log(e^{\eta_p W} e^{U_p}) = O\left(|A_p - e^{\eta_p W} e^{U_p}|\right)$$
$$= o(\eta_p)\,.$$

Benutzt man § 38 Satz 5, um das zweite Glied der linken Seite näherungsweise zu berechnen, so ergibt sich, da die $U_p \to o$ streben,

$$\log e^{\eta_p W} e^{U_p} - \eta_p\, W - U_p = O\left(|\eta_p\, W|\, |U_p|\right) = o(\eta_p)\,.$$

Also

$$\log A_p - \eta_p\, W - U_p = o(\eta_p)\,.$$

Da aber die U_p so gewählt wurden, daß

$$|\log A_p - U_p| = \varepsilon_p$$

möglichst klein ist, so findet sich also

$$(17) \qquad\qquad |o(\eta_p)| \geq \varepsilon_p$$

für alle p. Dies Resultat läßt sich leicht als unmöglich nachweisen. Es leuchtet ein, daß η_p wahrscheinlich genau so schnell wie ε_p gegen Null geht (vgl. die Definition (14)). Wenn das richtig ist, so würde es aber sicher ein p mit $|o(\eta_p)| < \varepsilon_p$ geben, in Widerspruch zu (17).

Es bleibt also jetzt nur zu zeigen, daß unsere Vermutung

$$(18) \qquad\qquad \eta_p = O(\varepsilon_p)$$

richtig ist. Es ist nach § 38 Satz 6 (10) und wegen (12)

$$A_p - e^{U_p} = e^{\log A_p} - e^{U_p} = O(|\log A_p - U_p|) = O(\varepsilon_p)\,.$$

Da e^{-U_p} gegen E konvergiert, also beschränkt ist, können wir folgern

$$A_p\, e^{-U_p} - E = (A_p - e^{U_p})\, e^{-U_p} = O(\varepsilon_p)\,.$$

Nun sind wir fast fertig. Anwendung von § 38 Satz 6 (11) liefert nämlich

$$\log(A_p\, e^{-U_p}) = \log(A_p\, e^{-U_p}) - \log E = O\left(|A_p\, e^{-U_p} - E|\right)$$
$$= O(\varepsilon_p)\,.$$

Da aber $|\log(A_p\, e^{-U_p})| = \eta_p$ ist, folgt die Behauptung (18). Hiermit ist Satz 5 vollständig bewiesen. —

Aus dem soeben bewiesenen Satz können nun die Hauptsätze der Theorie hergeleitet werden. Um zu einer einfacheren Ausdrucksweise zu gelangen, wollen wir, bevor wir die Hauptsätze formulieren, noch einige Abmachungen treffen. Im allgemeinen wird nicht von vornherein ein bestimmter Gruppenkeim vorgelegt sein, sondern es ist eine volle Gruppe zu untersuchen. Will man ihren Infinitesimalring konstruieren, so darf man sich auf eine beliebige volle Umgebung der Einheitsmatrix innerhalb dieser Gruppe beschränken, d. h. man beschränkt sich auf einen Gruppenkeim. Es ist aber vollständig gleichgültig, wie groß man die betreffende Umgebung von E wählt, wenn es sich nur um eine volle Umgebung handelt. Dieser Tatsache, daß verschiedene Gruppenkeime in Hinblick auf den Infinitesimalring genau das Gleiche leisten, wollen wir dadurch entsprechen, daß wir zwischen Gruppenkeimen eine Gleichheit erklären. Wir nennen zwei Gruppenkeime $\mathfrak{G}_1$ und $\mathfrak{G}_2$ *gleich*, wenn die gemäß der Definition S. 167 konstruierten Infinitesimalringe $\mathfrak{J}_1$ von $\mathfrak{G}_1$ und $\mathfrak{J}_2$ von $\mathfrak{G}_2$ dieselben sind. Machen wir nun zukünftig über einen Gruppenkeim $\mathfrak{G}$ eine Aussage, so soll sich diese stets entweder auf $\mathfrak{G}$ selber oder auf einen geeigneten zu $\mathfrak{G}$ gleichen Gruppenkeim beziehen.

In diesem Sinne ist der folgende Satz zu verstehen.

Satz 6: *Es sei $\mathfrak{G}$ ein linearer Gruppenkeim und $\overline{U}_1, \ldots, \overline{U}_k$ eine Basis des Infinitesimalringes von $\mathfrak{G}$. Dann existiert eine positive Zahl $\varkappa$, so daß durch*

$$(19) \qquad A = e^{\alpha_1 \overline{U}_1 + \cdots + \alpha_k \overline{U}_k}$$
$$(20) \qquad \log A = \alpha_1 \overline{U}_1 + \cdots + \alpha_k \overline{U}_k \qquad \alpha_1^2 + \cdots + \alpha_k^2 \leq \varkappa$$

die Matrizen $A \in \mathfrak{G}$ umkehrbar eindeutig und in beiden Richtungen stetig auf die reellen Zahlen-k-tupel $(\alpha_1, \ldots, \alpha_k)$ mit $\alpha_1^2 + \cdots + \alpha_k^2 \leq \varkappa$ abgebildet werden.

Beweis: Wir setzen $\varkappa > 0$ so klein voraus, daß

$$|\alpha_1 \overline{U}_1 + \cdots + \alpha_k \overline{U}_k| < \log 2$$

wird. Dann ist nach § 38 Satz 2

$$(21) \qquad \log e^{\alpha_1 \overline{U}_1 + \cdots + \alpha_k \overline{U}_k} = \alpha_1 \overline{U}_1 + \cdots + \alpha_k \overline{U}_k.$$

Die Menge aller

$$A = e^{\alpha_1 \overline{U}_1 + \cdots + \alpha_k \overline{U}_k} \qquad \alpha_1^2 + \cdots + \alpha_k^2 \leq \varkappa$$

fassen wir zu einer Menge $\mathfrak{G}_\varkappa$ zusammen und zeigen, daß $\mathfrak{G}_\varkappa$ gleich dem vorgegebenen Gruppenkeim $\mathfrak{G}$ ist, indem wir zeigen, daß $\mathfrak{G}_\varkappa$ eine volle Umgebung von E in $\mathfrak{G}$ überdeckt. Dies aber folgt sofort aus Satz 5, der ja besagt, daß eine Zahl $\varDelta > 0$ existiert, so daß die Logarithmen aller Matrizen $A \in \mathfrak{G}$ mit $|A - E| < \varDelta$ in $\mathfrak{J}$ liegen. Wählt man $\varDelta$ hinreichend klein, so kann man sogar erreichen, daß

$$\text{aus } \ A \in \mathfrak{G} \text{ und } |A - E| < \varDelta \text{ folgt}$$
$$\log A = \alpha_1 \overline{U}_1 + \cdots + \alpha_k \overline{U}_k \text{ und } \alpha_1^2 + \cdots + \alpha_k^2 \leq \varkappa.$$

Alle diese A sind demnach $\in \mathfrak{G}_\varkappa$. Es sind also $\mathfrak{G}$ und $\mathfrak{G}_\varkappa$ gleiche Gruppenkeime. Daß die Gleichungen (19) und (20) erfüllt sind, folgt sofort aus (21). Die Abbildung ist also umkehrbar eindeutig. Auch die Stetigkeit ist eine unmittelbare Folge dieser Gleichungen. Wegen (19) hängt A stetig von den α ab, wegen (20) sind die α stetige Funktionen der A. Letzteres kann man auch unter Benutzung der Tatsache, daß A stetige Funktion der α ist, aus § 35 Satz 1 entnehmen, weil die Vollkugel $\alpha_1^2 + \cdots + \alpha_k^2 \leq \varkappa$ im k-dimensionalen Raume ein kompakter Raum ist. —

Beschränkt man A und B auf eine hinreichend kleine Teilmenge von $\mathfrak{G}_\varkappa$, so liegt auch wieder $A B$ in $\mathfrak{G}_\varkappa$ und wir haben

$$A = e^{\alpha_1 \overline{U}_1 + \cdots + \alpha_k \overline{U}_k} \qquad B = e^{\beta_1 \overline{U}_1 + \cdots + \beta_k \overline{U}_k}$$

$$A B = e^{\gamma_1 \overline{U}_1 + \cdots + \gamma_k \overline{U}_k} .$$

Wir folgern

$$(22) \quad \gamma_1 \overline{U}_1 + \cdots + \gamma_k \overline{U}_k = \log A B = \log e^{\alpha_1 \overline{U}_1 + \cdots + \alpha_k \overline{U}_k} e^{\beta_1 \overline{U}_1 + \cdots + \beta_k \overline{U}_k}.$$

Die Komponenten der Matrix auf der rechten Seite von (22) sind offenbar analytische Funktionen von $\alpha_1, \ldots, \alpha_k, \beta_1, \ldots, \beta_k$. Man muß nun (22) als ein System von linearen Gleichungen auffassen für die Unbekannten $\gamma_1, \ldots, \gamma_k$. Dann sieht man sofort (nach allgemeinen Sätzen), daß die γ_i lineare Funktionen der Komponenten der rechten Seite von (22) sind. Also sind die $\gamma_1, \ldots, \gamma_k$ analytische Funktionen der α und β:

$$\gamma_i = \varphi_i (\alpha_1, \ldots, \alpha_k, \beta_1, \ldots, \beta_k).$$

Diese Tatsache wird dadurch zum Ausdruck gebracht, daß man die Parameter als *analytische Gruppenparameter* bezeichnet. So haben wir also den

Satz 7. *Jeder kompakte lineare Gruppenkeim $\mathfrak{G}$ läßt sich umkehrbar eindeutig und in beiden Richtungen stetig auf analytische Parameter beziehen.* Nach unserer obigen Verabredung heißt das: Es gibt einen (im allgemeinen in $\mathfrak{G}$ enthaltenen) zu $\mathfrak{G}$ gleichen Gruppenkeim $\mathfrak{G}_\varkappa$, dessen Elemente in der beschriebenen Weise auf analytische Parameter bezogen werden können.

Ist $\mathfrak{G}$ eine kompakte lineare Gruppe, so bilden die Elemente $A \in \mathfrak{G}$, für die mit beliebigem festen $a > 0, < 1$

$$|A - E| \leq a$$

gilt, einen Gruppenkeim $\mathfrak{G}_a$. Bei verschiedener Wahl der Zahl a ergeben sich stets gleiche Gruppenkeime. Als Infinitesimalring $\mathfrak{J}$ von $\mathfrak{G}$ fassen wir den zu diesen Gruppenkeimen gehörigen Infinitesimalring auf. Sprechen wir künftig von Eigenschaften, welche einer kompakten linearen Gruppe *im Kleinen* zukommen, so soll damit gesagt sein, daß die betreffende Eigenschaft j e d e m der Gruppenkeime $\mathfrak{G}_a$ mit hinreichend kleinem a zukommt. Ist z. B. eine Gruppe im Kleinen nicht Abelsch, so bedeutet dies, daß jeder der Keime $\mathfrak{G}_a$ mindestens ein Paar Elemente enthält, welche nicht vertauschbar sind.

Unter Benutzung dieser Ausdrucksweise kann man den Inhalt der Sätze 6 und 7 folgendermaßen auf den Fall einer vollen Gruppe übertragen.

Satz 8. *Ist $\mathfrak{G}$ eine kompakte lineare Gruppe und $\overline{U}_1, \ldots, \overline{U}_k$ eine Basis ihres Infinitesimalringes, so wird $\mathfrak{G}$ im Kleinen durch*

$$A = e^{\alpha_1 \overline{U}_1 + \cdots + \alpha_k \overline{U}_k}$$

auf die Punkte $(\alpha_1, \ldots, \alpha_k)$ einer gewissen Umgebung des Punktes O im k-dimensionalen Raum umkehrbar eindeutig und in beiden Richtungen stetig abgebildet. Die Parameter $\alpha_1, \ldots, \alpha_k$ sind analytische Parameter der Gruppe im Kleinen.

§ 40. Die Infinitesimalgruppe einer abstrakten kompakten Gruppe.

Wir wollen in diesem Paragraphen Sätze über Darstellungen linearer Gruppen herleiten, welche es gestatten, aus dem Hauptsatz des § 37 wichtige Folgerungen zu ziehen. Der Hauptsatz besagt, daß es zu jeder n-dimensionalen abstrakten kompakten Gruppe $\mathfrak{G}$ eine Gruppe $\mathfrak{G}'$ unitärer Matrizen gibt, welche stetiges isomorphes Bild von $\mathfrak{G}$ ist, oder anders ausgedrückt: Es gibt zu $\mathfrak{G}$ eine in beiden Richtungen stetige, unitäre, endliche und treue Darstellung $D'(x)$. Da nach § 35 das stetige Bild eines kompakten Raumes stets wieder kompakt ist, ist also mit $\mathfrak{G}$ auch $\mathfrak{G}'$ eine kompakte Gruppe unitärer Matrizen und es kann die Theorie des vorigen Paragraphen auf $\mathfrak{G}'$ angewendet werden. Da die Gruppe $\mathfrak{G}'$, aufgefaßt als Gruppenkeim, auf analytische Parameter bezogen werden kann, muß man auch $\mathfrak{G}$ selber im Kleinen auf analytische Parameter beziehen können. Da der Gruppe $\mathfrak{G}'$ ein Infinitesimalring $\mathfrak{J}'$ entspricht, können wir denselben Infinitesimalring $\mathfrak{J}'$ auch $\mathfrak{G}$ zuordnen. Hier tritt aber die Frage auf, ob diese Zuordnung eindeutig ist. Es wäre möglich, daß eine zweite treue Darstellung $D''(x)$ von $\mathfrak{G}$ existiert, deren Matrizen eine Gruppe $\mathfrak{G}''$ mit dem Infinitesimalring $\mathfrak{J}''$ bilden. Und dieser Infinitesimalring $\mathfrak{J}''$ ist sicher nicht mit $\mathfrak{J}'$ identisch, wenn $\mathfrak{G}'$ und $\mathfrak{G}''$ nicht identisch sind. Soviel verlangen wir auch nicht. Aber es wäre erwünscht, zu wissen, daß $\mathfrak{J}'$ und $\mathfrak{J}''$ isomorph sind, also nicht unterscheidbar in Hinblick auf ihre algebraische Struktur, wenn man von der Natur der Elemente an sich absieht.

Die Matrizen von $\mathfrak{G}''$ kann man als Darstellung der Gruppe $\mathfrak{G}'$ (oder umgekehrt) auffassen, indem man folgende Zuordnung durchführt: Ist die erste Darstellung von $\mathfrak{G}$ etwa $A' = D'(x)$, wobei A' die Elemente von $\mathfrak{G}'$ durchläuft und ist die zweite Darstellung $A'' = D''(x)$ mit $A'' \in \mathfrak{G}''$, so ordnen wir auf dem Umweg über $\mathfrak{G}$ dem Element $A' \in \mathfrak{G}'$ das folgende Element $A'' \in \mathfrak{G}''$ zu

$$A' = D'(x) \longleftrightarrow x \longleftrightarrow D''(x) = A''$$

und setzen

$$A'' = D(A').$$

Man erhält so eine treue stetige Darstellung der Gruppe $\mathfrak{G}'$ durch die Matrizen aus $\mathfrak{G}''$. Die oben aufgeworfene Frage ist nunmehr zurückgeführt auf eine Frage, welche Darstellungen linearer Gruppen betrifft. Es ist zu untersuchen, in welcher Beziehung die Infinitesimalgruppe einer linearen Gruppe $\mathfrak{G}'$ zu der Infinitesimalgruppe ihrer Darstellung $\mathfrak{G}''$ steht.

Wir werden deshalb in folgendem die Theorie der stetigen Darstellungen kompakter, unitärer, linearer Gruppen $\mathfrak{G}$ durch unitäre Matrizen behandeln. Ihre Ergebnisse werden uns an späterer Stelle auch in anderer Hinsicht nützlich sein. Als erstes beweisen wir einen Hilfssatz. (Symbole, die sich auf die Darstellung beziehen, sollen, wenn nötig, durch ein Sternchen [z. B. E_*] gekennzeichnet werden.)

Satz 1. *Ist $D(A)$ eine stetige Darstellung einer kompakten linearen Gruppe, so ist*

$$D(A) - D(B) = O(|A - B|)$$

Beweis: Die folgenden zwei einfachen Abschätzungen

$$(1) \qquad |e^A - E| \leq e^{|A|} - 1$$

und für $|A - E| < 1$

$$(2) \qquad |\log A| \leq -\log(1 - |A - E|)$$

sind in § 38 (Satz 1) hergeleitet worden. Wir werden sie mehrfach anzuwenden haben.

Man beachte bei dem nun folgenden Beweis des Satzes 1, daß die Stetigkeit von $D(A)$ nicht voll ausgenutzt wird! Es sei nämlich ε eine beliebige *feste* Zahl des Intervalles $0 < \varepsilon < 1$. Nach Voraussetzung gibt es dazu ein $\delta > 0, < 1$, so daß für jedes A

$$(3) \qquad \text{aus } |A - E| \leq \delta \quad \text{folgt} \quad |D(A) - E_*| < \varepsilon.$$

Sei nun A mit $0 < |A - E| < \delta(1 + \delta)^{-1}$ beliebig vorgegeben, so bestimme man eine natürliche Zahl p so, daß

$$(4) \qquad 1 - \frac{1}{\sqrt[p+1]{1 + \delta}} \leq |A - E| < 1 - \frac{1}{\sqrt[p]{1 + \delta}}$$

wird. Dann ist wegen (2)

$$|\log A| \leq \log \sqrt[p]{1 + \delta} = \frac{1}{p} \log(1 + \delta)$$

und

$$|\nu \log A| \leq \log(1 + \delta) \qquad\qquad \nu = 1, \ldots, p.$$

Unter Benutzung von (1) erkennt man, daß

$$|A^\nu - E| = |e^{\nu \log A} - E| \leq e^{\log(1 + \delta)} - 1 = \delta \quad \nu = 1, \ldots, p.$$

Aus (3) ergibt sich

$$|D(A^\nu) - E_*| < \varepsilon < 1 \qquad\qquad \nu = 1, \ldots, p.$$

Man kann also sämtliche $\log D(A')$ bilden. Anwendung von § 38 Satz 4[1] liefert

$$\log D(A') = \nu \log D(A) \qquad\qquad \nu = 1, \ldots, p,$$

insbesondere

$$\log D(A^p) = p \log D(A).$$

Es ist aber wegen (2)

$$|\log D(A^p)| < \log \frac{1}{1-\varepsilon},$$

also

$$|\log D(A)| < \frac{1}{p} \log \frac{1}{1-\varepsilon}.$$

Die Ungleichung (1) liefert

$$|D(A) - E_*| = |e^{\log D\,(A)} - E_*| \leq e^{\frac{1}{p}\log\frac{1}{1-\varepsilon}} - 1$$

$$(5) \qquad = \sqrt[p]{\frac{1}{1-\varepsilon}} - 1 \leq \frac{1}{p}\frac{\varepsilon}{1-\varepsilon}$$

$$= \frac{1}{p+1}\frac{\delta}{1+\delta}\left(\frac{p+1}{p} \cdot \frac{\varepsilon(1+\delta)}{\delta(1-\varepsilon)}\right)$$

$$\leq \frac{1}{p+1}\frac{\delta}{1+\delta}\left(2\frac{\varepsilon(1+\delta)}{\delta(1-\varepsilon)}\right).$$

Führt man die feste Zahl

$$2\frac{\varepsilon(1+\delta)}{\delta(1-\varepsilon)} = C$$

ein (ε und δ waren ein für allemal fest gewählt!) und beachtet man, daß

$$\frac{1}{p+1}\frac{\delta}{1+\delta} < 1 - \frac{1}{\sqrt[p+1]{1+\delta}}$$

so ergibt sich aus (5) wegen (4)

$$|D(A) - E_*| < C\,|A - E|.$$

Weil $D(A)$ für alle Matrizen, also auch für diejenigen, für welche $|A - E| > \delta(1+\delta)^{-1}$ ist, beschränkt ist, kann man auch

$$D(A) - E_* = O(|A - E|)$$

schreiben.

Aus demselben Grunde folgt für beliebige A und B

$$D(A) - D(B) = (D(A\,B^{-1}) - E_*)\,D(B) = O(|A\,B^{-1} - E|)$$
$$= O(|A - B|\,|B^{-1}|).$$

Da die Gruppe der Matrizen A, B, ... kompakt ist, können ihre Matrizen dem Betrage nach weder beliebig groß noch beliebig klein werden. Des-

---

[1] Dieser Satz ist in der benutzten Gestalt zwar richtig, jedoch von uns nur bewiesen für $\varepsilon < 1 - \sqrt{1/2}$. Wir müßten also eigentlich ε in dem Intervall $0 < \varepsilon < 1 - \sqrt{1/2}$ wählen, was aber in Hinblick auf das Ziel unseres Beweises nicht wesentlich ist.

halb ist $O(|B^{-1}|) = O(1)$ und also

$$D(A) - D(B) = O(|A - B|)$$

w. z. b. w. —

An dem soeben geführten Beweise ist besonders auffällig, daß die Stetigkeit der Darstellung $D(A)$ nicht voll ausgenutzt wird. Es wurde nur benutzt, daß zu einem $\varepsilon > 0$, welches nur beliebig wenig kleiner als 1 ist, ein δ existiert, so daß (3) gilt. Hieraus ergibt sich bereits Satz 1. *Wenn also eine Darstellung einer kompakten linearen Gruppe in einer Umgebung von E eine Schwankung < 1 hat, so ist sie notwendig stetig.* Zufolge des Hauptsatzes überträgt sich dieser Satz sofort auf Darstellungen beliebiger n-dimensionaler kompakter Gruppen. Wenn übrigens in der Umgebung eines einzigen beliebigen Gruppenelements die Schwankung einer Darstellung < 1 ist, so ist sie auch in einer Umgebung der Gruppeneins < 1, wie man sofort durch Translation erkennt. Wenn also eine Darstellung in der Nähe eines Elementes stetig ist, so ist sie überall stetig. Wenn eine Darstellung einer kompakten n-dimensionalen Gruppe an einer Stelle unstetig ist, so ist sie überall unstetig. (Der Beweis des Hauptsatzes muß noch erbracht werden.)

Es soll nun jedem Element U des Infinitesimalringes $\mathfrak{J}$ von $\mathfrak{G}$ eindeutig ein Element $U_* = J(U)$ des Infinitesimalringes $\mathfrak{J}_*$ von $\mathfrak{G}_*$ zugeordnet werden. Dabei ist $\mathfrak{G}_*$ die Gruppe aller Matrizen $A_* = D(A)$ der Darstellung $D(A)$ von $\mathfrak{G}$. Dabei wird $\mathfrak{G}$ als kompakte lineare Gruppe und $D(A)$ als eine stetige unitäre Darstellung von $\mathfrak{G}$ vorausgesetzt. Es wäre am naheliegendsten,

$$(6) \qquad U_* = \log D(e^U)$$

zu setzen. Es kann aber sein, daß der log nicht existiert. Deshalb ist (6) nur dann sinnvoll, wenn $D(e^U)$ hinreichend nahe bei E_* liegt. Man bestimmt deshalb die durch § 39 Satz 5 auch für den Fall des Infinitesimalrings $\mathfrak{J}_*$ erklärte Zahl $\varDelta$, welche wir diesmal der Deutlichkeit halber $\varDelta_*$ nennen. (Wir dürfen $0 < \varDelta_* < 1 - \sqrt{1/2}$ annehmen.) Wenn dann

$$(7) \qquad |D(e^U) - E_*| < \varDelta_*$$

ist, so sind wir sicher, daß

$$\log D(e^U) \in \mathfrak{J}_*$$

gilt, und (6) wird sinnvoll. Wenn U die Bedingung (7) nicht erfüllt, so wähle man die Zahl a so klein, daß für alle reellen α mit $|\alpha| < a$

$$|D(e^{\alpha U}) - E_*| < \varDelta_*$$

wird. Das geht sicher, da sowohl die Darstellung als auch die Exponentialfunktion stetig sind. Für solche natürlichen n mit $1/n < a$ setzen wir

$$(8) \qquad U_* = n \log D\left(e^{\frac{1}{n} U}\right)$$

und haben zu zeigen, daß U_* nicht von n abhängt. Es genügt zu zeigen, daß für eine weitere natürliche Zahl m

$$n \log D\left(e^{\frac{1}{n} U}\right) = m\, n \log D\left(e^{\frac{1}{mn} U}\right)$$

gilt. In der Tat ist

$$m\, n \log D\left(e^{\frac{1}{mn} U}\right) = n \log \left(D\left(e^{\frac{1}{mn} U}\right)^m\right) = n \log D\left(e^{\frac{1}{n} U}\right).$$

Der stetigen Darstellung $A_* = D(A)$ entspricht also eine eindeutig durch (8) erklärte Funktion

$$U_* = J(U),$$

welche den Elementen von $\mathfrak{J}$ Elemente aus $\mathfrak{J}_*$ zuordnet. Sie erfüllt die folgenden Funktionalgleichungen

(9) $$J(\alpha U) = \alpha J(U)$$

(10) $$J(U + V) = J(U) + J(V)$$

(11) $$J(UV - VU) = J(U)J(V) - J(V)J(U).$$

Wir werden nun diese Gleichungen der Reihe nach beweisen.

Zunächst werde (9) für rationale α hergeleitet. Wenn $\alpha = p/q$, so ist für hinreichend großes $n = pm$

$$J(\alpha U) = pm \log D\left(e^{\frac{1}{p \cdot m} \cdot \frac{p}{q} U}\right) = \frac{p}{q}\, mq \log D\left(e^{\frac{1}{mq} U}\right) = \alpha J(U).$$

Da $J(\alpha U)$ stetig von α anhängt, ist damit (9) allgemein bewiesen. (Für $\alpha = 0$ ist (9) trivial.)

Um (10) zu beweisen, bestimmen wir ein hinreichend großes n so daß

$$J(U) = n \log D\left(e^{\frac{1}{n} U}\right) \qquad J(V) = n \log D\left(e^{\frac{1}{n} V}\right)$$

$$J(U + V) = n \log D\left(e^{\frac{1}{n}(U + V)}\right)$$

wird. Dann ist

$$J(U) + J(V) = n\left(\log D\left(e^{\frac{1}{n} U}\right) + \log D\left(e^{\frac{1}{n} V}\right)\right).$$

Hierfür schreibt man unter Benutzung von § 38 Satz 5

$$= n\left[\log D\left(e^{\frac{1}{n} U}\right) D\left(e^{\frac{1}{n} V}\right) + O\left(\left|\log D\left(e^{\frac{1}{n} U}\right)\right|\left|\log D\left(e^{\frac{1}{n} V}\right)\right|\right)\right].$$

Wegen (8) ist das

$$= n\left[\log D\left(e^{\frac{1}{n} U}\, e^{\frac{1}{n} V}\right) + O\left(\frac{1}{n^2}\right)\right]$$

$$= n \log D\left(e^{\frac{1}{n} U}\, e^{\frac{1}{n} V}\right) + O\left(\frac{1}{n}\right).$$

Anwendung von Satz 5 in § 38 liefert

$$= n \log D\left(e^{\frac{1}{n}(U+V)} + O\left(\tfrac{1}{n^2}\right)\right) + O\left(\tfrac{1}{n}\right).$$

Da die Darstellung stetig ist, kann Satz 1 angewandt werden:

$$= n \log \left[D\left(e^{\frac{1}{n}(U+V)}\right) + O\left(\tfrac{1}{n^2}\right)\right] + O\left(\tfrac{1}{n}\right).$$

Stetigkeit des log (§ 38 Satz 6) ergibt dann

$$= n\left[\log D\left(e^{\frac{1}{n}(U+V)}\right) + O\left(\tfrac{1}{n^2}\right)\right] + O\left(\tfrac{1}{n}\right)$$

$$= n \log D\left(e^{\frac{1}{n}(U+V)}\right) + O\left(\tfrac{1}{n}\right).$$

Nach Definition von $J(U+V)$ folgt hieraus

$$(12) \qquad J(U) + J(V) = J(U+V) + O\left(\tfrac{1}{n}\right).$$

Wegen $\lim\limits_{n \to \infty} O\left(\tfrac{1}{n}\right) = 0$ muß $O\left(\tfrac{1}{n}\right) = 0$ sein für alle n, da die übrigen Glieder der Gleichung (12) nicht von n abhängen. Damit ist (10) bewiesen.

Entsprechend beweisen wir (11). Für hinreichend große n ist

$$J(U)J(V) - J(V)J(U)$$

$$= n^2\left[\log D\left(e^{\frac{1}{n}U}\right)\log D\left(e^{\frac{1}{n}V}\right) - \log D\left(e^{\frac{1}{n}V}\right)\log D\left(e^{\frac{1}{n}U}\right)\right].$$

Einsetzen der Reihe für die log ergibt mit Berücksichtigung des Satzes 1:

$$= n^2\left\{\left[D\left(e^{\frac{1}{n}U}\right) - E_*\right]\left[D\left(e^{\frac{1}{n}V}\right) - E_*\right] - \left[D\left(e^{\frac{1}{n}V}\right) - E_*\right]\left[D\left(e^{\frac{1}{n}U}\right) - E_*\right]\right.$$

$$\left. + O\left(\tfrac{1}{n^3}\right)\right\}$$

$$= n^2\left\{D\left(e^{\frac{1}{n}U}\right)D\left(e^{\frac{1}{n}V}\right) - D\left(e^{\frac{1}{n}V}\right)D\left(e^{\frac{1}{n}U}\right)\right\} + O\left(\tfrac{1}{n}\right)$$

$$= n^2\left\{\left[D\left(e^{\frac{1}{n}U}e^{\frac{1}{n}V}e^{-\frac{1}{n}U}e^{-\frac{1}{n}V}\right) - E_*\right]D\left(e^{\frac{1}{n}V}e^{\frac{1}{n}U}\right)\right\} + O\left(\tfrac{1}{n}\right).$$

Nun setzt man für die Exponentialfunktionen die Reihen ein, multipliziert diese aus, indem man nach den Anfangsgliedern abbricht und den Rest in einem O-Glied zusammenfaßt. Es ergibt sich

$$= n^2\left\{\left[D\left(E + \tfrac{1}{n^2}(UV - VU) + O\left(\tfrac{1}{n^3}\right)\right) - E_*\right]\left[D\left(E + O\left(\tfrac{1}{n}\right)\right)\right]\right\} + O\left(\tfrac{1}{n}\right)$$

$$= n^2\left\{D\left(E + \tfrac{1}{n^2}(UV - VU) + O\left(\tfrac{1}{n^3}\right)\right) - E_*\right\} + O\left(\tfrac{1}{n}\right).$$

Beachtet man, daß in der mit n^2 multiplizierten Klammer der Anfang der log-Reihe steht, so findet man wieder unter Berücksichtigung von Satz 1:

$$= n^2 \log D\left(E + \tfrac{1}{n^2}(UV - VU) + O\left(\tfrac{1}{n^3}\right)\right) + O\left(\tfrac{1}{n}\right).$$

Hinter dem D findet sich der Anfang einer Expontialreihe, also

$$= n^2 \log D\left(e^{\frac{1}{n^2}(UV - VU)} + O\left(\tfrac{1}{n^3}\right)\right) + O\left(\tfrac{1}{n}\right).$$

Wegen Satz 1 ist dies

$$= n^2 \log D\left(e^{\frac{1}{n^2}(UV - VU)}\right) + O\left(\tfrac{1}{n}\right)$$

$$= J(UV - VU) + O\left(\tfrac{1}{n}\right).$$

Folglich ist

$$J(U)J(V) - J(V)J(U) = J(UV - VU) + O\left(\tfrac{1}{n}\right).$$

Hierin muß das Glied $O\left(\tfrac{1}{n}\right)$ identisch verschwinden, weil alle anderen nicht von n abhängen. Damit ist auch (11) bewiesen.

Nun interessiert noch, ob jedes Element $J \in \mathfrak{J}_*$ wirklich als Bild $J(U)$ eines U auftritt.

Tatsächlich läßt sich zu jedem J ein solches U angeben. Für genügend große n und gewisse $A_n \in \mathfrak{G}$ gilt

$$e^{\frac{1}{n}J} = D(A_n).$$

Für eine geeignete Teilfolge ν der n gilt

$$A_\nu \to A.$$

Offenbar ist $D(A) = E_*$, also

$$e^{\frac{1}{\nu}J} = D(A_\nu A^{-1})$$

und $A_\nu A^{-1} \to E$. Wir dürfen also, indem wir statt $A_\nu A^{-1}$ wieder A_ν schreiben,

$$A_\nu \to E$$

annehmen. Dann ist aber für genügend große ν

$$\tfrac{1}{\nu}J = \log D(A_\nu) = \log D(e^{\log A_\nu})$$

$$= \log D\left(e^{\frac{1}{\nu}(\nu \log A_\nu)}\right),$$

wobei $\nu \log A_\nu \in \mathfrak{J}$. Setzen wir $\nu \log A_\nu = U$, so ist

$$J = J(U).$$

Unsere Resultate fassen wir in einem Satz zusammen.

Satz 2. *Es sei $\mathfrak{G}$ eine kompakte lineare Gruppe mit dem Infinitesimalring $\mathfrak{J}$. Die Matrizen $D(A)$ einer stetigen Darstellung von $\mathfrak{G}$ bilden eine kompakte lineare Gruppe $\mathfrak{G}_*$ mit dem Infinitesimalring $\mathfrak{J}_*$. Ist $U \in \mathfrak{J}$, so existiert für hinreichend große n der Ausdruck*

$$(13) \qquad U_* = n \log D\left(e^{\frac{1}{n}U}\right).$$

U_* ist von n unabhängig und liegt in $\mathfrak{J}_*$. Vermöge der Funktion

$$(14) \qquad J(U) = U_*$$

ist $\mathfrak{J}_*$ ein stetiges und isomorphes Bild von $\mathfrak{J}$, d. h. es gelten die Gleichungen (9), (10), (11).

Natürlich kann die Isomorphie mehrstufig sein, d. h. die Abbildung (14) braucht nicht umkehrbar eindeutig zu sein. Ist aber die Darstellung treu, so ist auch $J(U)$ umkehrbar eindeutig. Nennen wir nämlich das eindeutig bestimmte Urbild eines Elementes $A_* \in \mathfrak{G}_*$ etwa $D^{-1}(A_*)$, so folgt aus (13)

$$e^{\frac{1}{n}U_*} = D\left(e^{\frac{1}{n}U}\right)$$

$$e^{\frac{1}{n}U} = D^{-1}\left(e^{\frac{1}{n}U_*}\right)$$

$$U = n \log D^{-1}\left(e^{\frac{1}{n}U_*}\right).$$

Wir wollen die Funktion $J(U)$ eine *Darstellung des Infinitesimalrings $\mathfrak{J}$* durch den Infinitesimalring $\mathfrak{J}_*$ nennen. Wir nennen diese Darstellung *treu*, wenn $J(U)$ umkehrbar eindeutig ist, wenn also die Isomorphie zwischen $\mathfrak{J}$ und $\mathfrak{J}_*$ einstufig ist. Wir haben gezeigt:

Satz 3. *Zu einer treuen stetigen Darstellung einer kompakten linearen Gruppe $\mathfrak{G}$ durch eine lineare Gruppe $\mathfrak{G}_*$ gehört eine treue Darstellung des Infinitesimalrings von $\mathfrak{G}$ durch den Infinitesimalring von $\mathfrak{G}_*$.*

Denken wir uns nun eine kompakte abstrakte k-dimensionale Gruppe $\mathfrak{G}$ gegeben, so besagt der Hauptsatz, daß sie mindestens eine treue stetige Darstellung durch eine lineare Gruppe $\mathfrak{G}'$ besitzt. Gibt es mehrere solche Darstellungen durch andere Gruppen $\mathfrak{G}''$, $\mathfrak{G}'''$, ..., so wissen wir, daß sie alle isomorphe Infinitesimalringe $\mathfrak{J}'$, $\mathfrak{J}''$, $\mathfrak{J}'''$, ... besitzen. Wir erklären deshalb einen abstrakten Infinitesimalring $\mathfrak{J}$ von $\mathfrak{G}$, indem wir einander entsprechende Elemente der Ringe $\mathfrak{J}'$, $\mathfrak{J}''$, ... als nicht verschieden ansehen. Nach Konstruktion ist $\mathfrak{J}$ mit jedem der Ringe $\mathfrak{J}'$, $\mathfrak{J}''$, ... isomorph. Wir nennen $\mathfrak{J}$ den *Infinitesimalring der abstrakten Gruppe $\mathfrak{G}$*, welche wir kompakt und n-dimensional voraussetzen. Offenbar können zwei abstrakte derartige Gruppen nur dann isomorph sein, wenn sie isomorphe Infinitesimalringe besitzen. Ob umgekehrt zu isomorphen Infinitesimalringen stets isomorphe Gruppen gehören, wollen wir nicht untersuchen. Daß die Isomorphie der Infinitesimalringe eine Isomorphie der Gruppen selber im kleinen mit sich bringt, leuchtet ein.

Mit der Einführung des Begriffs Infinitesimalring ist der Weg zur Klassifizierung der kompakten Gruppen gebahnt, und um die Freilegung dieses Weges (allerdings für allgemeinere Gruppen) handelte es sich bei dem durch Hilbert aufgeworfenen Problem.

Es sei nun irgend eine treue stetige Darstellung $D(a)$ der abstrakten (kompakten n-dimensionalen) Gruppe $\mathfrak{G}$ gegeben. In einer Umgebung von $1 \in \mathfrak{G}$ kann man nach § 39 Satz 6

$$D(a) = e^{\alpha_1 \overline{U}_1 + \cdots + \alpha_k \overline{U}_k}$$

setzen. Dabei entsprechen die Zahlen-k-tupel $(\alpha_1, \ldots, \alpha_k)$ einer Umgebung von $(0, \ldots, 0)$ umkehrbar eindeutig und stetig den Elementen a der Umgebung von 1 in $\mathfrak{G}$. Wir wollen das dadurch andeuten, daß wir

(15)
$$a = e^{\alpha_1 \overline{u}_1 + \cdots + \alpha_k \overline{u}_k}$$

schreiben, wobei $\overline{u}_1, \ldots, \overline{u}_k$ diejenigen Elemente der abstrakten Infinitesimalgruppe $\mathfrak{J}$ sind, welche $\overline{U}_1, \ldots, \overline{U}_k$ entsprechen. Man nennt die $\alpha_1, \ldots, \alpha_k$ *kanonische Parameter* der Gruppe. Diese Parameter sind bis auf eine (nicht singuläre) lineare Transformation festgelegt. Die einzige Möglichkeit, zu anderen kanonischen Parametern zu kommen, besteht nämlich nur darin, daß man statt von $\overline{u}_1, \ldots, \overline{u}_k$ von einer anderen Basis von $\mathfrak{J}$ ausgeht.

Die Darstellung (15) der Elemente einer Umgebung der $1 \in \mathfrak{G}$ überträgt sich leicht auf die Umgebung eines beliebigen Elementes $b \in \mathfrak{G}$. Sei nämlich a ein beliebiges Element von $\mathfrak{G}$, welches so nahe bei b liegt, daß für $b^{-1}a$ die Darstellung (15) Gültigkeit hat, so gilt also

$$b^{-1}a = e^{\alpha_1 \overline{u}_1 + \cdots + \alpha_k \overline{u}_k}$$

oder

(16)
$$a = b\, e^{\alpha_1 \overline{u}_1 + \cdots + \alpha_k \overline{u}_k}$$

Auch in diesem Falle sollen die α kanonische Parameter der Umgebung von b heißen.

Man zeigt nun ohne Schwierigkeiten:

Satz 4. *Ist $D(a) = (D_{\varrho\sigma}(a))$ eine stetige Darstellung einer kompakten k-dimensionalen Gruppe $\mathfrak{G}$, so sind die Komponenten $D_{\varrho\sigma}(a)$ analytische Funktionen der kanonischen Parameter von $\mathfrak{G}$,* oder kürzer: die Darstellung $D(a)$ ist in den kanonischen Parametern analytisch.

Beweis: Indem man die Elemente $\overline{u}_1, \ldots, \overline{u}_k \in \mathfrak{J}$ deutet als Basiselemente des Infinitesimalrings einer treuen Darstellung von $\mathfrak{G}$, erhält man aus (16) wegen $D(e^U) = e^{J(U)}$

$$D(a) = D(b)\, D(e^{\alpha_1 \overline{u}_1 + \cdots + \alpha_k \overline{u}_k}) = D(b) e^{J(\alpha_1 \overline{u}_1 + \cdots + \alpha_k \overline{u}_k)}$$
$$= D(b)\, e^{\alpha_1 J(\overline{u}_1) + \cdots + \alpha_k J(\overline{u}_k)},$$

und das bedeutet, daß jedes $D_{\varrho\sigma}(a)$ eine Potenzreihe in den Variabeln $\alpha_1, \ldots, \alpha_k$ ist, w. z. b. w. —

Es ist uns gelungen, der Gleichung (15)

$$a = e^u$$

für Elemente u der Infinitesimalgruppe $\mathfrak{F}$, welche nahe 0 liegen, einen Sinn zu geben. Es ist ein leichtes, das Zeichen e^u für beliebige u zu erklären. Man suche das dem u in einer treuen Darstellung $D(a)$ entsprechende U des Infinitesimalringes und bilde e^U. Diese Matrix ist das Bild genau eines Elementes a und dieses Element setzen wir $= e^u$. Entsprechend wird $\log a$ erklärt. Man suche in einer treuen Darstellung das Bild $D(a)$ von a. Liegt a hinreichend nahe bei 1, so existiert $\log D(a) = U$. Diesem U entspricht ein Element u des Infinitesimalrings und wir setzen

$$\log a = u.$$

Konstruktion einer endlichen Darstellung.

Wir kommen nun endlich zum Beweis des am Anfang des vorigen Kapitels formulierten Hauptsatzes: *Jede kompakte n-dimensionale Gruppe $\mathfrak{G}$ besitzt eine endliche treue, in beiden Richtungen stetige unitäre Darstellung.* Der Beweis basiert auf der Tatsache, daß jede kompakte Gruppe eine treue, in beiden Richtungen stetige (unitäre) Darstellung $D_\infty(x)$ mit unendlich vielen Zeilen und Spalten besitzt. Diesen Satz haben wir in § 36 mit Hilfe des Approximationssatzes der Theorie fastperiodischer Funktionen hergeleitet. Wir werden aber außerdem sehr wesentlich Gebrauch machen von den Sätzen, welche wir in § 39 über die Struktur linearer Gruppen aufgestellt haben. Das dürfen wir, da wir Folgerungen aus dem noch unbewiesenen Hauptsatz nur in § 40 gezogen haben.

Wir beginnen damit, einige Hilfssätze aufzustellen.

§ 41. Formulierung von Hilfssätzen.

Der Hauptsatz setzt außer Kompaktheit nur voraus, daß $\mathfrak{G}$ n-dimensional sein soll. Die Kompaktheit von $\mathfrak{G}$ wurde sehr wesentlich bei der Konstruktion der unendlichen Darstellung ausgenutzt. Um auch die Dimensionsannahme auswerten zu können, bedienen wir uns einiger Sätze der Dimensionstheorie.

Hilfssatz 1 (Invarianz der Dimension): *Ist eine Punktmenge des p-dimensionalen Euklidischen Raumes R_p, welche mindestens einen inneren Punkt besitzt, einer Punktmenge im q-dimensionalen Euklidischen Raum R_q homöomorph, so ist $p \leq q$. Ist $p = q$, so gehen die inneren Punkte der Urbildmenge in innere Punkte der Bildmenge über.*

Hilfssatz 2 (Zerlegungssatz): *Ist $\mathfrak{M}$ eine beschränkte, abgeschlossene p-dimensionale Teilmenge des n-dimensionalen Euklidischen Raumes*

R_n, so gibt es zu jedem $\varepsilon > 0$ endlich viele abgeschlossene Teilmengen $\mathfrak{N}_1, \ldots, \mathfrak{N}_h$ von $\mathfrak{M}$, so daß folgende Bedingungen erfüllt sind:

1. Je $p + 2$ Mengen $\mathfrak{N}_i$ haben keinen gemeinsamen Punkt.

2. Es ist

$$\mathfrak{N}_1 + \cdots + \mathfrak{N}_h = \mathfrak{M}$$

3. Jede Menge $\mathfrak{N}_i$ hat einen Durchmesser d_i, der kleiner als ε ist.

Hilfssatz 3 (Umkehrung des Zerlegungssatzes): *Ist eine abgeschlossene und beschränkte Teilmenge $\mathfrak{M}$ des n-dimensionalen Euklidischen Raumes R_n bei festem p für jedes $\varepsilon > 0$ in der Weise, wie es in Satz 2 beschrieben wird, in endlich viele abgeschlossene Teilmengen zerlegbar, so ist $\mathfrak{M}$ höchstens p-dimensional.*

Die dimensionstheoretischen Sätze 1 bis 3 sollen in diesem Buche nicht bewiesen werden[1]. Die Aussage des Satzes 1 ist übrigens sehr einleuchtend. Die beiden anderen Sätze werden ihrem Inhalt nach sofort verständlich, wenn man beispielsweise eine Kugelfläche $\mathfrak{M}$ im R_3 in kleine Teile $\mathfrak{N}_i$ zerschneidet. Es läßt sich stets so einrichten, daß von einem Punkt nicht mehr als 3 Schnittlinien ausgehen. Da die $\mathfrak{N}_i$ in Satz 3 abgeschlossen sein sollen, sind die Schnittlinien jedem der angrenzenden $\mathfrak{N}_i$ zuzurechnen. Man sieht, daß höchstens 3 verschiedene $\mathfrak{N}_i$ einen gemeinsamen Punkt haben können, nämlich einen solchen Punkt, von dem 3 Schnittlinien ausgehen. 4 Teilmengen $\mathfrak{N}_i$ haben also sicher keinen Punkt gemein. In diesem Fall ist also $p = 2$, und die Kugelfläche hat in der Tat die Dimension 2.

Die unendliche treue Darstellung $D_\infty(x)$, deren Existenz wir nach § 36 Satz 5 voraussetzen können, hat folgende Gestalt. Es gibt eine Folge von wachsenden natürlichen Zahlen $s_1, s_2, \ldots$, so daß diejenigen Matrizen $D_i(x)$, welche aus den ersten s_i Zeilen und Spalten von $D_\infty(x)$ bestehen, eine stetige unitäre Darstellung von $\mathfrak{G}$ bilden. Wir wollen in diesem Kapitel zeigen, daß für hinreichend großes i die Darstellung $D_i(x)$ treu sein muß, wenn $D_\infty(x)$ treu ist. Bislang wissen wir nur, daß die Menge $\mathfrak{D}_i$ aller Matrizen $D_i(x)$ mit $x \in \mathfrak{G}$ als stetiges Bild von $\mathfrak{G}$ selber eine kompakte lineare Gruppe bilden. Nach § 39 Satz 6 gibt es also eine Umgebung der Einheitsmatrix $E_i = D_i(1)$, deren Elemente genau erschöpft werden durch alle Matrizen der Gestalt

$$(1) \qquad D_i(x) = e^{\alpha_1 \overline{U}^{(i)} + \cdots + \alpha_{k_i} \overline{U}^{(i)}_{k_i}}$$

$(\alpha_1, \ldots, \alpha_{k_i})$ reell in einer Umgebung von $(0, \ldots, 0)$.

Man kann die Menge $\mathfrak{D}_i$ der Matrizen $D_i(x)$ als einen metrischen Raum auffassen, dem wegen (1) die Dimension k_i zuzuordnen ist.

---

[1] Besonders schöner Beweis dieser Sätze: E. Sperner: Abh. Math. Sem. Universität Hamburg **6**. 265—272 (1928).

Hilfssatz 4. *Für $i < j$ gilt $k_i \leq k_j$. Es kann stets so eingerichtet werden, daß*

$$\overline{U}_l^{(i)} = s_i\text{-Abschnitt von } \overline{U}_l^{(j)}$$
$$(1 \leq l \leq k_i \qquad i < j).$$

Die Zahl der Basiselemente in den Infinitesimalringen der Gruppen $\mathfrak{D}_i$ und damit die Dimension der $\mathfrak{D}_i$ nimmt also mit wachsendem i (schwach) monoton zu, und die Basiselemente eines Infinitesimalringes etwa zu $\mathfrak{D}_i$ sind die s_i-Abschnitte entsprechender Basiselemente der Infinitesimalringe der Gruppen $\mathfrak{D}_j$ mit $j > i$, genau wie die Elemente von $\mathfrak{D}_i$ selber die s_i-Abschnitte der Elemente aus $\mathfrak{D}_j$ sind.

Der Beweis für diesen Hilfssatz wird später nachgetragen (S. 190); denn daß der Satz richtig sein wird, erscheint vorläufig auch ohne Beweis hinreichend glaubhaft.

Hilfssatz 5. *Jeder Matrix*

$$D_i(\alpha_1, \ldots, \alpha_{k_i}) = e^{\alpha_1 \overline{U}_1^{(i)} + \cdots + \alpha_{k_i} \overline{U}_{k_i}^{(i)}}$$

einer Umgebung der Einheitsmatrix E_i der Darstellung $\mathfrak{D}_i$ von $\mathfrak{G}$ entspricht eine Menge von Gruppenelementen x, so daß

$$D_i(x) = D_i(\alpha_1, \ldots, \alpha_{k_i})$$

wird. Aus dieser Menge läßt sich ein Element $a(\alpha_1, \ldots, \alpha_k)$ derart auswählen, daß die Funktion

$$a = a(\alpha_1, \ldots, \alpha_{k_i}) = a\left(D(\alpha_1, \ldots, \alpha_{k_i})\right)$$

die Matrizen der vollen Umgebung von E_i in $\mathfrak{D}_i$ umkehrbar eindeutig und umkehrbar stetig auf eine Teilmenge $\mathfrak{U}$ von $\mathfrak{G}$ abbildet.

Auch der Beweis dieses Satzes wird später nachgeholt.

§ 42. Beweis des Hauptsatzes.

Wir werden zeigen, daß die Darstellungen $D_i(x)$ für hinreichend großes i treu sind. Den Beweis nehmen wir in mehreren Schritten vor. Zunächst wird gezeigt, daß für hinreichend große i die Dimension der $\mathfrak{D}_i$ dieselbe wie die von $\mathfrak{G}$ ist. Daraus folgert man, daß eine beliebige Matrix aus $\mathfrak{D}_i$ höchstens endlich viele verschiedene Urbilder in $\mathfrak{G}$ haben kann. Da $D_\infty(x)$ treu ist, folgert man schließlich leicht, daß für evtl. noch etwas größer zu wählendes i die Zahl der Urbilder einer Matrix auf 1 zusammenschrumpft.

Satz 1. *Die Dimensionen k_i der Matrizengruppen $\mathfrak{D}_i$, welche $\mathfrak{G}$ darstellen, sind sämtlich kleiner oder gleich der Dimension n der Gruppe $\mathfrak{G}$.* Da $k_1 \leq k_2 \leq \ldots \leq k_i \leq k_{i+1} \leq \ldots$ bereits nach § 41 Satz 4 gültig ist, folgt also, daß von einer gewissen Stelle ab die Dimension der Gruppen $\mathfrak{D}_i$ konstant ist.

Beweis: Die Funktion $a = a(\alpha_1, \ldots, \alpha_k)$ aus Hilfssatz 5 bildet eine Punktmenge des k_i-dimensionalen Raumes mit inneren Punkten (nämlich eine ganze Umgebung der $(0, \ldots, 0)$) in eine Teilmenge $\mathfrak{U}$ von $\mathfrak{G}$ homöomorph ab. Da die Gruppe $\mathfrak{G}$ selber n-dimensional ist, folgt aus Hilfssatz 1, daß tatsächlich $k_i \leq n$ ist.

Satz 2. *Für genügend großes i haben die Matrizengruppen $\mathfrak{D}_i$, welche $\mathfrak{G}$ darstellen, die Dimension n der Gruppe $\mathfrak{G}$.*

Beweis: Wir werden zeigen, daß die Matrizengruppen $\mathfrak{D}_i$ für genügend großes i mindestens dieselbe Dimension haben müssen wie die Gruppe $\mathfrak{D}_\infty$ der unendlichen Matrizen, welche $\mathfrak{G}$ treu darstellt. Da nach § 36 Satz 5 die Gruppe $\mathfrak{D}_\infty$ der Gruppe $\mathfrak{G}$ homöomorph ist, ist also $\mathfrak{D}_\infty$ auch wie diese n-dimensional. Deshalb würde unter Berücksichtigung von Satz 1 in der Tat folgen, daß von gewissem i ab $k_i = k_{i+1} = \ldots = n$ ist.

Zunächst wissen wir nur, daß von gewissem i ab, etwa für $i > i_0$ alle k_i gleich einer Zahl p sind. Nach Hilfssatz 2 kann man für $i > i_0$ die Menge $\mathfrak{D}_i$ der Matrizen D_i, welche ja Punkte eines $2\,s^2$-dimensionalen Raumes sind, bei beliebig vorgegebenem $\varepsilon > 0$ in endlich viel abgeschlossene Mengen $\mathfrak{N}_1, \ldots, \mathfrak{N}_h$ zerlegen, so daß folgende Bedingungen erfüllt sind.

1. Je $p + 2$ Mengen $\mathfrak{N}_\nu$ haben keinen gemeinsamen Punkt.
2. Es ist

$$\mathfrak{N}_1 \dotplus \cdots \dotplus \mathfrak{N}_h = \mathfrak{D}_i$$

3. Jedes $\mathfrak{N}_\nu$ hat einen Durchmesser $d_\nu < \varepsilon$.

Nun bilden wir für dasselbe $i > i_0$ die Mengen $\overline{\mathfrak{N}}_\nu$ aller $D_\infty(a)$, für die $D_i(a) \in \mathfrak{N}_\nu$ gilt. Die $\overline{\mathfrak{N}}_\nu$ sind abgeschlossene Mengen und es gilt

1. Je $p + 2$ Mengen $\overline{\mathfrak{N}}_\nu$ haben keinen gemeinsamen Punkt.
2. Es ist

$$\overline{\mathfrak{N}}_1 \dotplus \cdots \dotplus \overline{\mathfrak{N}}_h = \mathfrak{D}_\infty$$

3. Jedes $\overline{\mathfrak{N}}_\nu$ hat einen Durchmesser $\overline{d}_\nu < \varepsilon$.

Letzteres ist nur für hinreichend große i richtig. Es ist dann

$$|D_\infty(a) - D_\infty(b)| \leq \mathrm{Max}\left(|D_i(a) - D_i(b)|, \frac{1}{s_i}\right)$$

$$\leq \mathrm{Max}\left(d_\nu, \frac{1}{s_i}\right)$$

Und dies ist $< \varepsilon$, wenn nur i ausreichend groß ist.

Jedenfalls läßt sich für $\varepsilon > 0$ stets eine Zerlegung von $\mathfrak{D}_\infty$ angeben, die die Eigenschaften 1., 2., 3. hat. Aus Hilfssatz 3 folgt deshalb, daß $\mathfrak{D}_\infty$ höchstens p-dimensional ist, also ergibt sich $n \leq p$ und somit der Satz. —

Satz 3: *Es sei die Matrizengruppe $\mathfrak{D}_i$, welche $\mathfrak{G}$ darstellt, n-dimensional wie $\mathfrak{G}$, dann gibt es nur endlich viele Elemente $a_1, \ldots, a_r$ in $\mathfrak{G}$, denen in $\mathfrak{D}_i$ die Einheitsmatrix entspricht, für die also*

$$D_i(a_\nu) = E_i$$

gilt. Könnte man zeigen, daß $r = 1$ ist, daß also nur dem Einheitselement $1 = a_1$ die Matrix E_i entspricht, so wäre bewiesen, daß $\mathfrak{D}_i$ eine treue Darstellung von $\mathfrak{G}$ ist.

Beweis: Gäbe es unendlich viele a mit

$$D_i(a) = E_i\,,$$

so hätten die a einen Häufungspunkt a_0 in $\mathfrak{G}$, da $\mathfrak{G}$ kompakt ist. In jeder Umgebung von a_0 gibt es also Punkte von $\mathfrak{G}$, denen die Darstellung $\mathfrak{D}_i$ die gleiche Matrix zuordnet. Betrachten wir nun aber die Menge $\mathfrak{U}$ von Gruppenelementen, denen nach Hilfssatz 5 vermöge $a = a(\alpha_1, \ldots, \alpha_{k_i})$ umkehrbar eindeutig und umkehrbar stetig eine volle Umgebung der Einheitsmatrix E_i in $\mathfrak{D}_i$ entspricht. Da die Dimension von $\mathfrak{D}_i$ die gleiche wie die von $\mathfrak{G}$ ist, nämlich $k_i = n$, muß $\mathfrak{U}$ nach Hilfssatz 1 einen inneren Punkt enthalten, etwa b. Sei nun $c = b^{-1}a_0$, dann enthält die Menge $\mathfrak{U}c$, bestehend aus allen Elementen xc mit $x \in \mathfrak{U}$, den Punkt a_0 als inneren Punkt. Die Matrizen $D_i(xc) = D_i(x)D_i(c)$ aus $\mathfrak{D}_i$ sind offenbar für verschiedene Punkte aus $\mathfrak{U}c$ verschieden. Deshalb kann a_0 nicht Häufungspunkt solcher Elemente sein, denen in $\mathfrak{D}_i$ gleiche Matrizen entsprechen. Damit ist der Satz bewiesen. —

Nun können wir endlich den Hauptsatz beweisen.

Satz 4. *Jede kompakte n-dimensionale Gruppe $\mathfrak{G}$ besitzt eine endliche treue umkehrbar stetige unitäre Darstellung.*

Beweis: Wir betrachten eine Darstellung $\mathfrak{D}_i$ von $\mathfrak{G}$ der Dimension $k_i = n$. Für alle $\mathfrak{D}_j$ mit $j \geq i$ bestimmen wir die Menge $\mathfrak{H}_j$ aller Elemente a in $\mathfrak{G}$, für die

$$D_j(a) = E_j$$

die Einheitsmatrix ist. Jedes $\mathfrak{H}_j$ ist nach Satz 3 eine endliche Menge (und zwar eine Untergruppe von $\mathfrak{G}$). Es ist

$$\mathfrak{H}_i \supseteq \mathfrak{H}_{i+1} \supseteq \cdots \supseteq \mathfrak{H}_j \supseteq \mathfrak{H}_{j+1} \supseteq \cdots.$$

Von einer gewissen Stelle an, etwa von i_0 ab haben alle $\mathfrak{H}_j$ die gleiche Anzahl Elemente. Es sei etwa $a \in \mathfrak{H}_{i_0}$. Dann ist $a \in \mathfrak{H}_j$ für $j \geq i_0$. Daraus folgt

$$D_i(a) = E_j \qquad\qquad \text{für alle } j$$

also

$$D_\infty(a) = D_\infty(1).$$

Hieraus entnehmen wir, daß $a = 1$ ist; denn $D_\infty(x)$ ist treu. $\mathfrak{H}_{i_0}$ besteht demnach nur aus dem 1-Element. Es muß dann $\mathfrak{D}_{i_0}$ eine treue Darstellung sein. Wenn nämlich

$$D_{i_0}(b) = D_{i_0}(c)\,,$$

so ist

$$D_{i_0}(bc^{-1}) = E_{i_0}\,,$$

also $bc^{-1} = 1$ und $b = c$. Daß die Darstellung umkehrbar stetig ist, folgt aus ihrer Stetigkeit wegen § 35 Satz 1. —

§ 43. Beweis der Hilfssätze.

Beweis von Hilfssatz 4: Es genügt die Behauptungen des Satzes für $j = i + 1$ und beliebiges i zu beweisen. Die Matrizen einer vollen Umgebung $\mathfrak{K}_i$ der Einheitsmatrix E_i in $\mathfrak{D}_i$ haben die Gestalt

$$e^{\alpha_1 \overline{U}_1^{(i)} + \cdots + \alpha_{k_i} \overline{U}_{k_i}^{(i)}}$$

$(\alpha_1, \ldots, \alpha_{k_i})$ in K_i, wobei K_i eine Kugel um $(0, \ldots, 0)$ im R_{k_i} bedeutet. Entsprechend haben die Matrizen einer vollen Umgebung $\mathfrak{K}_{i+1}$ der Einheitsmatrix E_{i+1} in $\mathfrak{D}_{i+1}$ die Gestalt

$$e^{\alpha_1 \widetilde{U}_1^{(i+1)} + \cdots + \alpha_{k_{i+1}} \widetilde{U}_{k_{i+1}}^{(i+1)}}$$

$(\alpha_1, \ldots, \alpha_{i+1})$ in K_{i+1} wobei K_{i+1} eine Kugel um $(0, \ldots, 0)$ im $R_{k_{i+1}}$ bedeutet. Wir schreiben $\widetilde{U}_1^{(i+1)}, \ldots, \widetilde{U}_{k_{i+1}}^{(i+1)}$ mit einem $\sim$ statt $-$, da wir diese Basiselemente des Infinitesimalringes von $\mathfrak{D}_{i+1}$ durch gewisse andere $\overline{U}_1^{(i+1)}$ usw. ersetzen wollen, welche die in Hilfssatz 4 angegebenen Eigenschaften haben.

Ausgehend von dem Basiselement $\overline{U}_l^{(i)}$ $(l = 1, \ldots, k_i)$ des Infinitesimalringes von $\mathfrak{D}_i$, suchen wir im Infinitesimalring von $\mathfrak{D}_{i+1}$ ein Element

$$\overline{U}_l^{(i+1)} = \tau_1 \widetilde{U}_1^{(i+1)} + \cdots + \tau_{k_{i+1}} \widetilde{U}_{k_{i+1}}^{(i+1)}$$

derart, daß

$$\overline{U}_l^{(i)} = s_i\text{-Abschnitt von } \overline{U}_l^{(i+1)}$$

wird. Zu dem Zweck bilden wir eine monoton abnehmende Folge positiver Zahlen ε_s und betrachten

$$e^{\varepsilon_s \overline{U}_l^{(i)}}$$

Zu jedem s bestimme ich ein a_s, so daß

$$(1) \qquad\qquad D_i(a_s) = e^{\varepsilon_s \overline{U}_l^{(i)}}$$

wird. (Das geht für alle s, wenn nur ε_1 hinreichend klein gewählt wird.) Offenbar darf man voraussetzen, daß

$$\lim_{s \to \infty} a_s = a$$

existiert. (Sollte das nicht der Fall sein, so würde doch sicher eine Teilfolge der a_s konvergieren, weil $\mathfrak{G}$ kompakt ist. Man gehe also notfalls zu einer Teilfolge der ε_s über.) Man darf sogar annehmen, daß $a = 1$ ist. (Wenn das nicht der Fall sein sollte, so ersetze man die Folge der ε_s durch die Folge $\varepsilon_s' = \varepsilon_s - \varepsilon_{s+1}$. Offenbar ist wieder $\varepsilon_s' > 0$ und $\varepsilon_s' \to 0$. Durch Übergang zu einer Teilfolge kann man auch erzwingen, daß die ε_s' wie die ε_s monoton abnehmen. Dies wird aber nicht mehr benötigt. Wir haben nun

$$\lim_{s \to \infty} a_s a_{s+1}^{-1} = 1$$

und

$$D_i(a_s a_{s+1}^{-1}) = e^{'\varepsilon_s - \varepsilon_{s+1})\bar{U}_l^{(i)}} = e^{\varepsilon_s' \bar{U}_l^{(i)}} ;$$

die a_s muß man also durch $a_s a_{s+1}^{-1}$ ersetzen.) Also

$$\lim_{s \to \infty} a_s = 1.$$

Dann ist wegen der Stetigkeit von $D_{i+1}(x)$

(2) $$\lim_{s \to \infty} D_{i+1}(a_s) = E_{i+1} = \text{Einheitsmatrix in } \mathfrak{D}_{i+1}.$$

Für hinreichend großes s liegen also alle $D_{i+1}(a_s)$ in $\mathfrak{R}_{i+1}$, d. h. sie haben die Gestalt

$$D_{i+1}(a_s) = e^{\alpha_{1,s}\tilde{U}_1^{(i+1)} + \cdots + \alpha_{k_{i+1},s}\tilde{U}_{k_{i+1}}^{(i+1)}}$$

$$(\alpha_{1,s}, \ldots, \alpha_{k_{(i+1)},s}) \in K_{i+1}.$$

Wegen (2) streben die $\alpha_{\varkappa,s}$ mit $\varkappa = 1, \ldots, k_{i+1}$ gegen 0. Nennen wir die s_i-Abschnitte von $\tilde{U}^{(i+1)}$ etwa $\tilde{U}_{\varkappa}^{(i)}$ für $\varkappa = 1, \ldots, k_{+1}$, so ist offenbar (für jene großen s) gemäß (1)

$$e^{\varepsilon_s \bar{U}_l^{(i)}} = D_i(a_s) = e^{\alpha_{1,s}\tilde{U}_1^{(i)} + \cdots + \alpha_{k_{i+1},s}\tilde{U}_{k_{i+1}}^{(i)}}$$

Für genügend große s liegen sowohl $\varepsilon_s \bar{U}_l^{(i)}$ als auch $\alpha_{1,s}\tilde{U}_1^{(i)} + \cdots + \alpha_{k_{i+1},s}\tilde{U}_{k_{i+1}}^{()}$ in beliebiger Nähe der Nullmatrix. Nach § 38 Satz 2 gilt demnach für gewisses (hinreichend großes) s

$$\varepsilon_s \bar{U}_l^{(i)} = \alpha_{1,s}\tilde{U}_1^{(i)} + \cdots + \alpha_{k_{i+1},s}\tilde{U}_{k_{i+1}}^{(i)} .$$

Wir haben also

$$\bar{U}_l^{(i)} = \frac{\alpha_{1,s}}{\varepsilon_s}\tilde{U}_1^{(i)} + \cdots + \frac{\alpha_{k_{i+1},s}}{\varepsilon_s}\tilde{U}_{k_{i+1}}^{(i)} ,$$

d. h. es ist $\bar{U}_e^{(i)}$ der s_i-Abschnitt von

$$\varepsilon_s^{-1}\left(\alpha_{1,s}\tilde{U}^{(i+1)} + \cdots + \alpha_{k_{i+1},s}U_{k_{i+1}}^{(i+1)}\right).$$

Deshalb setzen wir

$$\bar{U}_l^{(i+1)} = \varepsilon_s^{-1}\left(\alpha_{1,s}\tilde{U}_1^{(i+1)} + \cdots + \alpha_{k_{i+1},s}\tilde{U}_{k_{i+1}}^{(i+1)}\right).$$

Offenbar sind die $\bar{U}_l^{(i+1)}$ linear unabhängig, da schon deren s_i-Abschnitte $\bar{U}_l^{(i)}$ linear unabhängig sind. Es ist also tatsächlich $k_i \leq k_{i+1}$. Schließlich wählen wir in dem Infinitesimalring von $\mathfrak{D}_{i+1}$ eine neue Basis unter

Benutzung der $\overline{\overline{U}}_i^{(i+1)}$, was bekanntlich durch eine affine Abbildung stets erreichbar ist. Damit ist unser Satz bewiesen.

Beweis von Hilfssatz 5: Dürften wir den Hauptsatz benützen, so könnten wir wie folgt schließen: Es gibt ein $j \geq i$, so daß $D_j(x)$ eine treue Darstellung ist. Dann gibt es genau ein Element $a_j(\alpha_1, \ldots, \alpha_{k_i})$ für das

$$(3) \qquad D_j\big(a_j(\alpha_1, \ldots, \alpha_{k_i})\big) = e^{\alpha_1 \overline{U}_1^{(j)} + \cdots + \alpha_{k_i} \overline{U}_{k_i}^{(j)}}$$

gilt. Der s_i-Abschnitt der Matrix (3) ist offenbar

$$D_i\big(a_j(\alpha_1, \ldots, \alpha_{k_i})\big) = e^{\alpha_1 \overline{U}_1^{(i)} + \cdots + \alpha_{k_i} \overline{U}_{k_i}^{(i)}}$$
$$= D_i(\alpha_1, \ldots, \alpha_{k_i}),$$

und man könnte die gesuchte Funktion eindeutig durch

$$a = a(\alpha_1, \ldots, \alpha_{k_i}) = a_j(\alpha_1, \ldots, a_{k_i})$$

erklären.

Selbstverständlich dürfen wir aber beim Beweis des Hilfssatzes so nicht schließen, da die Existenz einer treuen endlichen Darstellung nicht gesichert ist. Wohl aber sind die Darstellungen $\mathfrak{D}_j$ in ihrer Gesamtheit sicher treu. Um das auszunutzen, gehen wir folgendermaßen vor: Eine beliebige Lösung von

$$D_j(x) = e^{\alpha_1 \overline{U}_1^{(j)} + \cdots + \alpha_{k_i} \overline{U}_{k_i}^{(j)}} \qquad j = i, i+1, \ldots$$

nennen wir $a_j(\alpha_1, \ldots, \alpha_{k_i})$. Offensichtlich ist für $j \geq N \geq i$

$$(4) \qquad D_N\big(a_j(\alpha_1, \ldots, \alpha_{k_i})\big) = e^{\alpha_1 \overline{U}_1^{(N)} + \cdots + \alpha_{k_i} \overline{U}_{k_i}^{(N)}}$$

und speziell für $N = i$

$$(5) \qquad D_i\big(a_j(\alpha_1, \ldots, \alpha_{k_i})\big) = e^{\alpha_1 \overline{U}_1^{(i)} + \cdots + \alpha_{k_i} \overline{U}_{k_i}^{(i)}} = D_i(\alpha_1, \ldots, \alpha_{k_i}).$$

Wir bilden die Folge

$$(6) \qquad a_i(\alpha_1, \ldots, \alpha_{k_i}),\ a_{i+1}(\alpha_1, \ldots, \alpha_{k_i}),\ a_{i+2}(\alpha_1, \ldots, \alpha_{k_i}),\ \ldots.$$

Da $\mathfrak{G}$ kompakt ist, besitzt (6) eine konvergente Teilfolge mit dem Limes $a(\alpha_1, \ldots, \alpha_k)$. Wir zeigen, daß die Folge (6) selber der Cauchyschen Konvergenzbedingungen genügt, daß sie also selber gegen $a(\alpha_1, \ldots, \alpha_{k_i})$ konvergiert. Zu diesem Zweck bilden wir die Folge von unendlichen Matrizen

$$(7) \qquad D_\infty\big(a_j(\alpha_1, \ldots, \alpha_{k_i})\big) \qquad j = i, i+1, \ldots$$

und behaupten, daß zu vorgegebenem $\varepsilon > 0$ ein $N \geq i$ existiert, so daß für $j, j' > N$ gleichmäßig in α

$$(8) \qquad \big|D_\infty\big(a_j(\alpha_1, \ldots, \alpha_{k_i})\big) - D_\infty\big(a_{j'}(\alpha_1, \ldots, \alpha_{k_i})\big)\big| < \varepsilon$$

wird. Nach § 36 Satz 5 gilt dann Entsprechendes für die Folge der a_j

selber, d. i. aber die Behauptung. Um (8) nachzuweisen, wählen wir N so groß, daß $(1/s_N) < \varepsilon$ ist. Für $j, j' > N$ haben wir dann wegen (4)

$$D_N\big(a_j(\alpha_1, \ldots, \alpha_{k_i})\big) = e^{\alpha_1 \overline{U}_1^{(N)} + \cdots + \alpha_{k_i} \overline{U}_{k_i}^{(N)}} = D_N\big(a_{j'}(\alpha_1, \ldots, \alpha_{k_i})\big).$$

Deshalb ist

$$|D_N(a_j) - D_N(a_{j'})| = 0$$

und wegen § 34 (7) folgt

$$|D_\infty(a_j) - D_\infty(a_{j'})| \leq \mathrm{Max}\left(|D_N(a_j) - D_N(a_{j'})|,\ \frac{1}{s_N}\right) < \varepsilon$$

was zu zeigen war.

Demnach gilt also

$$\lim_{j \to \infty} a_j(\alpha_1, \ldots, \alpha_{k_i}) = a(\alpha_1, \ldots, \alpha_{k_i}).$$

Da die Darstellung $D_i(x)$ stetig ist, folgt aus (5)

$$(9) \qquad D_i\big(a(\alpha_1, \ldots, \alpha_{k_i})\big) = \lim_{j \to \infty} D_i\big(a_j(\alpha_1, \ldots, \alpha_{k_i})\big) = D_i(\alpha_1, \ldots, \alpha_{k_i}).$$

Wir zeigen nun, daß die Funktion $a(\alpha_1, \ldots, \alpha_{k_i})$ die im Hilfssatz 5 behaupteten Eigenschaften hat. Daß die Funktion eindeutig ist, ist bewiesen. Sie ist aber auch umkehrbar eindeutig; denn aus $a(\alpha_1, \ldots, \alpha_{k_i}) = a(\alpha_1', \ldots, \alpha_{k_i}')$ folgt wegen (9), daß $D_i(\alpha_1, \ldots, \alpha_{k_i}) = D_i(\alpha_1', \ldots, \alpha_{k_i}')$ und also $\alpha_1 = \alpha_1', \ldots, \alpha_{k_i} = \alpha_{k_i}'$. Daß in $a(\alpha_1, \ldots, \alpha_{k_i}) = a$ die α stetig von den a abhängen, folgt unmittelbar aus der Tatsache, daß die $D_i(a)$ stetig in a sind.

Es bleibt zu zeigen, daß $a(\alpha_1, \ldots, \alpha_{ki})$ eine stetige Funktion der α ist. Statt dessen zeigen wir, daß $D_\infty\big(a(\alpha_1, \ldots, \alpha_k)\big)$ eine stetige Funktion der α ist. Wegen § 36 Satz 5 ist dies mit der Behauptung gleichbedeutend. Wir geben also ein $\varepsilon > 0$ beliebig vor und bestimmen ein N so, daß

$$(10) \qquad \frac{1}{s_N} < \frac{\varepsilon}{3}$$

wird. Sodann wählen wir $j \geq i, N$ so groß, daß

$$(11) \qquad |D_\infty(a) - D_\infty(a_j)| < \frac{\varepsilon}{3} \qquad \text{für alle } \alpha.$$

Dies geht, da die Folge (6) gleichmäßig in α konvergiert. Schließlich bestimmen wir $\delta > 0$ so, daß für $\alpha_1', \ldots, \alpha_{k_i}'$ in einer δ-Umgebung von

$\alpha_1, \ldots, \alpha_{k_i}$

$$|D_j\big(a_j(\alpha_1', \ldots, a_{k_i}')\big) - D_j\big(a_j(\alpha_1, \ldots, \alpha_{k_i})\big)|$$

$$(12) \qquad = \left| e^{\alpha_1' \overline{U}_1^{(j)} + \cdots + \alpha_{k_i}' \overline{U}_{k_i}^{(j)}} - e^{\alpha_1 \overline{U}_1^{(j)} + \cdots + \alpha_{k_i} \overline{U}_{ki}^{(j)}} \right|$$

$$< \frac{\varepsilon}{3}$$

gilt. Dann ist wegen (11)

$$\left| D_\infty\left(a(\alpha_1', \ldots, \alpha_{k_i}')\right) - D_\infty\left(a(\alpha_1, \ldots, \alpha_{k_i})\right)\right|$$
$$\leq \left| D_\infty\left(a(\alpha_1', \ldots, \alpha_{k_i}')\right) - D_\infty\left(a_j(\alpha_1', \ldots, \alpha_{k_i}')\right)\right|$$
$$+ \left| D_\infty\left(a_j(\alpha_1', \ldots, \alpha_{k_i}')\right) - D_\infty\left(a_j(\alpha_1, \ldots, \alpha_{k_i})\right)\right|$$
$$+ \left| D_\infty\left(a_j(\alpha_1, \ldots, \alpha_{k_i})\right) - D_\infty\left(a(\alpha_1, \ldots, \alpha_{k_i})\right)\right|$$
$$\leq \frac{\varepsilon}{3} + \left| D_\infty\left(a_j(\alpha_1', \ldots, \alpha_{k_i}')\right) - D_\infty\left(a_i(\alpha_1, \ldots, \alpha_{k_i})\right)\right| + \frac{\varepsilon}{3}\,.$$

Nun haben wir aber wegen § 36 (7) und wegen (10), (12)

$$\left| D_\infty\left(\alpha_j(\alpha_1', \ldots, \alpha_{k_i}')\right) - D_\infty\left(a_j(\alpha_1, \ldots, \alpha_{\lambda_i})\right)\right|$$
$$\leq \mathrm{Max}\left(\left| D_j\left(a_j(\alpha_1', \ldots, \alpha_{k_i}')\right) - D_j\left(a_j(\alpha_1, \ldots, \alpha_{k_i})\right)\right|,\ \frac{1}{s_j}\right).$$
$$< \frac{\varepsilon}{3}\,.$$

Also schließlich

$$\left| D_\infty\left(a(\alpha_1', \ldots, \alpha_{k_i})\right) - D_\infty\left(a(\alpha_1, \ldots, \alpha_{k_i})\right)\right| < \varepsilon$$

w. z. b. w. —

Die fastperiodischen Funktionen auf halbeinfachen Gruppen.

§ 44. Halbeinfache Gruppenkeime.

Im § 36 haben wir gesehen, daß auf kompakten Gruppen stetige Funktionen stets fastperiodisch sind. In vielen Fällen gilt hiervon auch die Umkehrung: Alle fastperiodischen Funktionen sind stetig. Um diejenigen kompakten Gruppen, für welche dieser Satz richtig ist, charakterisieren zu können, benötigen wir den aus der Theorie kontinuierlicher Gruppen geläufigen Begriff „halbeinfach". Da wir bisher ohne die Theorie kontinuierlicher Gruppen ausgekommen sind, soll auch dieser Begriff mit den in diesem Abschnitt bereitgestellten Mitteln erläutert werden.

Betrachten wir zunächst kompakte lineare Gruppen $\mathfrak{G}$, so nennen wir jeden in $\mathfrak{G}$ enthaltenen Gruppenkeim $\mathfrak{G}_1$ einen *Untergruppenkeim* von $\mathfrak{G}$. Die gesamte Theorie des § 39 ist so eingerichtet, daß sie sich innerhalb eines Untergruppenkeims durchführen läßt. Jedem Untergruppenkeim $\mathfrak{G}_1$ entspricht deshalb ein Infinitesimalring $\mathfrak{J}_1$, bestehend aus Matrizen, welche gemäß ihrer Konstruktion offensichtlich in dem Infinitesimalring $\mathfrak{J}$ von $\mathfrak{G}$ enthalten sein müssen.

$$\mathfrak{J}_1 \subset \mathfrak{J}.$$

Da $\mathfrak{J}_1$ wie auch $\mathfrak{J}$ selber ein Infinitesimalring ist, kann man also folgern

Satz 1. *Jedem Untergruppenkeim $\mathfrak{G}_1$ von $\mathfrak{G}$ entspricht eindeutig ein Unterring $\mathfrak{J}_1$ des Infinitesimalringes $\mathfrak{J}$ von $\mathfrak{G}$.*

Nennt man zwei Untergruppenkeime dann und nur dann gleich, wenn sie gleiche Infinitesimalringe besitzen, so ist definitionsgemäß die Relation zwischen Untergruppenkeimen und Unterringen des Infinitesimalringes $\mathfrak{J}$ von $\mathfrak{G}$ umkehrbar eindeutig. Man kann auch wirklich zeigen, daß jedem Unterring $\mathfrak{J}_1$ von $\mathfrak{J}$ ein Untergruppenkeim entspricht, dessen Infinitesimalring $\mathfrak{J}_1$ ist. Jede Untergruppe von $\mathfrak{G}$ kann als Untergruppenkeim aufgefaßt werden. Deshalb entspricht auch jeder Untergruppe von $\mathfrak{G}$ ein Unterring von $\mathfrak{J}$. (Da es denkbar ist, daß nicht jedem Untergruppenkeim eine Untergruppe entspricht, welche in obigem Sinne diesem Keim gleich ist, kann es sein, daß die Beziehung zwischen Untergruppen und Unterringen nicht umkehrbar eindeutig ist.)

Wir nennen einen Untergruppenkeim $\mathfrak{G}_1$ einer Gruppe $\mathfrak{G}$ einen *Normalteiler* oder genauer *Normalteilerkeim*, wenn für jedes hinreichend nahe bei E gelegene Element $A \in \mathfrak{G}_1$ und für jedes hinreichend nahe bei E gelegene Element $C \in \mathfrak{G}$

$$C \, A \, C^{-1} \in \mathfrak{G}_1$$

gilt. Es ist also $\mathfrak{G}_1$ genau dann ein Normalteiler von $\mathfrak{G}$, wenn es eine Zahl $\delta > 0$ derart gibt, daß

$$(1) \qquad \left. \begin{array}{ll} \text{aus } |A - E| < \delta & A \in \mathfrak{G}_1 \\ \text{und } |C - E| < \delta & C \in \mathfrak{G} \end{array} \right\} \text{ folgt } C \, A \, C^{-1} \in \mathfrak{G}_1.$$

Offenbar ist jeder Normalteiler (im üblichen gruppentheoretischen Sinne) auch Normalteiler im kleinen. Wenn umgekehrt eine Untergruppe von $\mathfrak{G}$ im kleinen Normalteiler ist, so braucht sie noch nicht auch im großen Normalteiler zu sein. Jede diskrete Gruppe ist beispielsweise im kleinen trivialerweise Normalteiler, aber nicht notwendig im großen.

Es soll nun untersucht werden, wie sich die Eigenschaft eines Untergruppenkeims $\mathfrak{G}_1$, Normalteiler zu sein, in seinem Infinitesimalring $\mathfrak{J}_1$ wiederspiegelt. Wir dürfen annehmen, daß die Elemente aus $\mathfrak{G}_1$ sämtlich Logarithmen besitzen, welche in $\mathfrak{J}_1$ liegen. Insbesondere dürfen wir also wegen (1) annehmen, daß

$$(2) \qquad \log C A C^{-1} \in \mathfrak{J}_1 .$$

Es sei nun U ein beliebiges Element aus $\mathfrak{J}_1$ und V ein beliebiges Element aus $\mathfrak{J}$.

$$U \in \mathfrak{J}_1 \qquad V \in \mathfrak{J} .$$

Dann gibt es ein $\tau > 0$, so daß

$$|e^{\tau U} - E| < \delta \quad \text{und} \quad e^{\tau U} \in \mathfrak{G}_1$$

ist. Außerdem gilt für alle hinreichend kleinen $t \geq 0$

$$|e^{t V} - E| < \delta \quad \text{und} \quad e^{t V} \in \mathfrak{G} .$$

Setzen wir nun

$$e^{\tau U} = A \qquad e^{tV} = C,$$

so folgt aus (2)

$$\log\left(e^{tV} e^{\tau U} e^{-tV}\right) \in \mathfrak{J}_1$$

und zwar ist das richtig für alle hinreichend kleinen $t \geq 0$. Da $\mathfrak{J}_1$ ein endlicher linearer Raum ist, muß dann auch der Differentialquotient

$$\frac{d}{dt}\left(\log e^{tV} e^{\tau U} e^{-tV}\right) \qquad \text{an der Stelle } t = 0$$

in $\mathfrak{J}_1$ liegen. Es handelt sich jetzt darum, diesen Differentialquotienten zu berechnen. Man erkennt leicht, daß

$$\log\left(e^{tV} e^{\tau U} e^{-tV}\right) = e^{tV}\left(\log e^{\tau U}\right)e^{-tV}$$

$$= e^{tV}\,\tau U\, e^{-tV}$$

ist. Führt man nun die Differentiation aus, so findet man

$$\frac{d}{dt}\left(e^{tV}\,\tau U\, e^{-tV}\right) = e^{tV}\,\tau V U e^{-tV} - e^{tV}\,\tau U V e^{-tV}$$

An der Stelle $t = 0$ ist also

$$\frac{d}{dt}\left(\log e^{tV} e^{\tau U} e^{-tV}\right) = \tau(VU - UV) = \tau[V, U].$$

Hieraus dürfen wir folgern, daß $\tau[V, U]$, damit aber auch $[U, V]$ in $\mathfrak{J}_1$ enthalten ist. Unterringe $\mathfrak{J}_1$ von $\mathfrak{J}$, welche Infinitesimalringe von Normalteilerkeimen sind, zeichnen sich also dadurch aus, daß

(3) $$\qquad \text{aus } U \in \mathfrak{J}_1 \text{ und } V \in \mathfrak{J} \quad \text{folgt} \quad [U, V] \in \mathfrak{J}_1.$$

Man nennt nun einen linearen Teilraum $\mathfrak{J}_1$ eines Infinitesimalringes $\mathfrak{J}$ dann ein *Ideal*, wenn die Bedingung (3) erfüllt ist. So haben wir also den

Satz 2. *Ist $\mathfrak{G}$ eine kompakte lineare Gruppe und $\mathfrak{G}_1$ ein Normalteilerkeim in $\mathfrak{G}$, so ist der Infinitesimalring $\mathfrak{J}_1$ von $\mathfrak{G}_1$ Ideal in dem Infinitesimalring $\mathfrak{J}$ von $\mathfrak{G}$.*

Ein Infinitesimalring heißt einfach, wenn er außer 0 und $\mathfrak{J}$ kein weiteres Ideal enthält. Entsprechend nennen wir einen Gruppenkeim $\mathfrak{G}$ *einfach*, wenn der Infinitesimalring $\mathfrak{J}$ von $\mathfrak{G}$ einfach ist. Offensichtlich kann dann $\mathfrak{G}$ keinen Normalteilerkeim enthalten (außer E und einem solchen Untergruppenkeim, welcher eine volle Umgebung von E in $\mathfrak{G}$ überdeckt). Es kann aber sehr wohl sein, daß eine im kleinen einfache Gruppe doch im großen nicht einfach ist, z. B. kann eine solche Gruppe diskrete Untergruppen besitzen, welche Normalteiler im üblichen Sinne sind.

Ist eine Gruppe $\mathfrak{G}$ im kleinen direktes Produkt von einfachen, nicht Abelschen Normalteilerkeimen, so soll die Gruppe *halbeinfach* heißen. Demnach besitzt eine halbeinfache Gruppe $\mathfrak{G}$ eine Reihe von nicht Abelschen (also mindestens zweidimensionalen), einfachen Normalteilerkeimen $\mathfrak{G}_1, \ldots, \mathfrak{G}_r$ so daß jedes Element A einer vollen Umgebung von E in $\mathfrak{G}$ als Produkt

$$A = A_1 A_2 \ldots A_r, \qquad\qquad A_i A_k = A_k A_i$$

von Elementen $A_i \in \mathfrak{G}_i$, auf eine und nur eine Weise dargestellt werden kann. Man schreibt dann, indem man die betreffende Umgebung von E in $\mathfrak{G}$ etwa $\mathfrak{G}_\varkappa$ nennt

$$\mathfrak{G}_\varkappa = \mathfrak{G}_1 \times \mathfrak{G}_2 \times \ldots \times \mathfrak{G}_r.$$

Im allgemeinen bedeutet es eine Abschwächung, wenn man von einer Gruppe nur verlangt, daß sie halbeinfach, also nicht notwendig einfach sein soll. Jedoch ist zu bemerken, daß eindimensionale Gruppen zwar im kleinen stets einfach, aber nicht halbeinfach sind. Denn eindimensionale Gruppen sind im kleinen Abelsch.

Da eine halbeinfache Gruppe $\mathfrak{G}$ im kleinen direktes Produkt einfacher Gruppenkeime $\mathfrak{G}_\nu$ ist, muß der Infinitesimalring $\mathfrak{J}$ von $\mathfrak{G}$ direkte Summe von einfachen, sich gegenseitig annulierenden Idealen $\mathfrak{J}_\nu$ sein:

$$\mathfrak{J} = \mathfrak{J}_1 + \cdots + \mathfrak{J}_r$$
$$[U_\nu, U_\mu] = 0 \quad \text{für} \quad U_\nu \in \mathfrak{J}_\nu, \; U_\mu \in \mathfrak{J}_\mu \qquad \nu \neq \mu.$$

Die zu den $\mathfrak{G}_\nu$ gehörigen Infinitesimalringe $\mathfrak{J}_\nu$ sind mindestens zweidimensional, und es gilt sicher für gewisse Paare $U, V \in \mathfrak{J}_\nu$

$$[U, V] \neq 0;$$

denn sonst wären die $\mathfrak{G}_\nu$ Abelsch.

An Hand der Ausführungen des Paragraphen 40 ist es ein leichtes, sämtliche Definitionen und Sätze des vorliegenden Paragraphen auf den Fall abstrakter kompakter Gruppen zu übertragen. Ich will auf die Durchführung der erforderlichen Überlegungen verzichten. Der Einfachheit halber stellen wir uns auf den Standpunkt, daß jede kompakte (n-dimensionale) Gruppe an sich eine lineare Gruppe ist, eine Vorstellung, für deren Berechtigung wir ja gerade auch an jener Stelle den Nachweis erbracht haben.

§ 45. Der Stetigkeitssatz von VAN DER WAERDEN.

Um zu zeigen, daß alle fastperiodischen Funktionen einer halbeinfachen Gruppe stetig sind, genügt es, zu beweisen, daß jede beschränkte Darstellung der Gruppe stetig ist, da sich jede fastperiodische Funktion durch endliche Linearkombinationen der Koeffizienten dieser Darstellungen gleichmäßig beliebig genau approximieren läßt. Bezüglich beschränkter Darstellungen gilt nun aber in der Tat der folgende

Satz von v. d. Waerden: *Jede beschränkte Darstellung $D(x)$ einer halbeinfachen kompakten Gruppe $\mathfrak{G}$ ist stetig.*

Dem Beweis dieses Satzes wenden wir uns zu. Um die Beweisidee deutlich werden zu lassen, setzen wir die Gruppe $\mathfrak{G}$ zunächst (im kleinen) einfach und (ebenfalls im kleinen) nicht Abelsch voraus. Der Fall beliebiger halbeinfacher Gruppen erledigt sich dann später durch geringe zusätzliche Bemerkungen. Beim Beweis wird man sich vergegenwärtigen müssen, daß die Darstellung einer Gruppe in ihrem Wesen eigentlich nur durch die rein gruppentheoretische Struktur der Gruppe $\mathfrak{G}$ beeinflußt wird, d. h. die Darstellung reproduziert die Zusammensetzungsregeln der Gruppe, aber zunächst nicht die Topologie der Gruppe. Will man aber doch über Stetigkeit der Darstellung Aussagen machen, so muß man untersuchen, ob sich die Topologie der Gruppe in rein gruppentheoretischen Verhältnissen spiegeln läßt, so daß sich deshalb die Topologie auch auf die Darstellung durchsetzen kann und diese zwingt, stetig zu sein.

Es gelingt in der Tat der Nachweis, daß sich die Umgebungen der Einheit der Gruppe rein gruppentheoretisch, also ohne Kenntnis des Abstands charakterisieren lassen. Man wähle nämlich irgendein Gruppenelement A, welches nicht mit allen Gruppenelementen vertauschbar ist (also nicht Zentrumselement ist). Sodann bilde man das Produkt

$$(1) \qquad G(A) = \overset{k}{\underset{1}{\varPi}}\, C_\nu B_\nu A\, B_\nu^{-1} A^{-1} C_\nu^{-1},$$

wobei B_ν und C_ν beliebige Gruppenelemente sind und k der Rang des Infinitesimalrings ist. Die Menge aller $G(A)$, welche sich bei verschiedener Wahl der B_ν und C_ν ergibt, heiße $\mathfrak{M}(A)$. Diese Mengen $\mathfrak{M}(A)$ bilden nun bei verschiedener Wahl von A ein vollständiges System von Umgebungen der Einheit, d. h. bei entsprechender Wahl von A haben alle Elemente von $\mathfrak{M}(A)$ beliebig kleinen Abstand von E und bei jeder Wahl von A überdeckt $\mathfrak{M}(A)$ eine volle Umgebung von E.

Um möglichst rasch die eigenartige Bauart (1) der Elemente von $\mathfrak{M}(A)$ aufzuklären, beweisen wir zunächst, daß jedes $\mathfrak{M}(A)$ eine Umgebung der Einheit voll überdeckt, obwohl dies der schwierigere Teil des Beweises ist. Es genügt und es ist vorteilhaft, wenn wir sämtliche Überlegungen innerhalb eines Gruppenkeims statt in der Gesamtgruppe $\mathfrak{G}$ durchführen, und zwar beschränken wir uns auf eine Umgebung $\mathfrak{G}_\varkappa$ von E in $\mathfrak{G}$, wie sie in § 39 Satz 6 beschrieben ist. Sie besteht aus allen Matrizen

$$A = e^{\alpha_1 \overline{U}_1 + \cdots + \alpha_k \overline{U}_k} \qquad\qquad \alpha_1^2 + \ldots + \alpha_k^2 < \varkappa$$

(Wir schreiben allerdings diesmal praktisch $< \varkappa$ statt $\leq \varkappa$ vor.) Es ist für alle $A \in \mathfrak{G}_\varkappa$

$$\log A = \alpha_1 \overline{U}_1 + \cdots + \alpha_k \overline{U}_k.$$

Es sei nun $A = e^U \in \mathfrak{G}_\varkappa$ nicht Zentrumselement und es sei A so nahe der Einheit gewählt, daß auch $A^{-1} \in \mathfrak{G}_\varkappa$. Im übrigen ist A beliebig. Es muß dann in $\mathfrak{G}_\varkappa$ ein Element $B = e^V$ geben, so daß A und B nicht vertauschbar sind. Dann sind auch e^U und V nicht vertauschbar. Mit diesen beiden Elementen bilden wir den Ausdruck

$$H(t) = e^{tV} e^{U} e^{-tV} e^{-U} \qquad\qquad 0 \leq t \leq b.$$

Das positive b wird so klein gewählt, daß $H(t) \in \mathfrak{G}_x$ für alle zulässigen t. Im Raume der kanonischen Parameter $\alpha_1, \ldots, \alpha_k$ bedeuten die Elemente $H(t)$ Punkte einer Kurve $\alpha_1 = \alpha_1(t), \ldots, \alpha_k = \alpha_k(t)$. Dabei ist $t = 0$ der Ursprung O des Raumes. Es interessiert uns, mit welcher Geschwindigkeit der Kurvenpunkt $H(t)$ den Punkt O verläßt, wenn t als Zeit gedeutet wird. Um diese Geschwindigkeit festzustellen, muß die Funktion $\log H(t)$ an der Stelle $t = 0$ nach t differenziert werden. Da für hinreichend kleine t das Gruppenelement $H(t)$ nahezu die Einheit ist, hat $\log H(t)$ für kleine t sicher einen Sinn. Wir finden, indem wir die Potenzreihen einsetzen und bis auf in t quadratische Glieder rechnen

$$\frac{1}{t} \log H(t) = \frac{1}{t} \log e^{tV} e^{U} e^{-tV} e^{-U}$$

$$= \frac{1}{t} [(E + tV + O(t^2)) e^{U} (E - tV + O(t^2)) e^{-U} - E + O(t^2)]$$

$$= V - e^{U} V e^{-U} + O(t) .$$

Also

$$\frac{d}{dt} \log H(t)\big|_{t=0} = \lim_{t \to 0} \frac{1}{t} \log H(t) = V - e^{U} V e^{-U} = W.$$

Dieser Vektor W im Raum der kanonischen Parameter kann nicht verschwinden; denn sonst wären e^{U} und V vertauschbar. Die Kurve $H(t)$ verläßt also O mit einer von Null verschiedenen Geschwindigkeit.

Durch Transformation mit einem beliebigen festen Element C (nahe E in $\mathfrak{G}^x$) geht die Kurve $H(t)$ in eine neue Kurve $H_C(t) = C H(t) C^{-1}$ über, welche wieder von O ausgeht:

$$H_C(t) = C H(t) C^{-1} = C e^{tV} e^{U} e^{-tV} e^{-U} C^{-1} .$$

Wieder bestimmen wir die Geschwindigkeit, mit der $H_C(t)$ das Element O verläßt. Da wir wieder die Kurve im Raume der kanonischen Parameter gelegen denken müssen, bilden wir wie oben

$$\log H_C(t) = \log C H(t) C^{-1} = C (\log H(t)) C^{-1}$$

und differenzieren an der Stelle $t = 0$ nach t:

$$\frac{d}{dt} \log H_C(t) = C \left(\frac{d}{dt} \log H(t) \right) C^{-1} = C W C^{-1} .$$

Auch diese Matrix ist wieder wie W selber als Vektor im Raume der kanonischen Parameter zu deuten:

$$C W C^{-1} = \gamma_1 \overline{U}_1 + \cdots + \gamma_k \overline{U}_k .$$

Hierin sind die $\overline{U}_i$ die Basiselemente von $\mathfrak{J}$.

Nun machen wir Gebrauch von der Tatsache, daß der Gruppenkeim und damit auch $\mathfrak{J}$ einfach ist. Wir betrachten nämlich die Menge aller W', welche sich durch Transformation mit verschiedenen Elementen C aus W ergeben können. Sie spannen innerhalb $\mathfrak{J}$ einen linearen

Teilraum $\mathfrak{J}'$ auf. Ich behaupte aber, daß $\mathfrak{J}'$ der gesamte Infinitesimal-ring $\mathfrak{J}$ sein muß. Wäre das nicht der Fall, wäre also $\mathfrak{J}'$ ein echter Teilraum von $\mathfrak{J}$, so wäre doch zunächst einmal $\mathfrak{J}'$ nicht der o-Raum, da ja W selber $\neq$ o war. Außerdem würde aber auch folgen, daß mit jedem $U \in \mathfrak{J}'$ und $V \in \mathfrak{J}$ das Element

$$(2) \qquad\qquad [V, U] \in \mathfrak{J}'$$

ist. Dies werden wir sogleich zeigen. Es bedeutet aber (2), daß $\mathfrak{J}'$ ein Ideal in $\mathfrak{J}$ ist. Da $\mathfrak{J}$ einfach ist, muß $\mathfrak{J}' = \mathfrak{J}$ sein.

Wir beweisen nun, daß wirklich (2) gilt. Wenn $U \in \mathfrak{J}'$, so gilt

$$U = \sum \alpha_i\, C_i W C_i^{-1} \qquad\qquad C_i, C_i^{-1} \in \mathfrak{G}_\varkappa,$$

wobei α_i gewisse reelle Zahlen und die C_i geeignete Matrizen aus $\mathfrak{G}$ sind. Dann ist aber auch

$$e^{tV} U e^{-tV} = \sum \alpha_i\, e^{tV}\, C_i W C_i^{-1}\, e^{-tV}$$

von genau derselben Gestalt, wie man auch die reelle Zahl t (nahe o, damit wir in $\mathfrak{G}_\varkappa$ bleiben) wählt. Für alle diese t folgt also

$$(3) \qquad\qquad e^{tV} U e^{-tV} \in \mathfrak{J}',$$

da ja $\mathfrak{J}'$ durch die $C W C^{-1}$ erzeugt wird. Differenzieren wir (3) an der Stelle o nach t, so muß auch das Ergebnis in $\mathfrak{J}'$ liegen. Es ergibt sich aber

$$\frac{d}{dt}\left(e^{tV} U e^{-tV}\right)\Big|_{t=0} = \left(e^{tV}\, VU e^{-tV} - e^{tV}\, UV e^{-tV}\right)\Big|_{t=0}$$

$$= VU - UV = [V, U].$$

Damit ist (2) bewiesen.

Da also die Elemente $C W C^{-1}$ ganz $\mathfrak{J}$ aufspannen, muß es insbesondere k verschiedene Elemente $C_1, \ldots, C_k$ derart geben, daß

$$C_1 W C_1^{-1} = \gamma_1^{(1)}\, \overline{U}_1 + \cdots + \gamma_k^{(1)}\, \overline{U}_k$$

$$- - - - - - - - - - - - - - -$$

$$C_k W C_k^{-1} = \gamma_1^{(k)}\, \overline{U}_1 + \cdots + \gamma_k^{(k)}\, \overline{U}_k$$

linear unabhängige Vektoren in $\mathfrak{J}$, also im Raum der kanonischen Parameter sind.

Unser Resultat fassen wir in einem Satz zusammen.

Satz 2. *Die Gruppe $\mathfrak{G}$ sei im kleinen einfach und nicht Abelsch. Weiter sei $\mathfrak{G}_\varkappa$ (mit hinreichend kleinem $\varkappa > $ o) der aus den Matrizen*

$$e^{\alpha_1 \overline{U}_1 + \cdots + \alpha_k \overline{U}_k} \qquad\qquad \alpha_1^2 + \cdots + \alpha_k^2 < \varkappa$$

bestehende Gruppenkeim von $\mathfrak{G}$. Sind dann e^U und e^V zwei nicht vertausch-bare Elemente von $\mathfrak{G}_\varkappa$, deren Inverse ebenfalls in $\mathfrak{G}_\varkappa$ liegen, so bedeute bei positivem hinreichend kleinem b

$$H(t) = e^{tV} e^U e^{-tV} e^{-U} \qquad\qquad \text{o} \leq t \leq b$$

nicht nur die betreffenden Gruppenelemente selber, sondern gleichzeitig auch die Kurve $(\alpha_1(t), \ldots, \alpha_k(t))$ im Raume der kanonischen Parameter *der Gruppe, wobei*

$$\log H(t) = \alpha_1(t)\,\overline{U}_1 + \cdots + \alpha_k(t)\,\overline{U}_k \,.$$

Es existieren dann k Gruppenelemente $C_1, \ldots, C_k$, welche mit ihren Inversen in $\mathfrak{G}_\varkappa$ liegen, so daß die in O angreifenden Geschwindigkeitsvektoren der Kurven

$$(4) \qquad C_1 H(t)\,C_1^{-1}, \ldots, C_k H(t)\,C_k^{-1}$$

linear unabhängig sind. Sind diese Vektoren etwa

$$\mathfrak{v}_1 = \{\gamma_1^{(1)}, \ldots, \gamma_k^{(1)}\}, \ldots, \mathfrak{v}_k = \{\gamma_1^{(k)}, \ldots, \gamma_k^{(k)}\}$$

so ist also

$$(5) \qquad \mathrm{Det}\,(\mathfrak{v}_1, \ldots, \mathfrak{v}_k) = \begin{vmatrix} \gamma_1^{(1)} \cdots \gamma_k^{(1)} \\ - \quad - \quad - \\ \gamma_1^{(k)} \cdots \gamma_k^{(k)} \end{vmatrix} \neq 0 \,.$$

Nun denken wir uns die k Kurven (4) unabhängig voneinander durchlaufen

$$C_1 H(t_1)\,C_1^{-1}\,;\, \ldots\,;\, C_k H(t_k)\,C_k^{-1}\,.$$

$$o \leq t_1 \leq b \qquad o \leq t_k \leq b$$

(b hinreichend klein) und bilden die Produkte dieser k Gruppenelemente

$$(6) \qquad C_1\,H(t_1)\,C_1^{-1}\,C_2 H(t_2)\,C_2^{-1} \ldots C_k H(t_k)\,C_k^{-1}\,.$$

Die kanonischen Parameter des Elements (6) nennen wir $p_1, \ldots, p_k$. Sie sind Funktionen von $t_1, \ldots, t_k$. Man sieht sofort, daß im Punkt $t_1 = \ldots = t_k = o$ die Zeilen der Funktionaldeterminante

$$\frac{\partial(p_1, \ldots, p_k)}{\partial(t_1, \ldots, t_k)}$$

die Geschwindigkeitsvektoren $\mathfrak{v}_1, \ldots, \mathfrak{v}_k$ sind. Diese Funktionaldeterminante hat also denselben Wert wie die Determinante (5), ist also von Null verschieden. In einer gewissen hinreichend kleinen Umgebung von $O = (o, \ldots, o)$ in $\mathfrak{J}$ lassen sich daher die Gleichungen

$$p_1 = p_1\,(t_1, \ldots, t_k)$$
$$- - - - -$$
$$p_k = p_k\,(t_1, \ldots, t_k)$$

nach den t_k auflösen, und es ergibt sich, daß die Elemente (6) eine Umgebung von E voll überdecken. Diese Elemente haben aber die Gestalt

$$(7) \qquad C_1\,e^{t_1 V}\,e^{U}\,e^{-t_1 V}\,e^{-U}\,C_1^{-1} \cdots C_k\,e^{t_k V}\,e^{U}\,e^{-t_k V}\,e^{-U}\,C_k^{-1}\,.$$

Nennt man $e^{t_\nu V}$ etwa B_ν und setzt man für e^{U} wieder A, so sieht man, daß die Elemente (7) spezielle Elemente aus $\mathfrak{M}(A)$ sind, d. h. sie haben die Gestalt (1). Unser Ergebnis lautet:

Satz 3. *Die Gruppe $\mathfrak{G}$ sei im kleinen einfach und nicht Abelsch. Weiter sei $\mathfrak{G}_\varkappa$ wie in Satz 2 erklärt. Ist dann A ein nicht mit allen $B \in \mathfrak{G}_\varkappa$ vertauschbares Element von $\mathfrak{G}_x$, dessen Inverses ebenfalls in $\mathfrak{G}_\varkappa$ liegt, so* *überdeckt die Menge* $\mathfrak{M}(A)$ *aller Elemente der Gestalt*

$$\overset{k}{\underset{1}{\varPi}} (C_\nu\, B_\nu\, A\, B_\nu^{-1}\, A^{-1}\, C_\nu^{-1}) \qquad\qquad B_\nu,\, B_\nu^{-1},\, C_\nu,\, C_\nu^{-1} \in \mathfrak{G}_\varkappa$$

eine volle Umgebung von E *in* $\mathfrak{G}_\varkappa$ *(also auch in* $\mathfrak{G}$*).*

Nun beweisen wir die Umkehrung dieses Satzes. Dabei setzen wir $\mathfrak{G}$ kompakt und im kleinen nicht Abelsch voraus. Die Einfachheit von $\mathfrak{G}$ wird nicht benötigt. Wir zeigen: Zu jedem $\varepsilon > 0$ gibt es in dem (wie in Satz 2 erklärten) Gruppenkeim $\mathfrak{G}_\varkappa$ ein nicht mit allen $B \in \mathfrak{G}_\varkappa$ vertauschbares A, dessen Inverses ebenfalls in $\mathfrak{G}_\varkappa$ liegt, so daß die Menge $\mathfrak{M}(A)$ aller Elemente

$$G(A) = \overset{k}{\underset{1}{\varPi}} (C_\nu\, B_\nu\, A\, B_\nu^{-1}\, A^{-1}\, C^{-1}) \qquad\qquad B_\nu,\, C_\nu \in \mathfrak{G}$$

ganz in einer ε-Umgebung von E in $\mathfrak{G}$ liegt. D. h. für alle $G(A)$ gilt

$$|G(A) - E| \leq \varepsilon\,.$$

Sollte es zu einer vorgegebenen ε-Umgebung kein $A \in \mathfrak{G}$ der beschriebenen Art geben, so hieße das: Es gibt ein $\varepsilon > 0$ und zu jedem $A \in \mathfrak{G}_\varkappa$, welches nicht mit allen $B \in \mathfrak{G}_\varkappa$ vertauschbar ist und dessen Inverses ebenfalls in $\mathfrak{G}_\varkappa$ liegt, gibt es gewisse Elemente $B_\nu \in \mathfrak{G}$ und $C_\nu \in \mathfrak{G}$, so daß

$$\left| (\overset{k}{\underset{1}{\varPi}} C_\nu B_\nu A B_\nu^{-1} A^{-1} C_\nu^{-1}) - E \right| > \varepsilon$$

ist. Insbesondere muß dann eine Folge derartiger $A^{(j)} \in \mathfrak{G}_\varkappa$ existieren, welche gegen E konvergiert

$$A^{(j)} \to E$$

mit zugehörigen $B_\nu^{(j)}$, $C_\nu^{(j)} \in \mathfrak{G}$, so daß

$$(8) \qquad \left| (\overset{k}{\underset{1}{\varPi}} C_\nu^{(j)} B_\nu^{(j)} A^{(j)} B_\nu^{(j)-1} A^{(j)-1} C_\nu^{(j)-1}) - E \right| > \varepsilon\,.$$

Aus der Folge der $A^{(j)} \to E$ läßt sich, da $\mathfrak{G}$ kompakt ist, eine Teilfolge $A^{(j_i)}$ so auswählen, daß sämtliche Folgen $B_\nu^{(j_i)}$ und $C_\nu^{(j_i)}$ für $i \to \infty$ konvergieren

$$A^{(j_i)} \to E \qquad\qquad B_\nu^{(j_i)} \to B_\nu \qquad\qquad C_\nu^{(j_i)} \to C_\nu\,.$$

Indem wir annehmen, daß wir von vornherein von dieser Teilfolge ausgehen, dürfen wir die Indizes i fortlassen

$$A^{(j)} \to E \qquad\qquad B_\nu^{(j)} \to B_\nu \qquad\qquad C_\nu^{(j)} \to C_\nu$$

Dann gilt:

$$\lim_{j \to \infty} \overset{k}{\underset{1}{\varPi}} C_\nu^{(j)} B_\nu^{(j)} A^{(j)} B_\nu^{(j)-1} A^{(j)-1} C_\nu^{(j)-1} = \overset{k}{\underset{1}{\varPi}} C_\nu\, B_\nu\, E\, B_\nu^{-1}\, E\, C_\nu^{-1}$$
$$= E$$

im Widerspruch zu (8). Damit ist bewiesen:

Satz 4: *Es sei $\mathfrak{G}_x$ ein wie in Satz 2 erklärter Gruppenkeim in der kompakten Gruppe $\mathfrak{G}$. Dann gibt es su jedem $\varepsilon > 0$ ein nicht mit allen $B \in \mathfrak{G}_x$ vertauschbares Element $A \in \mathfrak{G}_x$, dessen Inverses ebenfalls in $\mathfrak{G}_x$ liegt, so daß die Menge $\mathfrak{M}(A)$ aller Elemente der Gestalt*

$$G(A) = \overset{k}{\underset{1}{\varPi}}\, C_\nu B_\nu A\, B_\nu^{-1} A^{-1} C_\nu^{-1} \qquad B_\nu, C_\nu \in \mathfrak{G}$$

in einer ε-Umgebung von E in $\mathfrak{G}$ enthalten ist. Es gilt also für alle $G(A)$
$$|G(A) - E| < \varepsilon\ .$$

Für kompakte, im kleinen nicht Abelsche, einfache Gruppen ist damit die rein gruppentheoretische Charakterisierung der Umgebungen der Einheit durchgeführt.

Satz 5. *Es sei $\mathfrak{G}$ eine kompakte, im kleinen nicht Abelsche einfache Gruppe. Der Gruppenkeim $\mathfrak{G}_x$ sei wie in Satz 2 erklärt. Weiter bedeute A ein beliebiges nicht mit allen Elementen $B \in \mathfrak{G}_x$ vertauschbares Element von $\mathfrak{G}_x$, dessen Inversis A^{-1} ebenfalls in $\mathfrak{G}_x$ liegt. Dann bilden die Mengen $\mathfrak{M}(A)$ aller Elemente der Gestalt*

$$G(A) = \overset{k}{\underset{1}{\varPi}}\, C_\nu B_\nu A\, B_\nu^{-1} A^{-1} C_\nu^{-1} \qquad B_\nu, C_\nu \in \mathfrak{G}$$

bei verschiedener Wahl von A ein vollständiges System von Umgebungen der Einheit in $\mathfrak{G}$. D. h. zu jedem $\varepsilon > 0$ existiert ein A der angegebenen Art, so daß $\mathfrak{M}(A)$ ganz in einer ε-Umgebung von E enthalten ist und zu jedem A der angegebenen Art existiert umgekehrt ein $\varepsilon' > 0$, so daß eine volle ε'-Umgebung von E in $\mathfrak{M}(A)$ enthalten ist.

Ein Beweis dieses Satzes ist überflüssig, da er nichts anderes ist als eine Zusammenfassung von Satz 3 und 4.

Jetzt läßt sich zeigen, daß jede beschränkte Darstellung einer im kleinen nicht Abelschen, einfachen Gruppe stetig ist. Es sei etwa eine Folge von Gruppenelementen A_j gegeben, welche gegen A konvergiert:

$$(9) \qquad\qquad A_j \rightarrow A\ .$$

Es wird behauptet, daß dann für jede beschränkte Darstellung $D(A_j)$ gegen $D(A)$ konvergiert. Aus (9) folgt

$$A_j A^{-1} \rightarrow E\ .$$

Wenn nun $D(X)$ bei E stetig ist, so ergibt sich

$$D(A_j A^{-1}) \rightarrow E_* \qquad\qquad E_* = D(E).$$

Weil $D(X)$ beschränkt ist, muß auch

$$D(A_j) = D(A_j A^{-1}) D(A) \rightarrow E_* D(A) = D(A)$$

gelten. Also ist $D(X)$ überall stetig, wenn $D(X)$ bei E stetig ist.

Es bleibt also zu beweisen, daß $D(X)$ bei E stetig ist. Wenn $D(X)$ eine volle Umgebung von E auf die Einheitsmatrix E_* der Darstellung abbildet, dann ist $D(X)$ natürlich stetig. Schließen wir diesen Fall also aus, so muß $D(X)$ eine Umgebung von E treu darstellen. Fassen wir nämlich in einer beliebigen Umgebung von E in $\mathfrak{G}$ alle Elemente A mit $D(A) = E_*$ zusammen zu einer Menge $\mathfrak{G}_1$, so ist $\mathfrak{G}_1$ ein Normalteilergruppenkeim von $\mathfrak{G}$. Da aber $\mathfrak{G}$ (im kleinen) einfach ist, muß $\mathfrak{G}_1$ (als Gruppenkeim) gleich E sein (§ 44 Satz 2). Das aber heißt gerade, daß eine Umgebung $\mathfrak{G}_1$ von E in $\mathfrak{G}$ existiert, welche durch $D(A)$ treu dargestellt wird.

Diejenigen Elemente $A \in \mathfrak{G}_\varkappa$, welche mit allen (hinreichend nahe E gelegenen) Elementen $C \in \mathfrak{G}_\varkappa$ vertauschbar sind, bilden wieder einen Normalteilerkeim in $\mathfrak{G}_\varkappa$. Wie oben sehen wir, daß auch dieser Keim gleich E sein muß, da $\mathfrak{G}$ im kleinen nicht Abelsch und einfach ist. Deshalb kann man die oben angegebene Umgebung $\mathfrak{G}_\varkappa$ so klein gewählt denken, daß keines ihrer Elemente mit allen andren Elementen aus $\mathfrak{G}_\varkappa$ vertauschbar ist.

Innerhalb von $\mathfrak{G}_\varkappa$ betrachten wir alle Elemente B mit $|B-E| < \eta$. Wir werden später sagen, wie klein dies $\eta > 0$ sein soll. Sicherlich gibt es überabzählbar viele B in $\mathfrak{G}_\varkappa$, welche diese Bedingung erfüllen. Es muß also unter ihnen eine Folge von Elementen $B^{(j)}$ und ein gewisses Element $B^{(o)}$ geben, so daß die Matrizen $B_*^{(j)} = D(B^{(j)})$, welche die $B^{(j)}$ darstellen, gegen die Matrix $B_*^{(o)} = D(B^{(o)})$ konvergieren. Wäre das nicht der Fall, so könnte es nur abzählbar viele verschiedene Matrizen $B_* = D(B)$ geben, obwohl doch überabzählbar viele verschiedene B vorhanden sind und die Darstellung $D(B)$ von $\mathfrak{G}_\varkappa$ treu ist. Es darf also

$$\lim B_*^{(j)} = B_*^{(o)}$$

angenommen werden. Dann folgt aber

$$\lim B_*^{(j)} B_*^{(o)\,-1} = E_* \qquad\qquad E_* = D(E).$$

Setzen wir $B^{(j)} B^{(o)\,-1} = A^{(j)}$ und $D(A^{(j)}) = A_*^{(j)}$, so gibt es also eine Folge von Elementen $A^{(j)}$, so daß

$$A_*^{(j)} \to E_*.$$

Wir setzen jetzt η so klein voraus, daß die sämtlichen Elemente $A^{(j)}$ und $A^{(j)-1}$ in $\mathfrak{G}_\varkappa$ liegen. Nach Konstruktion ist auch keines der $A^{(j)}$ mit sämtlichen Elementen aus $\mathfrak{G}_\varkappa$ vertauschbar.

Ist nun $\varepsilon > 0$ beliebig vorgegeben, so gibt es in der Folge der $A^{(j)}$ sicher ein A, so daß für $A_* = D(A)$ gilt

$$|A_* - E_*| < \frac{\varepsilon}{2\,k\,\Gamma^{6k}} \qquad\qquad |A_*^{-1} - E| < \frac{\varepsilon}{2\,k\,\Gamma^{6k}}$$

Dabei ist Γ eine obere Schranke für unsere ja beschränkt vorausgesetzte Darstellung. Sicher ist $\Gamma \geqq 1$. Nun seien B_ν und C_ν beliebige Elemente aus $\mathfrak{G}$. Wir setzen $B_*^{(\nu)} = D(B_\nu)$ und $C_*^{(\nu)} = D(C_\nu)$ und bilden die Elemente

$$G(A_*) = \prod_1^k (C_*^{(\nu)} B_*^{(\nu)} A_* B_*^{(\nu)-1} A_*^{-1} C_*^{(\nu)-1})$$

Man sieht, daß

$$|G(A_*) - E_*|$$

$$\leq |C_*^{(1)} B_*^{(1)} A_* B_*^{(1)-1} A_*^{-1} C_*^{(1)-1} \overset{k}{\underset{\nu=2}{\Pi}} (\ldots) - C_*^{(1)} B_*^{(1)} E_* B_*^{(1)-1} A_*^{-1} C_*^{(1)-1} \overset{k}{\underset{\nu=2}{\Pi}} (\ldots)|$$

$$+ |C_*^{(1)} B_*^{(1)} E_* B_*^{(1)-1} A_*^{-1} C_*^{(1)-1} \overset{k}{\underset{\nu=2}{\Pi}} (\ldots) - C_*^{(1)} B_*^{(1)} E_* B_*^{(1)-1} E_* C_*^{(1)-1} \overset{k}{\underset{\nu=2}{\Pi}} (\ldots)|$$

$$+ -$$

$$+ |C_*^{(k)} B_*^{(k)} A_* B_*^{(k)-1} A_*^{-1} C_*^{(k)-1} - C_*^{(k)} B_*^{(k)} E_* B_*^{(k)-1} A_*^{-1} C_*^{(k)-1}|$$

$$+ |C_*^{(k)} B_*^{(k)} E_* B_*^{(k)-1} A_*^{-1} C_*^{(k)-1} - C_*^{(k)} B_*^{(k)} E_* B_*^{(k)-1} E_* C_*^{(k)-1}|$$

$$< 2k \Gamma^{6k} \frac{\varepsilon}{2k\Gamma^{6k}} = \varepsilon.$$

Die den $G(A_*)$ entsprechenden Elemente $G(A) = \Pi C_\nu B_\nu A B_\nu^{-1} A^{-1} C_\nu^{-1}$ bilden eine Menge $\mathfrak{M}(A)$, welche nach Satz 3 eine volle Umgebung von E in $\mathfrak{G}$ überdeckt. Es gibt also ein $\delta = \delta(\varepsilon)$ derart, daß alle Matrizen $X \in \mathfrak{G}_\varkappa$, welche

$$(11) \qquad\qquad |X - E| < \delta$$

erfüllen, in $\mathfrak{M}(A)$ enthalten sind. Da für alle Elemente $G(A) \in \mathfrak{M}(A)$ aber $D(G(A)) = G(A_*)$ ist und weil für alle die $G(A_*)$ die obige Abschätzung richtig ist, folgt aus (11)

$$|D(X) - E_*| < \varepsilon.$$

Die Stetigkeit von $D(X)$ bei E und also allgemein an jeder Stelle ist damit erwiesen.

Satz 6. *Jede beschränkte Darstellung einer im kleinen nicht Abelschen einfachen Gruppe $\mathfrak{G}$ ist überall stetig.*

Die Kompaktheit der Gruppe wurde beim Beweis des Satzes 6 nicht voll ausgenutzt. Der Satz gilt daher auch für eine nicht notwendig kompakte Gruppe, vorausgesetzt, daß es sich um eine kontinuierliche Gruppe handelt.

Wichtig ist, daß wir im Laufe unseres Beweises auch nirgends benutzt haben, daß $\mathfrak{G}$ wirklich eine Gruppe ist; es genügt daher, anzunehmen, daß $\mathfrak{G}$ ein im kleinen nicht Abelscher einfacher Gruppenkeim ist. Da man auch Gruppenkeime als Gruppen bezeichnet, dürfen wir uns mit diesem Hinweis begnügen und werden Satz 6 auch auf Gruppenkeime anwenden.

Es ist nun nicht schwer, den Satz von v. d. Waerden für halbeinfache Gruppen zu zeigen. Es sei eine Umgebung $\mathfrak{G}_\varkappa$ von E in $\mathfrak{G}$ das direkte Produkt von nicht Abelschen einfachen Gruppenkeimen

$$\mathfrak{G}_\varkappa = \mathfrak{G}_1 \times \ldots \times \mathfrak{G}_r, \qquad \varkappa \text{ hinreichend klein.}$$

Weiter sei $D(X)$ eine beschränkte Darstellung von $\mathfrak{G}$. Die Elemente von $\mathfrak{G}_\varkappa$ haben dann die Gestalt

$$(12) \qquad\qquad e^{U_1 + \cdots + U_r} = e^{U_1} e^{U_2} \ldots e^{U_r},$$

wobei jedes U_i in dem Infinitesimalring $\mathfrak{J}_i$ des entsprechenden Gruppenkeimes $\mathfrak{G}_i$ liegt. Sei nun in $\mathfrak{G}_x$ eine Folge von Elementen $X^{(\nu)}$ mit

$$\lim_{\nu \to \infty} X^{(\nu)} = E$$

gegeben, dann folgt aus (12) sofort, daß auch die einzelnen Komponenten $X_i^{(\nu)}$ von $X^{(\nu)}$

$$X^{(\nu)} = X_1^{(\nu)} \cdots X_r^{(\nu)} \qquad\qquad X_i^{(\nu)} \in \mathfrak{G}_i$$

gegen E streben müssen, weil mit $U_1 + \ldots + U_r$ auch jedes U_i gegen Null geht. Also

$$\lim_{\nu \to \infty} X_i^{(\nu)} = E.$$

Deshalb folgt aus Satz 6, weil $D(X)$ beschränkt ist:

$$\lim_{\nu \to \infty} D(X^{(\nu)}) = \lim_{\nu \to \infty} D(X_1^{(\nu)}) \lim_{\nu \to \infty} D(X_2^{(\nu)}) \cdots \lim_{\nu \to \infty} D(X_r^{(\nu)}) = E_*$$

Also ist $D(X)$ bei E und folglich bei jeder Stelle stetig.

Satz 7. *Jede beschränkte Darstellung einer halbeinfachen Gruppe ist stetig.*

Aus Satz 4 in § 40 ergibt sich sofort

Satz 8. *Ist $D(A) = (D_{\varrho\sigma}(A))$ eine beschränkte Darstellung einer halbeinfachen kompakten Gruppe $\mathfrak{G}$, so sind die Komponenten $D_{\varrho\sigma}(A)$ analytische Funktionen der kanonischen Parameter von $\mathfrak{G}$.*

Eine andere unmittelbare Folgerung aus Satz 7 ist

Satz 9. *Jede halbeinfache Gruppe besitzt nur stetige fastperiodische Funktionen.*

VII. Kugelfunktionen.

§ 46. Fastperiodische Funktionen in homogenen Räumen.

Es sei R eine Menge von Elementen $P, Q, \ldots$, welche wir Punkte nennen wollen. Wir nehmen an, daß in R eine transitive Gruppe $\mathfrak{G}$ von Transformationen $a, b \ldots, x, y, \ldots$ erklärt ist, d. h. jeder Punkt $P \in R$ kann durch Anwendung eines geeigneten $a \in \mathfrak{G}$ in jeden Punkt $Q \in R$ übergeführt werden. Dafür schreiben wir

$$Q = P a.$$

Eine solche Menge R bezeichnen wir als *homogenen Raum*. Beispiel eines solchen Raumes ist die Gruppe selber.

Gegenstand unserer Betrachtung sind nun komplexwertige Funktionen $F(P)$ der Punkte P eines homogenen Raumes R. Ähnlich wie bei Funktionen auf Gruppen soll nun erklärt werden, wann Funktionen auf homogenen Räumen als fastperiodisch anzusehen sind.

Definition: Eine komplexwertige Funktion $F(P)$ auf einem homogenen Raum R heißt *fastperiodisch*, wenn zu jedem $\varepsilon > 0$ eine Überdeckung von R mit Teilmengen $A_1, \ldots, A_n$ von R

$$R = \mathop{\mathfrak{S}}_{i=1}^{n} A_i$$

existiert, so daß für irgend zwei Elemente P, Q aus einem beliebigen Teil A_i und für alle $d \in \mathfrak{G}$

$$|F(Pd) - F(Qd)| < \varepsilon$$
$$P, Q \in A_i \qquad d \in \mathfrak{G}$$

gilt. Eine solche Überdeckung von R wollen wir eine Teilung $T\{F(P), \varepsilon\}$ nennen.

Die Menge aller fastperiodischen Funktionen eines homogenen Raumes bildet einen abgeschlossenen, gegenüber $\mathfrak{G}$ invarianten Modul. Man zeigt nämlich ähnlich wie bei fastperiodischen Funktionen auf Gruppen, daß mit $F(P)$ und $G(P)$ stets auch $\alpha F + \beta G$ fastperiodisch ist, wobei α, β komplexe Zahlen sind. Sodann ist mit $F(P)$ auch $F(Pa)$ fastperiodisch, wobei $a \in \mathfrak{G}$ beliebig ist. Schließlich ist mit jeder gleichmäßig konvergenten Folge fastperiodischer Funktionen $F_\nu(P)$ auch deren Limes $F(P) = \lim F_\nu(P)$ fastperiodisch.

Wählt man in R irgendeinen festen Punkt P_0 aus, so kann man jeder auf R fastperiodischen Funktion $F(P)$ eine Funktion $f(x)$ auf $\mathfrak{G}$ zuordnen vermöge

$$(1) \qquad\qquad f(x) = F(P_0 x) .$$

Ich behaupte nun: *$f(x)$ ist fastperiodisch auf $\mathfrak{G}$*. Dies ist ganz leicht einzusehen. Es sei $\varepsilon > 0$ beliebig vorgegeben und $T\{F(P), \varepsilon\}$ eine Teilung von R bestehend aus den Teilmengen $A_1, \ldots, A_n$. Dieser Teilung von R entspricht eine Überdeckung von $\mathfrak{G}$ mit Teilmengen $\mathfrak{A}_1, \ldots, \mathfrak{A}_n$ von $\mathfrak{G}$, welche so erklärt wird: Ein Element $x \in \mathfrak{G}$ gehört genau dann zu $\mathfrak{A}_i$, wenn $P_0 x \in A_i$. Es sei nun $x, y \in \mathfrak{A}_i$. Dann ist also $P_0 x, P_0 y \in A_i$ und folglich nach der Definition dieses Paragraphen

$$|f(xd) - f(yd)| = |F(P_0 xd) - F(P_0 yd)| < \varepsilon$$
$$\text{für } x, y \in \mathfrak{A}_i \qquad\qquad d \in \mathfrak{G} .$$

Aus § 35 Satz 4 folgt nun in der Tat, daß $f(x)$ fastperiodisch ist.

Die Menge aller fastperiodischen Funktionen $f(x)$ auf $\mathfrak{G}$, welche in der durch (1) beschriebenen Weise (nach Auswahl von P_0) als Bilder von fastperiodischen Funktionen $F(P)$ in R auftreten, wollen wir $\mathfrak{R}$ nennen. Offenbar entsprechen sich die $F(P)$ und die $f(x)$ aus $\mathfrak{R}$ umkehrbar eindeutig. Wir zeigen nun: *$\mathfrak{R}$ ist ein abgeschlossener rechtsinvarianter Modul von fastperiodischen Funktionen.* Wenn nämlich $f(x)$ und $g(x)$ aus $\mathfrak{R}$ sind, so gibt es ein $F(P)$ und ein $G(P)$, für die

$$f(x) = F(P_0 x) \qquad g(x) = G(P_0 x)$$

ist. Dann ist aber auch $\alpha F(P) + \beta G(P)$ fastperiodisch und folglich existiert in $\Re$ eine fastperiodische Funktion

$$h(x) = \alpha\, F(P_0 x) + \beta\, G(P_0 x)\,.$$

Offenbar ist $h(x) = \alpha f(x) + \beta g(x)$ und also ist $\Re$ ein Modul. Ganz ähnlich beweist man die übrigen Behauptungen über $\Re$, indem man berücksichtigt, daß die Menge der fastperiodischen Funktionen auf dem Raum abgeschlossen und invariant ist.

Wendet man auf $\Re$ den Hauptsatz der Theorie der fastperiodischen Funktionen an, so ergibt sich: $\Re$ *ist Summe der irreduziblen rechtsinvarianten (endlichen) Moduln* $\Re_\nu$ *von fastperiodischen Funktionen, welche in* $\Re$ *enthalten sind*:

$$(2) \qquad\qquad \Re = \sum_\nu \Re_\nu \qquad\qquad \Re_\nu \subset \Re.$$

Dieser Summendarstellung von $\Re$ entspricht eine Summendarstellung der Menge aller fastperiodischen Funktionen auf R. Wir erklären nämlich Mengen $\mathfrak{M}_\nu$ von fastperiodischen Funktionen auf R, indem wir festsetzen, daß $F(P)$ genau dann in $\mathfrak{M}_\nu$ liegen soll, wenn $F(P_0 x) \in \Re_\nu$ ist. Diese Mengen $\mathfrak{M}_\nu$ sind offensichtlich endliche invariante irreduzible Moduln, weil die Moduln $\Re_\nu$ endlich, rechtsinvariant und irreduzibel sind. Bezeichnen wir die Menge aller fastperiodischen Funktionen des Raumes R mit $\mathfrak{M}$ so behaupten wir, daß

$$\mathfrak{M} = \sum_\nu \mathfrak{M}_\nu \qquad\qquad \mathfrak{M}_\nu \subset \mathfrak{M}$$

ist. Das soll bedeuten, daß jede Funktion $F(P) \in \mathfrak{M}$ dargestellt werden kann als Limes einer gleichmäßig konvergenten Folge von endlichen Summen $F_{\nu_1}(P) + \cdots + F_{\nu_k}(P)$ mit $F_{\nu_i}(P) \in \mathfrak{M}_{\nu_i}$.

$$F(P) = \lim \sum F_\nu(P) \qquad\qquad F_\nu \in \mathfrak{M}_\nu$$

Es wird also behauptet, daß zu jedem $F(P)$ und zu jedem $\varepsilon > 0$ endlich viele $\mathfrak{M}_{\nu_1}, \ldots, \mathfrak{M}_{\nu_k}$ und in ihnen gewisse $F_{\nu_1}, \ldots, F_{\nu_k}$ existieren, so daß für alle P

$$(3) \qquad\qquad \left| F(P) - \sum_{i=1}^{k} F_{\nu_i}(P) \right| < \varepsilon$$

ist. Wirklich gilt Entsprechendes für die zu $F(P)$ gehörige fastperiodische Funktion $f(x) = F(P_0 x)$ wegen (2). Dieser Sachverhalt überträgt sich aber ohne weiteres auf die fastperiodischen Funktionen des Raumes. Damit ist (3) bewiesen.

Satz 1. *Es sei R ein homogener Raum. Die Menge $\mathfrak{M}$ aller fastperiodischen Funktionen auf R ist dann Summe aller in $\mathfrak{M}$ enthaltenen endlichen irreduziblen invarianten Moduln $\mathfrak{M}_\nu$*

$$\mathfrak{M} = \sum \mathfrak{M}_\nu$$

und zwar in dem soeben genauer erläuterten Sinne.

§ 47. Die Drehungsgruppe.

Den Satz des vorigen Paragraphen wollen wir anwenden auf den Fall fastperiodischer Funktionen auf einer Kugel. Die Oberfläche einer Kugel im 3-dimensionalen Raum vom Radius 1 ist Beispiel eines homogenen Raumes mit der transitiven Transformationsgruppe $\mathfrak{G}$ der Drehungen dieser Kugel in sich. Wir werden sehen, daß die Theorie der fastperiodischen Funktionen auf der Kugel sehr natürlich zu den Kugelfunktionen führt. Bevor wir uns diesen Untersuchungen zuwenden, sollen zunächst einige Hilfsmittel bereitgestellt werden.

Wir dürfen uns vorstellen, daß die Drehungsgruppe $\mathfrak{G}$ aus reellen orthogonalen 3-reihigen Matrizen $A, B \ldots$ mit Determinante $+ 1$ besteht. Die Orthogonalität läßt sich so beschreiben: Es ist für alle $A \in \mathfrak{G}$

$$A A^* = E$$

Dabei ist in diesem Falle A^* die um die Hauptdiagonale gekippte Matrix A. Für alle A einer gewissen hinreichend kleinen vollen Umgebung $\mathfrak{K}$ von E gilt

$$A = e^U \qquad U = \log A \,,$$

wobei U ein Element aus dem Infinitesimalring $\mathfrak{J}$ von $\mathfrak{G}$ ist. Nehmen wir an, daß $\mathfrak{K}$ mit A auch stets A^* enthält, so folgt

$$\log A A^* = \log A + \log A^* = 0 .$$

Setzt man für $\log A$ die Reihe an, so sieht man, daß

$$\log A^* = (\log A)^*$$

ist, und folglich haben wir

$$U + U^* = 0 .$$

Deshalb darf angenommen werden, daß U die folgende Gestalt hat

$$(1) \qquad U = \begin{pmatrix} 0 & -\gamma & \beta \\ \gamma & 0 & -\alpha \\ -\beta & \alpha & 0 \end{pmatrix} \qquad \alpha, \beta, \gamma \text{ reell.}$$

Nimmt man andererseits irgendeine Matrix U dieser Form mit kleinen α, β, γ her, so ist e^U stets eine orthogonale Matrix. In der Tat haben wir

$$(e^U)^* = e^{U^*},$$

also

$$e^U (e^U)^* = e^U e^{U^*} = e^{U + U^*} = E .$$

Deshalb besteht $\mathfrak{J}$ aus sämtlichen Matrizen U der Gestalt (1).

Wir können in $\mathfrak{J}$ als Basis die drei Matrizen

$$\bar{U}_1 = \begin{pmatrix} 0 & 0 & 0 \\ 0 & 0 & -1 \\ 0 & 1 & 0 \end{pmatrix} \qquad \bar{U}_2 = \begin{pmatrix} 0 & 0 & 1 \\ 0 & 0 & 0 \\ -1 & 0 & 0 \end{pmatrix} \qquad \bar{U}_3 = \begin{pmatrix} 0 & -1 & 0 \\ 1 & 0 & 0 \\ 0 & 0 & 0 \end{pmatrix}$$

wählen. Jedes $U \in \mathfrak{J}$ läßt sich dann schreiben

$$U = \alpha \bar{U}_1 + \beta \bar{U}_2 + \gamma \bar{U}_3,$$

und beschränkt man die (α, β, γ) auf eine hinreichend kleine Kugel $\mathfrak{K}_a$ um Null (im gewöhnlichen Raum), so ergeben die entsprechenden Elemente

$$(2) \qquad\qquad A = e^{\alpha \overline{U}_1 + \beta \overline{U}_2 + \gamma \overline{U}_3}$$

umkehrbar eindeutig eine volle Umgebung von E in $\mathfrak{G}$. Die α, β, γ sind kanonische Parameter in $\mathfrak{G}$. Um von der geometrischen Bedeutung der kanonischen Parameter eine Vorstellung zu geben, berechnen wir $e^{\alpha \overline{U}_1}$. Wegen

$$\overline{U}_1^2 = \begin{pmatrix} 0 & 0 & 0 \\ 0 & -1 & 0 \\ 0 & 0 & -1 \end{pmatrix} \qquad \overline{U}_1^3 = -\overline{U}_1 \qquad \overline{U}_1^4 = \begin{pmatrix} 0 & 0 & 0 \\ 0 & 1 & 0 \\ 0 & 0 & 1 \end{pmatrix} = E_1$$

und wegen $\overline{U}_1^0 = E$ finden wir

$$e^{\alpha \overline{U}_1} = \sum_0^\infty \frac{\alpha^\nu \overline{U}_1^\nu}{\nu!} = \begin{pmatrix} 1 & 0 & 0 \\ 0 & 0 & 0 \\ 0 & 0 & 0 \end{pmatrix} + \sum_0^\infty \frac{(-1)^\nu \alpha^{2\nu}}{(2\nu)!} E_1 + \sum_0^\infty \frac{(-1)^\nu \alpha^{2\nu+1}}{(2\nu+1)!} \overline{U}_1$$

$$= \begin{pmatrix} 1 & 0 & 0 \\ 0 & 0 & 0 \\ 0 & 0 & 0 \end{pmatrix} + \cos\alpha\, E_1 + \sin\alpha\, \overline{U}_1,$$

also

$$e^{\alpha \overline{U}_1} = \begin{pmatrix} 1 & 0 & 0 \\ 0 & \cos\alpha & -\sin\alpha \\ 0 & \sin\alpha & \cos\alpha \end{pmatrix}.$$

Damit ist $e^{\alpha \overline{U}_1}$ als Drehung um die x-Achse durch den Winkel α erkannt. Entsprechend sind $e^{\beta \overline{U}_2}$ und $e^{\gamma \overline{U}_3}$ Drehungen um die y- bzw. z-Achse durch den Winkel β bzw. γ.

Deutet man in (2) das Zahlentripel (α, β, γ) als Vektor im gewöhnlichen Raum, so ist dieser Vektor die Drehachse von A, seine Länge gibt den Drehwinkel. Auf den Beweis dieser Bemerkung brauchen wir nicht einzugehen.

Wir haben $[U, V] = UV - VU$ gesetzt. Man rechnet leicht nach, daß für die Basis Elemente von $\mathfrak{J}$

$$(3) \qquad [\overline{U}_1, \overline{U}_2] = \overline{U}_3, \qquad [\overline{U}_2, \overline{U}_3] = \overline{U}_1 \qquad [\overline{U}_3, \overline{U}_1] = \overline{U}_2$$

gilt. Durch diese sogenannten Vertauschungsregeln ist die Struktur des Infinitesimalringes $\mathfrak{J}$ von $\mathfrak{G}$ völlig bestimmt. Sind z. B.

$$U = \alpha \overline{U}_1 + \beta \overline{U}_2 + \gamma \overline{U}_3 \qquad\qquad V = \alpha' \overline{U}_1 + \beta' \overline{U}_2 + \gamma' \overline{U}_3$$

irgendzwei Elemente aus $\mathfrak{J}$, so läßt sich mit Hilfe von (3) ihr Klammerprodukt $[U, V]$ sofort berechnen. Setzen wir

$$[U, V] = \alpha'' \overline{U}_1 + \beta'' \overline{U}_2 + \gamma'' \overline{U}_3,$$

so findet man, daß $(\alpha'', \beta'', \gamma'')$ als Vektor gedeutet das äußere Produkt der Vektoren (α, β, γ) und $(\alpha', \beta', \gamma')$ ist. Der Vektor $[U, V]$ steht also auf den Vektoren U und V senkrecht. Er verschwindet dann und nur dann, wenn U und V parallel sind oder wenn mindestens einer der Vektoren U und V verschwindet.

Nun können wir leicht einsehen, daß die *Drehungsgruppe* $\mathfrak{G}$ *halbeinfach* ist. Da $\mathfrak{G}$ nicht Abelsch ist, genügt es nachzuweisen, daß $\mathfrak{G}$ einfach ist, daß also $\mathfrak{J}$ kein Ideal außer $\mathfrak{o}$ und $\mathfrak{J}$ selber besitzt. Ist $\mathfrak{J}' \neq \mathfrak{o}$ ein Ideal, welches den Vektor $U \neq \mathfrak{o}$ enthält, so liegt mit U auch jeder Vektor $[U, V]$ in $\mathfrak{J}'$, wobei V willkürlich in $\mathfrak{J}$ gewählt wird. Wählt man $V \neq \mathfrak{o}$ senkrecht zu U, so ist $[U, V]$ senkrecht auf U. Der Vektor $[[U, V], U]$ ist senkrecht auf U und senkrecht auf $[U, V]$, er liegt wieder in $\mathfrak{J}'$. Diese drei Elemente U, $[UV]$, $[[U, V], U]$ spannen aber ganz $\mathfrak{J}$ auf. Also ist $\mathfrak{J}' = \mathfrak{J}$ d. h. $\mathfrak{G}$ *ist einfach.*

§ 48. Darstellungen der Drehungsgruppe.

Wir wenden uns nun der Betrachtung von Darstellungen $D(A)$ der Drehungsgruppe $\mathfrak{G}$ zu. Wir dürfen uns dabei mit der Untersuchung beschränkter Darstellungen begnügen, da andere in der Theorie der fastperiodischen Funktionen ja keine Rolle spielen. Weil die Drehungsgruppe halbeinfach ist, folgt aus den Erörterungen von § 45, daß die Darstellungen als stetig angesehen werden dürfen. Nach § 40 Satz 4 hängen dann die Koeffizienten $D_{\varrho\sigma}(A)$ sogar analytisch von den kanonischen Gruppenparametern des Elementes A ab. Aus Satz 2 desselben Paragraphen entnehmen wir, daß

$$D\left(e^{\alpha \overline{U}_1 + \beta \overline{U}_2 + \gamma \overline{U}_3}\right) = e^{\alpha I_1 + \beta I_2 + \gamma I_3},$$

wobei

$$I_1 = J(\overline{U}_1) \qquad I_2 = J(\overline{U}_2) \qquad I_3 = J(\overline{U}_3)$$

die Bilder der Basiselemente des Infinitesimalringes $\mathfrak{J}$ von $\mathfrak{G}$ bei der Darstellung $J(U)$ dieses Ringes sind, welche der Darstellung der Gruppe entspricht. Aus § 47 (3) folgt sofort

(1) $$[I_1, I_2] = I_3 \qquad [I_2, I_3] = I_1 \qquad [I_2, I_1] = I_2.$$

Gleichzeitig mit $D(A)$ betrachten wir einen zu $D(A)$ gehörigen Darstellungsmodul $\mathfrak{M}$. Die Elemente von $\mathfrak{M}$ bezeichnen wir durch deutsche Buchstaben $\mathfrak{u}, \mathfrak{v}, \ldots$. Als Darstellungsmodul von ganz $\mathfrak{G}$ ist $\mathfrak{M}$ natürlich gleichzeitig Darstellungsmodul der in $\mathfrak{G}$ enthaltenen Untergruppe aller Drehungen $e^{\gamma \overline{U}_3}$ um die z-Achse. Diese Gruppe ist Abelsch, und $\mathfrak{M}$ kann deshalb in gegenüber $e^{\gamma \overline{U}_3}$ invariante eindimensionale Teilmoduln zerlegt werden. Jeder dieser Moduln wird durch einen Vektor $\mathfrak{v}$ erzeugt. Alle $\mathfrak{v}$ in ihrer Gesamtheit spannen ganz $\mathfrak{M}$ auf. Betrachten wir einen dieser Vektoren $\mathfrak{v}$, so wissen wir, daß er bei Anwendung von $e^{\gamma \overline{U}_3}$ einen Faktor $e^{i m \gamma}$ aufnehmen muß:

(2) $$\mathfrak{v} \text{ geht über in } e^{\gamma I_3}\mathfrak{v} = e^{i m \gamma}\mathfrak{v}$$

Dabei ist m eine ganze Zahl. Wäre m nämlich nicht reell, so wäre $D(A)$ nicht beschränkt, und wäre m zwar reell, aber nicht ganz, so könnte $D(A)$ nicht eindeutig sein.

Differenzieren wir die Gleichung (2) nach γ an der Stelle $\gamma = 0$, so ergibt sich

$$I_3 \mathfrak{v} = i\, m\, \mathfrak{v}\,.$$

Um anzudeuten, daß $\mathfrak{v}$ ein Eigenvektor von I_3 zum Eigenwert im ist, schreiben wir statt $\mathfrak{v}$ jetzt $\mathfrak{v}_m$. Setzt man

$$(3) \qquad\qquad L_p = I_1 + i I_2 \qquad\qquad L_q = I_1 - i I_2\,,$$

so soll jetzt untersucht werden, was aus einem $\mathfrak{v}_m$ wird, wenn man darauf L_p oder L_q anwendet. Offenbar liegt sowohl $L_p\,\mathfrak{v}_m$ als auch $L_q\,\mathfrak{v}_m$ wieder in dem Darstellungsmodul $\mathfrak{M}$. Wir zeigen, daß $L_p\,\mathfrak{v}_m$ ein $\mathfrak{v}_{m-1}$ und daß $L_q\,\mathfrak{v}_m$ ein $\mathfrak{v}_{m+1}$ ist.

In der Tat ist wegen (1)

$$
\begin{aligned}
I_3 L_p\,\mathfrak{v}_m &= I_3(I_1 + i I_2)\,\mathfrak{v}_m = (I_3 I_1 + i I_3 I_2)\,\mathfrak{v}_m \\
&= \{I_1 I_3 + [I_3 I_1] + i(I_2 I_3 - [I_2, I_3])\}\,\mathfrak{v}_m \\
&= \{I_1 i\, m + I_2 + i(I_2 i\, m - I_1)\}\,\mathfrak{v}_m \\
&= \{i\, m(I_1 + i I_2) - i(I_1 + i I_2)\}\,\mathfrak{v}_m \\
&= i(m-1)\, L_p\,\mathfrak{v}_m\,,
\end{aligned}
$$

d. h. es ist $L_p\,\mathfrak{v}_m$ ein $\mathfrak{v}_{m-1}$. Entsprechend berechnen wir

$$
\begin{aligned}
I_3 L_q\,\mathfrak{v}_m &= I_3(I_1 - i I_2)\,\mathfrak{v}_m = (I_3 I_1 - i I_3 I_2)\,\mathfrak{v}_m \\
&= \{I_1 I_3 + [I_3 I_1] - i(I_2 I_3 - [I_2, I_3])\}\,\mathfrak{v}_m \\
&= \{I_1 i\, m + I_2 - i(I_2 i\, m - I_1)\}\,\mathfrak{v}_m \\
&= \{i\, m(I_1 - i I_2) + i(I_1 - i I_2)\}\,\mathfrak{v}_m \\
&= i(m+1)\, L_q\,\mathfrak{v}_m\,,
\end{aligned}
$$

d. h, es ist $L_q\,\mathfrak{v}_m$ ein $\mathfrak{v}_{m+1}$.

Nun suchen wir in $\mathfrak{M}$ einen Vektor $\mathfrak{v}_m$ mit möglichst großem m. Dieses m nennen wir M. Wir gehen von dem betreffenden $\mathfrak{v}_m = \widetilde{\mathfrak{v}}_M$ aus und erklären eine Folge von Vektoren in $\mathfrak{M}$ durch die Rekursion

$$
(4) \qquad
\begin{aligned}
\widetilde{\mathfrak{v}}_{M-1} &= L_p\,\widetilde{\mathfrak{v}}_M \\
\widetilde{\mathfrak{v}}_{M-2} &= L_p\,\widetilde{\mathfrak{v}}_{M-1} \\
\text{------.}
\end{aligned}
$$

Es seien etwa $\widetilde{\mathfrak{v}}_M, \widetilde{\mathfrak{v}}_{M-1}, \ldots, \widetilde{\mathfrak{v}}_{M-k}$ linear unabhängig. Dann ist entweder $\widetilde{\mathfrak{v}}_{M-k-1} = 0$ oder es sind auch die Vektoren $\widetilde{\mathfrak{v}}_M, \ldots, \widetilde{\mathfrak{v}}_{M-k}, \widetilde{\mathfrak{v}}_{M-k-1}$ linear unabhängig. Nehmen wir nämlich an, daß diese Vektoren linear abhängig sind, daß also

$$\sum_{i=0}^{k+1} \alpha_j\, \widetilde{\mathfrak{v}}_{M-j} = 0\,, \qquad\qquad \text{nicht alle } \alpha_j = 0$$

gilt, so muß jedenfalls $\alpha_{k+1} \neq 0$ sein. Wir finden

$$(5) \qquad \widetilde{\mathfrak{v}}_{M-k-1} = \sum_{j=0}^{k} \frac{-\alpha_j}{\alpha_{k+1}} \widetilde{\mathfrak{v}}_{M-j} \, .$$

Wenden wir hierauf I_3 an, so ergibt sich

$$(M-k-1)\,\widetilde{\mathfrak{v}}_{M-k-1} = \sum_{j=0}^{k} \frac{-\alpha_j}{\alpha_{k+1}}\,(M-j)\,\widetilde{\mathfrak{v}}_{M-j} \, .$$

Wenn $M-k-1=0$ ist, so folgt, daß alle α_i mit $i=1,\ldots,k$ Null sind, also ist wegen (5) $\widetilde{\mathfrak{v}}_{M-k-1}=0$. Ist aber $M-k-1\neq 0$, so haben wir

$$(6) \qquad \widetilde{\mathfrak{v}}_{M-k-1} = \sum_{j=0}^{k} \frac{-\alpha_j\,(M-j)}{\alpha_{k+1}\,(M-k-1)}\,\widetilde{\mathfrak{v}}_{M-j} \, .$$

Da die Vektoren $\widetilde{\mathfrak{v}}_M, \ldots, \widetilde{\mathfrak{v}}_{M-k}$ linear unabhängig sind, müssen die rechten Seiten in (5) und (6) die gleichen Koeffizienten haben. Das bedeutet abermals $\alpha_1 = \alpha_2 = \ldots = \alpha_k = 0$. Also ist wieder $\widetilde{\mathfrak{v}}_{M-k-1}=0$.

Weil in $\mathfrak{M}$ nur endlich viel linear unabhängige Vektoren existieren können, muß bei der Konstruktion (4) ein erstes Mal ein $\widetilde{\mathfrak{v}}_{M-j}=0$ werden. Das vorangehende $\widetilde{\mathfrak{v}}_{M-j+1}$ nennen wir $\widetilde{\mathfrak{v}}_N$. Ist $\widetilde{\mathfrak{v}}_m$ irgendein Vektor aus der Reihe $\widetilde{\mathfrak{v}}_M, \widetilde{\mathfrak{v}}_{M-1}, \ldots, \widetilde{\mathfrak{v}}_N$, so ist, wie wir oben sahen, $L_q \widetilde{\mathfrak{v}}_m$ ein $\mathfrak{v}_{m+1}$. Wir zeigen, daß

$$(7) \qquad L_q \widetilde{\mathfrak{v}}_m = \varrho_m\,\widetilde{\mathfrak{v}}_{m+1} \qquad\qquad \varrho_m \text{ ganze Zahl}$$

ist. Da $\widetilde{\mathfrak{v}}_M$ ein Vektor $\mathfrak{v}_m$ mit möglichst großem m war, muß

$$(8) \qquad L_q \widetilde{\mathfrak{v}}_M = 0$$

sein. Die Gleichung (7) ist also richtig für $m=M$ und $\varrho_M=0$. (Es ist dann zwar $\widetilde{\mathfrak{v}}_{M+1}$ gar nicht erklärt, jedoch braucht uns das nicht stören. Es soll $\varrho_M=0$ einfach andeuten, daß statt (7) dann (8) gilt.) Nun sei Formel (7) bereits für $M, M-1, \ldots, m$ bewiesen. Wir zeigen, daß sie auch für $m-1$ richtig ist. Es ist nämlich

$$\begin{aligned}
L_q \widetilde{\mathfrak{v}}_{m-1} &= L_q L_p \widetilde{\mathfrak{v}}_m \\
&= (I_1 - iI_2)(I_1 + iI_2)\widetilde{\mathfrak{v}}_m \\
&= \{(I_1 + iI_2)(I_1 - iI_2) + 2i\,[I_1, I_2]\}\,\widetilde{\mathfrak{v}}_m \\
&= L_p L_q \widetilde{\mathfrak{v}}_m + 2i I_3 \widetilde{\mathfrak{v}}_m \\
&= L_p \varrho_m \widetilde{\mathfrak{v}}_{m+1} - 2m\,\widetilde{\mathfrak{v}}_m \\
&= (\varrho_m - 2m)\,\widetilde{\mathfrak{v}}_m \, .
\end{aligned}$$

Also ist $\varrho_{m-1} = \varrho_m - 2m$ tatsächlich eine ganze Zahl.

Man kann aus der Rekursionsformel

$$\varrho_{m-1} = \varrho_m - 2m \qquad\qquad\qquad \varrho_M = 0$$

leicht folgern, daß

$$(9) \qquad \varrho_m = m\,(m+1) - M\,(M+1)$$

ist. Es muß aber für gewisses $m < M$ ein $\tilde{\mathfrak{v}}_m = 0$ werden, während $\tilde{\mathfrak{v}}_{m+1} \neq 0$ ist. Wegen

$$L_q\, \tilde{\mathfrak{v}}_m = \varrho_m\, \tilde{\mathfrak{v}}_{m+1}$$

muß für dieses m das $\varrho_m = 0$ sein. Die Gleichung

$$\varrho_m = m(m+1) - M(M+1) = 0$$

hat die Lösungen $m = M$ und $m = -(M+1)$. Weil $m < M$ sein soll, kommt nur die zweite Lösung in Frage. Die Reihe der in (4) konstruierten Vektoren schließt also mit $\tilde{\mathfrak{v}}_{-M}$

$$\text{(10)} \qquad \tilde{\mathfrak{v}}_M,\ \tilde{\mathfrak{v}}_{M-1},\ \ldots,\ \tilde{\mathfrak{v}}_0,\ \ldots,\ \tilde{\mathfrak{v}}_{-M+1},\ \tilde{\mathfrak{v}}_{-M}.$$

Für diese Vektoren gilt mit $-M \leq m \leq M$

$$L_p\, \tilde{\mathfrak{v}}_{-M} = 0 \quad \text{und} \quad L_p\, \tilde{\mathfrak{v}}_m = \tilde{\mathfrak{v}}_{m-1} \qquad \text{für } m \neq -M$$

$$\text{(11)} \qquad L_q\, \tilde{\mathfrak{v}}_M = 0 \quad \text{und} \quad L_q\, \tilde{\mathfrak{v}}_m = \varrho_m\, \tilde{\mathfrak{v}}_{m+1} \qquad \text{für } m \neq M$$

$$I_3\, \tilde{\mathfrak{v}}_m = i\, m\, \tilde{\mathfrak{v}}_m.$$

Die Vektoren (10) spannen innerhalb von $\mathfrak{M}$ einen Teilmodul $\mathfrak{M}'$ auf, welcher gegenüber den Transformationen L_p, L_q, I_3 invariant ist. Wegen

$$\text{(12)} \qquad I_1 = \frac{1}{2}(L_p + L_q) \qquad I_2 = \frac{1}{2i}(L_p - L_q)$$

ist $\mathfrak{M}'$ auch gegenüber allen Transformationen des Infinitesimalringes der Darstellung invariant. Wenn aber der Modul beispielsweise gegenüber $J(U)$ invariant ist, so geht er auch bei Anwendung von $e^{J(U)}$ in sich über. Dies folgt, wenn man sich $e^{J(U)}$ durch die Abschnitte der Potenzreihe approximiert denkt. Ist $\mathfrak{v} \in \mathfrak{M}'$, so ist auch sicher

$$\left(\sum_{\nu=0}^{n} \frac{(J(U))^\nu}{\nu!} \right) \mathfrak{v} \in \mathfrak{M}'.$$

Als endlicher Modul ist $\mathfrak{M}'$ abgeschlossen, folglich ist, wie behauptet

$$e^{J(U)}\,\mathfrak{v} = \lim_{n \to \infty} \left(\sum_{\nu=0}^{n} \frac{(J(U))^\nu}{\nu!}\, \mathfrak{v} \right) \in \mathfrak{M}'.$$

Die Elemente e^U mit $U \in \mathfrak{J}$ erschöpfen sicher eine ganze Umgebung der Identität in der Drehungsgruppe (sie überdecken sogar $\mathfrak{G}$ als Ganzes mehrfach). Die zugeordneten Transformationen $D(e^U) = e^{J(U)}$ führen stets $\mathfrak{M}'$ wieder in sich über. Da man durch mehrfache Anwendung der Drehungen nahe der Identität jede Drehung aus $\mathfrak{G}$ erhält, ist also $\mathfrak{M}'$ gegenüber ganz $\mathfrak{G}$ invariant.

Wir setzen nun $\mathfrak{M}$ als irreduzibel voraus. Dann muß $\mathfrak{M}' = \mathfrak{M}$ sein. Die Vektoren (10) spannen also ganz $\mathfrak{M}$ auf, sie bilden eine Basis von $\mathfrak{M}$. Es gibt also nur irreduzible Darstellungsmoduln ungrader Dimension.

Für die fastperiodischen Funktionen auf der Kugel ist der Operator

$$L^2 = I_1^2 + I_2^2 + I_3^2$$

von ganz besonderer Bedeutung. Er hat nicht zufällig eine gewisse Ähnlichkeit mit dem Laplaceoperator $\Delta = \dfrac{\partial^2}{\partial x^2} + \dfrac{\partial^2}{\partial y^2} + \dfrac{\partial^2}{\partial z^2}$. Wir wollen untersuchen, welche Wirkung L^2 auf die Basisvektoren $\widetilde{\mathfrak{v}}_m$ aus $\mathfrak{M}$ hat. Aus (12) ergibt sich sofort

$$L^2 = I_1^2 + I_2^2 + I_3^2 = \frac{1}{2}(L_p L_q + L_q L_p) + I_3^2.$$

Unter Berücksichtigung von (11) und (9) folgt deshalb

$$L^2 \widetilde{\mathfrak{v}}_m = -M(M+1)\widetilde{\mathfrak{v}}_m \qquad m = M, M-1, \ldots, -M.$$

Es gilt somit für alle Vektoren des Darstellungsmoduls $\mathfrak{M}$ der Dimension $2M+1$

$$L^2 \mathfrak{v} = (I_1^2 + I_2^2 + I_3^2)\,\mathfrak{v} = -M(M+1)\mathfrak{v} \qquad\qquad \mathfrak{v} \in \mathfrak{M}.$$

§ 49. Die fastperiodischen Funktionen der Kugel.

Eine komplexwertige Funktion $F(P)$ der Punkte P der Kugel K vom Radius 1 mit Mittelpunkt im Koordinatenursprung o ist fastperiodisch, wenn zu jedem $\varepsilon > 0$ eine Überdeckung der Kugelfläche K mit Mengen $A_1, \ldots, A_n$ derart existiert, daß für $P, Q \in A_i$

$$(1) \qquad\qquad |F(Pd) - F(Qd)| < \varepsilon$$

ist, wie auch immer die Drehung d aus der Drehungsgruppe $\mathfrak{G}$ ausgewählt wird. Man sieht: *Jede stetige Funktion $F(P)$ ist fastperiodisch*; denn, da die Kugeloberfläche K ein kompakter Raum ist, muß $F(P)$ sogar gleichmäßig stetig sein. Zu $\varepsilon > 0$ existiert also ein $\delta > 0$, so daß

$$(2) \qquad\qquad |F(P) - F(Q)| < \varepsilon \quad \text{für Abstand} \quad |P, Q| < \delta.$$

Es läßt sich aber, da K als kompakter Raum auch totalbeschränkt ist, ein System von Mengen $A_1, \ldots, A_n$ finden, deren Durchmesser $< \delta$ ist und für die

$$K = \mathfrak{S}(A_1, \ldots, A_n)$$

gilt. Bei Drehung bleibt der Durchmesser der A_i kleiner δ. Für zwei Punkte P, Q aus einem Teil A_i gilt deshalb wegen (2) tatsächlich auch (1), die Behauptung ist bewiesen.

Nennen wir die Menge aller fastperiodischen Funktionen auf K etwa $\mathfrak{M}$, so entnehmen wir dem Satze des § 46, daß

$$\mathfrak{M} = \sum_{\nu} \mathfrak{M}_{\nu}$$

ist, wobei $\mathfrak{M}_\nu$ die in $\mathfrak{M}$ enthaltenen endlichen irreduziblen gegenüber den Drehungen $\mathfrak{G}$ invarianten Moduln sind. Um Aussagen über die Menge aller fastperiodischen Funktionen machen zu können, muß man also jetzt versuchen zu erkennen, ob etwa über die Funktionen in einem Modul $\mathfrak{M}_\nu$ Aussagen gemacht werden können. Wenn die Moduln $\mathfrak{M}_\nu$ gegenüber beliebigen Drehungen invariant sind, so müssen sie auch gegenüber unendlich kleinen Drehungen invariant sein. Hieraus und aus der Tatsache, daß die $\mathfrak{M}_\nu$ irreduzibel sind, werden wir folgern können, daß die Funktionen in einem $\mathfrak{M}_{\nu}$ einer Differentialgleichung genügen müssen, und zwar der Differentialgleichung der Kugelfunktionen. Die Mittel für unsere Untersuchung haben wir im vorigen Paragraphen bereitgestellt.

Nehmen wir einen beliebigen irreduziblen Modul $\mathfrak{M}_{\nu}$ fastperiodischer Funktionen $F(P)$ her. Offenbar ist dann $\mathfrak{M}_{\nu}$ ein Darstellungsmodul. Wir dürfen also die Resultate aus § 48 anwenden. Wir finden, daß insbesondere

$$(3) \qquad (I_1^2 + I_2^2 + I_3^2) F(P) = - M(M+1)\, F(P)$$

gelten muß. Dabei wird $F(P)$ als Vektor des Raumes $\mathfrak{M}_{\nu}$ interpretiert und es wird angenommen, daß $\mathfrak{M}_{\nu}$ die Dimension $2M+1$ hat; ungrade muß sie ja jedenfalls sein. Man muß sich also eine geeignete Basis $F_{-M}(P), F_{-M+1}(P), \ldots, F_M(P)$ gewählt denken und $F(P)$ mit Hilfe dieser Basis darstellen:

$$F(P) = \sum_{i=-M}^{+M} v_i\, F_i(P).$$

In (3) bedeutet dann $F(P)$ den Vektor $\{v_{-M}, \ldots, v_{+M}\}$. Wendet man auf ihn die Matrix $I_1^2 + I_2^2 + I_3^2$ an, so geht er in sein $- M(M+1)$-faches über.

In dem vorliegenden konkreten Fall, wo die Vektoren $\mathfrak{v}$ des Darstellungsmoduls $\mathfrak{M}_{\nu}$ an sich Funktionen sind und wo Anwendung einer Drehung d an sich der Übergang

$$F(P) \to F(Pd)$$

ist, läßt sich nun aber für Gleichung (3) auch eine ganz andere Interpretation geben. Wir suchen zunächst die konkrete Bedeutung der infinitesimalen Transformationen I_1, I_2, I_3 zu ermitteln.

Die Drehungen aus $\mathfrak{G}$ dürfen wir uns (jedenfalls nahe der Identität) als orthogonale Matrizen in der Gestalt

$$(4) \qquad d = e^{\alpha \overline{U_1} + \beta \overline{U_2} + \gamma \overline{U_3}}$$

denken. Wenden wir eine Drehung (4) auf $F(P) \in \mathfrak{M}_{\nu}$ an, so bewirkt diese den Übergang von $F(P)$ in

$$(5) \qquad F(Pe^{\alpha \overline{U_1} + \beta \overline{U_2} + \gamma \overline{U_3}}) = e^{\alpha I_1 + \beta I_2 + \gamma I_3}\, F(P).$$

(Diese Gleichung liest man so: Es ist gleichgültig, ob man auf die Funktion $F(P)$ als Funktion die Drehung ausübt und das Bild dann als Vektor deutet oder ob man $F(P)$ als Vektor deutet und auf diesen $e^{\alpha I_1 + \beta I_2 + \gamma I_3}$ anwendet. Die Gleichung ist also ein Ausdruck dafür, daß $\mathfrak{M}_{\nu}$ ein Darstellungsmodul ist.)

Differenziert man Gleichung (5) nach α an der Stelle $\alpha = \beta = \gamma = 0$, so findet man, falls $e^{\alpha \overline{U_1} + \beta \overline{U_2} + \gamma \overline{U_3}} = d = d(\alpha, \beta, \gamma)$ gesetzt wird:

$$(6) \qquad \frac{\partial}{\partial \alpha} F(Pd) = I_1 F(P) \qquad\qquad \alpha = \beta = \gamma = 0.$$

Entsprechend gilt

$$(7) \qquad \frac{\partial}{\partial \beta} F(Pd) = I_2 F(P) \qquad\qquad \alpha = \beta = \gamma = 0.$$

$$(8) \qquad \frac{\partial}{\partial \gamma} F(Pd) = I_3 F(P) \qquad\qquad \alpha = \beta = \gamma = 0.$$

Statt (3) könnte demnach bereits

$$\left(\frac{\partial^2}{\partial \alpha^2} + \frac{\partial^2}{\partial \beta^2} + \frac{\partial^2}{\partial \gamma^2}\right) F(Pd) = -M(M+1)F(P)$$

geschrieben werden, wobei $d = d(\alpha, \beta, \gamma)$. Um noch genauere Einsicht in die Bedeutung dieser Gleichung zu gewinnen, müssen wir die Punkte P der Kugeloberfläche durch Koordinaten darstellen. Man setzt üblicherweise

$$\begin{aligned} x &= \sin \varphi \cos \vartheta \\ y &= \sin \varphi \sin \vartheta \qquad\qquad 0 \leq \varphi \leq \pi \\ z &= \cos \varphi \qquad\qquad\quad\; -\pi < \vartheta \leq \pi. \end{aligned}$$

Die Lage eines Punktes P ist durch Angabe von φ und ϑ eindeutig fixiert, sogar umkehrbar eindeutig für $0 < \varphi < \pi$. Die Kugelpole $\varphi = 0$ oder $= \pi$ schließen wir von unserer weiteren Untersuchung aus.

Wenden wir auf P die Drehung d an, so geht dieser Punkt mit den Koordinaten φ, ϑ in einen neuen mit den Koordinaten

$$(9) \qquad \begin{aligned} \varphi' &= \varphi(\alpha, \beta, \gamma) \qquad\qquad \varphi(0, 0, 0) = \varphi \\ \vartheta' &= \vartheta(\alpha, \beta, \gamma) \qquad\qquad \vartheta(0, 0, 0) = \vartheta \end{aligned}$$

über. Man berechnet φ', ϑ' aus

$$Pd = e^{\alpha \overline{U}_1 + \beta \overline{U}_2 + \gamma \overline{U}_3} \begin{pmatrix} x \\ y \\ z \end{pmatrix} = \begin{pmatrix} \sin \varphi' \cos \vartheta' \\ \sin \varphi' \sin \vartheta' \\ \cos \varphi' \end{pmatrix}$$

und erkennt, daß φ' und ϑ' für kleine α, β, γ analytische Funktionen von α, β, γ sind.

Umgekehrt bestimmen φ' und ϑ' die Werte α, β, γ nicht eindeutig. Fügen wir aber noch eine einfache weitere willkürliche Bestimmungsgleichung hinzu, so kann man z. B. aus

$$\begin{aligned} \varphi(\alpha, \beta, \gamma) &= \varphi' \\ \vartheta(\alpha, \beta, \gamma) &= \vartheta' \\ \eta(\alpha, \beta, \gamma) &= \eta' \end{aligned}$$

α, β, γ in der Nähe von φ, ϑ und $\eta = \eta(0, 0, 0)$ als analytische Funktionen von $\varphi', \vartheta', \eta'$ berechnen, wenn nur die Funktionaldeterminante

$$\frac{\partial (\varphi', \vartheta', \eta')}{\partial (\alpha, \beta, \gamma)} \neq 0 \qquad\qquad \text{bei } \alpha = \beta = \gamma = 0$$

ist. Da wir die betreffenden Ableitungen auch später noch benötigen, wollen wir ihre Werte angeben. So finden wir, indem wir berücksichtigen, daß $e^{\alpha \overline{U}_1}$ eine Drehung um die x-Achse durch den Winkel α ist:

$$\begin{aligned} \sin \varphi' \cos \vartheta' &= \sin \varphi \cos \vartheta \\ \sin \varphi' \sin \vartheta' &= \sin \varphi \sin \vartheta \cos \alpha - \cos \varphi \sin \alpha \\ \cos \varphi' &= \sin \varphi \sin \vartheta \sin \alpha + \cos \varphi \cos \alpha. \end{aligned}$$

Also

$$(10) \qquad \frac{\partial \varphi'}{\partial \alpha} = -\sin\vartheta \qquad\qquad \frac{\partial \vartheta'}{\partial \alpha} = -\frac{\cos\varphi\cos\vartheta}{\sin\varphi}.$$

Entsprechend

$$(11) \qquad \frac{\partial \varphi'}{\partial \beta} = \cos\vartheta \qquad\qquad \frac{\partial \vartheta'}{\partial \beta} = -\frac{\cos\varphi\sin\vartheta}{\sin\varphi}$$

$$(12) \qquad \frac{\partial \varphi'}{\partial \gamma} = 0 \qquad\qquad\qquad \frac{\partial \vartheta'}{\partial \gamma} = 1\,.$$

Demnach ist, wenn $\dfrac{\partial \eta'}{\partial \gamma} = 1$ angenommen wird

$$\frac{\partial\,(\varphi',\,\vartheta',\,\eta')}{\partial\,(\alpha,\beta,\gamma)} = \operatorname{ctg}\varphi + \cos\vartheta\frac{\partial \eta'}{\partial \alpha} + \sin\vartheta\frac{\partial \eta'}{\partial \beta}\,.$$

Man kann also $\eta'(\alpha,\beta,\gamma)$ etwa $=\alpha+\gamma$ oder $=\beta+\gamma$ setzen und erzwingt so das Nichtverschwinden der Determinante. Nach einem bekannten Satz der elementaren Analysis sind dann

$$(13) \qquad \begin{aligned} \alpha &= \alpha\,(\varphi',\,\vartheta',\,\eta') & 0 &= \alpha\,(\varphi,\,\vartheta,\,\eta) \\ \beta &= \beta\,(\varphi',\,\vartheta',\,\eta') & 0 &= \beta\,(\varphi,\,\vartheta,\,\eta) \\ \gamma &= \gamma\,(\varphi',\,\vartheta',\,\eta') & 0 &= \gamma\,(\varphi,\,\vartheta,\,\eta) \end{aligned}$$

in einer Umgebung von φ,ϑ,η analytische Funktionen (jedenfalls unendlich oft differenzierbare Funktionen) von $\varphi',\vartheta',\eta'$.

Nun ist nach (5)

$$F(Pd(\alpha,\beta,\gamma)) = e^{\alpha I_1 + \beta I_2 + \gamma I_3}\,F(P)$$

offensichtlich eine analytische Funktion von α,β,γ. Setzt man hierin für α,β,γ die Funktionen (13) ein, so erkennt man, daß $F(Pd(\alpha,\beta,\gamma))$ zu einer analytischen Funktion von $\varphi',\vartheta',\eta'$ wird. In Wahrheit hängt F nur von P, also von φ',ϑ' und nicht von η' ab. Also ist F nahe φ,ϑ eine analytische Funktion von φ' und ϑ'. Da diese Überlegungen an jeder Stelle φ,ϑ mit $\varphi \neq 0$ und $\neq \pi$ gelten, ist $F(P) = F(\varphi,\vartheta)$ also überall auf der Kugel (mit möglicher Ausnahme der Pole) eine analytische Funktion von φ und ϑ.

Nun ist es ganz leicht, die Gleichungen (6) (7) und (8) weiter umzudeuten. Die Differentiationen nach α,β,γ können wir nämlich vermöge (9) auf Differentiationen nach φ und ϑ zurückzuführen. Die Gleichungen (10) (11) und (12) liefern

$$\frac{\partial}{\partial \alpha} F(Pd) = \left(-\sin\vartheta\frac{\partial}{\partial \varphi} - \frac{\cos\varphi\cos\vartheta}{\sin\varphi}\frac{\partial}{\partial \vartheta}\right) F(\varphi,\vartheta)$$

$$\frac{\partial}{\partial \beta} F(Pd) = \left(\cos\vartheta\frac{\partial}{\partial \varphi} - \frac{\cos\varphi\sin\vartheta}{\sin\varphi}\frac{\partial}{\partial \vartheta}\right) F(\varphi,\vartheta)$$

$$\frac{\partial}{\partial \gamma} F(Pd) = \frac{\partial}{\partial \vartheta} F(\varphi,\vartheta)\,.$$

Deshalb können wir die Wirkung der infinitesimalen Transformationen

(6) (7) (8) auf die Funktionen $F(\varphi, \vartheta)$ in $\mathfrak{M}_r$ symbolisch durch

$$
\begin{aligned}
I_1 &= -\sin\vartheta\,\frac{\partial}{\partial\varphi} - \frac{\cos\varphi\cos\vartheta}{\sin\varphi}\,\frac{\partial}{\partial\vartheta}\,, \\[4pt]
(14) \qquad I_2 &= \cos\vartheta\,\frac{\partial}{\partial\varphi} - \frac{\cos\varphi\sin\vartheta}{\sin\varphi}\,\frac{\partial}{\partial\vartheta}\,, \\[4pt]
I_3 &= \phantom{-\cos\vartheta\,\frac{\partial}{\partial\varphi} - \frac{\cos\varphi\sin\vartheta}{\sin\varphi}\,\,} \frac{\partial}{\partial\vartheta}
\end{aligned}
$$

beschreiben.

Ganz gewöhnliches Ausdifferenzieren liefert

$$
\begin{aligned}
L^2 = I_1^2 + I_2^2 + I_3^2 &= \frac{1}{\sin^2\varphi}\,\frac{\partial^2}{\partial\vartheta^2} + \frac{\cos\varphi}{\sin\varphi}\,\frac{\partial}{\partial\varphi} + \frac{\partial^2}{\partial\varphi^2} \\[4pt]
&= \frac{1}{\sin\varphi}\,\frac{\partial}{\partial\varphi}\left(\sin\varphi\,\frac{\partial}{\partial\varphi}\right) + \frac{1}{\sin^2\varphi}\,\frac{\partial^2}{\partial\vartheta^2}\,.
\end{aligned}
$$

Dieser Differentialoperator wird häufig mit Λ bezeichnet und wir haben

$$
L^2 = \Lambda\,.
$$

Aus (3) folgt alle für $F(\varphi, \vartheta) \in \mathfrak{M}_r$

$$
(15) \qquad\qquad \Lambda F = -M(M+1)\,F\,.
$$

Dies ist die Differentialgleichung der Kugelflächenfunktionen. Wie man sie auflöst, darf wohl als bekannt vorausgesetzt werden, soll aber doch ganz kurz skizziert werden.

Unter den Basisvektoren § 48 (10) eines beliebigen irreduziblen Darstellungsmoduls gibt es einen, nämlich $\widetilde{\mathfrak{v}}_0$, welcher durch I_3 zu 0 gemacht wird. In dem $\mathfrak{M}_r$ suchen wir also praktisch als erste Basisfunktion $F_0(\varphi, \vartheta)$ eine solche auf, für die

$$
I_3 F_0 = \frac{\partial}{\partial\vartheta}\,F_0 = 0
$$

ist. Berücksichtigen wir dies, so finden wir als Differentialgleichung dieser Funktion aus (15)

$$
\frac{1}{\sin\varphi}\,\frac{\partial}{\partial\varphi}\left(\sin\varphi\,\frac{\partial}{\partial\varphi}\right) F_0 = -M(M+1)F_0\,.
$$

Setzt man $\cos\varphi = \mu$ und $F_0(\varphi) = P_M(\mu)$, so geht die letzte Gleichung in

$$
(16) \qquad \frac{d}{d\mu}\left\{(1-\mu^2)\,\frac{dP_M}{d\mu}\right\} + M(M+1)\,P_M = 0
$$

über. Durch einen Potenzreihenansatz findet man als bis auf einen konstanten Faktor einzige geeignete Lösung von (16) (für die F_0 auf der ganzen Kugel stetig ist) ein Polynom vom Grade M, das sog. Legendresche Polynom M-ten Grades. In

$$
F(\varphi, \vartheta) = F_0(\varphi) = P_M(\cos\varphi)
$$

haben wir eine erste Basisfunktion unseres Moduls gefunden.

Die weiteren Basisfunktionen muß man aus $F_0(\varphi)$ gemäß § 48 (11) durch Anwendung von L_p bzw. L_q erhalten können. Setzen wir in die Definition § 48 (3) dieser Operation unsere Deutung (14) von I_1, I_2, I_3

ein, so erkennt man, daß es sich bei Anwendung der Operatoren L_p und L_q um Durchführung allereinfachster Differentiationen handelt. Tatsächlich ist allgemein bekannt, daß die sämtlichen übrigen $2\,M$ linear unabhängigen Lösungen von (15), welche für uns in Betracht kommen, mit Hilfe der zugeordneten Legendrepolynome erhalten werden können. Man setzt

$$P_M^k\,(\mu) = (1-\mu^2)^{\frac{k}{2}}\,\frac{d^k P_M(\mu)}{d\mu^k} = P_M^{-k}(\mu)\,,$$

und kann dann für $-M \leq k \leq M$ die Funktionen

$$Y_M^k\,(\vartheta,\varphi) = c_{M,\,k}\,e^{ik\vartheta}\,P_M^k\,(\cos\varphi)\,,$$

wobei $c_{M,\,k} \neq 0$ geeignete Normierungsfaktoren sind, als Basisfunktionen unseres Moduls verwenden. Diese Y_M^k sind als Kugelflächenfunktionen M-ter Ordnung bekannt. Sind a_M^k irgendwelche komplexen Zahlen, so sind sowohl die Menge aller überall stetigen Lösungen von

$$\Lambda F = -M(M+1)\,F\,,$$

als auch die Menge der Funktionen in dem Darstellungsmodul $\mathfrak{M}_\nu$ der Dimension $2\,M+1$ identisch mit der Menge aller Funktionen

$$\sum_{k=-M}^{M} a_M^k\,Y_M^k\,(\vartheta,\varphi)\,.$$

Wir dürfen statt $\mathfrak{M}_\nu$ (Dimension $2\,M+1$) auch ruhig $\mathfrak{M}_M$ schreiben, da der irreduzible Darstellungsmodul, bestehend aus fastperiodischen Funktionen, durch M eindeutig charakterisiert ist. Der in § 46 bewiesene Satz besagt im vorliegenden Falle der Menge $\mathfrak{M}$ aller fastperiodischen Funktionen der Kugel: Es ist

$$\mathfrak{M} = \sum_{M=0}^{\infty} \mathfrak{M}_M\,.$$

Nach Definition der Summe folgt daraus (statt M schreiben wir n):

Approximationssatz: *Jede fastperiodische Funktion auf der Kugel läßt sich beliebig genau und gleichmäßig durch endliche Summen*

$$\sum_n \sum_{k=-n}^{+n} a_n^k\,Y_n^k\,(\vartheta,\varphi)$$

approximieren. Die Funktionen Y_n^k sind die als Kugelflächenfunktionen n-ter Ordnung bekannten unabhängigen Lösungen von

$$\Lambda F = -n(n+1)\,F\,,$$

welche auf der ganzen Kugel stetig sind.

Während wir bisher nur wissen, daß jede stetige Funktion auf der Kugel fastperiodisch ist, folgt aus dem Approximationssatz sofort, daß hiervon auch die Umkehrung richtig ist.

Satz 2. *Die Menge der fastperiodischen Funktionen auf der Kugel ist identisch mit der Menge der stetigen Funktionen auf der Kugel.*

Die Funktionen Y_n^k können durch Wahl der $c_{n,k}$ so normiert werden, daß

$$(17) \qquad \frac{1}{4\pi} \int\limits_{Kugel} Y_n^k\, Y_n^{-k}\, d\,o = 1$$

wird. Bekanntlich sind verschiedene Y_n^k stets zueinander orthogonal:

$$(18) \qquad \frac{1}{4\pi} \int\limits_{Kugel} Y_n^k\, Y_m^{-l}\, d\,o = 0 \quad \text{falls } n \neq m \text{ oder } k \neq l.$$

Schreiben wir statt des Integralmittelwertes wieder $M\{\,..\}$, so können wir (17) und (18) zu

$$M\{Y_n^k\, Y_m^{-l}\} = \delta_{n,m}\, \delta_{k,l}$$

zusammenfassen. Die Funktionen Y_n^k bilden also ein orthogonal normiertes Funktionensystem. Als Fourierreihe einer stetigen Funktion $F(P)$ auf der Kugel wird man die mit den Koeffizienten

$$\alpha_n^k = M\{F(P)\, Y_n^{-k}\,(P)\}$$

formal gebildete Reihe

$$(19) \qquad F(P) \sim \sum_{n=0}^{\infty} \sum_k \alpha_n^k\, Y_n^k\,(P)$$

anzusehen haben. Durch Abschätzungen, welche denjenigen ganz analog sind, welche wir in den Paragraphen 21, 29 und 31 durchgeführt haben, zeigt man, daß für endliche Summen $\sum_n \sum_k a_n^k\, Y_n^k$

$$M\{\,|F(P) - \sum_n \sum_k a_n^k\, Y_n^k|^2\} = M\{\,|F(P)|^2\} - \sum\sum |a_n^k|^2 + \sum\sum |a_n^k - \alpha_n^k|^2$$

gilt. Am besten werden stetige Funktionen $F(P)$ also wieder im Mittel durch Abschnitte der Fourierreihe approximiert. Weil nach dem Approximationssatz $F(P)$ sogar gleichmäßig beliebig genau angenähert werden kann, muß

$$M\{\,|F(P)|^2\} = \sum_{n=0}^{\infty} \sum_{k=-n}^{+n} |\alpha_n^k|^2$$

gelten. Das ist die Parsevalsche Gleichung. Aus ihr folgt, wie an den schon oben genannten Stellen, daß jede Funktion durch ihre Fourierreihe eindeutig bestimmt ist. Wenn die Fourierreihe einer Funktion $F(P)$ gleichmäßig konvergiert, muß sie deshalb die Funktion $F(P)$ darstellen; denn die Summe der Reihe hat sicher dieselbe Fourierreihe wie $F(P)$. Beide Funktionen sind also identisch.

Es gibt natürlich Sätze, welche darüber Aussagen machen, in welchen weiteren Fällen die Reihen (19) konvergieren und die Funktionen darstellen. Doch passen die Untersuchungen nicht in den Rahmen unseres Buches.

Anhang: Literaturhinweise.

Mit den Abhandlungen von H. BOHR aus den Jahren 1924—1925[1]
nahm die Theorie der fastperiodischen Funktionen ihren Anfang.
Von Bohrs ursprünglicher Theorie ist (außer seiner Definition von fastperiodisch) in diesem Buche nur noch wenig zu finden. Über seine Ideen
orientiert man sich heutigentags am besten an Hand seines Ergebnis-
berichtes[2]. Nur bei speziellen Untersuchungen wird man auch heute
noch auf die Sätze zurückgreifen müssen, welche den Zusammenhang
der fastperiodischen Funktionen mit Funktionen von unendlich viel
Variabeln betreffen und die in der zweiten Actaarbeit dargestellt sind.
Die Hauptsätze jener Abhandlungen sind diejenigen, welche wir in
§ 29 auf andere Weise bewiesen haben. Der von uns gebrachte elementare Beweis des Approximationssatzes geht auf eine Abhandlung von
BOGOLIOUBOFF aus dem Jahre 1939 zurück[3].

Zwei interessante Sätze über Fourierreihen eigentlich fastperiodischer Funktionen aus den Actaabhandlungen kann man z. B. im
Band 23 der Mathematischen Zeitschrift[4] oder in[2] behandelt finden.
Sie lauten: 1. Wenn in der Fourierreihe einer eigentlich fastperiodischen Funktion nur linear unabhängige Fourierexponenten auftreten,
so konvergiert die Reihe absolut und gleichmäßig (vgl. § 34). 2. Wenn
eine eigentlich fastperiodische Funktion nur positive Fourierkoeffizienten besitzt, so konvergiert die Fourierreihe absolut und gleichmäßig.

Der Inhalt der dritten Actaabhandlung von BOHR[5] geht über das
in diesem Buche Referierte hinaus. Dort werden analytische fastperiodische Funktionen untersucht und die Ergebnisse dieser Abhandlung sind es, auf welche BOHR in Hinblick auf die ζ-Funktion es eigentlich abgesehen hatte. Eine in einem Streifen $\alpha \leq \sigma \leq \beta$ beschränkte
analytische Funktion $f(s) = f(\sigma + it)$ heißt in diesem Streifen fast-

---

[1] BOHR, H.: Zur Theorie der fastperiodischen Funktionen. Acta math. 45
(1924) S. 29—127; **46** (1925) S. 101—214.

[2] BOHR, H.: Fastperiodische Funktionen. Ergebnisse der Mathematik 1 Nr. 5
(1932).

[3] BOGOLIOUBOFF, N.: Sur quelques propriétés arithmetiques des presque
periodes. Acad. Sci. RSS Ukraine Inst. méc. constr. Ann. Chaire Physique
Math. **4** (1939) S. 185—200.

[4] BOHR, H.: Einige Sätze über Fourierreihen fastperiodischer Funktionen.
Math. Z. **23** (1925) S. 38—44.

[5] BOHR, H.: Zur Theorie der fastperiodischen Funktionen III. Acta math. **47**
(1926) S. 237—281.

periodisch, wenn sie als Funktion von t auf jeder Geraden $\sigma = $ const
dieses Streifens fastperiodisch ist. Die Fourierreihen der verschiedenen
fastperiodischen Funktionen $f_\sigma(t) = f(\sigma + it)$ schließen sich bei einer
in einem Streifen fastperiodischen Funktion zu einer einzigen sog.
Dirichletentwicklung

$$f(s) \sim \sum A_n e^{\lambda_n s} \qquad \lambda_n \text{ reell}$$

zusammen. Spezielles Beispiel (für $\sigma > 1$)

$$\zeta(s) = \sum_1^\infty \frac{1}{n^s} = \sum_1^\infty e^{-(\log n)s}.$$

Die Fastperiodizität von $\zeta(s)$ erklärt das regelmäßige Verhalten von
$\zeta(s)$ bezüglich Werteverteilung. Die Hoffnung, daß die Theorie fastperiodischer Funktionen Fortschritte in Richtung auf die Riemannsche
Vermutung gestatten würde, sind enttäuscht worden.

Schon bald nach Bohrs großen Arbeiten erschien diejenige Abhandlung, deren Gedankeninhalt wesentlich unserem Buche zugrunde
liegt. H. WEYL zeigte nämlich[6], wie man die Resultate über fastperiodische Funktionen durch Anwendung der ERHARD SCHMIDT-
schen Theorie der Integralgleichungen gewinnen kann. Ist $f(x)$ eine
eigentlich fastperiodische Funktion, so entwickelt man einfach $f(x)$,
aufgefaßt als Kern der Integralgleichung

$$f \times \varphi = \varphi,$$

nach seinen Eigenfunktionen in eine Reihe. Mit Hilfe der auch in
diesem Buche angewandten gruppentheoretischen Methode erkennt
man nachträglich, daß die Eigenfunktionen reine Schwingungen, die
Reihen also Fourierreihen sind.

Diese Methode läßt sich sofort auf Funktionen übertragen, deren
Variable Elemente einer Gruppe sind, vorausgesetzt, daß in dieser
Gruppe ein Integralmittelwert erklärt werden kann, welcher auch
der Konstanten endliche Zahlenwerte zuordnet. So übertrugen WEYL
und PETER[7] die Theorie der fastperiodischen Funktionen auf den
Fall kompakter Lie-Gruppen. Sie konnten noch nicht beliebige kompakte Gruppen behandeln, da in diesen kein Integral bekannt war.
Aus der Theorie fastperiodischer Funktionen wurde im Grunde nun
eine Theorie der Darstellungen kompakter Lie-Gruppen. Die Hauptsätze verloren im Hinblick auf die Charakterisierung der Menge der
fastperiodischen Funktionen, welche ja einfach die stetigen Funktionen
sind, an Interesse. Dagegen gewannen sie an Bedeutung als Sätze
über die Menge der Darstellungen der Gruppe.

---

[6] WEYL, H.: Integralgleichungen und fastperiodische Funktionen. Math.
Ann. **47** (1926) S. 338—356.

[7] WEYL, H. und F. PETER: Die Vollständigkeit der primitiven Darstellungen
einer geschlossenen kontinuierlichen Gruppe. Math. Ann. **97** (1927) S. 737—755.

Es leuchtet ein, welch fundamentale Bedeutung der Arbeit von HAAR aus dem Jahre 1933 zukommt[8], in welcher gezeigt wird, wie man in einer jeden topologischen (nicht notwendig Lieschen) Gruppe ein Maß und damit auch ein Integral definieren kann. Durch Haars Resultat wurde es möglich, die gesamte Theorie von Weyl und Peter ohne Änderungen auf beliebige (auch nicht Liesche) kompakte Gruppen und ihre stetigen Funktionen zu übertragen.

v. NEUMANN hatte bereits 1929 gezeigt[9], daß man jede lineare Gruppe auf analytische Parameter beziehen kann (§ 39). Unter Benutzung des Haarschen Resultates zeigte er[10], daß jede kompakte Gruppe eine treue Darstellung besitzt und hatte damit auch in kompakten, nicht von vornherein Lieschen Gruppen analytische Parameter eingeführt (§ 40). Bei dem Versuch, die Konstruktion des Haarschen Integrals im Falle kompakter Gruppen zu vereinfachen[11], wird v. NEUMANN wahrscheinlich die Idee gekommen sein, wie man für beliebige Gruppen und gewisse spezielle Funktionen auf diesen Gruppen einen Integralmittelwert erklären kann. So entstand dann die große Abhandlung über fastperiodische Funktionen auf beliebigen Gruppen[12], welche mit der Definition von „fastperiodisch" und der Mittelwerttheorie beginnt. Die eigentliche Theorie dieser fastperiodischen Funktionen verläuft dann ganz dem Vorbild von Weyl und Peter entsprechend.

Unmittelbar vor dieser Abhandlung ist eine Arbeit von H. WEYL erschienen[13], welche Funktionen auf homogenen Räumen mit kompakter Transformationsgruppe, speziell auch Kugelfunktionen behandelt. In einem Absatz der Einleitung erwähnt Weyl ganz kurz die ihm damals schon bekannten Untersuchungen von v. Neumann und bemerkt, daß sich seine Theorie auf fastperiodische Funktionen übertragen läßt. In gewissem Sinne kann man den VII. Abschnitt dieses Buches als Durchführung jener Andeutungen ansehen (vgl. auch [14]).

---

[8] HAAR, A.: Der Maßbegriff in der Theorie der kontinuierlichen Gruppen. Ann. Math. Princeton (2) **34** (1933) S. 147—169.

[9] v. NEUMANN, J.: Über die analytischen Eigenschaften von Gruppen linearer Transformationen und ihrer Darstellungen. Math. Z. **30** (1929) S. 1—42.

[10] v. NEUMANN, J.: Die Einführung analytischer Parameter in topologischen Gruppen. Ann. Math. Princeton (2) **34** (1933) S. 170—190.

[11] v. NEUMANN, J: Zum Haarschen Maß in topologischen Gruppen. Compositio Math. **1** (1934) S. 106—114.

[12] v. NEUMANN, J.: Almost periodic functions in a group I. Transactions Amer. Math. Soc. **36** (1934) S. 445—492.

[13] WEYL, H.: Harmonics on homogeneous manifolds. Ann. Math. Princeton (2) **35** (1934) S. 486—499. — Außerdem CARTAN, E.: Sur la détermination d'un système orthogonal complet dans un espace de Riemann symétrique clos. Rend. Pal. **53** (1929) S. 267 und **21** § 23.

[14] WEYL, H.: Almost periodic invariant vector sets in a metric vector space. Amer. J. Math. **71** (1949) S. 178—205.

Der Satz, welcher besagt, daß jeder endliche invariante Modul von stetigen Funktionen auf der Kugel aus Kugelflächenfunktionen besteht, ist allerdings schon lange bekannt. Er wurde z. B. im Jahre 1917 von HECKE[15] bewiesen. HECKES Herleitung unterscheidet sich jedoch insofern von der unseren, als er sich auf den Weierstraßschen Approximationssatz für Funktionen dreier Variabeln stützt, wo wir statt dessen den Hauptsatz über fastperiodische Funktionen verwenden. Wenn auch durch die Anwendung dieses abstrakten Satzes die Theorie nicht einfacher wird, so scheint doch der ungezwungene Zusammenhang zwischen fastperiodischen Funktionen und Kugelflächenfunktionen außerordentlich reizvoll zu sein.

Natürlich erregte v. Neumanns Theorie alsbald allergrößtes Interesse, und man findet in der Literatur mancherlei Vereinfachungen, Verbesserungen und Umgestaltungen der verschiedenen Beweise. Auch die Art und Weise, wie in diesem Buche die gesamte Theorie in den Abschnitten II und V dargestellt wird, ist ein Ergebnis derartiger Bemühungen. Eine sehr wesentliche Vereinfachung, welche etwa Hilfsmittel aus der Theorie der Integralgleichungen unnötig machen würde, scheint bisher nicht gelungen zu sein.

Besonders erwähnen möchte ich nur die auf KÖTHE zurückgehende Art der Herleitung der v. Neumannschen Sätze[16], welche man bei v. d. WAERDEN[17] angewandt findet und die RELLICHsche Auffassung[18] der ganzen Theorie. Während v. d. WAERDEN die Tatsache sehr in den Vordergrund stellt, daß die fastperiodischen Funktionen bezüglich der $\times$-Operation ein unendliches hyperkomplexes System, nämlich einen Gruppenring bilden, sieht RELLICH in den fastperiodischen Funktionen einen nicht separablen, nicht einmal vollständigen Hilbertschen Raum und deutet ihre Theorie als Theorie der Spektralzerlegung vollstetiger Operatoren dieses Raumes.

Durch eine interessante, allerdings naheliegende Bemerkung haben A. WEIL[19] und v. KAMPEN[20] den fastperiodischen Funktionen etwas von der Berechtigung, eine selbständige Existenz zu führen, wieder

---

[15] HECKE, E.: Über orthogonal invariante Integralgleichungen. Math. Ann. **78** (1918) S. 398—404.

[16] KÖTHE, G.: Abstrakte Theorie nichtkommutativer Ringe mit einer Anwendung auf die Darstellungstheorie kontinuierlicher Gruppen. Math. Ann. **103** (1930) S. 545—572.

[17] v. D. WAERDEN, B.: Gruppen linearer Transformationen. Ergebnisse der Mathematik **4** (1935) Nr. 2.

[18] RELLICH, F.: Spektraltheorie in nichtseparablen Räumen. Math. Ann. **110** (1934) S. 342—356. — Über die v. NEUMANNschen fastperiodischen Funktionen auf einer Gruppe. Math. Ann. **111** (1935) S. 560—567.

[19] WEIL, A.: Sur les fonctions presque périodiques de v. NEUMANN C. R. **200** (1935) S. 38—40.

[20] v. KAMPEN, E. R.: Almost periodic functions and compact groups. Ann. Math. Princeton (2) **37** (1936) S. 48—91.

geraubt. Sie zeigen nämlich, daß eine fastperiodische Funktion auf ihrer Gruppe eine Topologie erzeugt (vgl. die Definition von $\varDelta\,(a, b)$ in § 15). Die Gruppe kann durch Hinzunahme von Limeselementen zu einer kompakten Gruppe gemacht werden, auf der dann die betreffende fastperiodische Funktion zu einer stetigen Funktion wird. Wendet man nun unter Benutzung des Haarschen Integrals die H. Weylsche Theorie an, so erhält man die Hauptsätze der v. Neumannschen Theorie. Von dieser Idee geht auch das A. WEILsche Buch[21] aus. Es beginnt mit der Theorie des Haarschen Maßes, es folgen (u. a.) die Weyl-Peterschen Sätze über unitäre Darstellungen kompakter Gruppen und schließlich wendet sich das Buch den fastperiodischen Funktionen zu. Auch die Struktur kompakter Gruppen wird geklärt und die Einführung analytischer Parameter besprochen. Überall führt das Buch bis genau an die Grenzen desjenigen, was damals bekannt war, ist aber deshalb nicht ganz leicht lesbar.

Mit Erwähnung dieses Buches berühren wir folgende Frage: Welche Erwartungen dürfen an die Weiterentwicklung der Theorie fastperiodischer Funktionen geknüpft werden? Die Antwort, welche A. WEIL in seinem Buche gibt (auch FREUDENTHAL[22] hat die Frage mit demselben Resultat bearbeitet) ist etwas betrübend. Sie lautet: Diejenigen lokalkompakten zusammenhängenden topologischen Gruppen, welche eine treue unitäre Darstellung besitzen, sind direktes Produkt einer kompakten Gruppe und der Gruppe der Translationen eines n-dimensionalen Raumes. Dies Resultat läßt sich verschärfen: Man erkennt, daß nur derartige Gruppen zu zwei beliebigen Elementen a, b mit $a \neq b$ eine stetige fastperiodische Funktion $f(x)$ mit $f(a) \neq f(b)$ besitzen. Die Betrachtung von stetigen fastperiodischen Funktionen auf den erwähnten topologischen Gruppen kann also ersetzt werden durch eine Untersuchung der stetigen Funktionen auf kompakten Gruppen und der eigentlich fastperiodischen Funktionen.

Die erwähnten Sätze stehen mit der folgenden interessanten Tatsache in engem Zusammenhang: Setzt man den Approximationssatz (§ 31) voraus, so läßt sich fast unmittelbar erkennen, daß die Menge aller fastperiodischen Funktionen einer beliebigen Gruppe $\mathfrak{G}$ in gewissem Sinne als die Menge aller stetigen Funktionen e i n e r (mit Hilfe der irreduziblen Normaldarstellungen von $\mathfrak{G}$ konstruierten) kompakten Gruppe aufgefaßt werden kann[21].

Schon v. NEUMANN[12] hat die folgenden Begriffe eingeführt: Eine Gruppe heißt maximal fastperiodisch, wenn zu je zwei verschiedenen Elementen a, b der Gruppe eine fastperiodische Funktion $f(x)$ mit

[21] WEIL, A.: L'intégration dans les groupes topologiques et ses applications. Actualité Sci. Ind. Nr. 869.

[22] FREUDENTHAL, H.: Topologische Gruppen mit genügend vielen fastperiodischen Funktionen. Ann. Math. Princeton (2) 37 (1936) S. 57—77.

$f(a) \neq f(b)$ existiert. Sie heißt minimal fastperiodisch, wenn sämtliche fastperiodischen Funktionen konstant sind. Fordert man von einer topologischen Gruppe, daß sie maximal fastperiodisch sein soll, so bedeutet das für sie nach obigem eine kräftige Einschränkung. Versucht man an Beispielen, die sämtlichen fastperiodischen Funktionen einer Gruppe zu bestimmen (indem man ihre sämtlichen unitären Darstellungen berechnet), so findet man tatsächlich sehr häufig, daß die Gruppen minimal fastperiodisch sind. v. NEUMANN gibt als Beispiel die Gruppe der flächentreuen linearen Abbildungen der Ebene auf sich an. Siehe[12] und auch[25]. Dagegen beweist er, daß alle Abelschen, lokalkompakten Gruppen maximal fastperiodisch sind[12].

Man könnte glauben, daß man in Hinblick auf das Hilbertsche Problem vielleicht weiterkommt, indem man nicht mehr nach unitären, sondern nach beliebigen treuen Darstellungen topologischer Gruppen fragt. Aber auch so wird man nicht alle kontinuierlichen Gruppen erfassen; denn BIRKHOFF[23] hat Beispiele kontinuierlicher Gruppen angegeben, die sicher (im großen) keine linearen Gruppen sind. Übrigens ist das Hilbertsche Problem für die Transformationsgruppen des 1-, 2- und 3-dimensionalen Raumes gelöst[24].

Es ist also hoffnungslos zu versuchen, nach der v. Neumannschen Methode das V. Hilbertsche Problem für ganz beliebige Gruppen zu lösen, ohne eine neue Idee beizusteuern. Die Theorie fastperiodischer Funktionen dürfte jedoch für diskrete Gruppen noch durchaus interessante Resultate liefern, ist aber bislang in dieser Richtung wenig gefördert worden. v. NEUMANN und E. P. WIGNER[25] haben gezeigt, daß die Modulgruppe maximal fastperiodisch ist. Ich selber habe unter Benutzung der Theorie linearer Differentialgleichungen und elliptischer Funktionen versucht, die unitären Darstellungen der Gruppe $\Gamma(2)$ (und allgemeiner von $\Gamma(p)$) zu berechnen. Die Schwierigkeiten, welche dabei auftreten, entsprechen denjenigen, welche DEDEKIND in den Erläuterungen zu Riemanns Fragmenten löst[26].

In sehr interessanter Weise hat L. SCHWARTZ den Begriff fastperiodisch zu „mittelperiodisch" verallgemeinert[27]. Er führt die Theorie dieser Funktionen allerdings zunächst nur für den Fall der Gruppe der reellen Zahlen durch, doch scheint sein Ansatz sehr vielseitige

---

[23] BIRKHOFF, G.: Lie groups simply isomorphic with no linear group. Bull. Amer. math. Soc. **42** (1936) S. 883—888.

[24] MONTGOMERY, D.: Analytical parameters in three dimensional groups. Ann. Math. Princeton (2) **49** (1948) S. 118—131.

[25] v. NEUMANN, J. u. E. P. WIGNER: Minimally almost periodic groups. Ann. Math. Princeton (2) **41** (1940) S. 746—750.

[26] DEDEKIND, R.: Erläuterungen zu den Fragmenten XXVIII. In Riemann, Werke (1892) S. 466—478.

[27] SCHWARTZ, L.: Theorie générale des fonctions moyenne-périodiques. Ann. Math., Princeton (2) **48** (1947) S. 857—929.

Möglichkeiten zu enthalten. Siehe auch die Abhandlungen von DELSARTE[28].

Mit Einführung der fastperiodischen Funktionen von Bohr und der fastperiodischen Funktionen auf Gruppen eröffnete sich mit einem Schlage ein großes Arbeitsfeld. Man behandelte die sehr naheliegende Frage: Inwieweit lassen sich die Sätze über periodische Funktionen auf eigentlich fastperiodische Funktionen übertragen, und welche Sätze über eigentlich fastperiodische Funktionen lassen sich auf fastperiodische Funktionen auf Gruppen übertragen? Da sind zunächst die Konvergenzsätze, die Fourierreihen betreffend, zu nennen. Die vielen Abhandlungen über dieses Thema will ich nicht aufzählen. Von grundsätzlichem Interesse sind die Arbeiten von BOCHNER, dem es gelingt, die Methode der Fejérschen Mittel zur Summation der Fourierreihen zunächst auf den Fall der eigentlich fastperiodischen Funktionen[29] und dann auch auf fastperiodische Funktionen auf Gruppen zu übertragen[30]. (Vgl. §33.) (In der Abhandlung von BOCHNER und v. NEUMANN werden außerdem vor allem Funktionen auf Gruppen mit Werten in einem linearen topologischen Raum betrachtet und Anwendungen auf den Hilbertschen Raum gebracht. Siehe auch[31].)

Ein offensichtlicher Mangel der eigentlich fastperiodischen Funktionen ist der, daß dieser Begriff sinnlos wird, wenn man (ohne Vorsichtsmaßnahmen) die Stetigkeit aus der Definition fortläßt, so daß z. B. stückweis stetige, aber nicht stetige periodische Funktionen nicht als fastperiodisch angesehen werden können. Auch die v. Neumannsche oder die gleichwertige von uns gegebene Definition stellt keinen Ausweg aus dieser Situation dar. So entstanden die verschiedenen anderen Verallgemeinerungen des Begriffes „fastperiodisch". Über diese Richtung der Theorie eigentlich fastperiodischer Funktionen findet man Auskunft z. B. in Abhandlungen von BESICOWITCH[32] und BOHR[33] oder in dem Lehrbuch von BESICOWITCH[34] (auch bei FAVARD[35]). Folgende Ver-

---

[28] DELSARTE, J.: Les fonctions moyenne-périodiques. J. Math. pures appl. IX (9) **14** (1935) S. 403—453. — Une extension nouvelle de la theorie des fonctions presque periodiques de Bohr. Acta math. Uppsala **69** (1938) S. 259—317. Hier werden die Entwicklungen nach Besselfunktionen als Fourierreihen in gewissem Sinne fastperiodischer Funktionen erfaßt.

[29] Vgl. die Darstellung dieser Theorie bei BOHR[2].

[30] BOCHNER, S. u. J. v. NEUMANN. Almost periodic functions in a group II. Trans. Amer. Math. Soc. **37** (1935) S. 21—50. Fortsetzung von[12].

[31] MAAK, W.: Abstrakte fastperiodische Funktionen. Abh. Math. Sem. Hamburg. Univ. **11** (1936) S. 367—380.

[32] BESICOVITCH, A.: On generalized almost periodic functions. Proc. Lond. math. Soc. (2) **25** (1926) S. 495—512.

[33] BOHR, H.: Almostperiodicity and general trigonometric series. Acta math. **57** (1931) S. 203—292.

[34] BESICOVITCH, A.: Almost periodic functions. Cambridge University Press (1932).

[35] FAVARD, J.: Leçons sur les fonctions presque périodiques. Paris (1933).

allgemeinerungen sind (von manchen anderen abgesehen) ausführlich behandelt worden:

Man erklärt die Distanz meßbarer Funktionen $f(x)$ und $g(x)$ der reellen Variabeln x nach BOHR

$$D_{glm}(f, g) = \operatorname*{ob.\ Gr.}_{-\infty < x < \infty} |f(x) - g(x)|,$$

nach STEPANOFF

$$D_{S_L^p}(f, g) = \operatorname*{ob.\ Gr.}_{-\infty < x < \infty} \sqrt[p]{\frac{1}{L} \int_x^{x+L} |f(\xi) - g(\xi)|^p \, d\xi},$$

nach WEYL

$$D_{W^p}(f, g) = \lim_{L \to \infty} D_{S_L^p}(f, g),$$

nach BESICOWITCH

$$D_{B^p}(f, g) = \overline{\lim_{T \to \infty}} \sqrt[p]{\frac{1}{2T} \int_{-T}^{+T} |f(x) - g(x)|^p \, dx}.$$

Hierin bedeutet p irgendeine feste Zahl ≥ 1 und L eine positive Zahl. Jedem dieser Abstandsbegriffe entspricht ein Konvergenzbegriff.

Mit Hilfe der Distanzen $D_{S_L^p}$ kann man genau wie im Falle der eigentlich fastperiodischen Funktionen den Begriff S_L^p-fastperiodisch einführen. Eine Zahl τ heißt eine S_L^p-Fastperiode zu ε (oder auch kurz S^p-Fastperiode zu ε, da L keine Rolle spielt), wenn

$$D_{S_L^p}(f(x + \tau), f(x)) < \varepsilon$$

gilt. Eine Funktion $f(x)$ heißt S_L^p-fastperiodisch, wenn für jedes $\varepsilon > 0$ die Menge ihrer S_L^p-Fastperioden eine relativ dichte Zahlenmenge bilden. Die W^p- und B^p-fastperiodischen Funktionen werden zwar ähnlich erklärt, jedoch ist die genaue Definition besonders im Falle der B^p-Funktionen verwickelter (siehe [36]). Die Bohrschen Resultate über eigentlich fastperiodische Funktionen lassen sich jedoch auf sämtliche genannten Klassen (S_L^p-, W^p-, B^p-fastperiodischer Funktionen) übertragen. Der Hauptsatz lautet: Die Menge der fastperiodischen Funktionen des jeweiligen Typs ist identisch mit der im Sinne der betreffenden Distanz gebildeten abgeschlossenen Hülle der Menge aller endlichen trigonometrischen Polynome.

STEPANOFF beabsichtigte mit seiner Einführung der S_L^p-fastperiodischen Funktionen die Bohrsche Theorie auf unstetige Funktionen zu übertragen. WEYL gab diejenige Klasse von Funktionen an, innerhalb derer sich seine Theorie am ungezwungensten durchführen ließ. Inner-

---

[36] FØLNER, E.: On the structure of generalized almost periodic functions. Medd. **21** (1945).

halb der BESICOVITCHschen Klasse fastperiodischer Funktionen gilt ein Satz, welcher dem Rieß-Fischerschen Theorem bezüglich Fourierreihen periodischer Funktionen entspricht[32]: Zu jeder Reihe

$$\sum_n a_n e^{i\lambda_n x}$$

mit konvergenter Summe der Koeffizientenquadrate

$$\sum_n |a_n|^2$$

existiert eine B^2-fastperiodische Funktion $f(x)$, deren Fourierreihe die vorgegebene trigonometrische Reihe ist. Sie ist im Sinne der Distanz D_{B^2} eindeutig bestimmt.

Die Größenanordnung der verschiedenen Distanzen von zwei festen Funktionen ist (grob) die folgende: D_{glm} ist die größte, die Stepanoffschen Distanzen sind kleiner, die Weylschen noch kleiner, die Besicowitchschen die kleinsten. Die Stepanoffsche Distanz wird mit wachsendem L kleiner, alle werden mit wachsendem p größer. Genau umgekehrt verhält es sich mit dem Umfang der entsprechenden Klassen fastperiodischer Funktionen. Die Bohrsche Klasse ist die kleinste, die Besicovitchschen Klassen sind die größten. Die letzteren Klassen sind im Hinblick auf das erwähnte Rieß-Fischer-Besicovitchsche Theorem sehr befriedigend rund und abgeschlossen. Andererseits sind sie aber derart groß, daß man z. B. eine B^p-fastperiodische Funktion in jedem endlichen Intervall beliebig abändern kann, ohne daß sie aufhört, B^p-fastperiodisch zu sein, ja sie bleibt dabei überhaupt dieselbe Funktion (d. h. ihre Fourierreihe ändert sich nicht).

Über die Beziehungen der verschiedenen oben angeführten Klassen von fastperiodischen Funktionen zueinander handelt die umfangreiche Acta Abhandlung von BOHR und FØLNER[37]. Probleme wie dies werden behandelt: Gegeben eine in irgendeinem verallgemeinerten Sinne fastperiodische Funktion. Man läßt die Distanz (indem man zu einer anderen der Definitionen auf S. 229 übergeht) allmählich größer werden. Wann hört die Funktion auf, fastperiodisch zu sein? Auffällig ist die in dieser Abhandlung verwandte Terminologie, welche sehr einprägsam, aber ungewöhnlich die waltenden Verhältnisse erfaßt.

Das Rieß-Fischersche Theorem wurde von BOCHNER auch auf den Fall fastperiodischer Funktionen auf Gruppen übertragen[38]. Um jedoch jeder Fourierreihe (mit konvergenter Quadratsumme der Koeffizienten) eine Funktion zuordnen zu können, ist er im Falle der Gruppen sogar gezwungen, den Bereich gewöhnlicher Funktionen zu verlassen und muß statt dessen zu additiven Mengenfunktionen übergehen.

---

[37] BOHR, H. u. E. FØLNER: On some types of functional spaces. A contribution to the theory of almost periodic functions. Acta math. **76** (1944) S. 31—155.

[38] BOCHNER, S.: Additive set functions on groups. Ann. Math. Princeton (2) **40** (1939) S. 769—799.

FØLNER hat die Theorie der W-fastperiodischen Funktionen auf den Fall der Funktionen auf Gruppen übertragen[39]. Außerdem gelang es ihm[40], den einfachen Beweis des Approximationssatzes von Bogoliouboff auch bei fastperiodischen Funktionen auf Abelschen Gruppen durchzuführen.

Seit langem sind Sätze über die Existenz periodischer Lösungen linearer Differentialgleichungen und -gleichungssysteme mit periodischen Koeffizienten bekannt. Entsprechende Sätze werden von BOCHNER[41] und CAMERON[42] (siehe auch FAVARD[35]) für fastperiodische Lösungen linearer Differentialgleichungen mit fastperiodischen Koeffizienten bewiesen. Die Sätze sind von dem Typ des bekannten Theorems von BOHL: Das unbestimmte Integral einer fastperiodischen Funktion ist fastperiodisch, wenn es beschränkt ist.

Der oben erwähnte Satz von BOHR über Fourierreihen mit positiven Koeffizienten (und weitere Sätze, z. B. das Multiplikationstheorem) wurden von v. KAMPEN[20] auf den Fall fastperiodischer Funktionen auf Gruppen übertragen. Der andere an jener Stelle erwähnte Satz ist in gewissem Sinne durch die Sätze über Moduln von fastperiodischen Funktionen in der BOCHNER-v. NEUMANNschen Abhandlung[30] für Gruppenfunktionen als richtig erkannt.

Ein besonderes Gebiet der Theorie fastperiodischer Funktionen bilden die Untersuchungen über die Werteverteilung dieser Funktionen. In der Theorie der Werteverteilung z. B. der $\zeta(s)$-Funktion spielen die Hauptsätze über fastperiodische Funktionen, z. B. der Approximationssatz kaum eine Rolle. Derartige Funktionen sind nämlich stets in ihrer entwickelten Form gegeben, so daß eine Anwendung der Hauptsätze überflüssig wird. Daß es möglich ist, über die ,,Häufigkeit" gewisser Werte usw. zu sprechen, erklärt sich allerdings daraus, daß die fastperiodischen Funktionen einen Integralmittelwert besitzen. Man sieht, daß man auch bez. Werteverteilung nicht nach Anwendungen der Theorie fastperiodischer Funktionen, sondern besser so fragt: Lassen sich die Resultate über Werteverteilung der ζ-Funktion auf beliebige fastperiodische Funktionen übertragen? Hierüber gibt die interessante Arbeit von JESSEN und WINTNER Auskunft[43]. (Ausführliches Literatur-

[39] FØLNER, E.: W-almost periodic functions on arbitrary groups. Mat. T. B. (1946) S. 153—162.

[40] FØLNER, E.: Almost periodic functions on Abelian groups C. R. Dixième Congres Math. Scandinaves (1947) S. 356—362.

[41] BOCHNER, S.: Über gewisse Differential- und allgemeinere Gleichungen, deren Lösungen fastperiodisch sind. Math. Ann. 102 (1929) S. 489—504. — Homogeneous systems of differential equations with almost periodic coefficients. J. Lond. math. Soc. 8 (1933) S. 283—288. Vgl. auch[52].

[42] CAMERON, R.: Linear differential equations with almost periodic coefficients. Acta math. Uppsala 69 (1938) S. 21—56.

[43] JESSEN, B. u. A. WINTNER: Distribution functions and the Riemann ζ-function. Trans. Amer. Math. Soc. 38 (1935) S. 44—88.

verzeichnis Als Untersuchungsmethoden werden Fouriertransformation, unendliche Faltungen usw verwandt.)

Ein seit LAGRANGE viel behandeltes Problem aus der Theorie der Planetenbewegungen ist das folgende: Gegeben ein trigonometrisches Polynom

$$\varrho(t)\, e^{i\,\varphi(t)} = F(t) = a_0\, e^{i\,\lambda_0 t} + \ldots + a_N\, e^{i\,\lambda_N t}.$$

Wann hat die Funktion $\varphi(t)$ bei geeigneter Festlegung ihrer ja an sich nur mod. 2π (oder sogar nur mod. π) bestimmten Werte die Gestalt

$$\varphi(t) = c\,t + o(t) \qquad\qquad ?$$

Wenn $\varphi(t)$ tatsächlich diese Gestalt hat, so nennt man c die mittlere Bewegung von $F(t)$. Die Existenz der mittleren Bewegung hängt natürlich aufs engste damit zusammen, wie oft $F(t)$ den Wert o annimmt oder doch diesem nahekommt. Trotz vieler Bemühungen blieb das Lagrange-Problem ungelöst. Erst JESSEN hat, sogar gleich für große Klassen analytischer fastperiodischer Funktionen (an Stelle von $F(t)$) die Frage nach der Existenz der mittleren Bewegung restlos aufgeklärt. In der Abhandlung von JESSEN und TORNEHAVE[44] ist alles in dieser Hinsicht Wissenswerte zusammengestellt und bewiesen. (Ausführliches Literaturverzeichnis.) Besonders befriedigend sind die schönen Sätze von JESSEN über die Jensensche Funktion einer analytischen fastperiodischen Funktion, welche die Verteilung der Nullstellen reguliert[45]. Will man sich über die Theorie der Werteverteilung informieren, so ist auf diese Abhandlung besonders hinzuweisen.

Die Zahl der Gebiete, welche mit den fastperiodischen Funktionen in Verbindung gebracht worden sind, ist sehr groß. Es sind als Beispiele noch die folgenden zu nennen. *Ergodentheorie*: Man verallgemeinert den statistischen Ergodensatz derart, daß der Mittelwertsatz der Theorie fastperiodischer Funktionen und der bekannte Ergodensatz Spezialfälle des allgemeineren Satzes werden. Interessant ist, daß v. NEUMANN zunächst den Ergodensatz bewies[46] und bald darauf die Theorie fastperiodischer Funktionen auf Gruppen schuf. Es besteht sicher eine Verwandtschaft in beiden Gedankenkreisen, auf welche manche späteren Autoren ausführlich eingegangen sind[47]. Kriterien dafür, wann ergodische

---

[44] JESSEN, B. u. TORNEHAVE: Mean motions and zeros of almost periodic functions. Acta math. **77** (1945) S.138—279.

[45] JESSEN, B.: Über die Nullstellen einer analytischen fastperiodischen Funktion. Eine Verallgemeinerung der Jensenschen Formel. Math. Ann. **108** (1933) S. 485—516.

[46] v. NEUMANN, J.: Proof of the quasiergodic hypothesis. Proc. Nat. Acad. USA **18** (1932) S. 70—82.

[47] EBERLEIN, W. F.: Abstract ergodic theorems and weak almost periodic functions. Trans. Amer. Math. Soc. **67** (1949) S. 217—240.

Strömungen fastperiodisch sind, geben WINTNER und WIENER[48] an
(beachte aber das Fortschrittsreferat von HOPF[49]).

Die Beziehung zur *Mechanik* wird durch den Begriff „stark stabile
Bewegung" vermittelt. So heißt eine beschränkte Bewegung $\mathfrak{x}(t)$ im
n-dimensionalen Raum dann, wenn es zu jedem $\varepsilon > 0$ ein $\delta > 0$ derart
gibt, daß aus

$$|\mathfrak{x}(t_1) - \mathfrak{x}(t_2)| < \delta$$

für irgendzwei Zeitwerte t_1 und t_2

$$|\mathfrak{x}(t_1 + t) - \mathfrak{x}(t_2 + t)| < \varepsilon$$

für alle Zeitwerte t folgt. Es leuchtet ein, daß die Komponenten einer
solchen (stetigen) Bewegung fastperiodische Funktionen der Zeit sind.
Vgl. hierüber die sehr eingehende Abhandlung von MARKOFF[50]. Über
die schwingende Membran handelt z. B. eine Arbeit von AVAKIAN[51].
Siehe auch[52].

Die auf *Astronomische Fragen* bezüglichen Abhandlungen sind in[44]
zitiert.

In letzter Zeit sind eine sehr große Anzahl von Abhandlungen erschienen, welche die Verbindung zwischen (meist B^p) fastperiodischen
Funktionen und *Zahlentheorie* herstellen. Statt die vielen Abhandlungen
einzeln zu nennen, will ich nur als Beispiel auf den Band 62 des Amer.
J. Math. verweisen, welcher allein 6 Abhandlungen zu diesem Thema
enthält (siehe auch[53]).

Der Beweis des *Pontrjaginschen Dualitätssatzes* hängt ebenfalls aufs
engste mit den fastperiodischen Funktionen auf Gruppen zusammen
(siehe z. B. VAN KAMPEN[54]), und zwar wird wesentlich die Tatsache
benutzt, daß eine kompakte (Abelsche) Gruppe maximal fastperiodisch
ist und deshalb ein in seiner Gesamtheit treues Charaktersystem
besitzt. Auf das ausgezeichnete, angenehm lesbare Buch von PONTRJA-
GIN[55], in dem unter anderem der Dualitätssatz behandelt wird, möchte

[48] WIENER, N. u. A. WINTNER: On the ergodic dynamics of almost periodic
systems. Amer. J. Math. **63** (1941) S. 794—824.

[49] HOPF, E.: Jb. Fortschr. Math. 1941, S. 422.

[50] MARKOFF: Stabilität im Liapounoffschen Sinne und Fastperiodizität.
Math. Z. **36** (1933) S. 708—738.

[51] AVAKIAN, A. S.: Almost periodic functions and the vibrating membrane.
J. Math. Massachusetts **14** (1935) S. 350—378.

[52] BOCHNER, S.: Fastperiodische Lösungen der Wellengleichung. Acta math.
62 (1934) S. 227—237.

[53] DELSARTE, J.: Essai sur l'application de la théorie des fonctions presque
périodiques à l'arithmetique. Ann. Sci. Ecole normale et superieure (3) **62** (1945)
S. 185—204.

[54] VAN KAMPEN, E. R.: Locally bicompact abelian groups and their character
groups Ann. Math. (2) **36** (1935) S. 448—463. — S. a. KÖTHE, G.: Unendliche
Abelsche Gruppen und Grundlagen der Geometrie. Jber. dtsch. Math.-Ver. **49**
(1939) S. 97—113.

[55] PONTRJAGIN, L.: Topological groups. Princeton 1946.

ich besonders hinweisen, da es manche Fragen der Theorie topologischer Gruppen viel eingehender behandelt, als es in vorliegendem Buche geschehen konnte. PONTRJAGIN spricht den Dualitätssatz nur für lokalkompakte Abelsche Gruppen aus. Von TANNAKA[56] wurde er auch für nicht-Abelsche kompakte Gruppen bewiesen. Vgl. auch [21].

Während das vorliegende Buch zum Druck vorbereitet wurde, erschien die schon an anderer Stelle erwähnte Abhandlung von H. WEYL[14], in der die von WEYL und PETER[7] entwickelte Methode unter möglichst geringen Voraussetzungen durchgeführt wird. An die Stelle fastperiodischer Funktionen treten Vektoren eines nur in abgeschwächtem Sinne vollständigen Banachschen Raumes E. Ist eine Gruppe $\mathfrak{G}$ von Transformationen dieses Raumes in sich gegeben, so kann man einen gewissen Teilraum von E, nämlich den Raum der „fastperiodischen Vektoren" ähnlich wie den Raum aller fastperiodischen Funktionen auf $\mathfrak{G}$ in irreduzible Teilräume zerlegen und die Parsevalsche Gleichung beweisen. Diese Sätze lassen sich z. B. in der Theorie der Kugelfunktionen anwenden. Die Voraussetzungen, welche Weyl macht, lassen sich noch weiter reduzieren[57].

In einem Anhang zu seiner Arbeit gibt Weyl Anmerkungen zu dem Beweis des Mittelwertsatzes und besonders zu dem dabei verwandten kombinatorischen Hilfssatz, welche ich bereits im Text dieses Buches berücksichtigt habe.

Durch die Weylsche Darstellung meines Beweises des kombinatorischen Hilfssatzes wurden HALMOS und VAUGHAM zu einer kurzen Note[58] angeregt, in der dieser Beweis in viel eleganterer Form erbracht wird. Leider war es nicht möglich, diesen neuen Beweis im § 10 dieses Buches zu berücksichtigen. Er soll aber jetzt an dieser Stelle wiedergegeben werden, und zwar bedienen wir uns dabei der von WEYL in Vorschlag gebrachten Fassung des Satzes als „Heiratsproblem". Wollte man den folgenden Beweis statt dessen für Mengensysteme durchführen, so würde er nicht einfacher werden, als er war.

Es seien also n Jungen mit Mädchen befreundet. Wir wählen irgendwelche k Jungen aus mit $1 \leq k \leq n$ und bestimmen die Gesamtzahl aller Mädchen, welche mit irgendwelchen dieser k Jungen befreundet sind. Es wird vorausgesetzt, daß diese Zahl stets $\geq k$ ist, wie auch immer k und wie auch immer die k Jungen gewählt werden. Dann kann man jeden Jungen mit einem befreundeten Mädchen verheiraten. Beweis

---

[56] TANNAKA, T.: Über den Dualitätssatz der nichtkommutativen topologischen Gruppen. Tohoku Math. J. 45 (1938) S. 1—12.

[57] MAAK, W.: Almost periodic invariant vector sets in a metric vector space. Proc. Nat. Ac. Sciences 36 (1950) 208—210.

[58] HALMOS, P. u. H. VAUGHAM: The marriage problem. Amer. J. Math. 72 (1950) 214—215.

durch Induktion. Für $n = 1$ ist der Satz trivial. Es sei der Satz für $1, \ldots, n - 1$ bewiesen. Jetzt sollen n Jungen verheiratet werden. Wenn je k Jungen mit $k = 1, \ldots, n - 1$ mindestens $k + 1$ Freundinnen haben, so verheirate man irgendeinen von ihnen mit einer seiner Freundinnen. Die übrigen $n - 1$ Jungen kann man dann nach Voraussetzung verheiraten. Wenn aber gewisse k Jungen, $k = 1, \ldots, n - 1$, mit genau k Mädchen befreundet sind, so lasse man alle diese k Jungen sich mit ihren Freundinnen verheiraten; das ist nach Voraussetzung möglich. Die übrigen $n - k$ Junggesellen erfüllen nun wieder die Bedingung des Satzes. Wären nämlich gewisse h von ihnen mit weniger als h unverheirateten Mädchen befreundet, so wären diese h Junggesellen und die k verheirateten Männer, also zusammen $k + h$ Männer, ursprünglich mit weniger als $k + h$ Mädchen befreundet gewesen, entgegen der Voraussetzung unsres Satzes. Deshalb kann man nach Induktionsvoraussetzung auch noch die $n - k$ Junggesellen verheiraten.

Dieser Satz wurde zuerst von HALL[59] veröffentlicht und unabhängig von HALL auch von mir gefunden[60]. Er kann auch als Satz der Theorie der Graphen aufgefaßt werden und ist als solcher schon vorher D. KÖNIG[61] bekannt gewesen.

Seit H. Bohr im Jahre 1924 die erste seiner Abhandlungen über fastperiodische Funktionen erscheinen ließ, sind nunmehr genau 25 Jahre verflossen. Dies veranlaßte mich, vorstehenden Überblick über das Fortschreiten in der durch Bohr eingeschlagenen Richtung während dieses Zeitraumes unserem Buche anzufügen. Es sind insgesamt wenigstens 500 Abhandlungen erschienen, die sich mit fastperiodischen Funktionen befassen. Daher konnte es nicht unsere Absicht sein, in irgendeinem Sinne Vollständigkeit zu erzielen.

---

[59] HALL, P.: On representatives of subsets. Journ. London Math. Soc. 10 (1935) S. 26—29.

[60] MAAK, W.: Eine neue Definition der fastperiodischen Funktionen. Abh. Math. Sem. Universität Hamburg 11 (1935) S. 240—244.

[61] KÖNIG, D.: Graphen und Matrizen. Mat. Fiz. Lapok 38 (1931) S. 116—119.

Sachverzeichnis.

Modul, Vektormodul 6.
—, vollreduzibel 10.
—, zweiseitig 45.
Modulgruppe 227.
Moduln, gleiche 8.
monotone Operation 39.
MONTGOMERY, D. 227.

$N\!f$ 48.
n-dimensional 160.
Näherungsmittel 33.
Näherungssumme 32.
v. NEUMANN, J. 160, 224, 226, 227, 232.
Norm 49.
normal 13.
Normaldarstellung 13, 120.
Normalteilerkeim 195.
normiert 40.

O 165.
o 173.
orthogonale fp Funktionen 48.
— Moduln 56.

Parameter, analytische 175.
—, kanonische 184.
Parsevalgleichung 79, 117, 127.
Periode 67.
periodische Funktionen 67.
— — von mehreren Variablen 81.
PETER, F. 223.
PONTRJAGIN, Dualitätssatz 233.
positivdefinit 13.
Produkt = Faltung von fp Funktionen 52.

Quasiperioden 145.
quasiperiodisch 145.

Raum der fp Funktionen 47.
Raum, metrischer 148.
—, homogener 206, 224.
Rea = Realteil.
Rechtsideale 53.
rechtsinvariant 45.
Rechtsmodul 45, 53, 133.
reduzibel 9,10.
reelle Zahlen, Gruppe der 2, 85.
— —, Basis 87.
reguläre Darstellung 22.
reine Schwingungen 113.
relativ dicht 92, 102.
RELLICH, F. 225.
Repräsentantensystem 32.
Riemannsches Integral 72.

RIESS - FISCHER - BESICOVITCH, Satz von 230.
Ring der fp Funktionen 53.

s_i-Abschnitt 157.
Schursches Lemma 16.
SCHMIDT, E. 223.
SCHWARTZ, L. 227.
Schwarzsche Ungleichung 49.
Schwingungen, reine 113
selbstadjungierte Funktionen 62.
— Matrizen 13.
Skalarprodukt von fp Funktionen 48.
SPERNER, E. 186.
starkstabil 233.
STEPANOFF 229.
S_L^p-fp 229.
stetigstetig 149, 153.
stetige Darstellung 155.
stetiges Bild 149.
Summationsmodul 141.
Summe von Moduln fp Funktionen 47, direkte 131.
— von Darstellungsmoduln 10.
Summierung 75, 82, 136, 228.

$\mathfrak{T}\{f(x), \varepsilon\}$ 26.
$\mathfrak{T}\{F, \varepsilon\}$ 37.
$\mathfrak{T}\{F(P), \varepsilon\}$ 207.
Tannakascher Dualitätssatz 234.
Teilmodul 46.
Teilung 26.
—, Verfeinerung 28.
—, minimale 31.
TORNEHAVE 232.
totalbeschränkt 150.
Transformation, lineare 6.
— — einer Form 12.
transitive Gruppe 206.
Translation 25.
Translationsgruppe im R_n 81.
translationsinvariant 39.
treue Darstellung 23, 156. des Infinitesimalrings 183.

Überdeckung 25.
Umgebung 148.
unitär 13.
unstetige fp Funktion 91.
Untergruppenkeim 194.
Unterring 194.

VAUGHAM, H. 234.
Vektoren 6.
—, fastperiodische 234.